地表基质的概念内涵及示范应用研究

殷志强 等 著

国家自然科学基金重点项目：北方关键生态功能区地表基质异质性
　　对植被生态约束机理研究——以张承地区为例（U2344227）
中国地质调查局地质调查项目：全国地表基质区划与调查示范
　　（DD20240005）

资助出版

科　学　出　版　社
北　京

内 容 简 介

地表基质是中国科学家提出的自然资源领域新概念。本书阐明了地表基质和地表基质层的科学内涵，并从支撑植被生态科学绿化和耕地保护等方面进行了应用示范。全书共 11 章，内容涉及地表基质分类与编图、地表基质层构型及深度划分、地表基质的理化与微生物性质、地表基质异质性对植被生态约束过程研究、地表基质调查成果支撑耕地保护与生态修复等方面。

本书可供从事地表基质调查研究和自然资源综合调查等领域的科研和专业技术人员使用，也可作为相关专业的研究生读本。

审图号：GS 京（2025）0847 号

图书在版编目（CIP）数据

地表基质的概念内涵及示范应用研究 / 殷志强等著. -- 北京 ： 科学出版社，2025. 6. -- ISBN 978-7-03-079766-7

Ⅰ. P94

中国国家版本馆 CIP 数据核字第 20245FP010 号

责任编辑：韦 沁 / 责任校对：何艳萍
责任印制：肖 兴 / 封面设计：无极书装

科 学 出 版 社 出版
北京东黄城根北街 16 号
邮政编码：100717
http://www.sciencep.com
北京建宏印刷有限公司印刷
科学出版社发行 各地新华书店经销
*
2025 年 6 月第 一 版 开本：787×1092 1/16
2025 年 6 月第一次印刷 印张：16 1/2
字数：391 000
定价：248.00 元
（如有印装质量问题，我社负责调换）

作 者 名 单

殷志强　郝爱兵　邵　海　庞菊梅　杨　柯

和泽康　郭　刚　陈文彬　李新斌　山克强

孙紫坚　彭　令　鲁青原　李洪宇　陈自然

赵　磊　陈　亮　刘玖芬　赵晓峰　贾红娟

张江华　冯默扬　金爱芳　周智勇　陈　彭

万利勤　康成鑫　喜俊生　司　瑞　陈一鸣

张大莲　贾　根　程　瑜　张祥云　李　健

权立诚　田光龙　翟开静　邵玉祥

目　　录

第 0 章　绪论 ··· 1

　0.1　研究背景 ··· 1

　0.2　主要研究内容 ··· 2

　0.3　创新点 ··· 2

　0.4　编写人员及致谢 ··· 2

第 1 章　地表基质的概念内涵 ·································· 4

　1.1　概念内涵 ··· 4

　1.2　地表基质层界定 ··· 7

　1.3　地表基质关键层 ··· 11

　1.4　地表基质层与相关学科术语的关系 ·············· 12

第 2 章　地表基质分类与编图 ·································· 14

　2.1　地表基质分类 ··· 14

　2.2　地表基质编图 ··· 23

第 3 章　地表基质的物理、化学和微生物性质 ······ 25

　3.1　地表基质的物理性质 ······································ 25

　3.2　地表基质的化学性质 ······································ 30

　3.3　地表基质的微生物性质 ·································· 31

第 4 章　地表基质调查评价总体思路 ····················· 32

　4.1　全国地表基质区划与编图 ······························ 32

　4.2　地表基质调查评价 ··· 33

　4.3　科学研究与数据库建设 ·································· 33

　4.4　地表基质调查技术方法 ·································· 34

第 5 章　北方地区地表基质异质性对植被生态约束过程研究 ········ 37

　5.1　承德燕山山地和坝上高原地表基质与植被 ····· 37

　5.2　陕北黄土沙漠过渡区地表基质与植被 ··········· 75

第 6 章　如意河流域不同植被样地林水关系和碳分布特征 ········· 79

　6.1　坝上高原如意流域林水关系研究 ·················· 79

　6.2　如意河流域林地碳分布及影响因素 ·············· 86

第 7 章　地表基质调查支撑黄土高原南缘科学绿化 ···········94
　　7.1　地表基质类型及特征 ························96
　　7.2　地表基质理化性质 ··························99
　　7.3　地表基质和植被生态空间耦合关系 ···········109
　　7.4　地表基质对植被生态的约束机理分析 ··········115
　　7.5　基于地表基质的生态保护修复和综合整治区划及科学绿化建议 ······122

第 8 章　地表基质调查支撑东北地区海伦黑土地保护 ·······126
　　8.1　海伦市概况及调查技术路线 ················126
　　8.2　地表基质分区分类 ·······················128
　　8.3　地表基质平面分布特征 ····················132
　　8.4　地表基质层构型特征 ······················142
　　8.5　地表基质调查支撑黑土地保护 ···············145

第 9 章　地表基质调查支撑江苏泰兴高沙土区国土空间优化 ·····152
　　9.1　自然资源背景 ··························152
　　9.2　地表基质类型及性质 ······················162
　　9.3　地表基质与土地利用约束关系分析 ············182
　　9.4　基于地表基质的耕地禀赋评价 ···············185
　　9.5　支撑耕地保护与国土空间优化 ···············188

第 10 章　地表基质调查支撑干热河谷特色农业高质量发展 ·····191
　　10.1　金沙江干热河谷特征 ·····················191
　　10.2　元谋干热河谷地质背景 ···················192
　　10.3　元谋地区地表基质层与地表覆盖层结构 ········195
　　10.4　基于地表基质的土地适宜性区划 ············204

第 11 章　红层区地表基质调查技术方法试点——以广安市为例 ···210
　　11.1　地表基质类型与分布特征 ·················210
　　11.2　地球物理方法在地表基质调查中应用 ·········230
　　11.3　地表基质形成演化 ······················237
　　11.4　地表基质适宜性评价及应用 ···············241

参考文献 ····································249

第0章 绪 论

0.1 研 究 背 景

自然资源部组建后，为了落实"统一行使全民所有自然资源资产所有者职责，统一行使所有国土空间用途管制和生态保护修复"职责，经过地质、水文、土壤、林草、测绘、海洋等领域的科学家深入研讨，综合考虑土壤层、立地条件（立地层）、包气带、地球关键带等相关学科术语，提出了地表基质（ground substrate）和地表基质层（layer of ground substrate）的概念，构建了由管理层、地表覆盖层、地表基质层和地下资源层组成的自然资源立体时空模型框架，为各类自然资源数据的空间组织提供了基本遵循[①]，但对地表基质和地表基质层的科学内涵和基本属性特征并没有进行深入阐释。

近年来，关于地表基质的概念内涵、类型划分、调查监测指标体系及支撑服务植被生态和耕地保护案例等，进行了许多有益探索[①]（殷志强等，2020a，2023；侯红星等，2021；姚晓峰等，2022；葛良胜等，2022）。多数研究者认为应将表层地球与上覆植被生态和下伏地下水等传统上相对独立的研究领域联系起来开展研究（金钊等，2020；Hahm et al.，2024）。一些研究者发现，表层岩土物质（即地表基质层）是联系上层植被和下层地下水补给的关键区域，不同类型岩土物质的粒度组分、持水性、元素成分、孔隙结构、分层结构、厚度变化相差悬殊（Chorover et al.，2011；Callahan et al.，2022），导致适宜生长的植被类型、盖度及生长状况等存在明显差异（刘鸿雁等，2019；Jiang et al.，2020；殷志强等，2023）；同一地区相似微地貌环境下植物群落的差异，主要因地表基质异质性所造成（刘鸿雁等，2019；Callahan et al.，2022；殷志强等，2023；Hahm et al.，2024），即不同的地表基质类型可以具有不同的生态服务功能；乔木林在干旱环境下，仅仅依靠大气降水和土壤水是无法支撑其生长的，还需要利用风化壳、岩石的裂隙水和地下水（Schwinning，2010；Rempe and Dietrich，2018；Nardini et al.，2021；Russell et al.，2022）。过去由于对表层岩土体（地表基质层）的物质结构、矿物元素成分、成因等性质的差异性未能很好地定量刻画，生态重建过程中常常出现人工林与地表基质不匹配的错位问题（彭建兵等，2023），山区土地整治和高标准农田建设也出现过典型失败案例（殷志强等，2023）。

在地表基质调查方面，中国地质调查局组织完成了东北地区83个黑土保护重点县的1∶25万地表基质调查，同时在燕山-坝上高原过渡带、西北黄土区、南方丘陵风化壳区和高沙土区等地开展了1∶25万～1∶5万调查试点（侯红星等，2021；殷志强等，2023），探索了地表基质调查支撑服务耕地保护和生态重建的技术方法，取得了初步阶段成果；河北、江苏、广东等省也在积极推进典型地区的试点工作。

---

① 自然资源部，2020年，地表基质分类方案（试行）。

总体来说，由于地表基质概念提出时间短，有关术语定义、属性特征指标及其分类分级、调查研究的目的和主要内容等尚未达成共识，目前处于百家争鸣状态。本专著是在中国地质调查局地表基质调查项目、国家自然科学基金委重点项目以及科技部新疆第三次科学考察项目等支持下，通过实践基础上的深入思考，借鉴地学领域相关学科理论的构建模式，对地表基质和地表基质层的科学内涵及其与相关学科术语的关系、地表基质分类、地表基质层构型、地表基质的物理、化学（理化）性质等进行了较为系统的总结提升，同时将多个项目的实践成果作为支撑服务生态修复和耕地保护的典型案例进行详细剖析。

0.2　主要研究内容

本书研究内容主要分为两大部分。

第一部分为理论研究部分，包含第 1~4 章。重点阐述了地表基质与地表基质层的概念、科学内涵和调查评价总体思路，具体包括地表基质分类与地表基质层构型研究、地表基质编图、地表基质的理化和微生物性质研究、地表基质调查评价总体思路等内容。

第二部分为地表基质调查研究成果示范应用部分，包含第 5~11 章。其中，第 5~7 章为支撑服务国土空间科学绿化部分，包括河北承德燕山山地-坝上高原、陕北黄土沙漠过渡区地表基质异质性对植被生态约束过程研究，坝上高原如意河流域林水关系和碳分布特征研究，黄土高原南缘韩城地区地表基质与植被耦合关系研究等。第 8~10 章为地表基质支撑耕地保护部分，包括支撑服务东北地区海伦黑土地保护、江苏泰兴高沙土区耕地保护与国土空间优化、云南干热河谷区特色农业高质量发展等。第 11 章为地表基质调查和探测技术方法示范应用部分。

0.3　创　新　点

（1）本书丰富和完善了地表基质术语定义及其科学内涵，厘定了地表基质层与土壤层、立地条件、包气带和地球关键带等相关学科术语的关系。依据地表基质的生态服务功能和物质类型、成因类型、特征理化性质，提出了地表基质的 5 类 3 级分类方案。

（2）基于地下变温带下限深度，农作物、植被根系最大深度，表生岩溶发育带深度，风化壳厚度，潜水埋深和元素地球化学循环等特征因素，将地表基质深度自上而下分为浅层、中深层、深层和超深层 4 层；并根据地表基质层的功能作用和特点，将地表基质层构型分为单一结构型、双层结构型、多层结构型和风化壳型 4 种类型。

（3）提出地表基质调查是一项新的基础性国情国力调查，调查数据可为耕地保护、高标准农田建设、国土整治、生态保护与修复、积极应对全球气候变化等提供多方位科学支撑，具有广泛的应用价值，并从支撑生态修复和耕地保护等方面提供了典型案例。

0.4　编写人员及致谢

项目组织实施及运行过程中，中国地质调查局自然资源综合调查指挥中心为项目承担单位，负责项目的野外调查、施工取样和综合研究工作。同时与合作单位中国科学院地质与地球物理研究所、北京师范大学、中国地质大学（北京）、河北地质大学、河北省地勘局第四地质大队、北京矿产地质研究院有限责任公司、华北地勘局五一四地质队等单位共同开展了地表基质调查、地质钻探和物探勘察、第四系沉积物样品采样分析等工作。

殷志强为该项目的第一责任人，负责项目的组织实施、质量检查、工作协调、成果验收和调查研究等工作。在项目成果基础上，编写成本专著，撰写分工：前言由殷志强撰写，第 1 章由殷志强、郝爱兵、李洪宇和赵晓峰撰写；第 2 章由郝爱兵、殷志强、鲁青原、庞菊梅撰写；第 3 章由殷志强、邵海、刘久芬、鲁青原撰写；第 4 章由殷志强、彭令、杨柯、陈彭撰写；第 5 章由孙紫坚、陈自然、邵海、殷志强、周智勇、万利勤撰写；第 6 章由和泽康、贾红娟、殷志强、赵磊、陈亮、冯默扬、金爱芳撰写；第 7 章由李新斌、张江华、康成鑫、喜俊生、司瑞、殷志强撰写；第 8 章由杨柯、殷志强撰写；第 9 章由郭刚、张大莲、贾根、程瑜、张祥云、殷志强撰写；第 10 章由山克强、殷志强撰写；第 11 章由陈文彬、李健、权立诚、田光龙、翟开静、邵玉祥、殷志强撰写；全书由殷志强统稿。

在专著编写过程中，得到了中国地质调查局水文地质环境地质部和基础部的大力支持。项目实施单位中国地质调查局自然资源综合调查指挥中心相关职能处室全程跟进项目实施，从项目管理、人员配备、经费执行及技术设备等方面为项目组保驾护航；中国地质调查局自然资源综合调查指挥中心党委副书记、副主任郝爱兵教授级高工在项目调查、开展过程中，多次不辞辛苦亲临现场给予专业上支持和技术指导。

在此，一并对上述单位、专家和同事给予的指导和支持，致以由衷感谢！

第 1 章　地表基质的概念内涵

1.1　概　念　内　涵

1.1.1　地表基质

地表基质，是指地球表层孕育和支撑土壤、森林、草原、水、湿地等各类自然资源的基础物质。与之前的概念相比[①]，本次定义新增了孕育和支撑土壤，即由地表基质构成的层位（地表基质层）既包含土壤，又支撑和孕育土壤，地表基质更加强调土壤的母质和岩土体的地质属性。

新的定义中虽然仅增加了"土壤"二字，却大大丰富了其科学内涵，主要表现在以下方面：

（1）土壤既是重要的自然资源，也是地表基质的一种特殊类型，二者是包含和孕育关系。

（2）地表基质对土壤的形成和变化起着决定性作用，可以形象的比喻为皮肤（土壤）与皮下组织（地表基质）的关系，如中国东北地区黑土地出现"变薄、变瘦、变硬"等问题，如果不从地表基质去分析，就很难说清原因，讲清"病根"。

（3）地表基质调查研究要在充分吸收利用土壤层和立地层相关调查研究成果的基础上，更加侧重土壤层和立地层之下岩土体的调查研究。

地表基质概念的提出，强调了地球表层各类岩土物质与土壤、森林、草原、水、湿地等各类自然资源的相互作用关系，突破了传统地质工作主要注重地质体自身形成演化的调查研究范式，丰富拓展了地质工作的调查研究内容和服务方向，将支撑服务植被生长和农业生产的科学研究从土壤小循环拓展到地质大循环，不仅具有重要的科学意义，而且具有广泛的应用价值。

地表基质是地球表层支撑农作物和植被生长的岩土物质载体。决定地表基质结构性差异的因素包括质地、颗粒磨圆度、颗粒排列堆积方式、层理等的各向异性，以及孔隙类型及其占比等，这些结构性参数大多决定于第四系沉积物搬运过程中的沉积分选和搬运介质，包括重力、风力与河湖水动力的搬运分选过程（刘东生，1997），不同岩性基岩（如砂岩、页岩等碎屑岩，碳酸盐岩，花岗岩，玄武岩和英安岩等）的原岩破碎程度和风化成壤过程同样控制了风化壳残坡积物的结构性、矿物元素组成和化学性状（Lin，2010；Banwart et al.，2013；Zhang et al.，2021；骆占斌等，2022），影响包气带水分的渗透性、传输运移和地下水毛细上升高度（张人权等，2005；万力等，2005；李中恺等，2022）。因此，地表基质对上覆植被、农作物等约束机理的研究，以及对下伏地下水盐运移过程的揭示等具有重要科

---

① 自然资源部，2020，地表基质分类方案（试行）。

学意义（Lowe and Walker，2014）。

　　开展地表基质调查研究，现在还没有成熟的学科理论，需要借鉴第四纪地质学、水文地质学、土壤学、地球物理和地球化学等学科知识。

1.1.2　地表基质层

　　《自然资源调查监测体系构建总体方案》提出了自然资源分层分类模型①，其中第一层为地表基质层，在地表基质层之下为地下资源层，地表基质层之上为地表覆盖层和管理层，即地表基质层是联系地表覆盖层和地下资源层的桥梁纽带。

1.1.3　地表基质层构型

　　地表基质层构型（configuration of ground substrate），是地表基质层结构类型的简称，指不同类型地表基质的垂向组合方式。地表基质层构型对上覆植被的类型、盖度和生长状况，以及包气带水的传输、运移等具有明显的约束作用（殷志强等，2023；邵海等，2023）。

　　地表基质层构型分类和命名主要考虑以下原则：

　　（1）针对地表基质的重点调查深度进行构型划分和命名；

　　（2）以地表基质的二级类为基本层位单元；

　　（3）地球表层的土壤不参与构型划分和命名；

　　（4）地表基质关键层在构型名称中有所体现，如钙积层、饱水砂层、黏土层、泥炭层、砾石层、古土壤层等。

　　根据上述地表基质层构型分类原则，在全国黑土、黄土、冲洪积物、风化壳等典型地区地表基质构型调查基础上（图1.1），将其总结为以下4种类型（图1.2）：

　　（1）单一结构型：地表基质层主要由单一的地表基质类型组成，如钙结核发育的风积黄土［图1.1（a）］，局部富集铁锰结核的冲湖积物、冲洪积砾、裸岩等。

　　（2）双层结构型：指由结构差异明显的两种地表基质类型所组成，如粒度上细下粗的冲积物（高沙土区）［图1.1（b）］、黄土-冲洪积砾等。

　　（3）多层结构型：指由多种地表基质类型所组成的地表基质构型，如从地表向下依次为黑土层-砂砾层-残坡积层-基岩等［图1.1（c）］。

　　（4）风化壳型：指由不同基岩的风化壳为主所组成的地表基质层构型，主要在山区发育，如塞罕坝地区的玄武岩风化壳等［图1.1（d）］。

1.1.4　地表基质关键层

　　地表基质关键层（critical layer of ground substrate），是指地表基质层内较为连续稳定分布，对植被和农作物生长、水盐储存和运移等具有重要控制和影响作用的物质层，如坝上高原张北县安固里淖流域的钙积层、南疆塔里木河下游的硬泥层等。

　　在地表基质实际调查研究中，从调查的角度还有地表基质调查单元和地表基质区划等概念。地表基质单元（unit of ground substrate），即地貌类型和地表基质层构型基本一致的

---

　　① 自然资源部，2020，地质基质分类的方案试行。

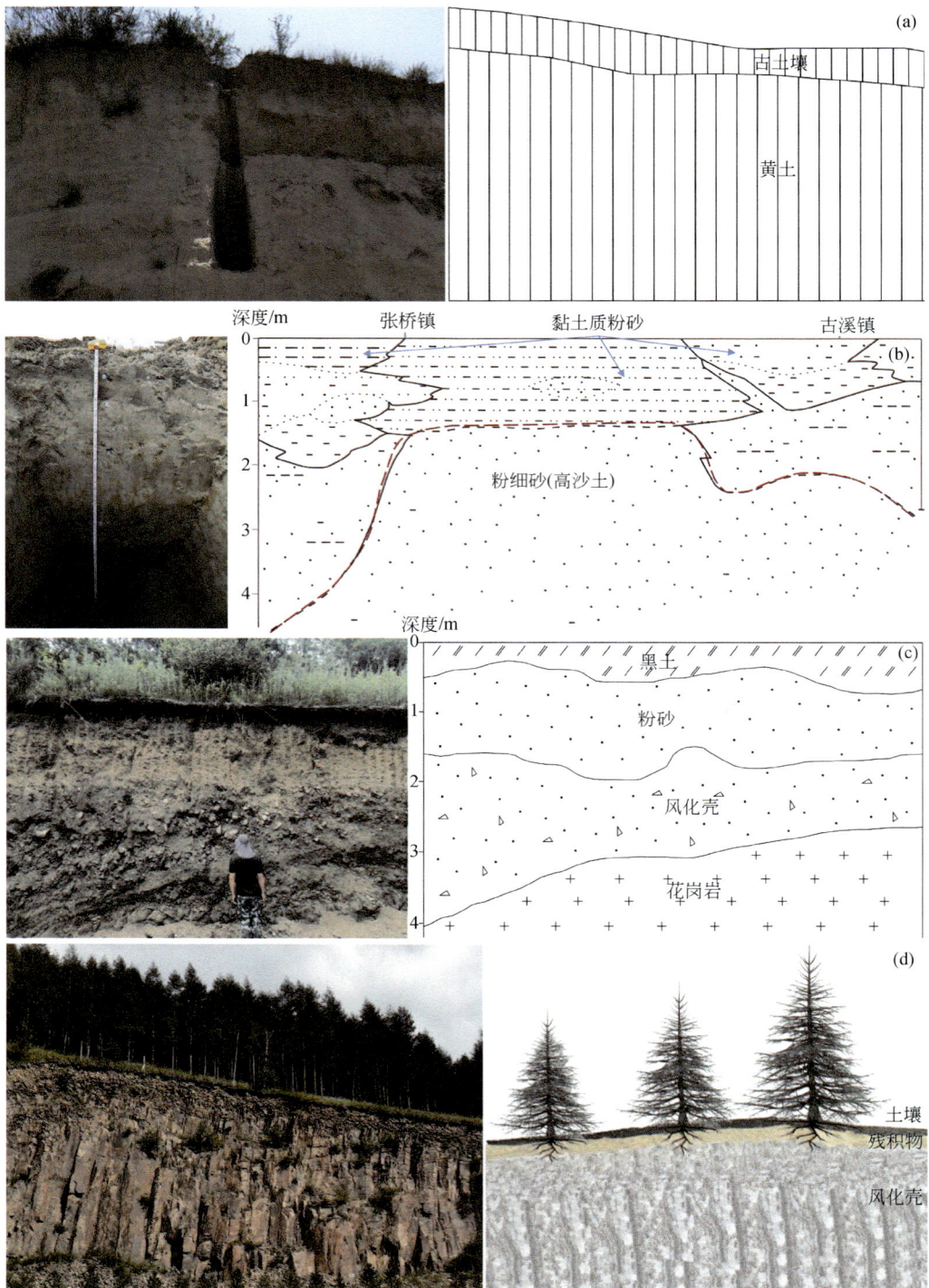

图 1.1　不同类型的地表基质构型实例

（a）黑龙江哈尔滨荒山黄土剖面；（b）江苏泰兴市高沙土剖面；（c）黑龙江宝清县玄武岩-黑土剖面；
（d）河北塞罕坝地区玄武岩风化壳基质剖面

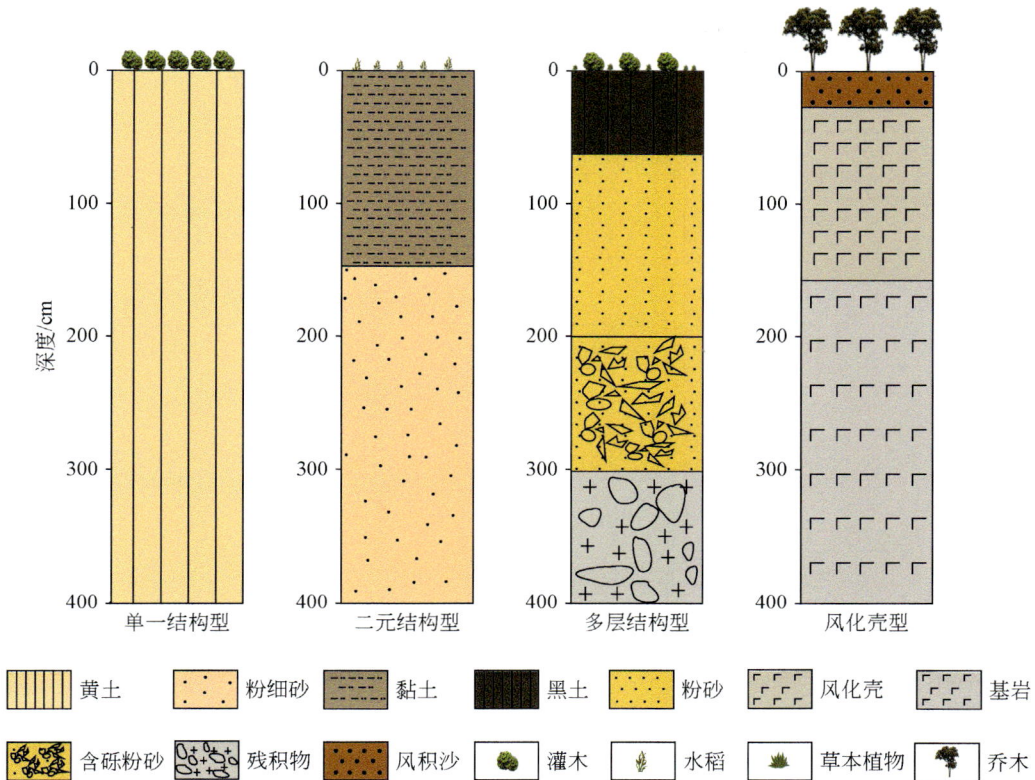

图 1.2　地表基质层构型分类示意图

地域空间，可根据地表基质类型划分不同级次的地表基质单元，作为不同精度调查工作的基本控制单元。地表基质区划（zoning of ground substrate），即按照特定目的或需求，对地表基质类型和（或）地表基质层构型做出的分区。

1.2　地表基质层界定

地表基质层，是指地表以下一定深度范围内的地表基质综合体，也是地球表层水、碳和能量等物理、化学和生物要素交换过程最活跃的区域。地表基质层深度与地表基质的物质组成类型、基岩风化程度、沉积相特征、水文地质条件和支撑服务目标等有密切联系（张甘霖等，2023；张凤荣，2023）。因此，调查研究地表基质层的深度需要根据解决的科学问题和支撑服务的目标来厘定。

1.2.1　地表基质层深度确定依据

不同地区的地表基质类型和地表基质层构型差异明显。笔者在全国不同地表基质试点调查和综合前人研究成果基础上，综合考虑地下变温带下限深度，作物、植被根系最大深度，表生节理（裂隙）、岩溶发育带最大深度，风化壳厚度，潜水埋深和元素地球化学循环等特征因素，科学确定地表基质层的厚度（表 1.1）。

表 1.1　地表基质层深度确定的特征因素及其范围表

特征因素	范围/m			数据来源
	东部季风区	西北干旱区	青藏高原区	
地下变温带下限深度	8.0～30.0	19.0～20.0	20.0～24.0	王婉丽等，2017；王贵玲，2019
作物根系最大深度	0.2～1.8	0.5～0.8	—	Fan et al.，2016
木本植物根系最大深度	0.3～4.7	0.9～22.2	—	Tumber-Dávila et al.，2022
黄土区人工林根系最大深度	7.0～25.8	—	—	Li et al.，2019
风化壳厚度	4.1～190.3	5.0～183.1	3.3～165.8	Yan et al.，2020
表生岩溶发育带最大深度	3.0～10.0	—	—	Luo et al.，2024
潜水埋深	4.4～32.7	2.7～93.8	2.6～32.4	中国地质环境监测院[①]

1. 地下变温带下限深度

地下岩土体温度是地下热力状况的重要参量，影响地下水分相变与碳呼吸过程（Bao et al.，2023），对植被生长和农业生产具有重要控制作用。高寒区地温的变化影响土壤冻融循环过程，改变水分迁移过程与土壤强度，削弱冻土区工程的地基稳定。地温自地表向下分为变温带、恒温带与增温带，其中变温带下限深度（厚度）与当地气候密切相关。根据 14 个城市典型地质钻孔温度随深度变化曲线资料（王贵玲，2019），随纬度和海拔的增加，变温带下限深度逐步增大，如哈尔滨超过 30m，拉萨约 25m，呼和浩特、兰州约 20m，石家庄约 14m，长沙不到 10m，广州仅约 8m。变温带下限深度超过 10m 的有哈尔滨、拉萨、呼和浩特和兰州；10m 以浅是温度季节性变化最显著的区域，20m 以下温度变幅很小；变温带下限深度小于 10m 的有长沙和广州，温度季节性变化幅度较大（图 1.3）。

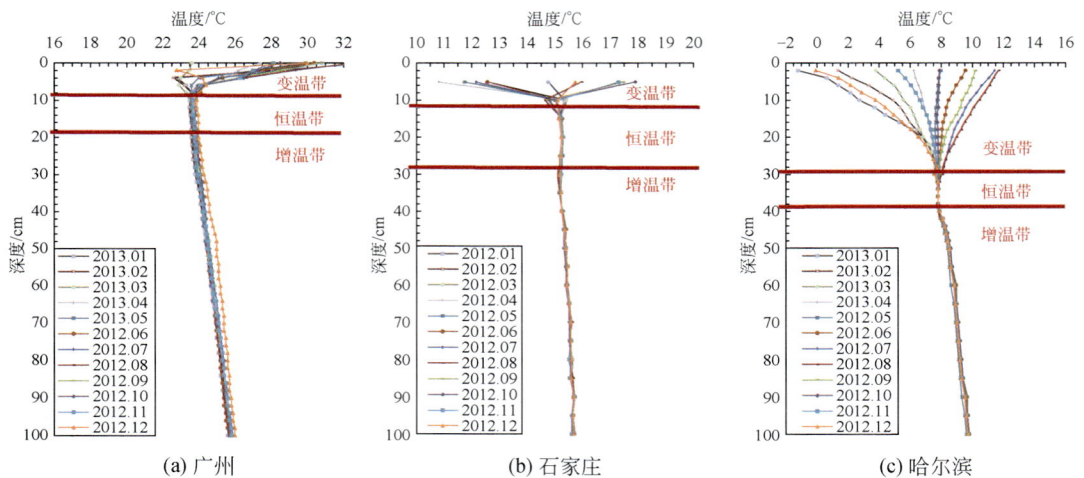

(a) 广州　　　　　　　　　(b) 石家庄　　　　　　　　(c) 哈尔滨

---

① 中国地质环境监测院，2023，2022 年国家地下水监测报告。

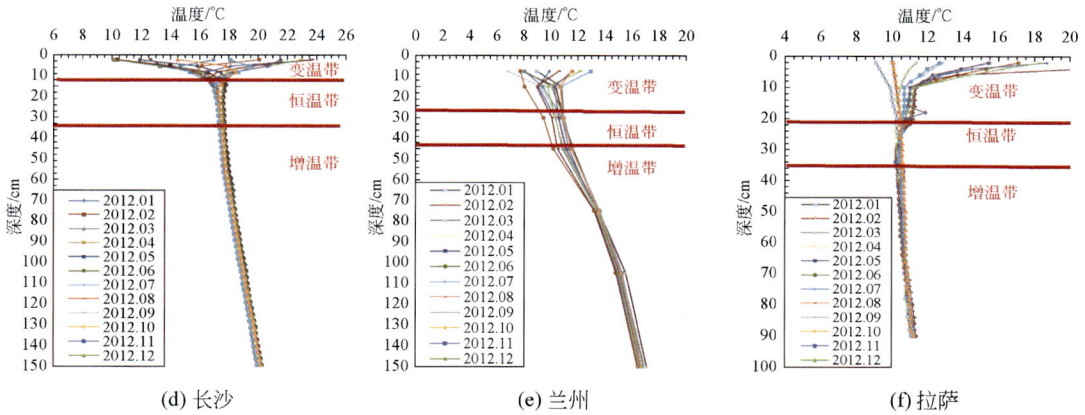

图1.3　典型地区地下变温带分布特征图

2. 作物和植被根系最大深度

玉米、小麦等深根农作物在东部季风区、西北干旱区平均根系最大深度分别为0.9m、0.7m（Fan et al.，2016）；在华北平原农耕区，玉米等深根作物的根系最大深度可超过2m（廖荣伟等，2014）。灌木、乔木（木本植物）在东部季风区、西北干旱区平均根系最大深度分别为1.8m和7.1m（Canadell et al.，1996；Fan et al.，2017；Tumber-Dávila et al.，2022）。在黄土堆积较厚的黄土高原，人工乔木林的根系最大深度可达25m（Li et al.，2019）。

3. 表生岩溶发育带最大深度

表生岩溶发育带为岩溶水的快速入渗和溶质、颗粒的运移提供了通道（周长松等，2022），是最为重要的生态支撑层，其最大深度是控制岩溶地区水循环的重要因素。中国南方典型岩溶区岩-土界面深度一般只有0.5～1.5m（Luo et al.，2024），但表生岩溶发育带最大深度要大得多，湿热多雨的桂林地区可达10m以上（张君等，2021）。

4. 风化壳厚度

风化壳是山区土壤与地球表层新鲜基岩面的过渡带，对土壤水分再分配、地下水循环补给、植物有效水分利用率等有重要作用（骆占斌等，2022）。根据全国重要地质钻孔数据库数据，受控于地质构造和地层时代，不同地区风化壳厚度变化非常大，不发育的地区厚度只有3～4m，大厚度地区超过100m（Yan et al.，2020）。

5. 潜水埋深

地下水是水循环系统的重要组成部分，可以直接或间接地作用于地表生态，影响到地表生态系统的形成与演变。旱区绿洲植被正常生长所需要的水分主要依靠浅层地下水，如西北旱区河岸适宜植被生长的最佳潜水埋深为2～4m，潜水埋深大于6m时则对植被生长无明显影响（雍正等，2020）。根据"2022年国家地下水监测报告"，潜水埋深受控于地下水赋存条件和所处位置，不同地区变化很大。

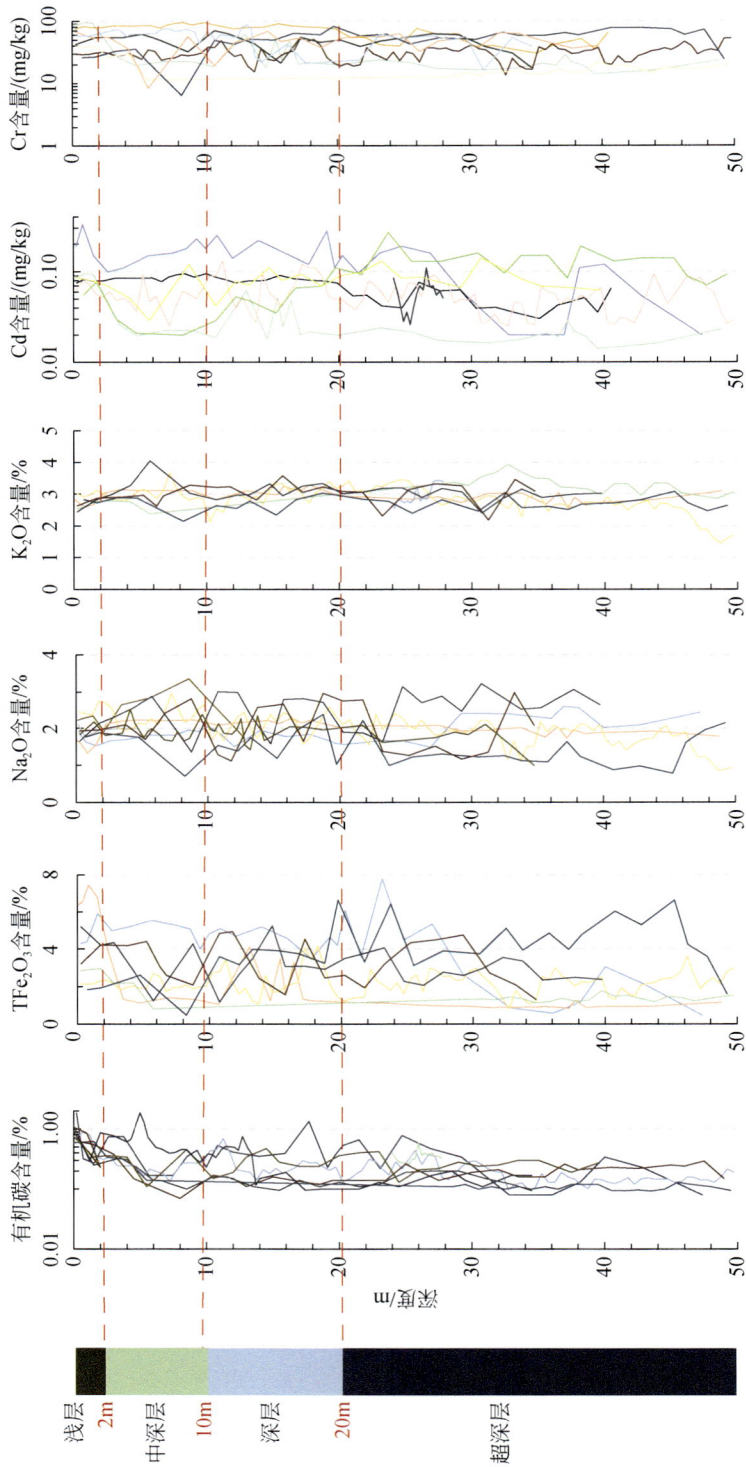

图1.4 吉林-辽宁地区典型钻孔地球化学元素组分含量随深度变化特征曲线

6. 元素地球化学循环

地表基质研究不仅关注表层土壤，同样侧重岩石-母质-土壤间成土过程演化、物质转换及对地表覆盖层（作物、植被）的约束（张甘霖等，2021；袁国礼等，2023）。从元素地球化学循环的角度，不同元素含量在垂向随深度变化特征可为地表基质层深度划分提供参考。在吉林和辽宁等地的地表基质试点工作中，超 20m 典型深钻有机碳、TFe_2O_3、Na_2O、K_2O、Cd 和 Cr 含量的垂向变化特征如图 1.4 所示。这些元素含量受地表植被（作物）生长、人类活动（耕作、污染等），以及自身垂向、水平向迁移特征影响，在垂向上变现出一定的分层特征。例如，有机碳含量在 0～2m 较高，2～10m 逐渐降低，10～20m 变化幅度减小并趋于稳定，20m 后整体趋于稳定；TFe_2O_3 和 Cd 含量在 0～2m 整体较高，2～10m 降低；Cr 含量在 0～4m 相对稳定，而在大于 4m 后变化幅度较大；Na_2O 和 K_2O 在不同地区表层中（0～2m）含量接近，而在大于 2m 后不同地区含量差异变大。

综合考虑上述因素，地表基质层深度一般不超过 20m，在垂直节理发育的厚层黄土区和高寒冻土区等特殊地区，深度会大一些。

1.2.2　地表基质层的分层特征

根据地表基质层的功能作用和特点，自地表向下划分为 4 层：

浅层（0～2m）：是地表能量与物质交换最活跃的层位，也是化学元素和微生物活动变化显著的浅层空间，极易受人类活动影响。浅层地表基质是土地质量、土壤层和林草立地层调查研究的主要对象，要在充分收集利用这些成果资料的基础上，根据实际需要开展补充调查。

中深层（2～10m）：是浅层地表基质（土壤层）的重要支撑，其岩土物质类型与结构对水盐运移传输和地下温度变化等起着决定性控制作用，对农业生产和植被生长具有重要影响。中深层地表基质是土地科学利用和生态保护修复需要高度重视的地质要素，也是大多数地区地表基质调查研究的主要目标层和特色所在。

深层（10～20m）：是长周期气候波动的响应层，对深根植被、多年冻土层的变化等有重要影响。深层地表基质是多年冻土区和垂直节理较发育的厚层黄土区地表基质调查研究应达到的深度。

超深层（>20m）：是全球气候变化的响应层，尤其在变温带下限深度超过 20m 的寒冷地区，地表基质温度的变化会对地下生态系统产生重要影响。超深层地表基质是城镇和重大工程区地下空间开发利用需要关注的重要层位。

1.3　地表基质关键层

地表基质层内较为连续、稳定分布，对植被（农作物）生长、水盐储存和运移等具有重要控制和影响作用的岩土层，称为地表基质关键层。例如，坝上高原张北县安固里淖流域的钙积层，限制了杨树根系向下生长吸收地下水分 [图 1.5（a）]；南疆塔里木河下游的坚硬黏土层，阻碍了胡杨根系在松散沙层的延展，从而致其缺水枯死 [图 1.5（b）] 等。地表基质关键层是地表基质调查研究中应予以重点关注的特殊层位。

图 1.5 坝上高原张北县（a）和南疆塔里木河下游（b）地表基质关键层特征图

1.4 地表基质层与相关学科术语的关系

地表基质层是在统筹考虑了相关学科的土壤层、立地层、包气带、地球关键带等术语定义的基础上提出的（郝爱兵等，2020；殷志强等，2023），与相关学科术语既有区别，又有联系（图 1.6）。地表基质层的圈定，是从生态服务功能角度，结合已有的基础地质和第四纪地质调查结果对近地表岩土体的划分。

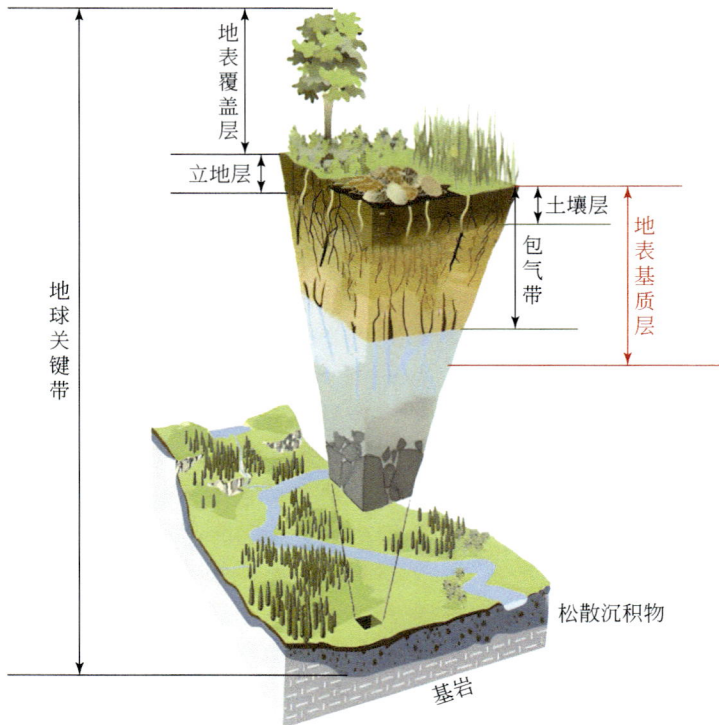

图 1.6 地表基质层与相关学科术语的关系图（据 Chorover et al.，2007 修改）

1.4.1　地表基质与传统地质的关系

地表基质与的区域地质、第四纪地质、水文地质（包气带）、工程地质等传统基础地质相比，研究内容和服务目标等有所不同。传统基础地质研究更加注重地质体本身及其理化性质，对地质体上覆的植被生态和农作物（耕地）等关注较少，甚至不研究。地表基质研究则强调岩土体支撑生态系统的生态服务功能，如岩石的抗风化能力、风化速率，以及松散物质的成土能力等；更加注重地表基质层的结构类型，各类地表基质的破碎与裂隙发育程度，松散堆积物的"粗细、厚薄、深浅"等特征，以及有益、有害元素含量等；更关注地表基质层对土壤层以及耕地、林草、农作物等自然生态资源的支撑、孕育能力与潜力。

1.4.2　地表基质层与土壤层的关系

与土壤层研究的深度（一般为 2m 以浅）相比，地表基质研究更加侧重于土壤层之下未受现代成壤作用明显影响的物质本底（殷志强等，2023），深度一般在地表 2m 以下，重点是 2～20m 或更深范围内的基质类型、物质组成、理化性质和微生物特征等，评价地表基质层对上部地表覆盖层（含土壤层）的支撑和孕育作用，以及对下部地下资源层（主要为地下水）的控制和影响等。地表基质调查通过查清基岩风化壳和松散沉积物的物性结构、矿物元素构成和化学性状等特征，确定与地表基质特征相适应的生态服务功能，为科学合理构建自然资源与生态系统空间格局、建设高标准农田、准确掌握耕地后备资源状况等提供数据支持。

1.4.3　地表基质层与地球关键带的关系

地表基质层与地球系统科学中的地球关键带和林草学中的立地条件相比，地球关键带在垂直向上包含了从岩石-土壤风化界面到植被冠层顶部的近地表大气，研究的下限深度较大；立地条件较少考虑地质的物质成因类型。地表基质是地球关键带表层的主要物质组成部分（李小雁和马育军，2016），地球关键带研究的重点是地表圈层的界面过程（张甘霖等，2021），地表基质研究则强调其地质属性及其对植被生态的影响（殷志强等，2023），即包括地质成因及其相应的结构性状、化学性状等地质属性的生态服务功能。地表基质层沟通土壤水分运移和地下水补给（骆占斌等，2022），是岩石风化、元素迁移、水-气交换过程的发生地，地表基质层调查获取的理化指标可为地球关键带界面过程研究提供重要基础参数。

第 2 章　地表基质分类与编图

2.1　地表基质分类

地表基质类型（types of ground substrate）是指按照一定原则对地表基质进行的分类和命名。原则和标准不同，分类结果可以有很多种方式。自然资源部已经发布的《地表基质分类方案（试行）》将地表基质划分为 4 类 3 级。由于分类标准不统一，特别是 3 级分类回归到不同学科体系，过于复杂，在野外填图实践中难以应用，没有得到广泛认可。近年来，不少研究者对地表基质分类进行了探索（殷志强等，2020a；侯红星等，2021；姚晓峰等，2022）。自 2019 年以来，作者在不同地表基质类型区试点调查项目基础上，重点从地表基质生态服务功能角度出发，采取自上而下、简洁实用的分类原则开展地表基质分类，提出地表基质的 5 类 3 级分类方案。

2.1.1　分类原则

地表基质分类遵循以下基本原则：

（1）分类依据一致。根据地表基质形成、发育、演化的逻辑关系，以表征地表基质的物质类型、成因类型和特征理化性质为主线，同一级的分类依据一致，从一级类到三级类逐级扩展细化。

（2）分类结果简洁实用。一级类和二级类尽可能简单明了，类型数量不宜多，便于野外识别和填图；多数地区可以借助已有区域地质、第四纪地质和水文地质等基础地质调查研究成果，通过"资料改化"方式获得。三级类体现地表基质孕育支撑各类自然资源的特质属性，需要通过野外实地调查和室内试验手段获取。

2.1.2　分类方案

根据上述原则，遵循地表基质的"基础物质"内涵，笔者将地表基质的一级类划分为 5 种，即岩质、砾质、沙质、土质、泥质。与自然资源部已经发布的《地表基质分类方案（试行）》，一级类中增加了"沙质"，主要是基于我国沙地总面积超过 $9 \times 10^5 km^2$ 的现实情况。5 种类型地表基质的简要特征如下：

岩质：指天然形成的，具有一定结构、构造和稳定形状的矿物集合体。岩质主要由粒径大于 200mm 的块体构成。

砾质：指岩石经物理、化学或生物风化作用破碎而形成的块状砾级碎屑物，主要成分粒径≥2mm。

沙质：指未固结成岩的沙，主要成分粒径为 0.06～2mm。

土质：指能够生长植物、发育成土壤的疏松物质层，主要成分粒径为 0.002～0.06mm。

泥质：指长期处于水体覆盖下（深度通常在浪基面以下）的特殊沉积类型，以黏粒级沉积物为主，含沙粒很少、有黏性，主要成分粒径≤0.002mm，具有较好的可塑性。

二级类和三级类是一级类的向下细化延伸。

二级类的分类依据增加了成因类型，因为成因是决定岩土性质的根本因素，不同成因的地表基质理化性质差别明显。二级类体现简洁明了、宜粗不宜细的原则。除岩质分类与自然资源部已经发布的《地表基质分类方案（试行）》相同外，其他 4 种地表基质类型，按成因类型进行了简化归并，如将残积物和坡积物进行归并，统称为残坡积物；对冲积物和洪积物进行归并，统称为冲洪积物。

三级类的分类依据进一步增加了特征理化性质，这些特征理化性质面向地表基质调查研究成果的应用和表达。例如，富含某种化学组分或元素的地表基质对增加土地价值和利用效益具有重要意义，岩石的硬度和风化程度等表征其成土能力，砾质和沙质的分选性、粒度等表征不同的功能用途，土质的渗透性表征其透水透气性能，泥质的有机质表征其保肥、保水及碳储能力等。

2.1.3　分类说明

（1）关于"沙"和"砂"的区别。固结成岩用"砂"，未固结成岩用"沙"，沙质地表基质是指未固结的沙。

（2）地表基质的特征理化性质，如硬度、分选性、粒度、渗透性等特征理化性质在相关学科中有成熟的分类、分级标准，可根据不同地区实际情况选取适宜的方案。

（3）盐壳、生物质堆积等特殊类型地表基质可以根据实际情况归类和命名。

（4）由于土壤已有成熟系统的分类方案，本方案主要考虑土壤母质的类型，未考虑表层土壤分类。

地表基质 3 级分类方案如表 2.1 和图 2.1 所示。

表 2.1　地表基质 3 级分类方案表

一级类		二级类		三级类	
原则	类型名称	原则	类型名称	原则	类型名称示例
物质类型	岩质	成因类型+物质类型	沉积岩 岩浆岩 变质岩	特征理化性质+成因类型+物质类型	坚硬程度或风化程度（成土能力）+特征元素+岩石类型； 示例：弱风化富钾花岗岩
	砾质		冲洪积砾 残坡积砾 冰积砾		土质含量+特征组分+二级类； 示例：高含土硅质冲洪积砾
	沙质		冲洪积沙 风积沙 湖积沙 海积沙		分选性+粒度+特征元素+二级类； 示例：分选好粗粒硅质风积沙

一级类		二级类		三级类	
原则	类型名称	原则	类型名称	原则	类型名称示例
物质类型	土质	成因类型+物质类型	冲洪积土 残坡积土 风积土 湖积土	特征理化性质+成因类型+物质类型	渗透性+特征元素+二级类； 示例：强渗透性富硒风积土
	泥质		湖泥 海泥 沼泽泥		有机质含量+二级类； 示例：高有机质湖泥

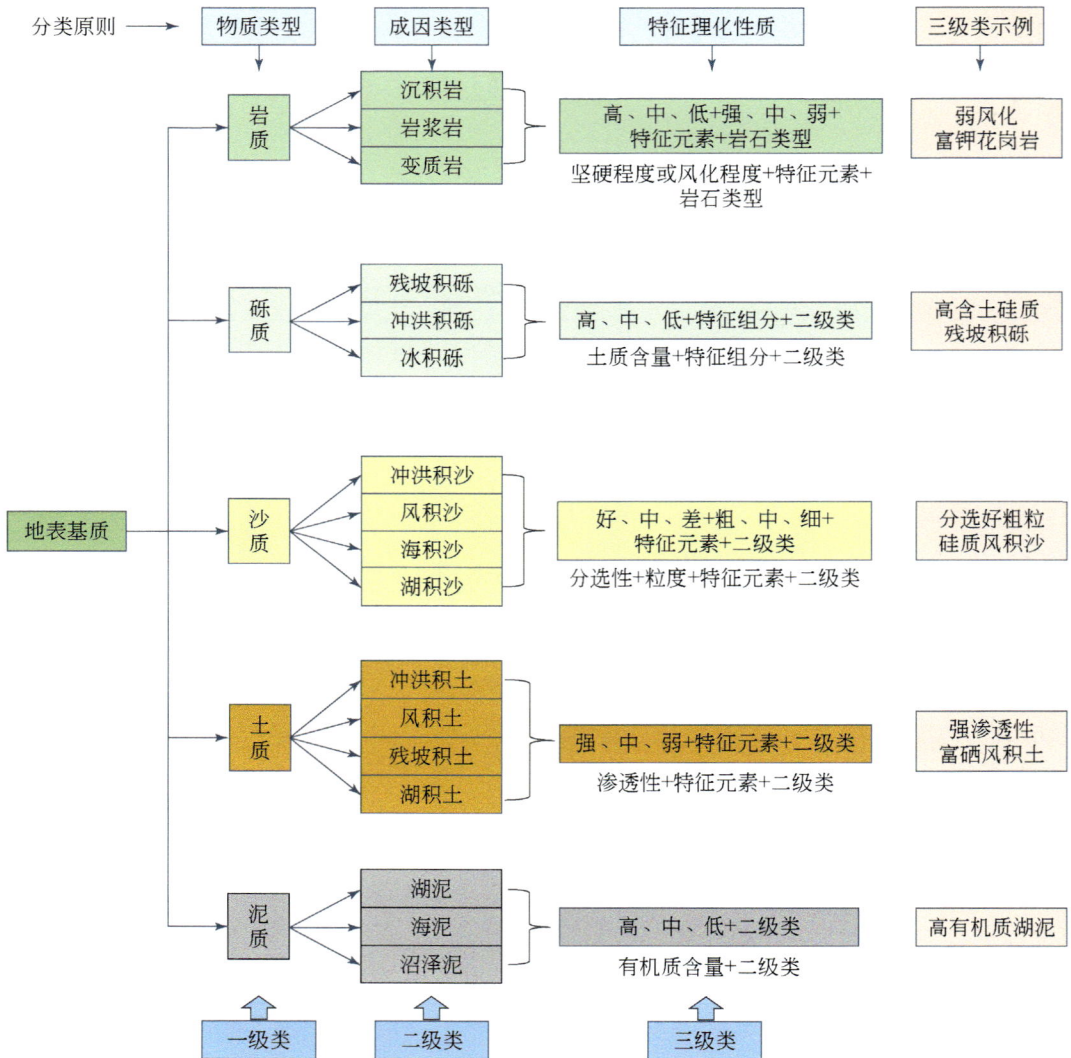

图 2.1　地表基质 3 级分类方案示意图

2.1.4　地表基质空间分布

根据全国地表基质分类方案，结合地形地貌，全国地表基质一级类和二级类空间分布见图 2.2 和图 2.3。

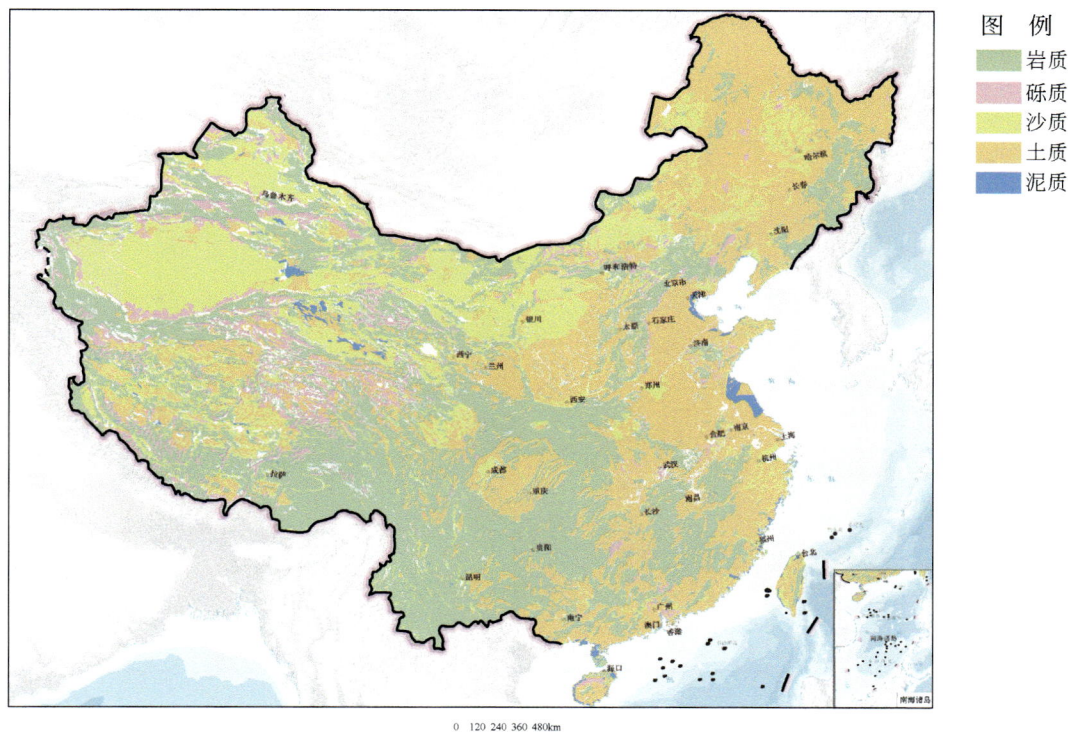

图 2.2　全国地表基质一级类空间分布图

1. 数据来源

全国陆域地表基质一级类和二级类分类主要参考《中华人民共和国及其毗邻海区第四纪地质图》、"中国地质岩性空间分布数据"、《中国水文地质图》等，数据来源见表 2.2。

2. 分类依据

物质类型划分：由于严格按照土、砂（沙）、砾划分难以区分冲洪积物、风积物、湖积物、海积物的物质类型，物质类型主要参考《中华人民共和国及其毗邻海区第四纪地质图》中的相关描述，依据相对粒级划分，描述中存在多种物质类型时，以物质的主要类型为主。其中，土质主要包含砾质土、黏土、黏质土等物质类型；砂（沙）质主要包含以砂质土、粉砂、细砂、中细砂等物质类型；砾质主要包含砾砂、砂砾及砾。具体对应关系见表 2.3。

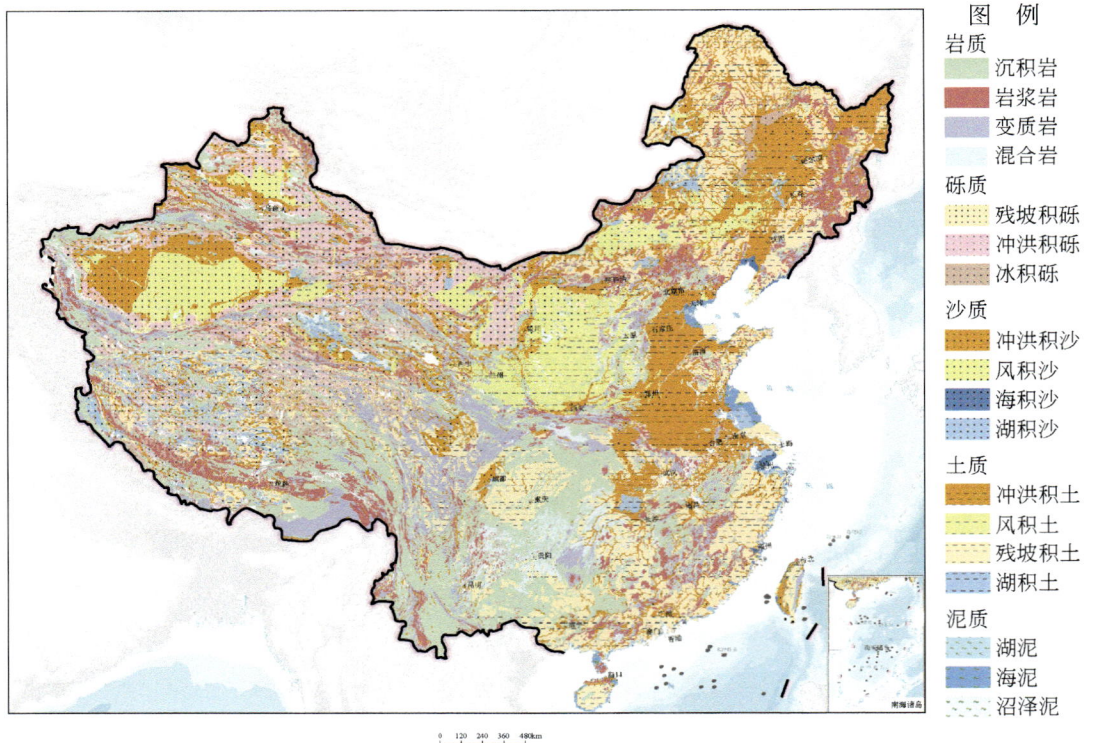

图 2.3　全国地表基质二级类空间分布图

表 2.2　全国陆域地表基质分类数据来源表

图名	比例尺	坐标系统	资料来源		
			编制单位	主编，副主编	出版社及时间
《中华人民共和国及其毗邻海区第四纪地质图》	1∶250 万	正轴等角圆锥投影坐标系	中国地质科学院水文地质环境地质研究所、中国地质科学院地质研究所、天津地质矿产研究所	张宗祜，周慕林、邵时雄	中国地图出版社，1990 年
《数字地质图数据库》	1∶50 万		中国地质调查局发展研究中心		2001 年
"中国地质岩性空间分布数据"	1∶50 万	正轴等积割圆锥投影坐标系	中国科学院资源环境科学数据中心（https://www.resdc.cn）		
《中国水文地质图》	1∶500 万	兰伯特等角圆锥投影坐标系	中国地质科学院水文地质环境地质研究所	程彦培，张健康	地质出版社，2018 年

表 2.3　物质类型对照表

物质类型	具体物质类型描述
泥质	黏土
土质	黏质土、砾质土
	黏质土、砂质土

续表

物质类型	具体物质类型描述
土质	黏质土
	盐类为主
	黏质土、砂质土、砾质土
	粉砂质黏土
	黏质土+砂质土
	砂质黏土
	黏土、粉砂和砂
	黏质土+砾质土
	黏质土+砂质土+砾质土
	含有孔虫化石的黏土
	含贝壳化石的砂质黏土
	黏土和砂
土质（黄土）	黄土类土
	砾质土+黄土类土
	砾质土、黄土类土
砂（沙）质	砾质土
	砾质土、黏质土
	砂质土、黏质土
	砂质土
	砂质土、砾质土
	砾质土+砂质土
	砾质土、砂质土
	砂质土+砾质土
	砂质土+黏质土
	砂、粉砂和黏土
	黏土质粉砂
	黏土质砂
	粉砂质砂
	细砂
	含贝壳化石的细砂
	中细砂
	砂质粉砂
	砂质土、砾质土、黏质土
	砂、粉砂

物质类型	具体物质类型描述
砂（沙）质	含贝壳化石的粉砂质砂
	含贝壳化石的中细砂
	含有孔虫化石的黏土质粉砂
	粉砂
	含贝壳化石的黏土质粉砂
	含贝壳化石的粗中砂
	含贝壳化石的砂、粉砂和黏土
	含贝壳化石的黏土质砂
	中砂、细砂
	粗砂
	中砂
	黏土质粉砂+粉砂质黏土
砾质	砾砂
	砾
	砂砾
	含贝壳化石的砂砾

成因类型划分：参照《中华人民共和国及其毗邻海区第四纪地质图》中第四纪成因符号及图例，根据第四纪成因，结合地表基质二级类中的成因类型，形成地表基质成因类型分类，存在多种成因时，以主要成因类型为主。具体对应关系见表2.4。

表 2.4　第四纪物质成因类型对照表

第四纪成因代号	第四纪成因类型	地表基质成因类型
g	冰碛	冰积
gf	冰水沉积	冰积
gf-p	冰水沉积-洪积	冰积
gf-l	冰水沉积-湖积	冰积
g-l	冰碛-湖积	冰积
eld#-2	寒冻风化残坡积	残坡积
el	残积	残坡积
eld	残坡积	残坡积
d	坡积	残坡积
el#-1	红土化残积	残坡积
d+f	坡积-冲积	残坡积
eld#-1	红土化残坡积	残坡积
eld#-3	岩溶化残坡积	残坡积

续表

第四纪成因代号	第四纪成因类型	地表基质成因类型
f-l	冲湖积	冲洪积
f	冲积	冲洪积
f-p	冲洪积	冲洪积
p	洪积	冲洪积
f+lg	洪积	冲洪积
P+f	洪冲积	冲洪积
f+P	冲洪积	冲洪积
f+d	冲坡积	冲洪积
e	风积	风积
e（f-p）	风积（冲洪积）	风积
e（f）	风积（冲积）	风积
e（f-l）	风积（冲湖积）	风积
e（eld）	风积（残坡积）	风积
e（p-l）	风积（洪湖积）	风积
e（p）	风积（洪积）	风积
e（gf-p）	风积（冰水沉积-洪积）	风积
L	黄土堆积	黄土堆积
f-m	冲海积	海积
m	海积	海积
m+l	海湖积	海积
l	湖积	湖积
p-l	洪湖积	湖积
lg	潟湖沉积	湖积
l+lg	湖积-潟湖沉积	湖积
l-h	湖积-沼泽堆积	湖积（泥）
d-p	坡洪积	坡洪积
p+d	洪积-坡积	坡洪积

　　地表基质分类：将成因类型与物质类型结合，并根据地表基质已有的二级类进行合并，确定各图斑的地表基质一级类和二级类（图 2.2、图 2.3）。原则上以成因类型为主，兼顾物质类型，其中，残坡积物合并为残坡积土；坡洪积物合并为坡洪积砾；冰积物合并为冰积砾；沼泽堆积物合并为沼泽堆积泥；湖积物中，将湖积-沼泽堆积形成的土质划归为湖积泥；海积物无法区分土质及泥质，因此合并为海积泥。具体对应关系见表 2.5。

表 2.5　松散物质基质一级类和二级类对照表

成因类型+物质类型	地表基质二级类	地表基质一级类
冲洪积土	冲洪积土	土质
残坡积土	残坡积土	土质
残坡积沙	残坡积土	土质
湖积土	湖积土	土质
风积土	风积土	土质
冲洪积黄土	冲洪积土	土质
风积黄土	风积土	土质
冲洪积沙	冲洪积沙	沙质
风积沙	风积沙	沙质
湖积沙	湖积沙	沙质
海积沙	海积沙	沙质
湖积（泥）	湖积泥	泥质
海积土	海积泥	泥质
沼泽堆积土	沼泽堆积泥	泥质
沼泽堆积沙	沼泽堆积泥	泥质
冰积土	冰积砾	砾质
冰积沙	冰积砾	砾质
冰积砾	冰积砾	砾质
坡洪积沙	坡洪积砾	砾质
坡洪积土	坡洪积砾	砾质
坡洪积黄土	坡洪积砾	砾质
海积砾	海积砾	砾质

岩质分类：根据"中国地质岩性空间分布数据"中的相关描述对岩石进行分类，由于词条种类较多（约 10 万条），因此通过提取关键词的方式划分岩石类型。其中，岩浆岩包括以超基性、基性、中性、酸性熔岩，以及花岗岩、玄武岩、流纹岩、橄榄岩、安山岩、粗面岩、闪长岩、闪正岩、二长岩、正长岩等为主的岩质；沉积岩包括以砾岩、灰岩、砂岩、泥岩、黏土岩、页岩、碎屑岩、白云岩、硅质岩、铝质岩、煤层为主的岩质；变质岩包括以片岩、板岩、千枚岩、片麻岩、石英岩、大理岩、榴辉岩、蛇纹岩、云母岩，以及蛇纹化、变质、变晶、变粒结构为主的岩质。具体对应关系见表 2.6。

表 2.6　岩石基质类型对照表

三大岩石类型	岩石类型
岩浆岩	超基性、基性、中性、酸性熔岩，花岗岩、玄武岩、流纹岩、橄榄岩、安山岩、粗面岩、闪长岩、闪正岩、二长岩、正长岩、辉绿岩、辉霞岩、煌岩、斑岩等
沉积岩	砾岩、灰岩、砂岩、泥岩、黏土岩、页岩、白云岩、碎屑岩、硅质岩、铝质岩、煤层等
变质岩	片岩、板岩、千枚岩、片麻岩、石英岩、大理岩、榴辉岩、蛇纹岩、云母岩，以及蛇纹化、变质、变晶、变粒结构等

2.2　地表基质编图

地表基质图件包括基础性图件和应用服务类图件两大类。

2.2.1　基础性图件

地表基质基础性图件指的是地表基质本身的专业性图件，主要包括地表基质类型分布图、地表基质层构型分区图和地表基质理化性质图等（图 2.4）。

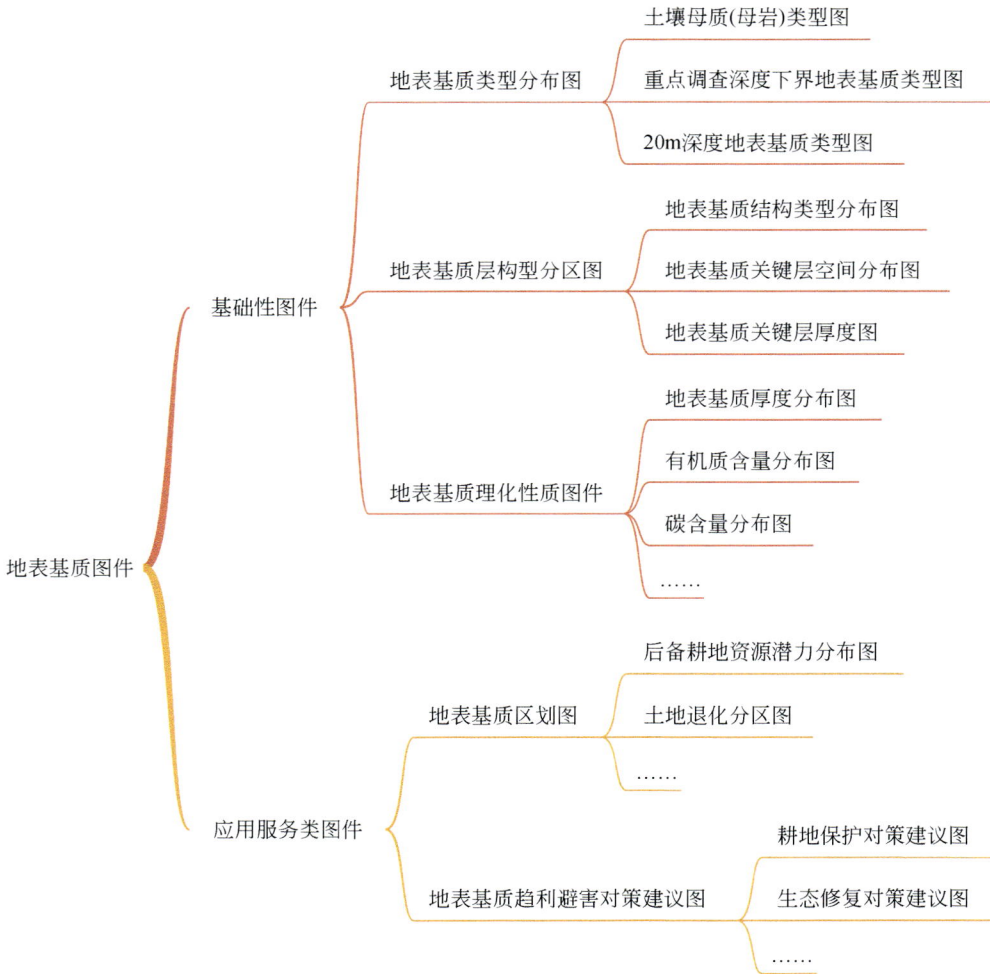

图 2.4　地表基质图件主要类型

（1）地表基质类型分布图，是描述土壤层下面物质组成类型的空间展布特征的图件，如土壤母质（母岩）类型图、重点调查深度下界地表基质类型图、20m 深度地表基质类型图等。

（2）地表基质层构型分区图，是将地表土壤层剥离后的地表基质结构类型分层图，在构型图中需要将地表基质关键层（如钙积层、盐碱层、多年冻结层、土壤干层、易液化砂土层等）明确标识出来，做出地表基质关键层空间分布图及厚度图。

（3）地表基质理化性质图件，是表示地表基质物理和化学性质的空间分布图件，如地表基质厚度分布图、有机质含量分布图、碳含量分布图等；对特殊基质地表基质类型区，做出特征性图件，如冻土活动层厚度分布图、多年冻结层深度图、盐碱层厚度图等。

2.2.2　应用服务类图件

针对国土空间规划、生态保护修复、全域土地整治、高标准农田建设等支撑服务，编制的地表基质区划图和地表基质趋利避害对策建议图等应用服务图件（图2.4）。

（1）地表基质区划图，是从支撑耕地保护和生态修复等角度，基于地表基质的类型、分布、构型、理化性质等属性信息，开展的国土空间"宜耕则耕、宜林则林、宜草则草、宜荒则荒"等"宜则性"区划，如土地退化分区图（基于地表基质理化指标划定的稳定区、欠稳定区等）、后备耕地资源潜力分布图（基于地表基质的类型和成土能力）等。

（2）地表基质趋利避害对策建议图，是基于地表基质类型和构型提出的耕地保护与生态修复对策建议类图件，应简洁明了、通俗易懂。

第 3 章　地表基质的物理、化学和微生物性质

地表基质在不同地区的性质具有明显的差异性，称为地表基质异质性，地表基质异质性受第四纪沉积过程和风化过程所控制。

重力、风力和河湖水动力的搬运、沉积、分选过程直接导致了第四纪沉积物质地（粒径、排列、磨圆、孔隙）、层理、湿陷性、通气性、渗透性等结构性质，以及岩屑矿物元素构成在平面和深度上的变化，如风成粉砂质黄土比河流相粉砂沉积的碳酸盐含量更高，因此风成黄土是湿陷性黄土，而次生黄土多为非湿陷性黄土（张利鹏，2018）；干旱区静水沉积常见石膏等盐类沉积（陈安东等，2020）。杂砂岩、碳酸盐岩、花岗岩、玄武岩和英安岩等不同岩性基岩的原岩结构和风化成壤过程则左右了残坡积物的结构性和矿物元素组成（王京彬等，2020）。基岩岩性和破碎程度的差异更直接控制了风化残积物的结构性和化学性状变化。

因此，地表基质的第四纪成因类型是导致地表基质异质性的首要因素和重要基础信息，沉积分选形成的质地、堆积方式、密实程度、层理结构差异是地表基质异质性的主要结构性状表现，母岩岩性则是地表基质异质性的化学性状基础。地表基质异质性主要表现在物理性质（岩土体物性结构）、化学性质（矿物元素构成和化学性状）和微生物性质 3 个方面。

3.1　地表基质的物理性质

3.1.1　地表基质的物性结构和结构性差异

地表基质的物质主要包括自然过程形成的天然岩石、半固结岩石、第四纪沉积物、风化残积物及其在表土母质基础上发育形成的土壤层等。地表基质层是受表生地质作用影响的地球表层岩土物质层，是地球关键带中水、气、热量与岩土矿物质、植被根系等发生能量和元素交换的主要界面（李小雁和马育军，2016；许秀丽等，2018；刘鸿雁等，2019；Nie et al.，2021），因此是各种物理-化学风化、土壤形成发育的发生带（Bristol et al.，2012），也是包气带水气液转换、地球化学循环、碳氮循环、土壤温室气体吸收与生成、盐类物质淋滤淀积、冻土层形成与变化、侵蚀与沉积作用的发生地，更是人类土地利用与管理的主要对象。

地表基质的结构性状主要指质地、颗粒堆积方式、各向异性、颗粒磨圆度、致密程度、层理等，包括地表土壤的类型（块状、片状、柱状、团粒状等），并与地表基质的第四纪沉积物成因类型存在直接关系。因此第四纪沉积与岩石的类型、物理结构影响着地表基质的结构性差异，进而控制并深刻影响着土壤孔隙和水分的连通过程（Beven and Germann，2013；刘金涛等，2019，2020）。

岩石与地下水储水状况决定着生态系统的结构、类型和功能。前人研究发现，气候变

化和地下水埋深是植被变化的主要驱动因子，植物不仅利用浅层土壤水，而且有时也从土壤下面的岩层中吸收水分（Schwinning，2010）；同时，基岩风化层可为干旱区植物生长提供关键水分（Rempe and Dietrich，2018），基岩裂隙水影响着山区树木水分状况（Nardini et al.，2021）；易风化、裂隙发育、富含养分的基岩能够调节山区森林蓄水和需求的平衡（Russell et al.，2022）；地表基质层内水分运移研究需要考虑地层沉积结构的影响（Fatichi et al.，2020；Bonetti et al.，2021）；选择种植的乔木类型必须考虑对种植区地表基质的适应性（蔡祖聪，2022）。

在北方关键生态功能区，乔木林死亡后地表基质层内会顺着根系产生大孔隙通道，成为降水入渗的优势通道，且因地处半干旱区，大部分时间内地表基质层含水量较低，水分运移以薄膜流为主（Wang et al.，2019）。此外，坝上高原西部一个很重要的特点是广泛分布的第四纪钙积层会对降水入渗、根系发育以及地下水毛细上升过程起到阻隔作用（殷志强等，2023）。如果对人工林种植区域地表基质的沉积结构认识不足，就不能获得预期的研究效果。

可见，不同地表基质结构性差异的存在决定了其中孔隙类型的差异，导致各种状态水的不同占比和土壤相对湿度的变化，沉积型地表基质的地层结构极大影响着水分的深度再分布（Fatichi et al.，2020；Russell et al.，2022）。尤其在中国北方，水分条件是影响植被生态的关键因素，地表基质异质性包括不同地表基质留滞降雨、入渗蒸发、地下水毛细补给和凝结水汽能力的差异，其对表土水分条件的影响是造成不同地表基质区植物群落差异的关键原因。因此在北方关键生态功能区，地表基质的沉积结构（地层层理、风化壳、钙积层等）、孔隙度都等会对植被根系和水分运移产生明显影响。由于地表基质的物性结构和结构性差异是影响岩土水分运移的关键因素，研究地表基质-植被生态系统就需要考虑岩土水分状态、结构性差异和孔隙度的影响。

3.1.2　地表基质的物性结构野外调查

地表基质剖面野外调查主要关注地表基质中观尺度上关键结构特征，包括砾石磨圆度及其定向排列方向、分选程度、颗粒堆积方式、颜色变化，黄土垂直节理、基岩裂隙密度及其产状指示的各向异性，分层结构（包括沉积层理和风化壳分层），岩性剖面过渡变化特点，以及土壤结构体类型（如块状、片状、柱状、团粒状等）测量。尽可能将各种特征用定量化参数进行描述表征。风化壳型风化残积物需要测量记录残积物分层特征及其厚度、基岩破碎程度（可用裂隙密度表达）。

砾石磨圆度是反映搬运距离的指标，影响岩土体孔隙发育，磨圆度高、定向排列的卵石与风化角砾、坡积角砾具有不同的孔隙结构，因此是影响岩土体渗透性的物性参数之一。分选程度是直接影响基质孔隙类型、孔隙率等物性。颜色则是与成壤程度、母岩性质、氧化还原状态、风化程度等因素有关的物性。

裂隙密度及其各向异性测量，主要在基岩和黄土区开展，按单位面积内裂隙数作为裂隙密度，统计每条裂隙产状，编制裂隙产状玫瑰花图，得到裂隙各向异性信息，沉积岩应该测量包括地层层面和裂隙节理的密度及其产状指示的各向异性等。

分层结构包括黄土（或风沙）-古土壤层序变化，地表淋滤层与下部淀积层层序关系，河漫滩下部砾石-上部粉砂的二元结构，阶地的下部河流相-顶部风成黄土、河流相沉积的砾石-沙粒交互层理，以及湖相沉积的湖相黏土-湖滨相粉砂交替层理等，分层结构直接影响基质渗透性的各向异性和纵向变化。

土壤结构体类型主要用来分析地表基质类型对土壤团粒结构形成的影响，如黄土是一种土壤化程度较弱的风成沉积，团粒化是其重要识别标志。激光粒度仪测量粒度时的蒸馏水会溶解部分团粒胶结物，超声震荡会打碎胶结的团粒，故团粒的测量拟采用制作薄片进行显微镜镜下观测、测量的方式进行分析。

地表基质采样深度由剖面发育情况决定，采样间距根据不同的物性指标需要，取 5～20cm 不等，粒度和矿物元素分析样品按 5cm 或 10cm 间距采集散样，容重样品按 20cm 或 40cm 间距采集保留结构的块样。用环刀采集不同深度（间隔 20cm）处的原状岩土样，在野外测定饱和入渗系数，回室内测定粒度、容重、比表面积、水分等物理参数，获取岩性、厚度、物质组成、粒度分选性、垂向分层结构、风化程度、孔隙度、基岩裂隙、植被根系等信息，并进行不同地表基质单元垂向剖面结构和上覆植被对比。

3.1.3　地表基质的粒度测试和孔隙探测

不同成因沉积物的新技术测量加强了对岩土粒度的精细划分，为精确测量孔隙三维结构、提高模型模拟能力提供了可能。

常规成熟的沉积学粒度和土壤质地分析将岩土按颗粒粒度划分为砾石、粗砂（沙）、中砂、细砂、粉砂、黏粒，以及沙土、壤土、黏壤土、黏土等（熊顺贵，2001）。伴随新技术的不断涌现，利用激光测量技术，人们已经发现现代不同成因的沉积物具有不同的粒度组成，分为滚动（砾石）、跳跃（砂）、悬浮（粉砂-黏粒）组分，其中悬浮组分还细分为受重力、湍流、分子扩散主导的粗、中、细 3 个组分，而且由于介质黏滞系数的差异，水和大气介质形成的各组分还存在系统的粒径偏差。因此不同成因的沉积物具有不同的粒度分布构成（殷志强等，2009；Qin and Mu，2011），这意味着其颗粒间排列架构和孔隙结构也会存在差异。而现代微米计算机断层扫描（computed tomography，CT）三维扫描测量技术为揭示岩土孔隙的三维分布特征提供了可能（Zhang et al.，2020），为获取不同地表基质的非活性孔隙（<2μm）、毛管孔隙（2～20μm）、通气孔隙（>20μm）占比，在模型中更精细地估算岩土中无效水、毛管水和重力水的变化提供了可能。基岩裂隙水也是植物生长的重要水源，MesoMR 柜式核磁共振成像仪和高能加速器 CT 可以对基质母岩的孔隙度、渗透率、孔径分布、含水率等结构表征要素进行探测，评价不同岩性基岩的裂隙发育程度，帮助分析其裂隙水的补给能力。

岩土体孔隙度分析样品需要尽量避开表面土壤层，用环刀采集整体原位的原生样品，如黄土（包括原生黄土和次生黄土）、河漫滩相粉砂等。岩土体孔隙度（P_s，%）按经典土壤孔隙度测量方法测试获得。计算公式为

$$P_s=(m_1-m_3)/(m_3-m)\times\rho_s\times100\% \tag{3.1}$$

$$\rho_s=(m_3-m)/V \tag{3.2}$$

式中，m_1 为装有原状土壤的环刀于蒸馏水中浸泡 12h 后的重量；m_3 为烘干后的土壤和环刀重量；m 为环刀重量；ρ_s 为土壤容重，g/cm^3；V 为环刀体积，cm^3。

粒度样品测试：颗粒直径小于 2mm 的样品粒度用英国 Malvern 公司 Mastersizer 3000 激光粒度分析仪测试分析；更粗的砂砾样品粒度用传统的筛选法测定粒度。

岩土密度、容重、总孔隙度、大小孔隙分配均按土壤学经典方法测试。

粉砂和黏土孔隙度测试：孔隙三维分析拟利用微米 CT（3D X-射线显微镜）分析岩土原位块样的矿物、有机质、孔隙及孔隙内流体的空间分布、孔隙连通性、孔隙度、孔隙各向异性等重要信息。根据孔隙直径测量数据获得非活性孔隙（<2μm）、毛管孔隙（2～20μm）、通气孔隙（>20μm）占比和三维立体空间分布信息，并与利用粒度分布数据进行孔隙空间理论估算的结果进行对比。

疏松难以成形且颗粒粗大的风沙、河流中粗沙、风化残积物的孔隙度分析：采用经典的三相组成方法，先测定固相率（容重或密度）、液相率［容积含水率=（岩土含水量/干土质量）×容重］、气相率（固相率-容积含水率），获得三相比（固态率:容积含水率:气相率）；再结合粒度分布数据，以及岩土体密度、容重等参数估算非活性孔度（非活性孔容积/基质容积，根据包括最大吸湿水量、膜状水含量的无效水估算）、毛管孔度（毛管孔容积/基质容积）、通气孔度（通气孔容积/基质容积）。

风化基岩（玄武岩、碳酸盐岩、碎屑砂页岩和花岗岩）的孔隙率分析：主要针对规模较大的裂隙，一般大于 100μm。拟利用 MesoMR 柜式核磁共振成像仪对基质母岩的孔隙度、渗透率、孔径分布、含水率等结构表征进行探测，研究岩心的孔隙分布、不同流体分布、裂缝走向等；采用高能加速器 CT 对方形盒样进行 CT 扫描获得三维裂隙分布信息。

3.1.4 包气带凝结水对北方地区植被的影响

在北方干旱-半干旱-半湿润区地下水位接近的地区，沉积物孔隙结构和包气带水是导致植物生长差异的关键因素（张亚国等，2022）。包气带的水分来源包括地表下渗水、地下水毛管上升水和带内水汽凝结水，其中的水分存在方式包括吸湿水、膜状水、毛管水（包括悬着水、上升水）和重力水等（熊顺贵，2001）。

地表基质中水汽运动表现为水汽的扩散和凝结，温度梯度是水汽运动的主要动力。土面蒸发是水汽扩散的主要形式，受大气蒸发力和表土导水性质共同决定，前者受辐射、气温、湿度和风速影响，后者与土壤含水率大小和分布有关，受土壤供水能力控制（熊顺贵，2001）。水汽扩散时遇冷凝结成液态水，北方半干旱-干旱区地区昼夜和季节温度变化形成的凝结水（夜潮和冻后聚墒）成为植物生长所需水分来源的重要补充（Cao et al.，2011），其受基质颗粒表面积影响。可见岩土水汽的扩散和凝结均与岩土结构有密切联系（丁晓雪等，2021）。

3.1.5 地表基质的物理性质主要指标

根据地表基质支撑服务粮食安全和生态安全等功能定位，地表基质的物理性质主要包括风化成土能力、水分含量、粒度、分选性、渗透性等。对于岩质地表基质，原岩破碎程度和风化成土过程控制了风化壳残坡积物的结构性、矿物元素组成和化学性状（Lin，2010；Banwart et al.，2013；Zhang et al.，2021；骆占斌等，2022）；对其他类型的地表基质，物理性质指标大多决定于第四系沉积物搬运过程中的沉积分选和搬运介质，包括重力、风力和河湖水动力的搬运、分选过程，影响包气带水分的渗透性、传输运移和地下水毛细上升高度（李中恺等，2022）。

对于北方地区的农作物和自然植被生态，地表基质的水分含量和持水性是主要约束因素，是其赖以生存的基本条件，是研究地表基质物理性质的关键指标；水分与孔隙密切相关，所以孔隙度也是地表基质调查重要指标之一，孔隙是水分和空气连通的空间，也是植物根系伸展和微生物生活的区域。对南方地区，地表基质层的构型及其物性特征（风化程度、孔隙（节理、裂隙）度等）是主要调查指标。

影响耕地保护和植被生态的地表基质主要物理指标见表 3.1。

表 3.1　地表基质的物理、化学和微生物性质一览表

序号	性质	内容	指标	备注
1	物理性质	构型	地表基质构型	物性结构或沉积相
2		风化成土能力	硬度、节理、裂隙、风化程度、风化速率等	主要针对基岩和风化壳
3		土壤层厚度、土质含量	厚度、粒度组分	主要针对风化壳型，以及砾质、沙质等地表基质类型
4		水分含量	含水率（重力水、结合水）	水分的不同存在形式，用质量含水率或体积含水率表征
5		孔隙	孔隙度、孔隙率	影响土质基质的透气性和连通性，与质地相关
6		粒度	粒度组分及百分含量	影响地表基质层中的水分运移、养分有效性、热量传输等
7		容重	容重	影响地表基质的孔隙度、密实度、水分运移、养分有效性、根被根系生长、微生物活动等
8		分选性	好、中、差	
9		渗透性	高、中、低	主要针对土质地表基质
10		温度	摄氏度	不同深度的温度变化，主要关注变温带
11	化学性质	矿物元素 营养元素	养分元素（Mn、Zn、Cu、Mo、N、P、K、Ca、Mg、Fe、Si、B、S 等）全量、碱解氮、有效磷、速效钾等有效态	表征地表基质可提供的、植物生长必需的养分元素
12		重金属元素	有毒、有害元素（As、Cd、Pb、Cr、Ni、Cu、Hg 等）全量、形态、价态	表征不同地表基质的重金属总量、形态和价态
13		特色元素	特色元素（Se、Sr、F、I 等）全量、形态、价态	表征地表基质特色元素全量和生物有效性分量，为特色农业和地方病预防提供依据
14		有机质	有机质含量	
15		电化学性质	胶体、氧化还原电位、盐分含量、阳离子交换量、酸碱性（pH）	含元素不同价态，影响土壤肥力、养分循环、微生物活性等
16		碳含量	总碳、有机碳、无机碳	用于碳地质循环研究和土壤碳汇–源评估，有机碳是植物生长的主要营养物质
17		黏土矿物成分及含量	黏土矿物成分、黏土矿物含量	研究不同地表基质层中黏土矿物构成，恢复成土时气候与环境，影响植物对重金属元素的富集效率
18	微生物性质	腐殖质特征	腐殖质含量	针对土质和泥质地表基质，通过光谱测定腐殖质组分含量
19		酶活性特征	土壤酶活性	有机质残体分解速度和强度
20		微生物多样性	微生物α多样性指数、微生物物种相对丰度、功能基因表达量	主要针对土质和泥质地表基质植物根系集中区，获取碳、氮、磷等营养元素循环相关数据

3.2 地表基质的化学性质

3.2.1 地表基质的矿物元素组成和化学性状差异

包括矿物元素、土壤 pH 和氧化还原电位等环境要素在内的地表基质化学性状直接影响植物营养元素的补给。地表基质母岩的性质决定了矿物元素的组成特点（卫晓锋等，2020）。不同的地表基质类型由于矿物组成和化学性状不同，形成了不同的林草孕育本底条件，因此影响着植被生态系统的发育方向。

在相似的气候条件下，不同的岩石类型往往形成不同的风化壳-成土母质-土壤，山地丘陵区的砂砾质地表基质主要为下伏基岩的风化残积物和坡积物，如侏罗纪—白垩纪红色细碎屑岩类（泥质岩、粉砂岩等）往往易风化形成紫色土，南方陆相中粗碎屑岩类（砂岩、砾岩等）、花岗岩类、玄武岩类则往往易风化形成红壤、砖红壤和黄壤等铁铝土，而碳酸盐岩类则易风化形成石灰土等，因此地表基质具有"道地性"和继承性。

在地表基质的化学性状中元素异常和地表盐渍度是影响植物生长最为常见的关键因素。基质内含有的营养元素将促进植被生长，如花岗岩和玄武岩风化壳在成壤化过程中富集了较多的营养元素成分，基质区适宜生长乔木；石英质砂岩和粉砂岩区由于风化壳缺乏足够的养分，基质区的植被类型往往以草本植物和灌木为主[①]；元素异常引起的植物变化有狼毒草泛滥（Li et al.，2022）、林木矮小[①]；承德的板栗、山楂等的果实籽粒则与基岩风化壳土壤中富集的有益元素有很好的响应关系（王京彬等，2020）。盐渍化（包括钙积层等）对植物根系发育空间、耐盐性的影响则是造成植物生长变异化（老头树、耐盐植物等）的重要原因[②]。

因此，在系统归纳总结与自然条件相适应的植被结构和格局基础上，深挖地表基质的沉积结构、孔隙分布、矿物组成和化学性状的变化特征及其对水分运移的影响，有助于揭示地表基质异质性对植被生态的约束机理。

3.2.2 地表基质矿物元素和化学性状测试

对玄武岩、花岗岩、砂岩、凝灰岩、风沙-黄土、湖相沉积、河流相沉积等不同地表基质类型剖面采集的不同深度剖面样品，室内测定有机质、pH、N、K、P、Fe、Ca、Mn 等养分元素，以及 As、Hg、Pb、Cd、Cr、Cu、Ni、Co 等重金属元素的含量。

采用帕纳克 X'Pert PRO X 射线衍射仪分析沉积物和土壤的黏土矿物组成，其他矿物组成采用显微镜镜下识别方法分析。

元素含量用 X 射线荧光光谱仪（X-ray fluorescence spectrometer，XRF）及电感耦合等离子体质谱仪（inductively coupled plasma mass spectrometry，ICP-MS）测试，有机质用重铬酸钾-硫酸消化法，全氮用凯氏定氮仪法，全磷用硫酸-高氯酸消煮-钼锑抗比色法，有效氮用碱解扩散法，速效磷用 0.5mol/L 碳酸氢钠浸提-钼锑抗比色法测定，缓效钾用热硝酸

[①] 殷志强、邢博、邵海等，2022，支撑塞罕坝生态屏障建设水平衡和科学绿化研究取得新认识，中国地质调查局地质调查专报。

[②] 王威，2022，华北地区典型区自然资源综合调查报告。

浸提-火焰光度计法，速效钾用醋酸铵浸提-火焰光度计法。

钙积层对植被根系发育影响分析：重点关注张北县典型林地退化区钙积层中 Ca 元素的垂向分布特征，通过剖面不同深度矿物化学风化指数［化学蚀变指数（chemical index of alteration，CIA）、化学风化指数（chemical index of weathering，CIW）等］、碳酸钙含量的变化，结合水分在不同基质岩土体内的渗透速率，分析影响钙积层形成的气候条件、地质地貌环境，探讨钙积层对植物根系生长、水分吸取的约束限制和影响。

地表基质有益有害元素对林草植被发育的影响研究：在上述化学性质测试基础上，结合不同类型的地表基质沉积物厚度、粒度分选性、分层结构、风化程度、黏土含量、基岩裂隙、土壤孔隙度、土壤含水率、土壤容重等物理沉积结构，厘清地表基质体有益养分元素和重金属元素对森林和草原退化的地质主控因素。

3.2.3　地表基质的化学性质指标

地表基质的化学性质主要包括岩质风化物的特征化学成分，土质、泥质风化物的营养元素与有机质含量等。地表基质的主要化学指标可分为矿物元素、有机质、电化学性质、碳含量、黏土矿物成分及含量等（刘玖芬等，2024）。

（1）矿物元素：包括营养元素（如 K）、重金属元素（如黑色岩系区被淋溶的 Cd）和特色元素（如 Se）。营养元素为植物生长所必需元素，主要有 N、P、K、Ca、Mg、S、Fe、Mn、Zn、Cu、Mo、B、Cl、C、H、O 等；重金属元素主要指有毒、有害元素，具有累积性、毒性、不可逆转性、隐蔽性和滞后性强的特点，主要有 As、Cd、Pb、Cr、Ni、Hg 等；特色元素主要有 Se、Sr、F、I 等。

（2）有机质：是地表基质固相部分的重要组成，是植物营养的主要来源之一。

（3）电化学性质：包括胶体、酸碱性（盐分含量、pH）和氧化还原电位（Eh）。

（4）碳含量：包括总碳、有机碳、无机碳等。

（5）黏土矿物成分及含量：用于研究不同层位地表基质中黏土矿物组分构成，重建成土时的气候与环境等。

3.3　地表基质的微生物性质

微生物与地表基质存在相互作用，微生物群落的演替受限于地表基质所提供的能量条件；同时，微生物群落的结构和功能影响地表基质的理化性质。地表基质的微生物性质主要包含腐殖质特征、酶活性特征和微生物多样性等。

（1）腐殖质特征：腐殖质含量及组成可反映微生物群落代谢活性，改善地表基质结构，能够有效增加土质的渗透性，提高地表基质保水、保肥能力，减轻地表基质侵蚀，促进植物生长发育。

（2）酶活性特征：反映有机质残体分解速度和强度。

（3）微生物多样性：分析结果反映地表基质微生物群落结构与功能，指示地表基质的养分、氧化还原条件，以及降解污染物、预防病虫害、抗侵蚀的能力。

第4章 地表基质调查评价总体思路

地表基质层是自然资源三维立体时空模型的独立一层，地表基质调查是国家基础性和公益性国情国力调查的重要组成部分，陆–海全覆盖。地表基质和地表基质层概念的提出，为地质工作支撑服务生态文明建设和自然资源管理明确了新的方向和目标，打开了新的空间。通过地表基质调查，查清地表基质层的物性结构、矿物元素构成、化学性状和微生物等指标，揭示地表基质层对地表覆盖层的支撑和孕育机理，分析地表基质层对地下资源层的控制和影响，评价地表基质与植被生态、农业生产的匹配性，为国土空间科学绿化、高标准农田建设、水资源保护利用、资源环境承载能力和国土空间开发适宜性评价等提供基础数据和科学依据（图4.1）。

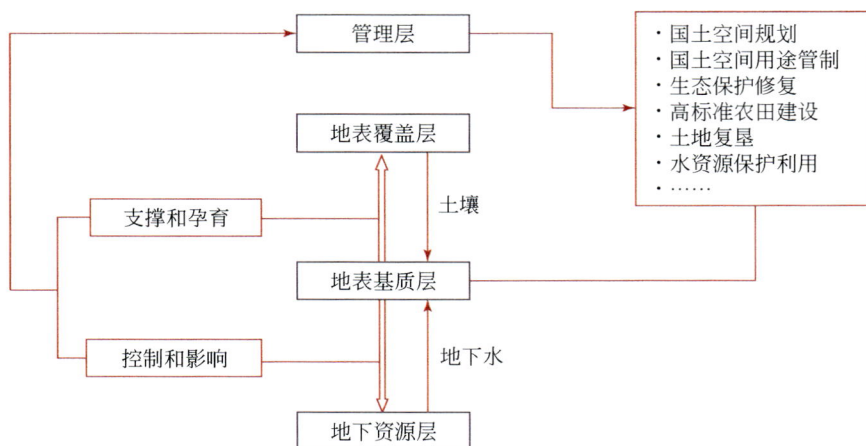

图 4.1 地表基质调查研究与支撑服务的逻辑关系示意图

4.1 全国地表基质区划与编图

充分利用已有的区域地质、第四纪地质、水文地质、工程地质、土壤及土地质量地球化学等图件资料，在数据改化和资料整编的基础上，以 1∶50 万为基本比例尺，按照地表基质一级类和二级类分类方案，开展全国地表基质类型一级区划和二级区划，编制全国地表基质类型分布图件。获取全国地表基质宏观认识，掌握地表基质基本国情，支撑全国地表基质调查工作总体部署，服务全国、跨省区域和省级国土空间规划、生态保护修复等自然资源管理中心工作。

4.2　地表基质调查评价

4.2.1　小比例尺地表基质调查评价

以支撑服务国家粮食安全和生态安全为核心目标，以县域行政区划为基本调查部署单元，综合考虑自然地理地质单元，在东北黑土区、黄淮海平原、长江流域等国家粮食主产区和北方防沙带、南方丘陵山地、青藏高原多年冻土区等全国重要生态系统保护和修复重大工程部署区，部署开展小比例尺（1∶25 万或更小比例尺）的地表基质调查，获取地表基质的 3 级类型、构型、空间分布、理化性质、生态服务功能等数据，评价地表基质与农林业和生态分布格局的适宜性，为耕地保护利用和生态保护与修复等提供基础依据。

4.2.2　中比例尺地表基质调查评价

在小比例尺地表基质调查基础上，围绕高标准农田建设、国土整治、国土科学绿化、土地沙化盐碱化等重大需求，坚持问题导向，细化地表基质调查内容和指标，以土地利用类型为依据，开展中比例尺（1∶5 万）地表基质调查，详细获取地表基质的 3 级类型及其空间分布，结构类型及其层理特征、理化性质、生态功能等内容，系统掌握地表基质的类型、构型、物质组成、理化性质、空间分布规律等，评价地表基质与土地利用和植被生态的适宜性，编制地表基质基础性和应用服务图件，建设地表基质三维立体数据库。

4.2.3　大比例尺地表基质调查评价

在中比例尺地表基质调查基础上，选择地貌、气候或林草植被过渡带等关键区域开展大比例尺（1∶2.5 万或更大比例尺）地表基质精细化调查和综合观测，解剖地表基质的物性结构、矿物元素、化学性状等对地表覆盖层的影响机制和调控过程，分析地表基质层与地表覆盖层的协同演化关系和耦合机理，丰富生态地质学的实践认识和理论基础。

4.3　科学研究与数据库建设

4.3.1　地表基质科学研究

开展地表基质层对上部地表覆盖层的支撑和孕育作用，对地下资源层的控制和影响研究，揭示地表基质的物性结构、矿物元素及化学性状异质性特征对植被生态约束机理，分析地表基质层对水分、养分等传输的物理胁迫机制，评价地表基质与耕地保护、生态修复的适宜性，研究地表基质区划方法和样图编制，探索地表基质调查成果多方位应用形式。

4.3.2　地表基质数据库建设

在自然资源三维立体时空数据模型框架下，充分利用大数据、云计算、人工智能等信息技术，构建地表基质调查数据库及数据质量控制技术标准，建设全国统一的地表基质数据库，实现地表基质调查数据集成管理与应用服务。

4.4 地表基质调查技术方法

4.4.1 地表基质调查方法

1. 预研究

首选，充分收集和分析调查区已有的区域地质图、地质构造图、地质环境图、水文地质图、第四纪地质图、土壤类型图、土地利用类型国（"第三次全国国土调查"+遥感影像）和地貌类型图，编制调查区工作程度图、地表基质类型图和地表基质层构型草图，然后，与地方政府进行深入对接交流，摸清与地表基质有关的实际需求（如东北黑土地变薄、变瘦、变硬的解决办法），确定地表基质调查的主要内容和重点地区。

2. 地表基质调查

在预研究和野外踏勘基础上，按照地表基质 3 级分类和相应精度的地表基质层构型分区（编图）要求，调查地表基质的类型、构型特征及其空间展布规律，地表基质层的理化性质、景观属性，以及与地表覆盖层、地下资源层的约束、控制关系等数据，获取不同类型地表基质的物质组成、空间分布、结构特征、成因、理化性质、微生物指标等信息；编制地表基质关键层空间分布图件，建立地表基质层三维立体模型。

开展地表基质理化性质的原位测试和实验分析测试，分析与岩土体质量、植被与农作物生长等有关的物性结构、地球化学组分、碳含量、地质微生物性质等内容。

3. 地表基质监测

在地表基质调查基础上，针对坝上高原与燕山山地过渡带、东北黑土区和青藏高原多年冻土区等典型地表基质区，开展对地表基质层中不同深度发生变化的理化指标的实时监测，如温度、水分、盐分、pH、Eh、CO_2、地下水位、地下水质等。

针对 20m 以浅不同地表基质类型区地表基质实时监测技术方法空白这一难题，需要开展多参数集成传感器、光纤等地表基质监测材料和成套设备的研发。

4. 地表基质评价

基于地表基质调查和监测数据，构建地表基质支撑耕地保护、生态修复的评价模型，开展地表基质"宜则性"评价、区划，编制简洁实用的支撑服务类应用性图件，提出基于地表基质适宜性等级的国土空间高效利用（优质、特色农产品）的"宜则性"区划建议和灾害、生态问题防治对策建议。

4.4.2 地表基质调查技术

地表基质调查常用的技术方法包括遥感解译、路线调查与剖面测制、工程地质勘察（探槽、工程地质钻探等）、地球物理探测（高密度电阻率法、天然面波法、超高频电磁波法等）和三维模型建立等。

1. 遥感解译

利用国产高分（GF）、资源（ZY）系列卫星，以及国外陆地卫星（Landsat）、哨兵卫星（Sentinel）等多源遥感数据，解译调查区地貌单元，地质构造，地层岩性，地表基质类型、空间分布，土地利用类型、变化，土地退化区（水土流失、荒漠化、盐渍化、沼泽化等）分布范围、规模，沉积相、沉积物特征，古河道分布等信息，提取区域归一化植被指数（normalized difference vegetation index，NDVI）、覆盖度、净初级生产力、叶面积指数等信息。

2. 路线调查与剖面测制

采用地表基质数字填图系统，在地表基质草图上部署调查路线与调查点，路线布置以垂直各类地表基质界线方向的穿越路线为主，借助天然陡坎、槽探、钻探等手段覆盖调查区所有的地表基质构型类型及空间展布，记录调查点的地表基质类型、构型、成因、物理性质、地形微地貌特征、浅层地下水埋深特征、土地利用方式和植被类型等。

地表基质剖面测制是建立区域地表基质构型、划分地表基质层序、建立区域地表基质填图单元、最大限度提取各项地表基质参数的基本方法。以穿过调查区主要地质地貌单元、地表基质类型和典型地表覆盖类型为原则，重点对地表基质层的厚度、孔隙度、含水率、密实度、粒度组成，岩石坚硬程度、风化程度，节理、裂隙发育程度，矿物结核及动植物化石残体等进行精细刻画，同时调查地表基质层内植被根系发育程度，以及上覆植被类型、盖度等信息，建立地表基质综合剖面（图 4.2），反映不同深度地表基质构型特征，以及与地表植被、地形地貌的定性关联。

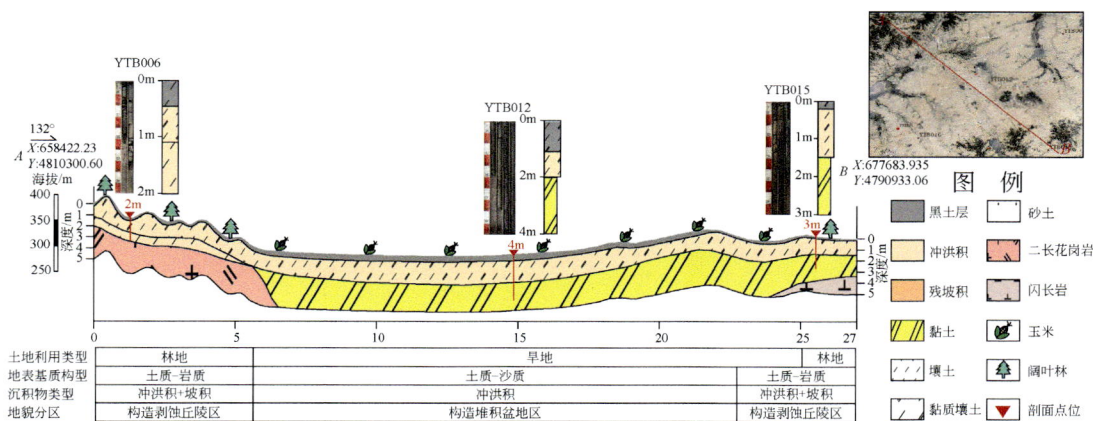

图 4.2　松嫩平原梨树地区地表基质综合剖面

3. 地球物理探测

为厘清区域地表基质的构型、叠置关系、厚度变化及空间分布，建立地表基质三维空间结构特征，需要开展地球物理探测，辅之于工程地质勘察手段进行验证。

常用的地球物理探测方法包括高密度电阻率法（电法）、天然面波法（微动勘探）、超高频电磁波法（地质雷达）等。根据地表基质层结构和地形地貌特征灵活选用探测方法，对于单一方法不易明确判定或较复杂的地表基质层结构，须采用多种方法进行组合。通常情况下，天然源面波测量采用主动加被动结合的采集方式，高密度电阻率法测量点距以 2～5m 为宜，获取不同类型地表基质的密度、磁性、电性等物性参数。

4.三维模型建立

以地表基质实测剖面、钻孔及地球物理数据为依据，在系统分析区域地表基质类型结构、演化历史及地表基质层构型基础上，通过钻探数据标准化建立 0~20m 范围地表基质三维可视化结构模型，客观反映地表基质的三维形态及其内部属性变化，实现地表基质结构及物性特征三维可视化。

地表基质调查常用的技术方法及适用条件见表 4.1。

表 4.1　地表基质调查研究常用的技术方法及适用条件一览表

常用技术方法		拟解决的问题	适用条件
遥感解译		识别地貌形态特征，划分表层地表基质类型与成因，圈定不良地质现象，开展土地利用类型变化研究	适用于区域地表基质类型差异较大、地貌形态多样、不良地质现象较为明显的区域
路线调查		划分不同深度地表基质类型，查明地表覆盖层特征，圈定地表基质单元，厘定一定深度范围内的地表基质结构特征	该方法是地表基质调查的基本方法之一，在不同的地表基质单元内选用适当的调查手段
剖面测制		建立区域地表基质模型，划分地表基质层序，建立区域地表基质填图单元，最大限度提取各项地表基质参数	适用于地表基质成因类型复杂、地貌形态多样
工程地质勘察	槽探	厘清地表基质构型组合特征，追踪、圈定地表基质层之间的叠置关系、厚度变化及空间分布特点，验证物探推断解译结果，建立地表基质三维空间结构，查明典型植被根系埋藏和发育程度	适用于在场地尺度上，0~3m 范围内调查颗粒较细的地表基质垂向类型、组合特征及植被根系程度
	竖井		适用于在 0~5m 范围内调查颗粒较细的地表基质垂向类型及组合特征
	人工浅钻		适用于在 0~10m 范围内调查颗粒较细的地表基质垂向类型及组合特征
	工程地质钻探		该方法是平原（盆地）区主要技术手段之一，揭露较深范围内地表基质类型与垂向组合特征
地球物理探测	高密度电阻率法	详细划分地表基质类型，建立地表基质空间结构，刻画植被根系发育特征，推断不同类型地表基质层厚度和空间展布	适用于推断土-岩界面，辅以岩心数据建立区域地表基质结构模型
	天然面波法		适用于场地尺度精细化划分地表基质垂向类型分层，刻画地表基质空间结构特征
	超高频电磁波法		适用于推断典型植被根系展布与发育特征
三维模型建立		揭示地表基质层与地表覆盖层的关系，刻画地表基质空间结构，提升地表基质调查成果的可读性与适用性	实现调查成果立体化、可视化的主要技术手段之一，适用于有一定研究基础且已完成地表基质调查工作的区域

第5章 北方地区地表基质异质性对植被
生态约束过程研究

本章对位于北方地区的河北承德燕山山地和坝上高原，以及陕北黄土沙漠过渡区两个地表基质典型区开展地表基质异质性对植被生态约束过程研究。

5.1 承德燕山山地和坝上高原地表基质与植被

河北承德地区跨越燕山山地和坝上高原两个地貌单元，以及半干旱区和半湿润区两个气候类型，形成了典型的山地乔木-灌木林地类型（燕山山地）和沙地草原类型（坝上高原）。燕山山地是北方蒙古栎、白桦、杨属、樟子松、落叶松等针叶-阔叶森林主要分布区，坝上高原是沙地草原的典型区域之一。这里基岩风化壳（花岗岩、玄武岩、碳酸盐岩和碎屑岩等岩石的风化残坡积物）、风成沉积物（黄土和沙漠沙）、水成沉积物（河湖冲洪积相沉积物）等地表基质类型丰富，厚度、矿物元素成分和孔隙度差异大。例如，片麻岩、花岗片麻岩风化壳表土厚而疏松、元素成分丰富、持水性好；石英砂岩和碳酸盐岩成分单一、质地坚硬、风化壳发育差；中酸性玄武岩和杂砂岩则介于二者之间，风成黄土质地细而疏松、元素组成丰富却持水性差。碳酸盐含量高为湿陷性黄土，次生黄土则因溶蚀而碳酸盐少，为非湿陷性黄土（张利鹏，2018），河流沉积物则因二元结构和顶部可能的风成黄土加积而结构更为复杂。

为研究地表基质异质性对植被生态约束过程，本次样品采集主要集中在2023年6～9月，采集岩石、土壤坡面6个，合计46个剖面，每个剖面采集1个基岩层样品，并且按照10cm的间隔采集土壤层、风化壳样品合计266件，采样点坡面分布情况见图5.1，岩石、土壤样品采集过程中利用全球定位系统（global positioning system，GPS）进行定位，充分考虑地质建造类型，采集样品的原始重量不低于1kg，尽量避开明显点状污染或已被破坏的干扰地段，保证了样品的典型性和代表性。

选择有中国计量认证（China metrology accreditation，CMA）的华北地勘生态资源监测中心（河北）对样品进行检测，采集的岩石、土壤样品中测试指标为P、Mg、S、Fe、Mn、Cu、Zn含量，以及pH、阳离子交换量（cation exchange capacity，CEC）和粒度，其中样品P、Mg、Fe、Mn、Zn含量使用X-射线荧光光谱仪（XRF）测定，Cu含量采用ICP-MS测定，S含量采用电感耦合等离子体发射光谱仪（inductively coupled plasma optical emission spectrometer，ICP-OES）测定，pH采用离子选择电极（ion selective electrode，ISE）测定，CEC采用比色法（colorimetry，COL）测定，粒度采用激光粒度仪法测定，样品分析测试按规范要求加10%空白样与平行样控制。

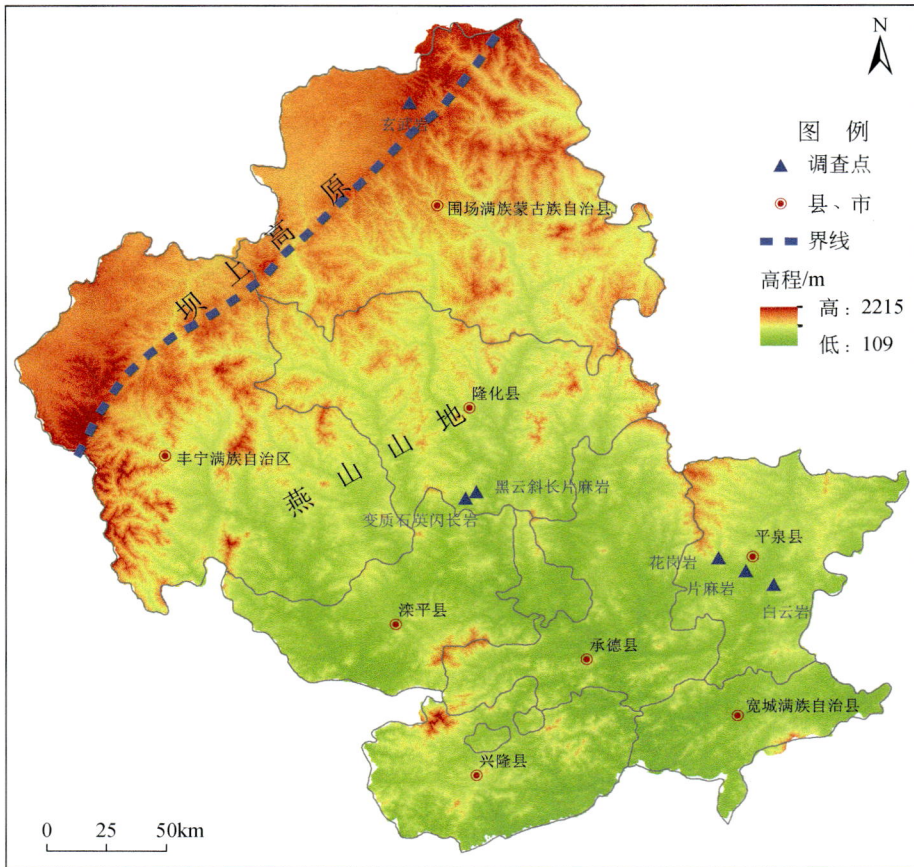

图 5.1   研究区行政区划及采样位置图

5.1.1   坝上高原玄武岩基质与植被特征

5.1.1.1   玄武岩基质垂向剖面特征

汉诺坝玄武岩剖面土壤层多小于 20cm，表层多混入一定第四季风积沙。风化壳厚度多小于 50cm，属于中等风化层，呈坚硬的碎块状。基岩层柱状节理发育，在顶部发育弱风化层，沿柱状节理面发育垂向贯通裂隙。地表植被多为人工造林形成的落叶松林，其根系多沿地表基质层上部松散层水平延伸（图 5.2）。

5.1.1.2   养分元素

玄武岩母岩为碱性，而在风化壳和土壤层主要呈弱酸性至中性，与根系分泌物和根系对土壤阴阳离子吸收不平衡而产生的酸碱差异等有关。随着林龄的增加，树种对根际土壤的这种作用明显增强，结果造成根际土壤阳离子吸收总量超过阴离子，为满足植物体内的电荷平衡，根系释放出 H^+，是导致落叶松表层土 pH 降低的主要原因（赵海燕等，2015）。

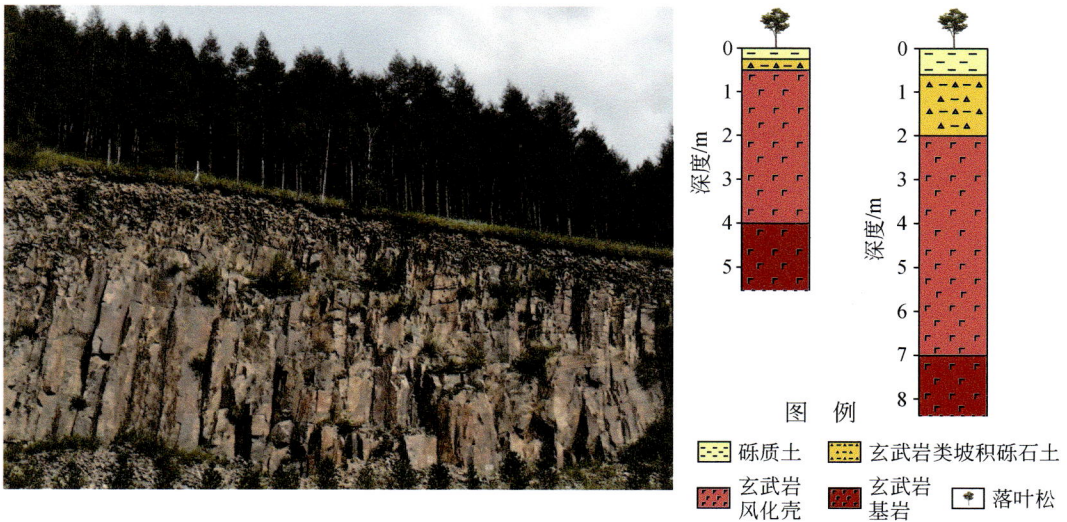

图 5.2　河北省承德市坝上玄武岩垂向剖面特征图

研究区玄武岩表层土 P_2O_5 含量介于 0.099%～0.155%，平均值为 0.131%；K_2O 含量介于 2.48%～2.66%，平均值为 2.59%；CaO 含量介于 1.16%～1.59%，平均值为 1.42%；MgO含量介于 0.92%～1.35%，平均值为 1.07%；Fe_2O_3 含量介于 3.10%～3.61%，平均值为 3.34%；MnO 含量介于 0.073%～0.102%，平均值为 0.089%；Cu 含量介于 11.3～14.5mg/kg，平均值为 13.5mg/kg；Zn 含量介于 42.7～56.2mg/kg，平均值为 51.7mg/kg；阳离子交换量（CEC）介于 20.8～31.2cmol(+)/kg[①]，平均值为 27.4cmol(+)/kg。从基岩到土壤层，矿质养分元素 P、Ca、Mg、S、Cu、Zn 含量和阳离子交换量（CEC）逐渐升高，仅元素 Mg 含量在表层土中降低；而元素 K、Mn 含量逐渐降低；元素 Fe 含量表现为波动升高（图 5.3）。

5.1.1.3　风化程度

1. 化学蚀变指数

化学蚀变指数（CIA）是用来反映沉积物化学风化程度的一个度量指标，其表达式为 $[Al_2O_3/(Al_2O_3+CaO^*+K_2O+Na_2O)]×100$，式中分子式均为氧化物分子摩尔数（Nesbitt and Young，1982），CaO^* 表示仅为硅酸盐中的 CaO。前人研究认为，CIA 介于 50～65，反映寒冷、干燥气候下低等的化学风化程度；CIA 介于 65～85，反映温暖、湿润气候下中等的化学风化程度；CIA 介于 85～100，反映炎热、潮湿气候条件下强烈的化学风化程度（李徐生等，2007）。

玄武岩土壤层 CIA 介于 58.7～67.3，平均值为 62.6，中位值为 62.9；风化壳 CIA 介于 53.9～63.9，平均值为 60.5，中位值为 60.8。显示 CIA 主要处于 50～65，反映了寒冷、干燥气候下低等的化学风化程度。同时，随着深度降低，CIA 逐渐增加，仅在表层土 CIA 降低，推测可能受到外来物质的影响。

---

① cmol(+)/kg 表示每千克物质中交换性阳离子的摩尔数，cmol 表示百分之一摩尔。

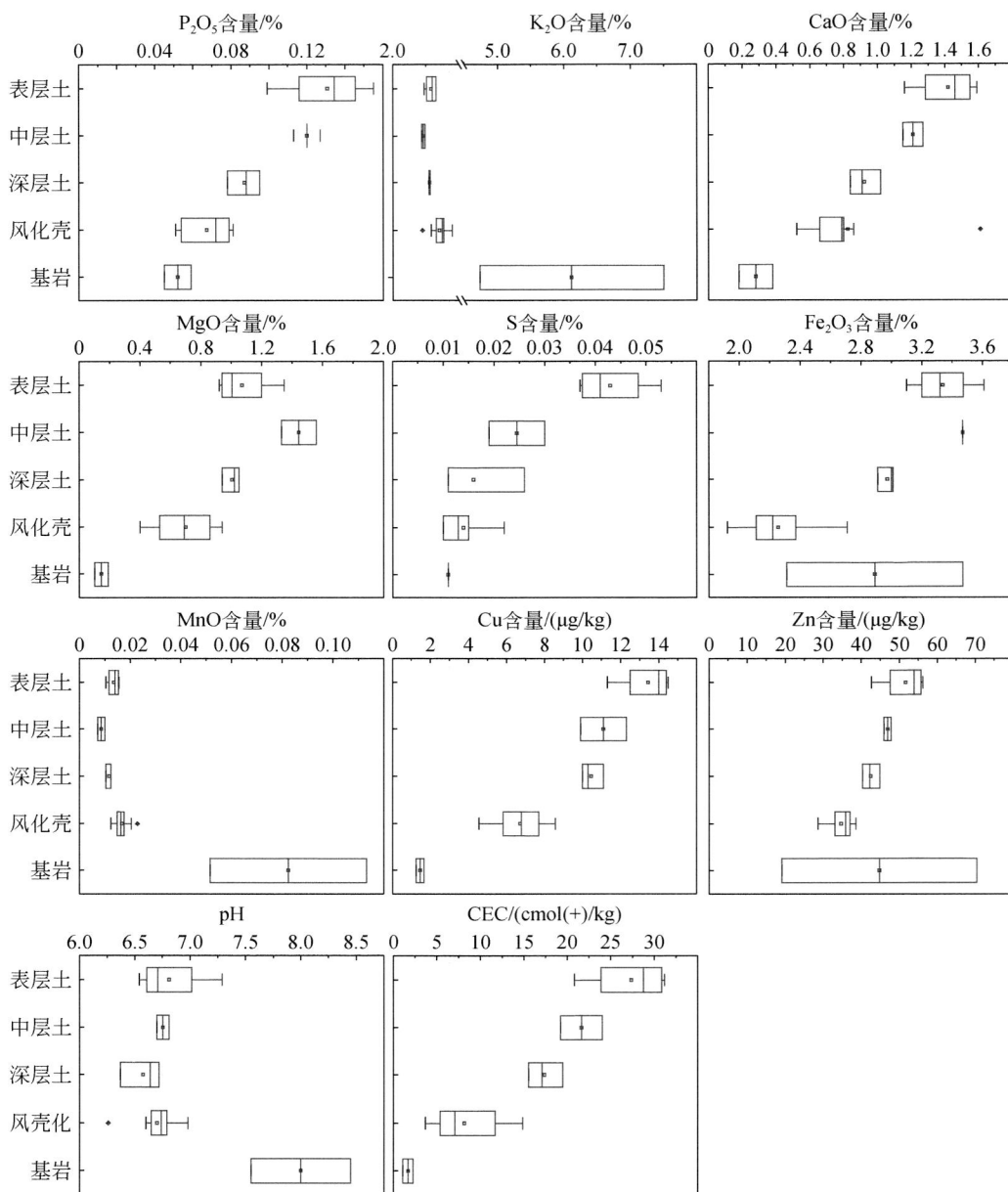

图 5.3　坝上玄武岩地表基质分层养分元素含量箱图

2. 风化淋溶系数

风化淋溶系数（BA）主要反映盐基的淋溶状况，其表达式为［(K₂O+Na₂O+CaO*+MgO)/Al₂O₃］×100%，式中分子式均为氧化物分子摩尔数。研究表明 BA 越小，活性组分的淋溶作用越明显，化学风化作用越强。玄武岩土壤层 BA 介于 0.760～0.940，平均值为 0.851，中位值为 0.850；风化壳 BA 介于 0.770～0.970，平均值为 0.832，中位值为 0.820。玄武岩表层土的 BA 显著大于深部土壤层和风化壳。

3. 化学损耗分数

利用化学风化作用损失的总质量分数计算土壤的化学损耗分数（chemical depletion fraction，CDF）（Riebe et al.，2001；Dixon et al.，2012），反映矿物溶解（通过化学方式消耗土壤并增加 CDF）和新鲜矿物向土壤供应（通过化学方式刷新土壤并减少 CDF）之间的平衡（Ferrier et al.，2016）。CDF 表示整个土壤层的化学损失，而非单个元素的损失。如果在基岩向风化壳转变的过程中没有发生元素损失，则 CDF 为 0，CDF 在 0（无风化）和 1（完全岩石溶解）之间变化，但花岗质岩石中最常见的最大值为 0.5，基岩中含有耐风化矿物，如石英和不溶性元素（如铁和铝）沉淀为黏土矿物和氧氢氧化物（Bouchez et al.，2013；Oeser et al.，2018）。CDF 计算公式为

$$CDF = \frac{W}{S} = 1 - \frac{Zr_{rock}}{Zr_{regolith}}$$
（5.1）

式中，W 为化学侵蚀速率；S 为矿物补给速率；Zr_{rock} 为新鲜基岩中的 Zr 溶解度；$Zr_{regolith}$ 为风化壳或土壤层中的 Zr 溶解度。

玄武岩土壤层 CDF 介于 0.373～0.547，平均值为 0.459，中位值为 0.447；风化壳 CDF 介于 0.317～0.479，平均值为 0.413，中位值为 0.435。显示玄武岩土壤层化学损耗较弱。

5.1.1.4　基质物质组分

坝上玄武岩发育土壤从深层土→中层土→表层土，土壤质地均主要为砂质壤土，但砂粒含量增加，总体上玄武岩土壤黏粒含量较低（图 5.4），有利于大气降水的入渗。

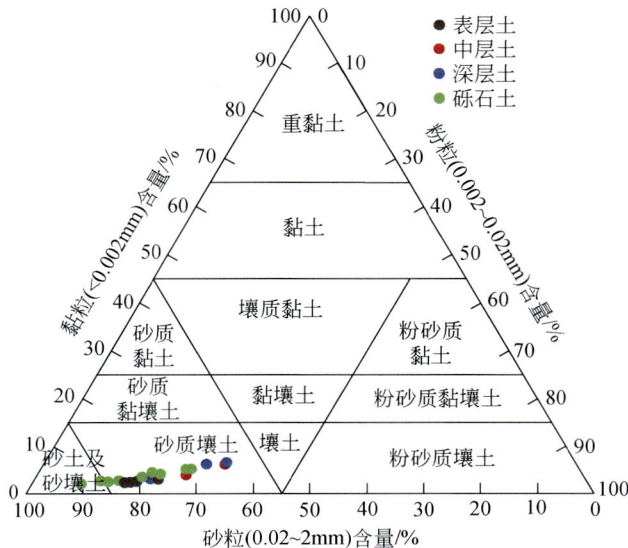

图 5.4　坝上玄武岩地表基质分层颗粒组成三角图

5.1.1.5　风化成土作用特征

元素绝对含量变化往往并不能真实地反映风化成土过程中元素的地球化学特征，活动

性元素的淋失会直接造成样品中稳定性元素的浓度增加，为了消除这种影响，往往采用某一种稳定性元素（如 Ti、Zr、Th 和 Al 等）作为参照，计算样品中其他元素的质量迁移系数来获知元素的迁移-富集程度（李徐生等，2007；Fisher et al.，2017）。质量迁移系数（τ）计算过程中，Zr、Th 在岩石中含量低且分布不均匀，而 Ti 是常量元素，在样品中含量高且分布均匀，取样和测试分析产生的误差小，因此本书选取 Ti 作为不活动性参比元素。$\tau > 0$表示该元素在成土过程中发生富集；$\tau < 0$ 则表示该元素在成土过程中有亏损或迁移。

研究区玄武岩母岩（基岩）的 SiO_2 含量为 70.0%～71.8%，远远超过基性岩石 SiO_2 含量，Al_2O_3 含量为 13.4%～13.8%，Fe_2O_3 含量为 2.31%～3.47%，CaO 含量为 0.18%～0.38%，Na_2O 含量为 2.29%～3.83%，K_2O 含量为 4.73%～7.50%，推测母岩亦为杏仁状玄武岩。在母岩风化作用过程中，元素 Si、Al、Fe、Na 和 K 均表现为大量流失，而元素 Mg、Mn、Ca 表现为大量富集，元素 P 表现为在土壤层中大量富集（图 5.5、图 5.6）。推测元素 Si、Al、Fe 以石英、铁（氢）氧化物等固体的形式流失，元素 Na、K 以真溶液的形式随水流流失，而表生地球化学作用过程造成的土壤中 P、Mn 的富集，Mg 和 Ca 的富集推测可能由于玄武岩母岩中辉石和角闪石等暗色矿物尚未发生分解。

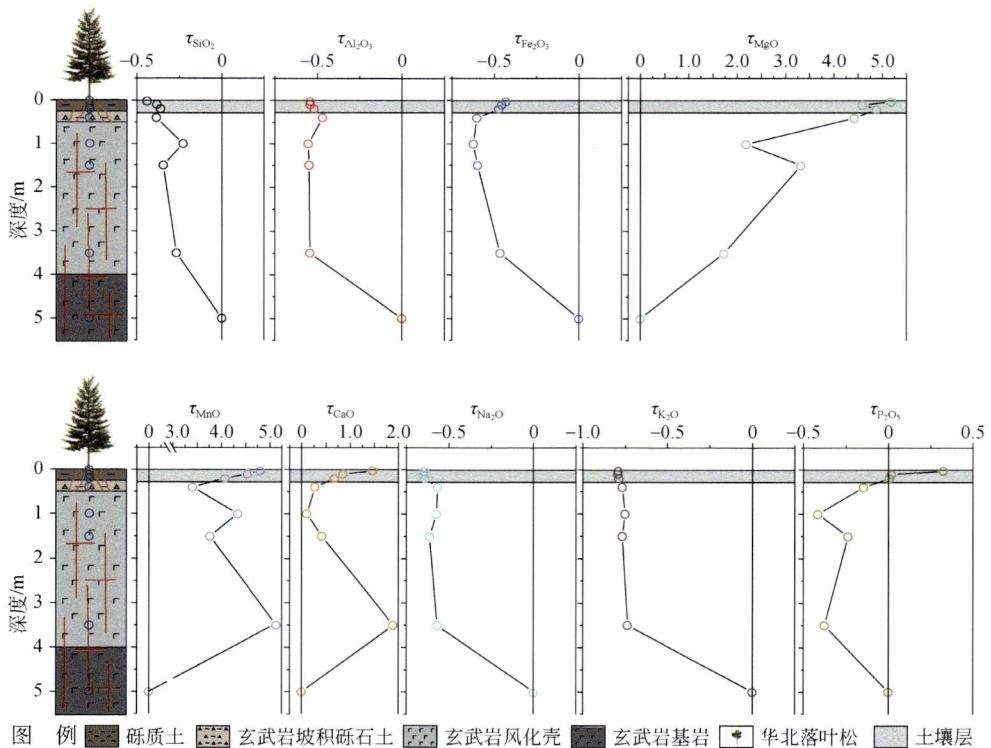

图 5.5　玄武岩剖面 BHWT2315 元素质量迁移系数（τ）特征图

5.1.1.6　玄武岩地表基质空间结构与优势树种落叶松响应机理

华北落叶松（*Larix gmelinii* var. *principis-rupprechtii*）为坝上的主要造林树种之一，属

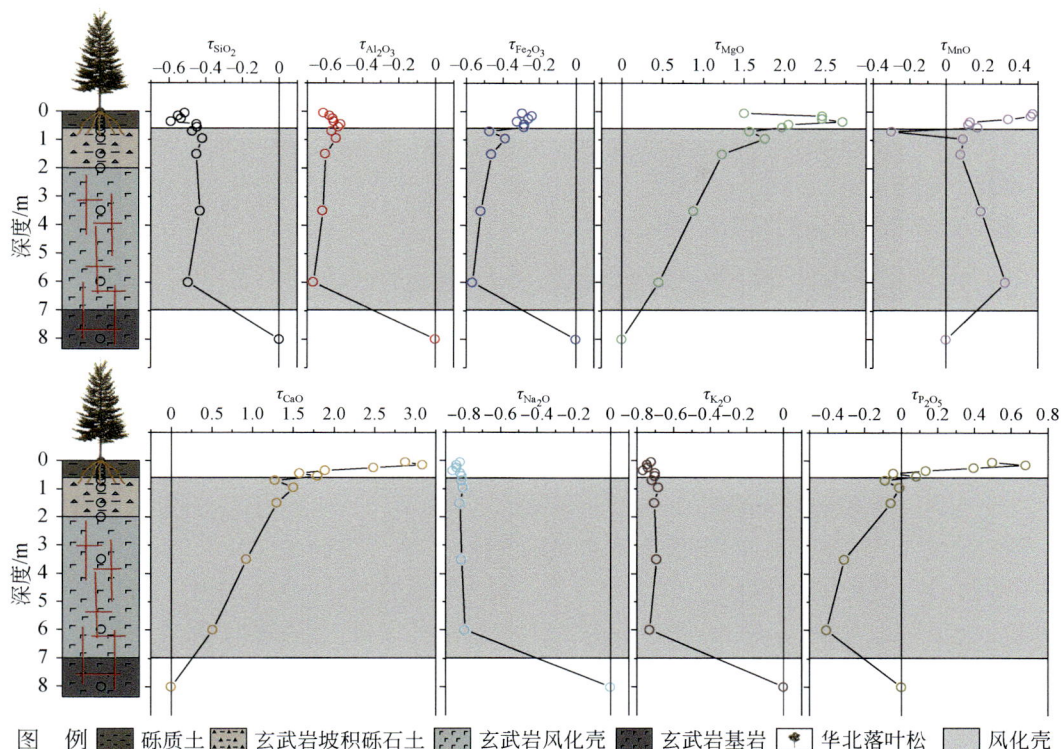

图 5.6 玄武岩剖面 BHWT2316 元素质量迁移系数（τ）特征图

于优势乔木树种。其耐寒力极强，耐水湿，喜生于土层肥厚、潮湿的高山地带，为速生针叶树种[①]；根型为具有较发达斜根和下垂根的水平根型，水平根上着生有较发达的斜根和下垂根。因此，薄的土壤层和裂隙发育的风化壳可以提供满足落叶松水平根发育的适宜空间域。研究表明，在中层和厚层土壤上，栽植的落叶松须根主要分布在表土的腐殖质层中，同时其平均须根量以在腐殖质层中为最大，各林龄华北落叶松细根比根长与比表面积易受生长环境的影响（杨振安等，2014）。

承德坝上地区分布大量新近系的汉诺坝玄武岩，该类玄武岩属于多期次火山喷发产物，呈席状产出，岩石类型主要为致密块状玄武岩，其次为蜂窝状和杏仁状玄武岩。其中，研究区致密块状玄武岩属于细粒岩浆岩，黑色或深灰色，吸热量大，物理崩解迅速，多形成比较深厚的风化层，根据玄武岩发育的表层土 CIA 主要介于 50～65，反映了寒冷、干燥气候下低等的化学风化程度，土壤砂粒含量较为丰富。地表基质的 CDF 显示其化学损耗较少，汉诺坝玄武岩发育一种薄土壤层和厚大风化壳的地表基质结构层，为落叶松等植物生长提供一种特殊的立地条件。

在半干旱-半湿润过渡地带，土壤水分状况是人工植被（落叶松）生存和稳定的最敏感因子（赵文智，1996）。研究区玄武岩结构体属典型低渗透介质，雨季结束后，斜坡含水层地下水一方面通过侧向径流向河（溪）流排泄；另一方面，在包气带与地表空气之间的相

① 承专林业调查队，1959，承德地区习见木本植物志。

对湿度差异和植被蒸腾等因素的协同作用下，饱水带地下水会通过浸润曲面蒸发向大气中排泄，而非饱和带是水汽上升的必经通道，因此，旱季非饱和带依然可以保持较高的相对湿度和水汽含量（徐则民和黄润秋，2013）。其次，玄武岩区非均质岩土组成的坡地，土壤水分状况较为复杂，为下伏不透水层的粗粒土坡地，有利于降水的入渗、保存，土壤水分条件较好（张信宝等，2003）。此外，玄武岩含磷灰石较多，风化以后生成的土壤比较肥沃，很适宜于植物的生长（刘海蓬，1962）。

5.1.2 隆化地区不同岩石基质差异与植被特征

5.1.2.1 石英闪长岩基质坡面特征

坡面 1 和坡面 2 均采自于变质石英闪长岩母岩发育的非均质坡地上，坡向相近，植被种类相似，主要生长有蒙古栎、杏树等乔木植被，但两个坡面生长发育植被的疏密程度具有显著差异，表现为坡面 1 植被较为稀疏，坡面 2 植被较为茂密。为了查明制约植被生长发育疏密的机理，在两个坡面从坡地至坡顶，采集地表基质剖面样品，两个坡面分别为 3 个剖面，共计 6 个地表基质剖面。从山顶到山底，土壤层厚度均表现为逐渐增加，与下伏基岩呈渐变式转变。

5.1.2.2 养分元素

坡面 1 基岩 P_2O_5 含量平均值为 0.0992%，风化壳和土壤层的 P_2O_5 含量显著大于基岩；从风化壳→深层土→中层土→表层土，P_2O_5 含量有逐渐下降的趋势，表层土 P_2O_5 含量平均值为 0.149%。基岩 K_2O 含量平均值为 1.68%，风化壳和土壤层的 K_2O 含量显著小于基岩；从风化壳→深层土→中层土→表层土，K_2O 含量显示先增大后降低，表层土 K_2O 含量中位值为 1.37%。基岩 CaO 含量平均值为 3.01%，CaO 含量在风化成土作用过程中呈波动变化。基岩 MgO 含量平均值为 0.750%，风化壳和土壤层的 MgO 含量显著大于基岩；从风化壳→深层土→中层土→表层土，MgO 含量具有逐渐降低的趋势，表层土 MgO 含量平均值为 1.114%。基岩 S 含量平均值为 0.012%；从基岩→风化壳→深层土→中层土→表层土，S 含量呈波动变化，表层土 S 含量平均值为 0.0132%。基岩 Fe_2O_3 含量平均值为 1.86%，风化壳和土壤层的 Fe_2O_3 含量显著大于基岩；从风化壳→深层土→中层土→表层土，Fe_2O_3 含量有逐渐下降的趋势，表层土 Fe_2O_3 含量平均值为 3.74%。基岩 MnO 含量平均值为 0.034%，风化壳和土壤层的 MnO 含量显著大于基岩；从风化壳→深层土→中层土→表层土，MnO 含量有逐渐下降的趋势，表层土 MnO 含量平均值为 0.053%。基岩 Cu 含量平均值为 1.57μg/g，风化壳和土壤层的 Cu 含量显著大于基岩；从风化壳→深层土→中层土→表层土，Cu 含量有逐渐下降的趋势，表层土 Cu 含量平均值为 1.63μg/g。基岩 Zn 含量平均值为 35.3μg/g，风化壳和土壤层的 Zn 含量显著大于基岩；从风化壳→深层土→中层土→表层土，Zn 含量有逐渐下降的趋势，表层土 Zn 含量平均值为 51.9μg/g。从基岩→风化壳→深层土→中层土→表层土，阳离子交换量（CEC）有逐渐升高的趋势。

坡面 2 植被覆盖度较坡面 1 高。基岩 P_2O_5 含量平均值为 0.0992%，风化壳的 P_2O_5 含量显著小于基岩；从风化壳→深层土→中层土→表层土，P_2O_5 含量有逐渐增加的趋势，表层土 P_2O_5 含量平均值为 0.132%。基岩 K_2O 含量平均值为 1.68%，风化壳和土壤层的 K_2O 含量显著大于基岩；从风化壳→深层土→中层土→表层土，K₂O 含量具有逐渐降低，表层土 K₂O 含量中位值为 1.89%。基岩 CaO 含量平均值为 3.01%，风化壳和土壤层的 CaO 含量显著低于基岩；从风化壳→深层土→中层土→表层土，CaO 含量具有逐渐升高的趋势，表层土 CaO 含量平均值为 2.20%。基岩 MgO 含量平均值为 0.750%，风化壳的 MgO 含量显著小于基岩；从风化壳→深层土→中层土→表层土，MgO 含量具有逐渐升高的趋势，表层土 MgO 含量平均值为 1.07%。基岩 S 含量平均值为 0.012%，除表层土外，其他层位 S 含量显著小于基岩；从深层土→中层土→表层土，S 含量具有逐渐增大的趋势，表层土 S 含量平均值为 0.016%。基岩 Fe₂O₃ 含量平均值为 1.86%，风化壳和土壤层的 Fe₂O₃ 含量显著大于基岩；从风化壳→深层土→中层土→表层土，Fe₂O₃ 含量有逐渐上升的趋势，表层土 Fe₂O₃ 含量平均值为 3.32%。基岩 MnO 含量平均值为 0.034%；从基岩→风化壳→深层土→中层土→表层土，MnO 含量有逐渐升高的趋势，表层土 MnO 含量平均值为 0.050%。基岩 Cu 含量平均值为 1.57μg/g，风化壳和土壤层的 Cu 含量显著大于基岩；从风化壳→深层土→中层土，Cu 含量逐渐增加，而表层土 Cu 含量有所降低，平均值为 3.77μg/g。基岩 Zn 含量平均值为 35.3μg/g，风化壳和土壤层的 Zn 含量显著大于基岩；从风化壳→深层土→中层土→表层土，Zn 含量有逐渐升高的趋势，表层土 Zn 含量平均值为 53.0μg/g。

坡面 1 和坡面 2 具有相似的基岩元素地球化学特征，但从风化壳→深层土→中层土→表层土，元素含量变化特征则刚好相反，导致其发育土壤的矿质养分元素具有显著的差异，坡面 2 具有明显较丰富的 K 元素，Ca、Mg、Fe、Mn 元素含量较低。坡面 2 除了全钾含量以外，其他元素均主要呈现出从风化壳→表层土的逐渐富集，表明坡面 2 基岩风化成土作用过程中养分元素缓慢积累或流失量相对较少，而坡面 1 除了元素 K 和 S 外，其他元素均主要呈现从风化壳→表层土的逐渐流失，表明坡面 1 基岩风化成土作用过程中养分元素大量流失（图5.7）。

5.1.2.3　风化程度

1. 化学蚀变指数

坡面 1 土壤层化学蚀变指数（CIA）介于 51.3～56.9，平均值为 53.7，中位值为 53.8；风化壳 CIA 介于 53.3～59.0，平均值为 56.1，中位值为 55.6。坡面 2 土壤层 CIA 介于 53.8～58.8，平均值 56.2，中位值为 56.5；风化壳 CIA 介于 54.8～58.4，平均值为 56.1，中位值为 55.8。坡面 1 和坡面 2 地表基质 CIA 反映了寒冷、干燥气候下低等的化学风化程度。两个坡面风化壳 CIA 相近，而土壤层 CIA 显示坡面 1 小于坡面 2。

2. 风化淋溶系数

坡面 1 土壤层 BA 介于 0.890～1.250，平均值为 1.06，中位值为 1.07；风化壳 BA 介于 0.901～1.19，平均值 1.05，中位值为 1.03。坡面 2 土壤层 BA 介于 0.889～0.987，平均值为 0.942，中位值为 0.954；风化壳 BA 介于 0.885～0.924，平均值为 0.902，中位值为 0.901。BA 显示坡面 1 大于坡面 2，反映了坡面 2 的风化强度大于坡面 1。

3. 化学损耗分数

坡面 1 土壤层 CDF 介于 0.142～0.627，平均值 0.451，中位值为 0.505；坡面 2 土壤层 CDF 介于 0.179～0.546，平均值 0.408，中位值为 0.493；CDF 显示坡面 1 大于坡面 2，显示两个坡面的化学损耗均较低。

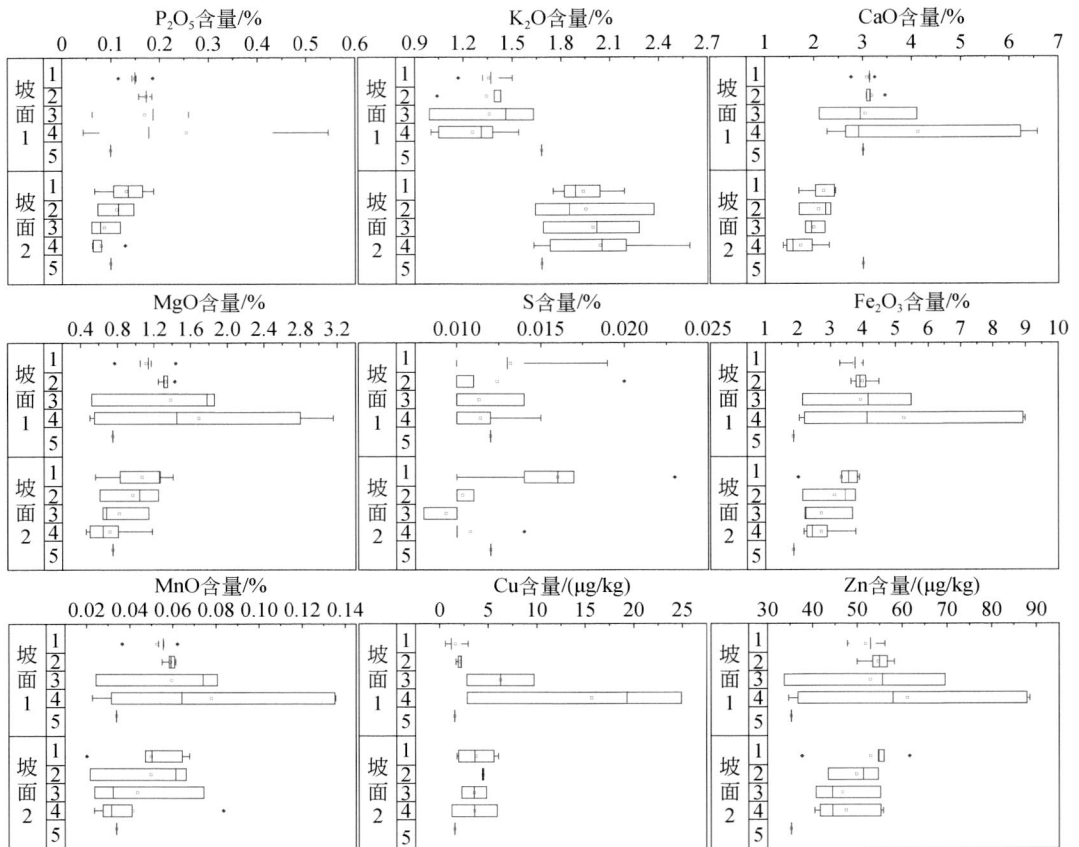

图 5.7 隆化变质石英闪长岩不同坡地地表基质分层养分元素含量箱图
1. 表层土；2. 中层土；3. 深层土；4. 风化壳；5. 基岩

5.1.2.4 基质物质组分特征

坡面 1 和坡面 2 土壤质地均呈现深层土主要为砂土及砂壤土，其次为砂质黏壤土；中层土和表层土主要为砂质黏壤土（图 5.8）。

5.1.2.5 风化成土作用特征

坡面 1 显示地表基质的空间结构影响元素的迁移过程，由山脚至山顶，地表基质厚度减小，平均厚度由 65cm→40cm→15cm，相应的元素质量迁移系数发生变化，总体上，大量元素 P、K 在土壤中处于迁移-流失状态，前者流失量逐渐增加，后者流失量先升高、后降低；中量元素 Ca、Mg 在土壤中一直处于迁移-流失状态，但前者流失量逐渐降低而后者逐渐增加。微量元素 Fe、Mn 呈现不同的趋势，Fe 在土壤中基本上处于富集状态，富集量逐渐增加，Mn 在土壤中处于流失状态，流失量逐渐增加（图 5.9）。

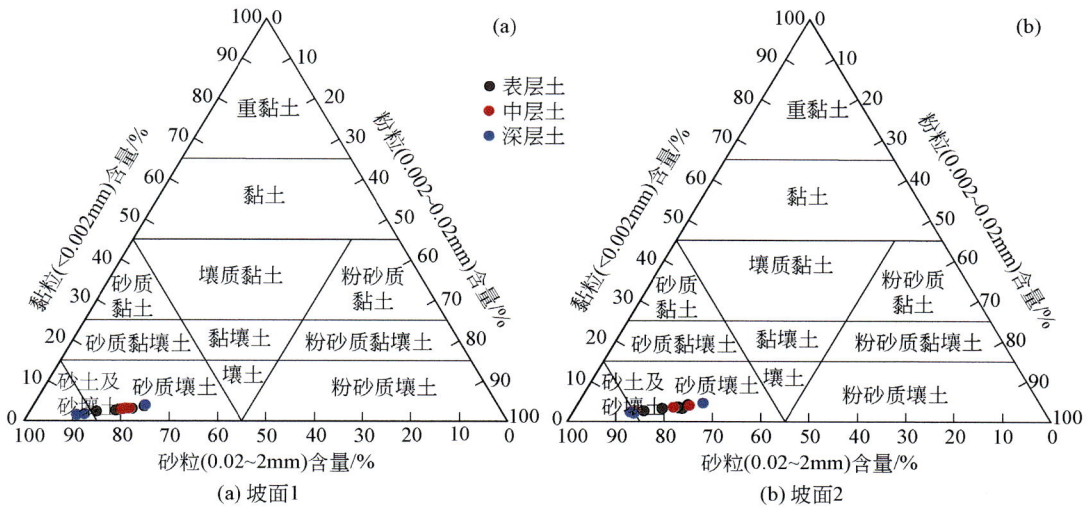

图 5.8　隆化不同位置不同深度土壤质地分布三角图

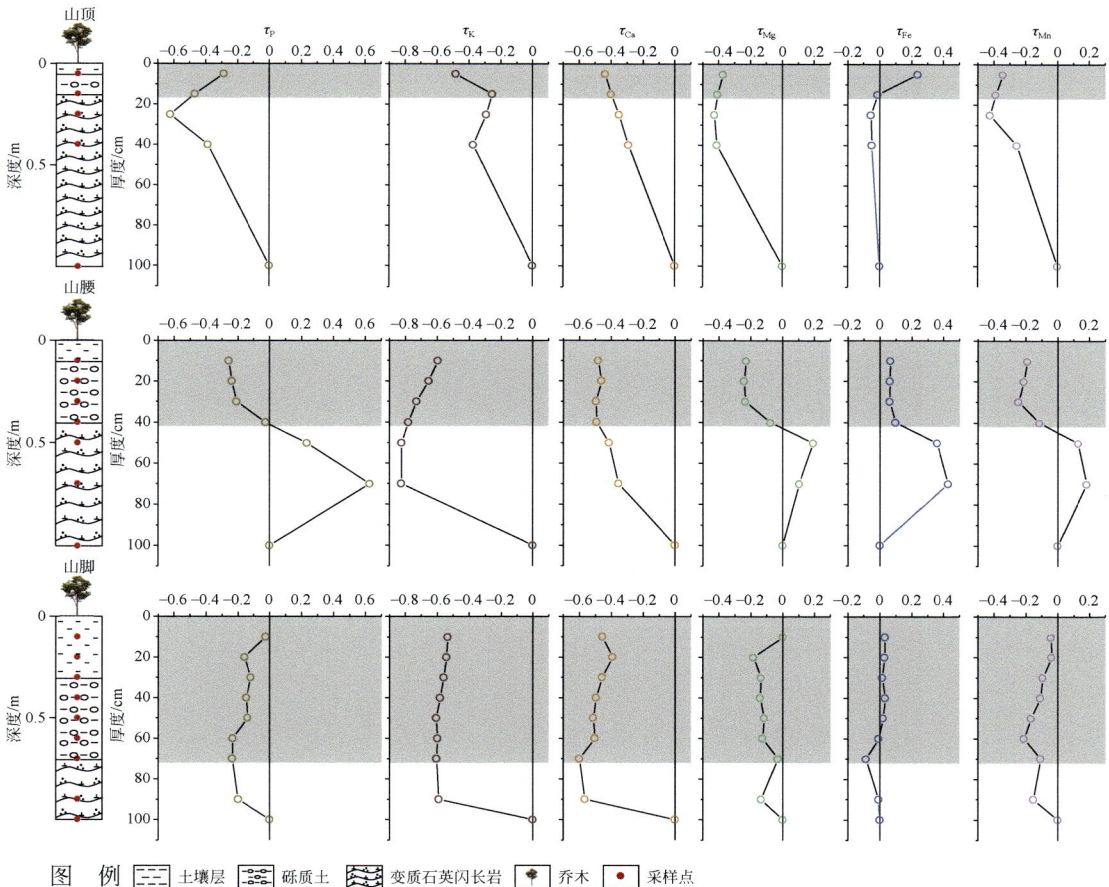

图 5.9　隆化变质石英闪长岩坡面 1 地表基质分层养分元素质量迁移系数变化图

坡面 2 显示从山脚到山顶大量元素 P 在土壤中均处于迁移-流失状态，迁移-流失量稍有增加，而不同点位从深层土至浅层土，P 流失量均表现为降低。大量元素 K 的迁移-富集规律较不明显。中量元素 Ca、Mg 处于流失状态，前者流失量较为稳定，后者有所增加。微量元素 Fe 表现为从迁移-流失到富集的变化趋势。元素 Mn 在土壤中均处于流失状态，流失量先增加、后降低（图 5.10）。

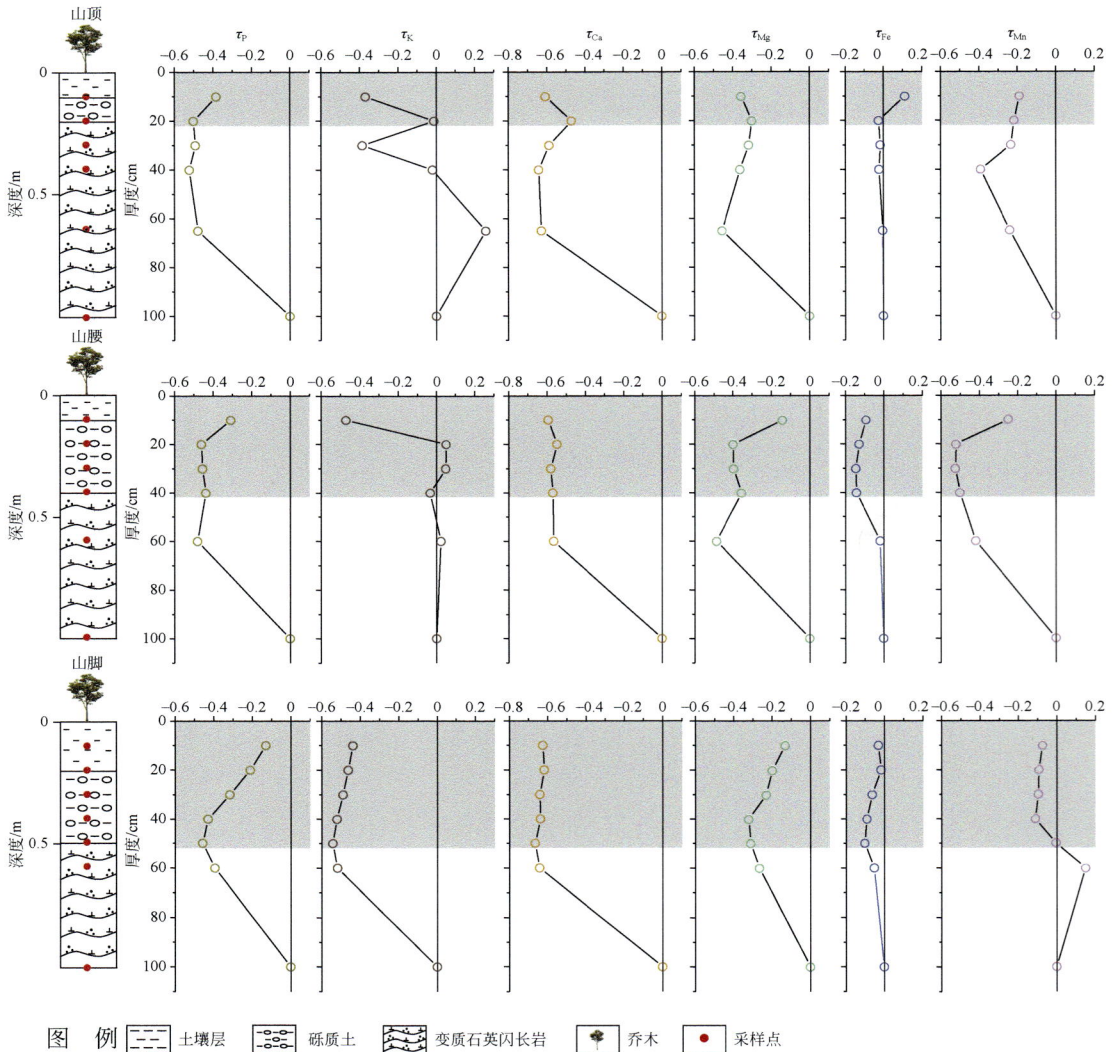

图 5.10 隆化变质石英闪长岩坡面 2 地表基质分层养分元素质量迁移系数变化图

坡面 2 具有与坡面 1 相似的元素迁、聚特征，但是由于该坡面的地表植被覆盖度高于坡面 1，相应的山脚的地表基质厚度较大，但是元素的稳定性相对降低，活性相对升高，推断与地表植物根系量和大小有关系，导致微生物活动作用增加，影响元素的稳定性，该项研究需要进一步深入剖析。

5.1.2.6　地表基质物质组分对植物群落疏密差异的影响

根据 CIA 显示，坡面 1 土壤层的 CIA 介于 51.3～56.9，平均值为 53.7，中位值为 53.8。坡面 2 土壤层 CIA 介于 53.8～58.8，平均值为 56.2，中位值为 56.5，平均值和中位值均显示坡面 2 具有较强的化学风化作用，推测研究区受到断层构造的影响，导致两个山坡地下水位和地表水位不同，控制了土壤持水能力，以及养分元素迁移-富集特征，从而制约了植被生长的疏密（图 5.11）。

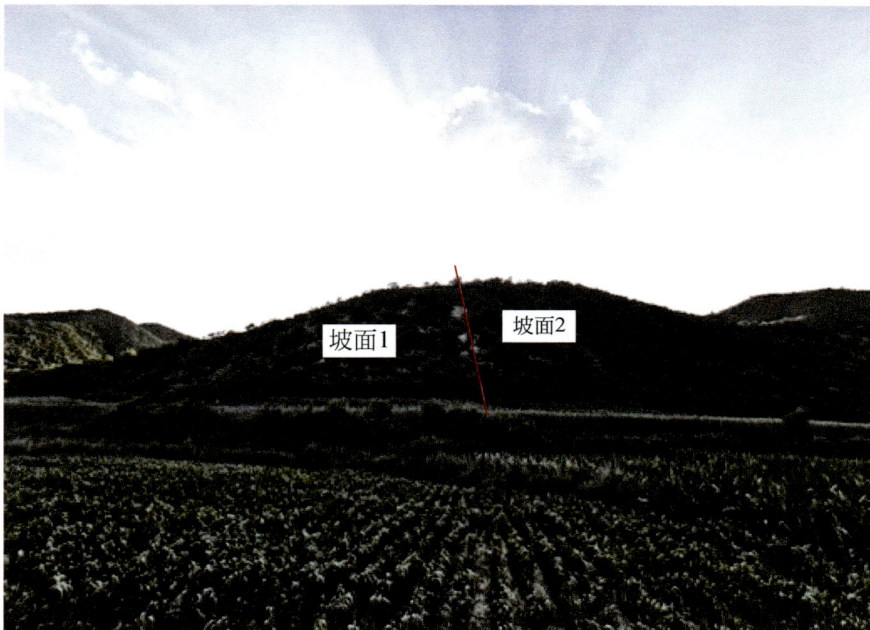

图 5.11　河北省承德市平泉坡面 1 和坡面 2 植被特征示意图

5.1.3　燕山山地花岗岩基质与植被特征

5.1.3.1　花岗岩垂向剖面特征

通过在平泉市花岗岩坡面不同地形部位开展浅井工程揭露及自然剖面观测，花岗岩发育地表基质特征如下为：

花岗岩根据其成岩年代差异，古元古代花岗岩受区域构造活动作用影响，加强了岩石的破碎，相应的风化程度较高；而中生代花岗岩的岩石形成年代较晚，因此风化程度较低，岩石较为完整。

中生代花岗岩基质土壤层较薄，在阳坡，其地表基质类型以裸露岩石或残积砾质土为主，直接覆盖于基岩之上，土壤层厚度小于 20cm；在阴坡，其地表基质类型以坡积砾质土为主，土壤层厚度大于 20cm。强风化层不发育，弱风化层表现为多发育与风化作用有关的平直、贯通的非构造节理，同时花岗岩层多发育平直、贯通的垂直构造节理。阳坡植被类型以灌木和小乔木为主，可见植物殖居在岩石裂隙中或分布在土壤发育的平缓处，根系均沿着裂隙向下或水平延伸；阴坡植被类型以乔木为主。

古元古代花岗岩基质土壤层较厚，厚度大于 50cm，地表基质类型主要为残积砾石土，土壤层-风化壳-基岩层呈渐变过渡型，风化壳厚度大于 100cm；发育多组与风化作用有关的非构造节理，风化程度较中生代花岗岩高，风化产物较松散；植被类型以大乔木为主，植物根系常沿着节理（裂隙）延伸（图 5.12），风化特征与片麻岩相似。

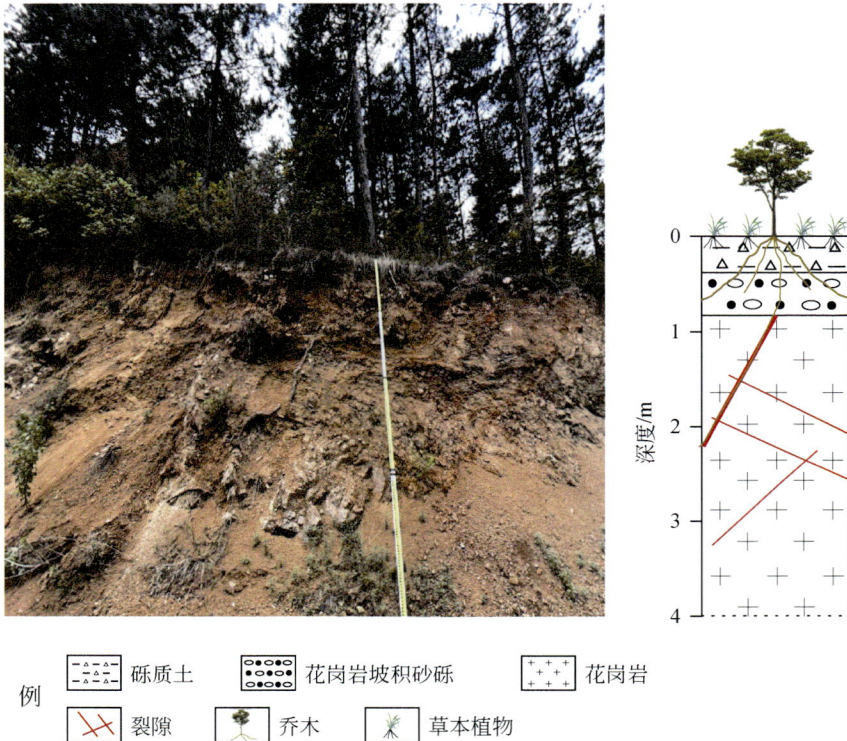

图例　⬚砾质土　⬚花岗岩坡积砂砾　⬚花岗岩
　　　⬚裂隙　⬚乔木　⬚草本植物

图 5.12　河北省平泉市古元古代花岗岩垂向剖面特征图

5.1.3.2　花岗岩坡面特征

花岗岩地区以低山圆丘或陡峭高山地貌为主，相对高差一般为 100～300m，坡度集中在 25°～45°。

通过野外实地调查可知，花岗岩基质在单个山体接近山顶部位，地表基质类型以残积砾质土为主，土壤层厚度主要为 5～60cm，在调查点位 BHYT2301 处，土壤颜色在表层土以下 30cm 由浅褐色转变为红棕色，红棕色土壤层的厚度亦为 30cm，未见滚落的大碎石。当坡度大于 23°后（调查点位 BHYT2303），坡较陡，土壤层厚度为 30cm，土壤层下面的母质层中分布有碎石，磨圆度较差，可能是因为搬运距离较近，地表基质类型为坡积砾质土。在坡脚处（调查点位 BHYT2304），坡度小于 7°，近水平，土壤层厚度为 30cm，坡积母质厚度为 100cm，在坡积母质以下发现河流沉积相。阳坡残积相土壤层厚度低于 5cm，主要为裸露基岩（调查点位 BHYT2302）（图 5.13、图 5.14）。

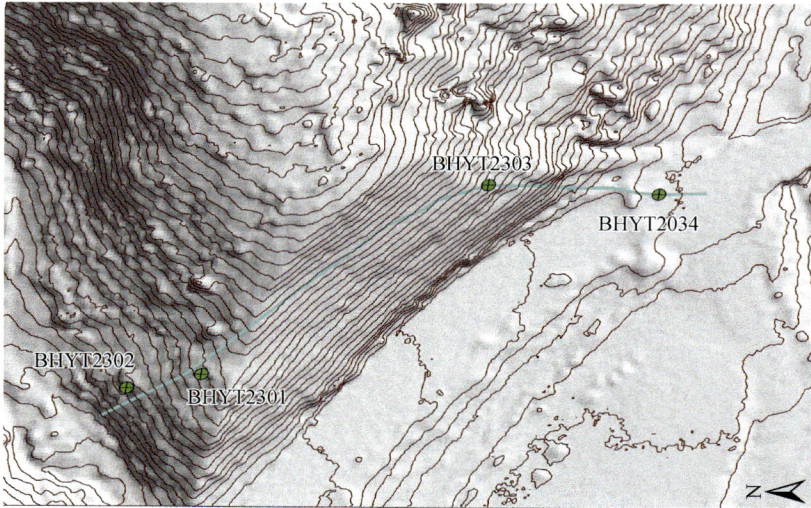

图 5.13　花岗岩地表基质调查路线示意图

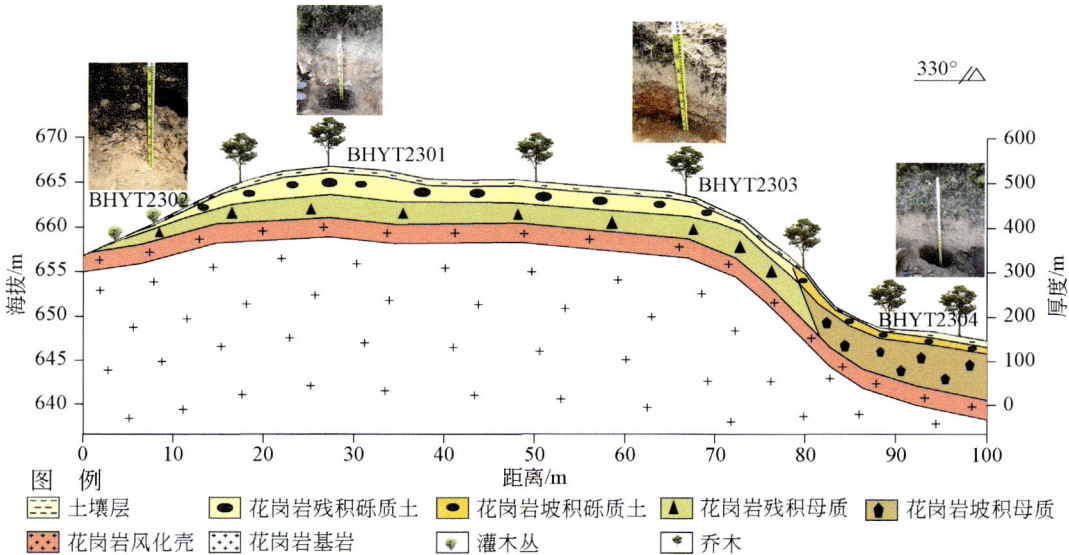

图 5.14　花岗岩地表基质层实测剖面图

5.1.3.3　养分元素

矿质养分一般是由矿物质风化、分解而来，如氮、磷、钾、钙、镁、硫、铁、锰、铜、锌、硼等，它们是生物生长不可或缺的或在其生长中参与某种生理作用。本次将腐质层及其以下 10cm 的土壤作为表层土，风化（残积）母质（风化壳）以上 10cm 的土壤作为深层土，而位于两者之前的土壤作为中层土。对比基岩、风化（残积）母质以及不同土壤层位矿质养分的含量及变化特征。

花岗岩基岩全磷（P_2O_5）含量平均值为0.0325%；从基岩→风化壳→深层土→中层土→表层土，全磷具有逐渐增大的趋势，其中表层土全磷含量平均值达到0.0782%。基岩和风化壳的全钾（K_2O）含量相近，中位值分别为4.27%和4.29%；从风化壳→深层土→中层土→表层土，全钾含量具有逐渐降低的趋势，其中表层土全钾含量中位值为2.75%。基岩CaO含量平均值为0.29%；从基岩→风化壳→深层土→中层土→表层土，CaO含量具有逐渐增大的趋势，其中表层土CaO含量平均值达到了1.14%。基岩和风化壳的MgO含量相近，中位值分别为0.56%和0.55%；而土壤层中MgO含量明显高于风化壳和基岩，中位值达到1.14%；最后在表层土有所降低，MgO含量中位值为1.01%。基岩S含量中位值为0.021%；从基岩→风化壳→深层土→中层土→表层土，S含量呈波动变化趋势，表层土中S含量最大，中位值为0.0245%。基岩Fe_2O_3含量中位值为3.09%，风化壳中降低，土壤层中Fe_2O_3含量显著大于基岩和风化壳；从深层土→中层土→表层土，Fe_2O_3含量具有逐渐降低的趋势，其中表层土Fe_2O_3含量中位值为3.66%。基岩MnO含量中位值为0.0178%；从基岩→风化壳→深层土→中层土，MnO含量有逐渐升高的趋势，但在表层土中有所降低，MnO中位值为0.0581%。基岩Cu含量平均值为13.5mg/kg；从基岩→风化壳→深层土→中层土→表层土，Cu含量呈波动变化趋势，表层土Cu含量平均值为14.3%。基岩Zn含量平均值为51.3mg/kg；从基岩→风化壳→深层土→中层土→表层土，Zn含量具有先降低后升高的趋势，其中表层土Zn含量平均值为64.5mg/kg（图5.15）。

5.1.3.4 风化程度

1. 化学蚀变指数

研究区花岗岩土壤层CIA介于46.4～72.2，平均值为60.5，中位值为59.6；风化壳CIA介于52.8～72.7，平均值为59.2，中位值为56.5。根据CIA可知，研究区花岗岩基质主要介于50.0～65.0，反映了寒冷、干燥气候下低等的化学风化程度。同时，随着深度降低，CIA逐渐增加，仅在表层土CIA降低，推测可能受到外来物质的影响。

2. 风化淋溶系数

研究区花岗岩土壤层BA介于0.651～1.200，平均值为0.873，中位值为0.883；风化壳BA介于0.432～1.020，平均值为0.800，中位值为0.867。在风化成土过程中，花岗岩风化壳BA逐渐升高。

3. 化学损耗分数

花岗岩发育土壤的CDF介于0.181～0.457，平均值为0.369，中位值为0.369。总体上花岗岩风化成土作用过程中元素损耗较少。

5.1.3.5 基质物质组分特征

花岗岩发育土壤从深层土→表层土，土壤质地从粉砂质壤土→砂质壤土演化趋势，砂粒含量增加（图5.16）。

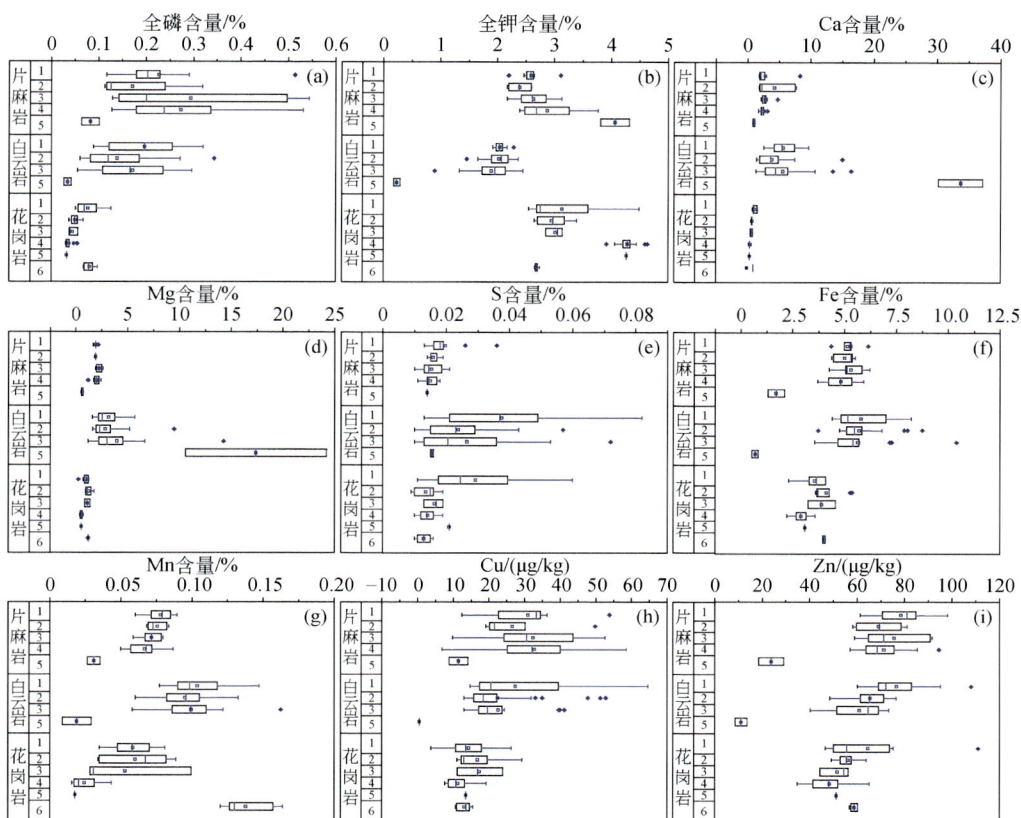

图 5.15　不同岩性地表基质养分元素含量分布相图

1：表层土；2：中层土；3：深成土；4：风化壳；5：基岩；6：河道沉积相；（a）全磷（P₂O₅）；（b）全钾（K₂O）；（c）Ca（CaO）；
（d）Mg（MgO）；（e）S；（f）Fe（Fe₂O₃）；（g）Mn（MnO）；（h）Cu；（i）Zn

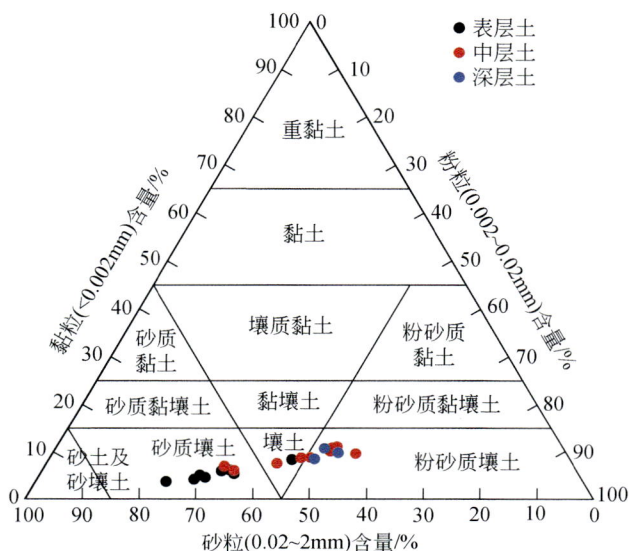

图 5.16　不同深度土壤质地分布三角图

5.1.3.6 风化成土作用特征

在阴坡，全磷从风化壳到土壤层具有明显降低的过程，后逐渐又在表层土富集。从山顶到山脚，全磷具有越来越富集的规律。在风化成土过程中，全钾表现为先富集，后在土壤中迁移-流失，由于山脚土壤层底下为河流沉积相，因此全钾一直表现为迁移-流失。CaO 和 MnO 在风化成土过程中均表现为富集，从山顶到山脚，CaO 具有越来越富集的规律。MgO 在风化成土过程中均表现为富集，从山顶到山脚，MgO 含量趋于稳定。Fe_2O_3 在风化成土过程中表现为先富集，后在土壤中迁移-流失，从山顶到山脚，Fe_2O_3 含量趋于稳定（图 5.17）。

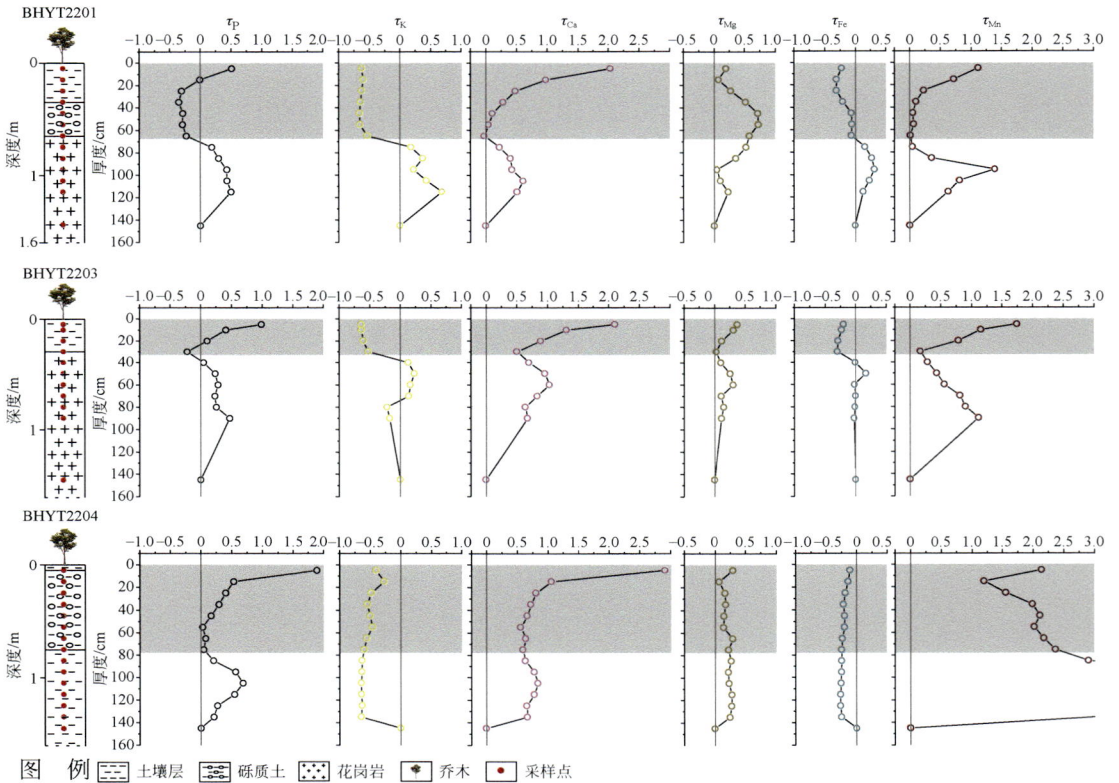

图 5.17 花岗岩山体阴坡养分元素质量迁移系数变化图

综上所述，花岗岩阴坡和阳坡土壤的全磷、Ca、Mn 均主要处于富集状态，而 Fe 主要处于流失状态，与白云岩中全磷、Ca、Mn 的流失具有显著差异。花岗岩阴坡和阳坡土壤元素迁移-富集特征受到地表基质结构的显著影响。阴坡土壤中全钾处于迁移-流失状态，而在阳坡富集，可能与阳坡成土程度较差有关，土壤更多地保留了母质的地球化学特征（图 5.18）。阴坡土壤中 Mg 处于富集状态而在阳坡流失，结合阴坡 Fe 的流失，可能与阴坡黑云母的分解有关。

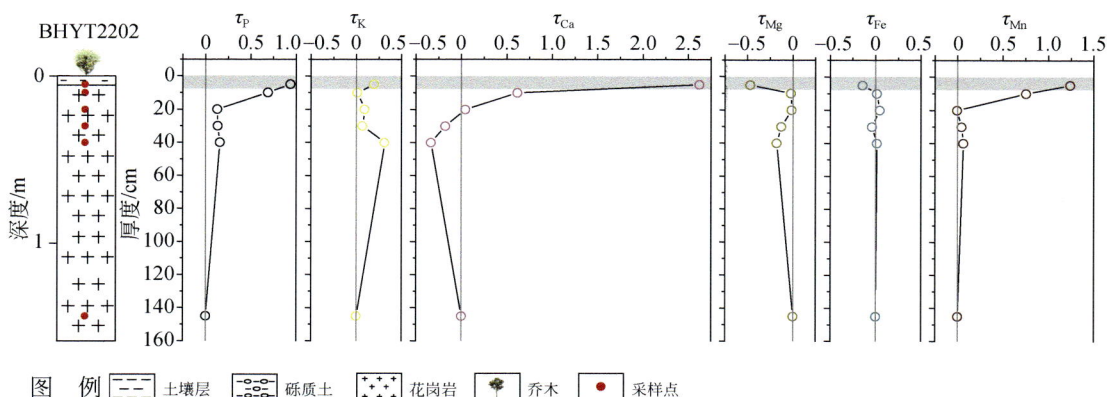

图 5.18　花岗岩山体阳坡养分元素质量迁移系数变化图

5.1.3.7　花岗岩基质区植被根系发育特征

在花岗岩分布区，阳坡一般半山腰至山顶岩体裸露，植被覆盖少，且以小灌木和草本植物为主，只有在花岗岩风化裂隙带和交汇部位形成的"浅坑"中生长灌木和草，表面松散层呈不连续的斑点状分布。而在阴坡则植被相对较为茂盛，局部生长有松树等乔木（图 5.19）。

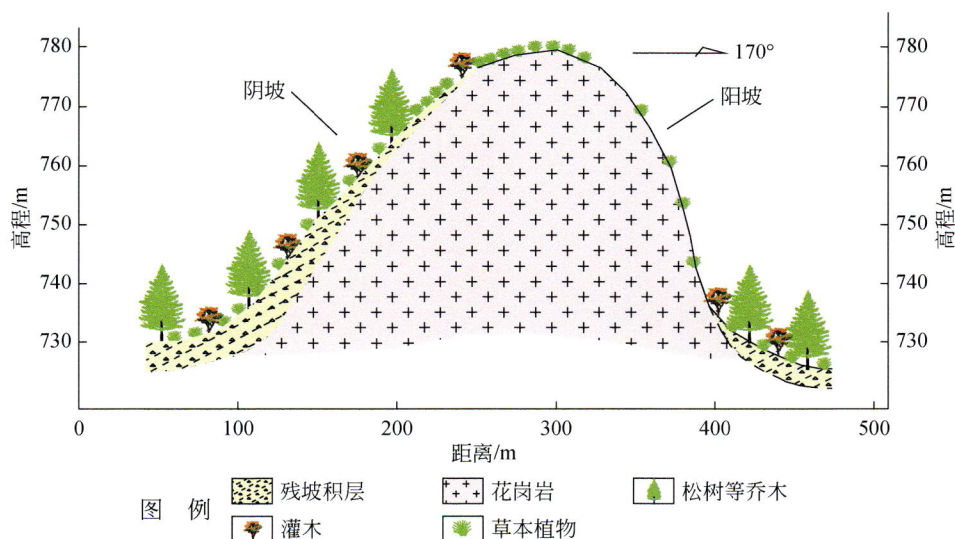

图 5.19　花岗岩分布区地形地貌及地表松散层结构特征示意图

通过对花岗岩分布区植物根系进行挖掘调查，在阳坡，花岗岩基质类型主要以裸露岩石或者残积砾为主，在裂隙中或凹处为残积土，因此植物以灌木为主，少量的乔木，可见乔木、灌木殖居在岩石裂隙中［图 5.20（a）］，根系可沿着岩石裂隙发育［图 5.20（c）、（d）］；在阴坡，土壤层较阳坡厚，植物类型主要以油松、蒙古栎、杏树等乔木为主，可见乔木与裂隙平行生长，沿着基岩裂隙分布有少量的细根［图 5.20（b）、（e）］。

图 5.20　河北省平泉市花岗岩基质植物特征

（a）花岗岩基质阳坡灌木发育；（b）花岗岩基质阴坡乔木发育，发育平行根；（c）小灌木殖居在花岗岩基质裂隙中；
（d）小乔木或灌木殖居在花岗岩基质裂隙中；（e）小灌木根系沿着裂隙发育

5.1.4　燕山山地白云岩基质与植被特征

5.1.4.1　白云岩基质垂向剖面特征

通过在平泉市白云岩坡面不同地形部位开展浅井工程揭露及自然剖面的观测，白云岩发育地表基质特征表现：①土壤层浅薄或缺失，平均厚度多小于 20cm，颜色为深棕色，土壤较为松散，分布有大量的植被根系和碎石，山体的阴坡或坡角位置，残坡积和坡积母质增厚，土壤层的平均厚度大于 30cm。②风化壳通常缺失，发育弱岩溶表层带，溶解裂隙化程度高，透水性与下部包气带有显著的不同，而形成一个独特的上部包气带层。③岩石层岩性相对完整，岩层产状陡倾，岩层倾角介于 65°～70°，沿岩层发育大量的顺层层理，垂直岩层发育垂向、斜向节理，节理形态多为平直型，节理密度较大，平均 10～15 个/m，间距为 1～5cm，顺层节理张开度集中于 0.1～1.0mm，属于密闭型，斜向节理张开度为 1.0～5.0mm，主要为张开型，节理为半贯通，贯通性和延展性好。白云岩区植被层结构类型单一，多以荆梢、榛柴等灌木为主，分布少量的侧柏、杏树等小乔木，大量植物直接殖居在岩石石峰中（图 5.21）。

5.1.4.2　白云岩基质坡面特征

白云岩多基岩裸露，发育孤峰、平顶山和峻峭山等地貌景观（图 5.22）。

图　 △△△ 砾质土　　△△△ 白云岩坡积角砾　　⬡⬡ 白云岩

例　 ╳╳ 裂隙　　🌳 灌木丛　　🌿 草本植物

图 5.21　河北省平泉市白云岩分布区垂向剖面特征图

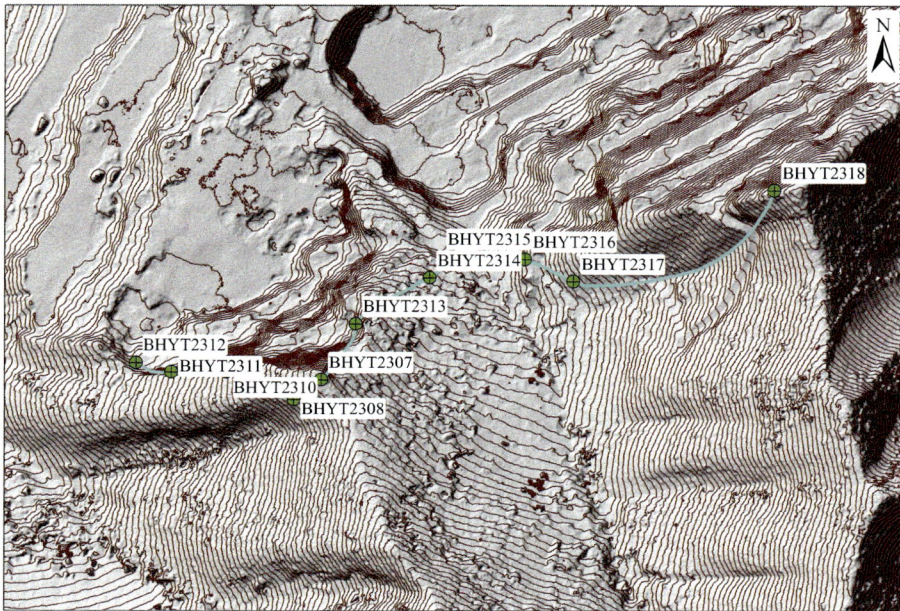

图 5.22　白云岩类地表基质调查路线示意图

图中编号为调查点号，下同

通过野外实地调查，在白云岩区山顶上，地表基质类型为残积砾质土，土壤层厚度小于 20cm，颜色为深棕色，土壤较为松散，分布有大量的植被根系和碎石，碎石粒径较大，磨圆度较差。在阳坡，当坡度大于 60°时，地表基质类型为裸露基岩，植被主要殖居在岩石裂隙中，随着坡度逐渐变缓，坡度大于34°时；在山脚处，地表基质类型为坡积砾质土，土壤层厚度大于30cm；母质层中分布有大量的碎石，粒径较山顶小，磨圆度较好。总体上，白云岩分布区阳坡以残积砾质土为主，阴坡地表基质类型主要为坡积砾质土，土壤层厚度主要集中在 30～40cm，最高可达 110cm（图 5.23）。

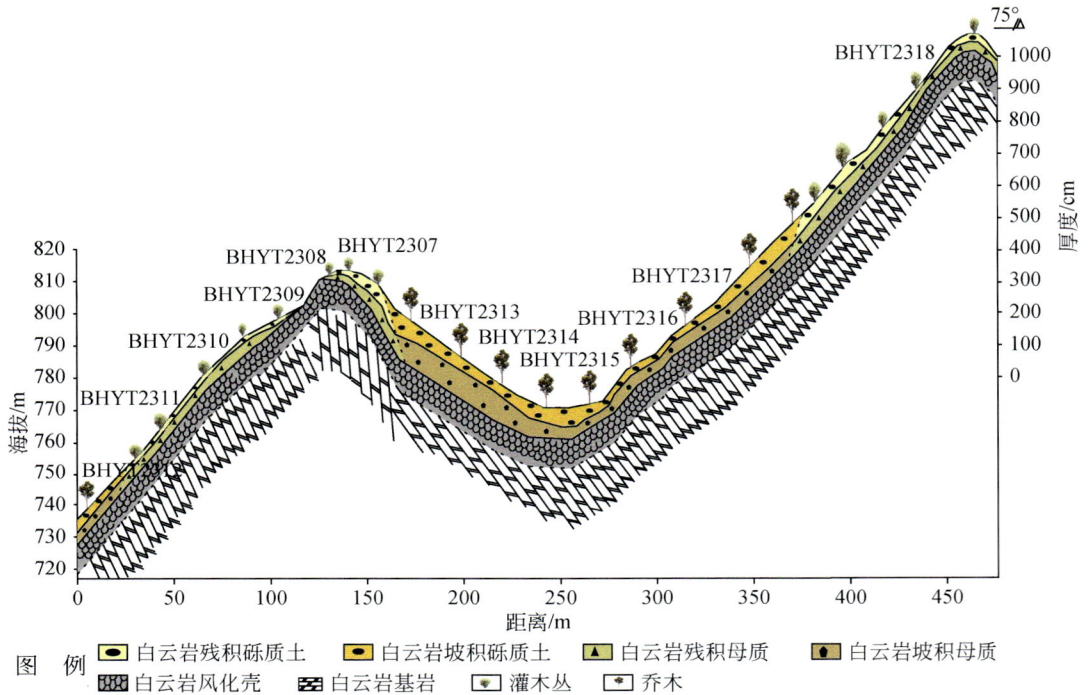

图 5.23　白云岩地表基质实测剖面

5.1.4.3　养分元素特征

白云岩基岩全磷（P_2O_5）含量平均值为 0.0344%，土壤层中全磷含量明显高于基岩；从深层土→中层土→表层土，全磷含量呈波动变化，其中表层土全磷含量平均值为 0.196%。基岩的全钾（K_2O）含量中位值和平均值均为 0.236%；从基岩→深层土→中层土→表层土，全钾具有逐渐升高的趋势，其中表层土全钾含量中位值和平均值均为 2.04%。基岩 CaO 含量平均值为 33.7%，土壤层中的 CaO 含量显著降低；从深层土→中层土→表层土，CaO 含量呈波动变化，其中表层土 CaO 含量平均值为 5.67%。基岩的 MgO 含量中位值和平均值均为 17.4%，而土壤层中 MgO 含量明显降低；从深层土→中层土→表层土，MgO 含量呈波动变化，其中表层土 MgO 含量平均值为 3.16%。基岩 S 含量中位值为 0.0155%；从基岩→深层土→中层土→表层土，S 含量具有逐渐增加的趋势，表土层中 S 含量中位值为 0.037%。基岩 Fe_2O_3 含量中位值和平均值均为 0.680%，土壤层中 Fe_2O_3 含量显著大于基岩；从深层土→中层土→表层土，Fe$_2$O$_3$ 含量具有逐渐升高的趋势，其中表土层 Fe$_2$O$_3$ 含量平均值为5.79%。基岩 MnO 含量中位值为 0.019%，土壤层中 MnO 含量显著大于基岩；从深层土→中层土→表层土，MnO 含量呈波动变化，其中表层土 MnO 含量平均值为 0.098%。基岩 Cu 含量平均值为 0.355mg/kg，土壤层中 Cu 含量显著大于基岩；从深层土→中层土→表层土，Cu 含量呈波动变化趋势，表层土 Cu 含量平均值为 27.4mg/kg。基岩 Zn 含量平均值为 11.2mg/kg，土壤层中 Zn 含量显著大于基岩；从深层土→中层土→表层土，Zn 含量具有逐渐升高的趋势，其中表层土 Zn 含量平均值为 76.6mg/kg（图 5.15）。

5.1.4.4　风化程度

1. 化学蚀变指数

研究区白云岩土壤层 CIA 介于 63.4～78.9，平均值为 70.6，中位值为 70.6。根据 CIA 可知，研究区白云岩风化壳的化学风化强度较强，CIA 主要介于 65～85，反映温暖、湿润气候下中等的化学风化程度，随着土壤深度降低，CIA 降低，推测可能受到白云岩风化过程中黏粒的淀积作用影响。

2. 风化淋溶系数

研究区白云岩土壤层 BA 介于 0.490～5.21，平均值为 1.07，中位值为 0.935。

3. 化学损耗分数

白云岩发育土壤的 CDF 介于 0.807～0.908，平均值为 0.867，中位值为 0.868。表明白云岩风化成土作用过程中发生显著的元素损耗，与 Ca、Mg 流失有关。

5.1.4.5　基质物质组分特征

白云岩发育土壤从深层土→表层土，土壤质地均主要为砂质壤土和壤土（图 5.24）。

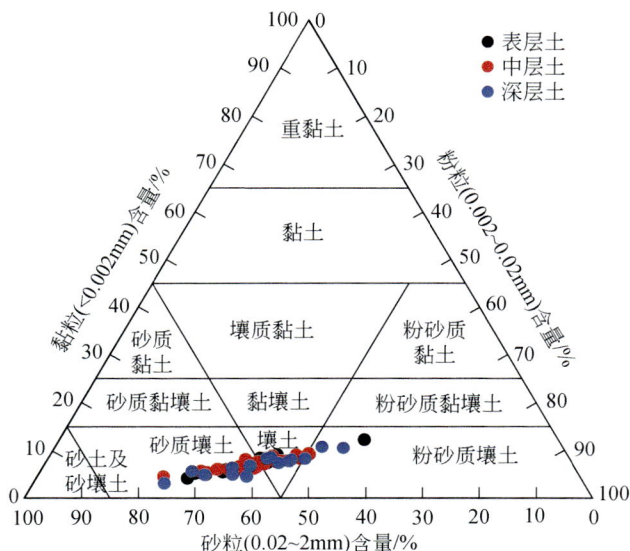

图 5.24　不同深度土壤质地分布三角图

5.1.4.6 风化成土作用特征

白云岩区山体阳坡山顶土壤层厚度约为20cm，土壤中植被根系较为发育，在坡度较陡处，出露有白云岩，基岩裸露。随着坡度变缓，土壤层厚度逐渐增加，到山脚处，土壤层厚度约70cm。阴坡残积相土壤层厚度为70～80cm，明显高于阳坡。

阳坡全磷在风化成土过程中基本上处于迁移-流失状态，从山顶到山脚，迁移-流失量逐渐增大，后趋于稳定。全钾在风化成土过程中基本上处于富集状态，从山顶到山脚，富集量逐渐降低。CaO和MgO在白云岩风化成土过程中一直处于迁移-流失状态，迁移-流失量较为稳定。Fe_2O_3和MnO在风化成土过程中基本上处于迁移-流失状态，其中Fe_2O_3的迁移-流失量有逐渐减少的趋势，MnO的迁移-流失量逐渐趋于稳定（图5.25）。

阴坡全磷在成土过程中基本上处于迁移-流失状态，从山顶到山脚，迁移-流失量先增大、后减小。全钾在风化成土过程中基本上处于富集状态，从山顶到山脚，富集量逐渐升高，与阳坡相反。CaO和MgO在白云岩风化成土过程中一直处于迁移-流失状态。Fe_2O_3和MnO在风化成土过程中基本上处于迁移-流失状态，其中Fe_2O_3迁移-流失量有先增大、后减小的趋势，MnO迁移-流失量逐渐趋于稳定（图5.26）。

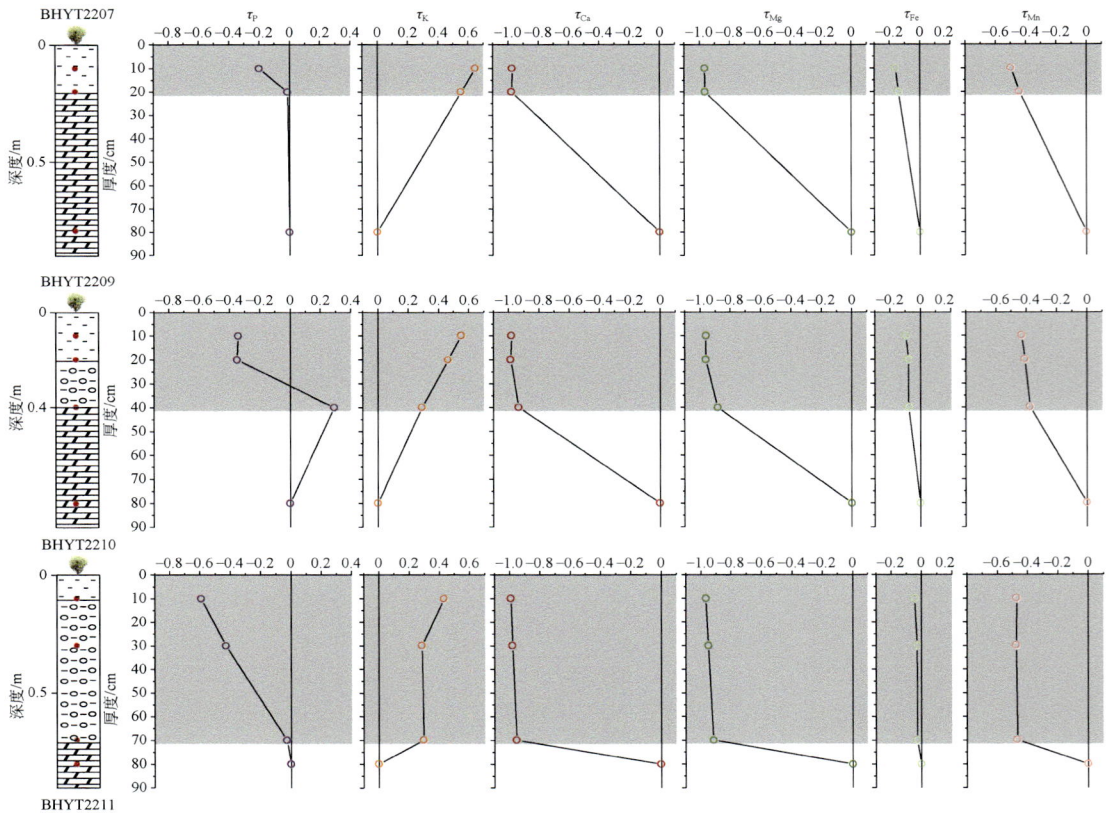

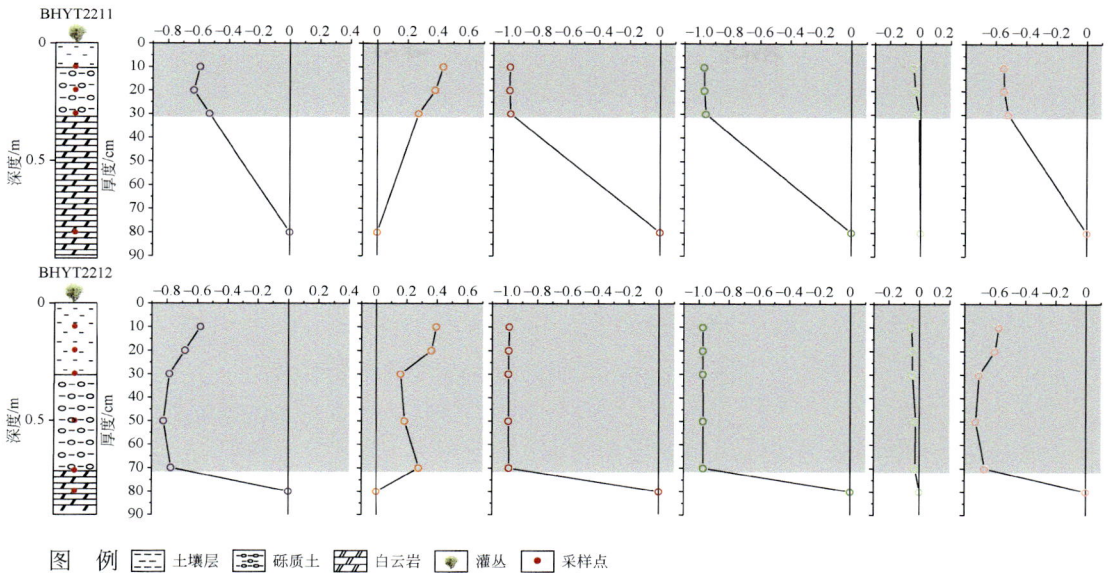

图　例　[　] 土壤层　[　] 砾质土　[　] 白云岩　[灌丛] 灌丛　[● 采样点]

图 5.25　白云岩山体阳坡养分元素质量迁移系数变化图

综上所述，地表基质厚度影响元素迁移-富集规律，表现为阴坡厚层土壤各元素迁移-富集较为稳定，且富集量较大。白云岩发育的土壤除了全钾外，其他元素均处于流失状态，阴坡和阳坡具有相似的迁移-富集特征，在阴坡 Fe 具有一定程度的富集。

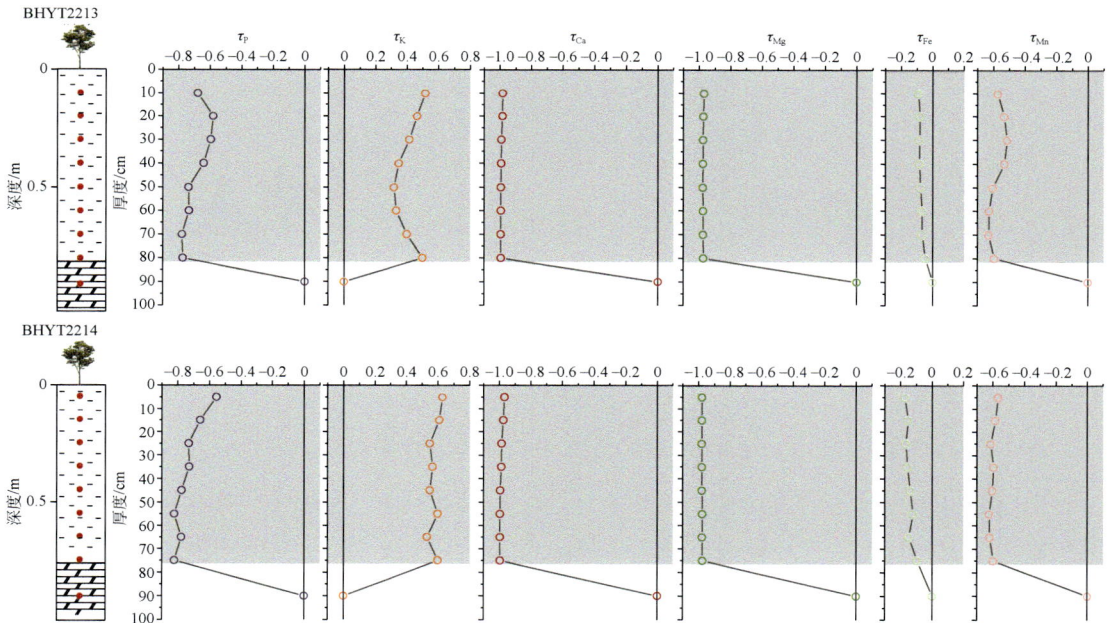

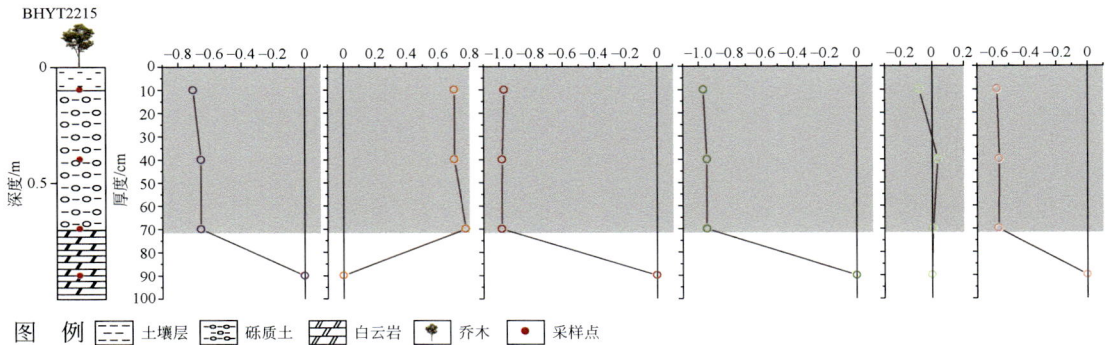

图 5.26　白云岩山体阴坡养分元素质量迁移系数变化图

5.1.4.7　白云岩基质区植被发育特征

在白云岩分布区，同样有着明显的阴坡、阳坡生长着不同植被类型的情况，即阳坡植被以灌木、草本植物为主，阴坡则除了灌木、草本植物外，生长有较多的松树等乔木。另外，由于白云岩分布区山体较为高陡，因此植被的分布不仅受阴坡、阳坡的影响，还受地形高度的影响，即在高陡的山顶至山腰区域，一般植被较为稀疏，以小的灌木、草本植物为主，而在靠山脚部位，由于堆积有坡积砾石土，因此植被较为茂密，且生长有大量的乔木（图 5.27）。

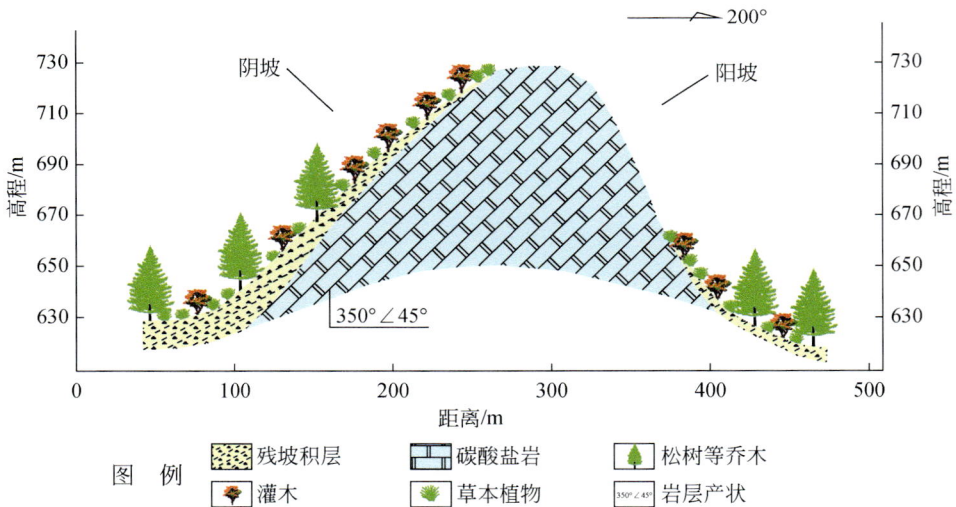

图 5.27　白云岩分布区地形地貌及地表松散层空间结构特征示意图

通过对其根系特征进行挖掘调查，白云岩分布区小乔木（杏树）较小 [图 5.28（a）]，其主根为垂直根，但深度较花岗岩基质植物根系浅 [图 5.28（b）]，部分根沿着基质异质性部位水平生长 [图 5.28（d）]；小灌木的根系在土壤层盘旋发育，根系较浅 [图 5.28（e）]，或沿着基质异质性部位生长 [图 5.28（c）]，也可见乔木（榆树）在白云岩基质宽裂隙中生根 [图 5.28（f）]。

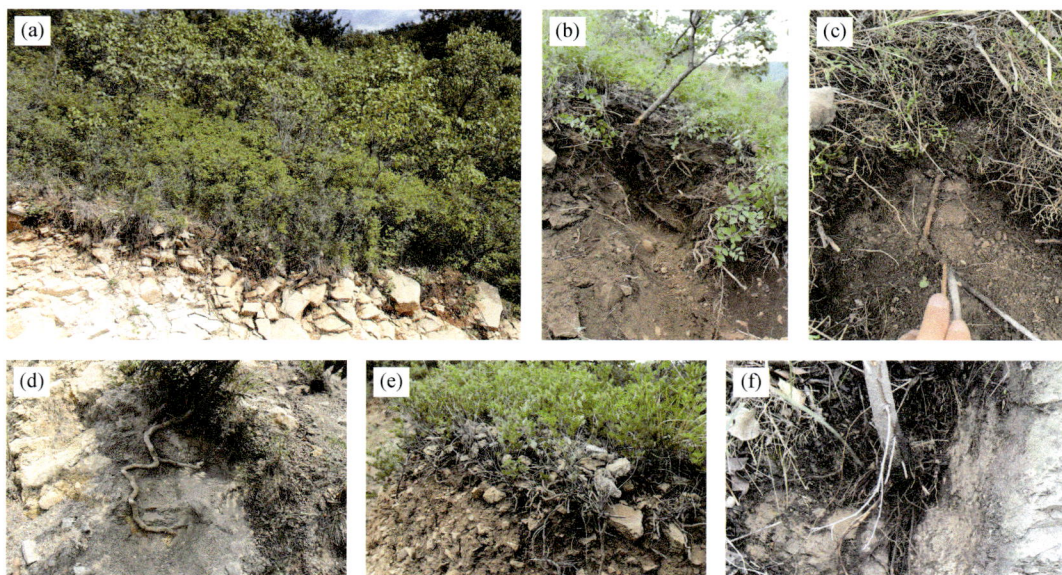

图 5.28　河北省平泉市白云岩基质植物特征示意图

（a）白云岩基质植物类型以灌木和小乔木为主；（b）白云岩基质发育小乔木垂直根系；（c）白云岩基质灌木根系沿着基质异质性部位发育；（d）白云岩基质乔木根系沿着基质异质性部位发育；（e）白云岩基质小灌木根系在土壤层盘旋发育；（f）白云岩基质裂隙中生长的乔木

5.1.4.8　地表基质服务山区土地综合整治

承德燕山山区土地资源稀缺，可供利用的园地、旱地和水田等土地资源分布与山区的地表基质空间结构密切相关。基于山地地表基质的空间分布特征和山地土壤垂向和坡面结构关系的研究，可为土地资源的高效利用提供科学依据。由于研究区白云岩山区的坡度大、土壤层薄、质地粗，具有明显的薄层性和粗骨性，细粒物质组分较少且含有大量的碎石，需要根据地表基质（母质和土壤）空间分布特征，进行科学的规划，采取保护性的土地利用方式，可以提高土地利用价值。

平泉市小道虎沟村土地整治田块位于平泉市常仗子乡，处于瀑河流域的上游，沿东西向河谷两侧分布大量的旱地和园地，其中北侧进行了土地整理，南侧保留原始的土地分布。根据高密度电法 L03 线视电阻率解译图（图 5.29）可以看出，在剖面的中间部分位于河谷区，松散层厚度在 20m 左右；在剖面的左侧部分，为土地整治的梯田，松散层厚度大致在 10～15m，根据实地调查，松散层为坡积碎石土，从中间到最左侧逐渐变薄；剖面的右侧同样有较厚的坡积松散层，根据实地调查，为耕地，种植作物为玉米。

该梯田地层结构按土地整治前、后可分为两种：

（1）土地整治前：表层 0.3～0.5m 为耕植土壤，种植玉米，其下为坡积碎石土，厚度在 5～20m，厚度从上至下逐渐增加；

（2）土地整治后：表层的土壤层被破坏，松散层为坡积的碎石土，下部为白云岩地层（图 5.30）。

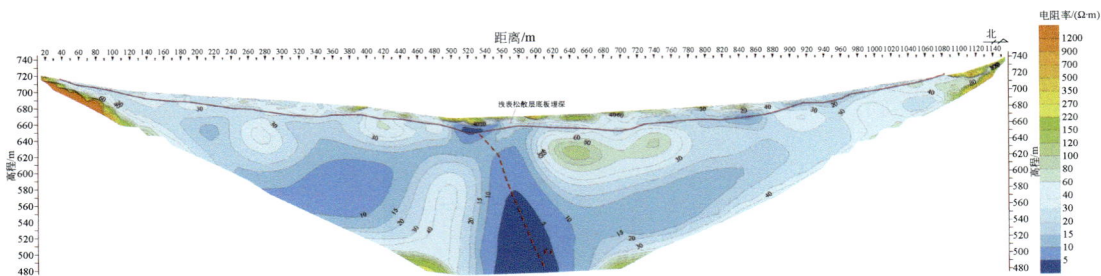

图 5.29　小道虎沟村高密度电法 L03 线电阻率解译图

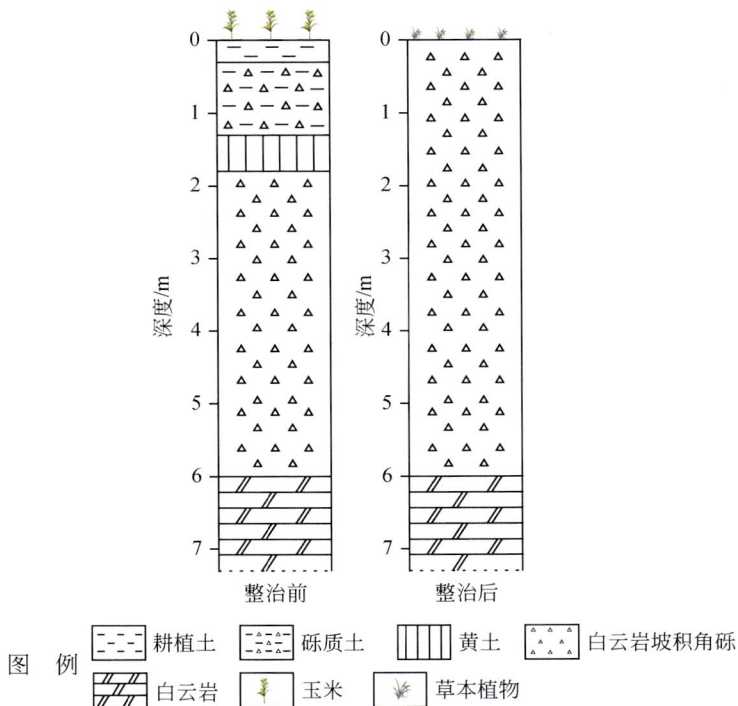

整治前　　　　　整治后

图　例　　 - - 耕植土　△△ 砾质土　||| 黄土　△△ 白云岩坡积角砾

// 白云岩　玉米　草本植物

图 5.30　河北省平泉市小道虎沟村土地整治前后地质基质垂向图

野外浅井 G04（图 5.31）揭露显示该白云岩区的地表基质垂向空间结构整体表现为 0～20cm 为白云岩残坡积物；20～50cm 为风积黄土堆积物，表层具有黄土层，厚度为 10～30cm，推测为外源风积黄土，是目前的主要耕作层；20～43cm 为白云岩残坡积物，砾石成分主要为白云岩，呈棱角状，粒径为 5～10cm，砾石含量为 30%～50%，砾石表面具有铁染等；43～60cm 为白云岩残坡积物，砾石成分主要为白云岩，呈棱角状，粒径为 20～30cm，砾石含量为 10%～20%。基质中具有黄、褐色黏土成分，质地黏重。

图 5.31 瀑河流域白云岩基质区浅井 G04

基于野外调查和浅井工程揭露，白云岩区的地表基质空间分布受岩石风化作用影响和地形微地貌控制，整体坡面形态呈现陡峭状态，岩层产状陡倾，坡面坡度较大。在岩石风化作用和冲洪积表生堆积作用影响下，大量的白云岩呈碎块状堆积于山体的坡角，在坡角形成厚大的砾、砂、黏混合基质组分。表层的土壤熟化程度较弱，较适宜园地等农作物生长，上部的土壤层较薄，砾质成分增加，仅适宜灌木和小乔木生长。调查区具有风积黄土堆积物，可为土地整治利用提供优势条件，进行土地平整后，表层形成可供植物生长的熟化土壤层；相反，若土壤层或者黄土层被剥离，仅剩下不利于植被生长的砾石层，导致作物很难生长（图 5.32）。

5.1.5 燕山山地片麻岩基质与植被特征

5.1.5.1 片麻岩基质垂向剖面特征

通过在平泉市片麻岩坡面不同地形部位开展浅井工程揭露及自然剖面观测，片麻岩发育地表基质特征包括：

（1）土壤层较厚，厚度大于 30cm，主要为含砾砂土，成土母质为强风化残积物，山脚土壤层平均厚度大于 100cm，土壤层稳定性较好，通常发育完整的 A 层（壤土层）-B 层（堆积层）-C 层（残积层）结构。

（2）风化层稳定，发育完整的强-弱风化层，厚度为 5～10m。

（3）岩石层相对破碎，原生构造裂隙发育，形成大量的不规则网脉状裂隙，裂隙类型属于贯通式的开张性裂隙，导水性较好。浅部岩层分布与风化作用有关的非构造节理，属于波浪型、锯齿状非贯通型节理，节理密度小，平均 1～2 个/m，张开度多大于 5mm，以张开型为主。片麻岩区植被层的结构类型复杂，阴坡生长蒙古栎、油松等乔木，阳坡种植为人工刺槐（图 5.33）。

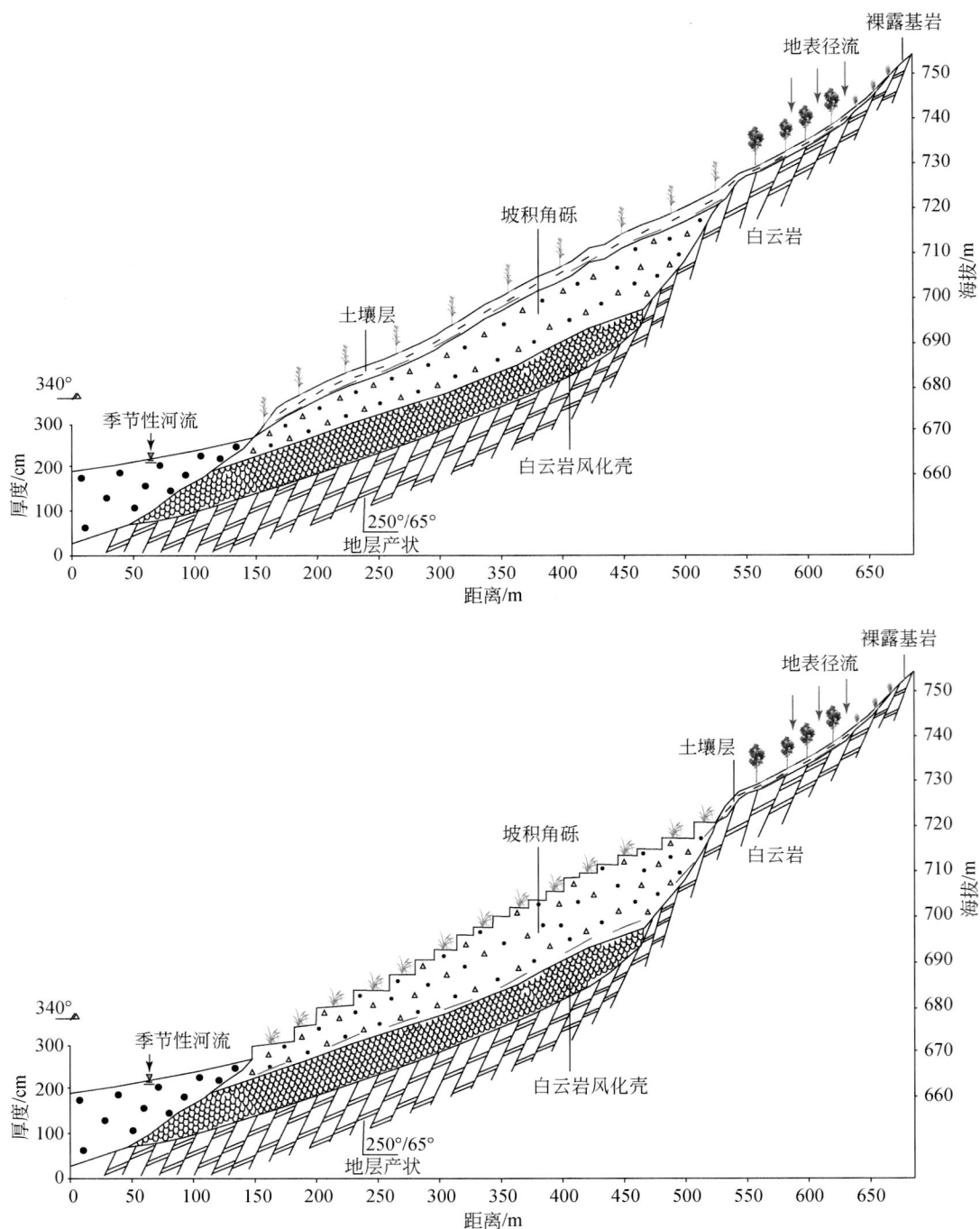

图 5.32　平泉市小道虎沟村土地整治前（上）、土地整治后（下）地表基质剖面对比图

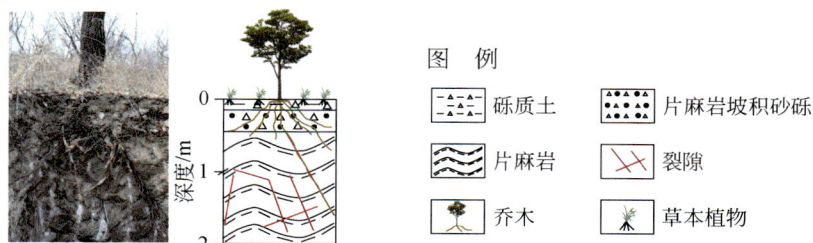

图 5.33　平泉市片麻岩分布区垂向剖面特征图

5.1.5.2　片麻岩基质坡面特征

片麻岩的地貌多呈现浑圆状的低山圆丘地貌，相对高差一般为 100～200m，坡度集中在 15°～25°（图 5.34）。

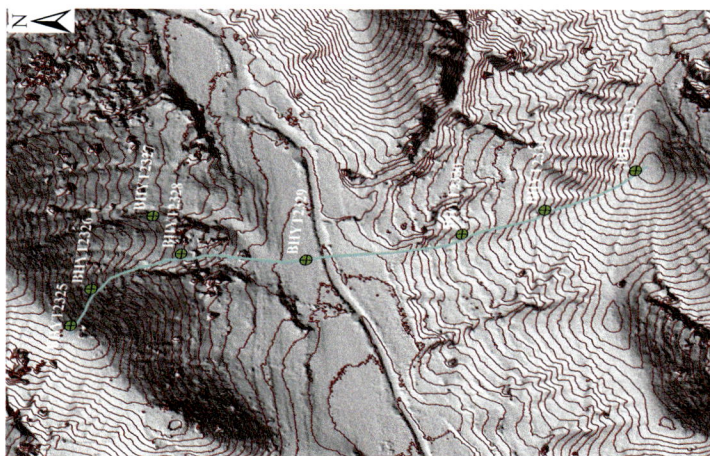

图 5.34　片麻岩类地表基质调查路线示意图

通过野外实地调查，片麻岩区地表基质以残积砾质土为主，仅在山脚处，地表基质类型为坡积砾质土，海拔低于 558m，坡度低于 15°。阳坡，残积砾质土的土壤层厚度集中在 15～30cm；而阴坡，残积砾质土的土壤层厚度集中在 25～40cm，山脚坡积砾质土厚度大于 40cm，种植有玉米等（图 5.35）。

5.1.5.3　养分元素

片麻岩基岩全磷（P_2O_5）含量平均值为 0.0830%，风化壳和土壤层中全磷含量明显高于基岩；从风化壳→深层土→中层土，全磷含量逐渐降低，仅在表层土中有所升高，表层土全磷含量平均值为 0.227%。基岩全钾（K_2O）含量平均值为 4.065%；从基岩→风化壳→深层土→中层土，全钾含量具有逐渐降低的趋势，而在表层土稍有增加，表层土全钾含量平均值为 2.592%。基岩 CaO 含量平均值为 0.985%，风化壳和土壤层的 CaO 含量显著高于基岩；从基岩→风化壳→深层土→中层土→表层土，CaO 含量具有先升高、后降低的趋势，

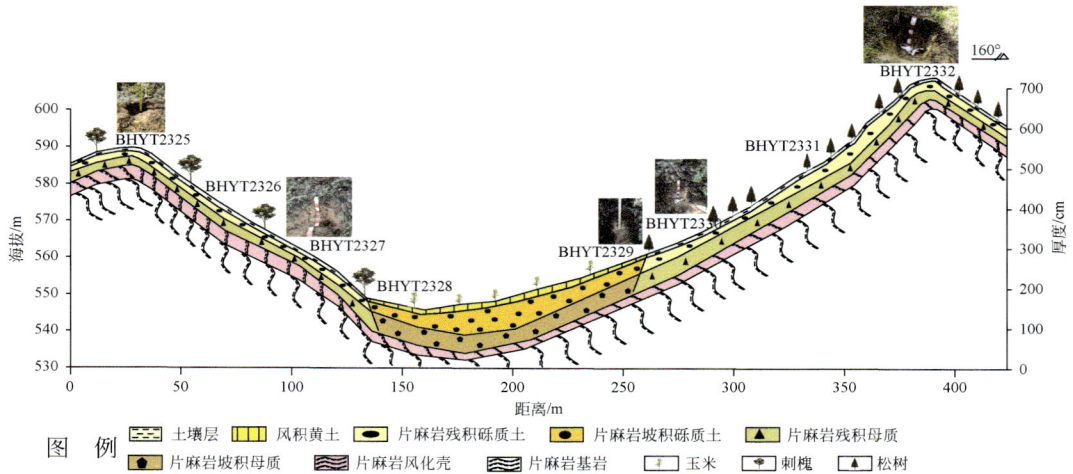

图 5.35　片麻岩类地表基质实测剖面

其中表层土 CaO 含量平均值为 2.80%。基岩 MgO 含量平均值为 0.620%，风化壳和土壤层的 MgO 含量显著高于基岩；从基岩→风化壳→深层土→中层土→表层土，MgO 含量具有先升高、后降低的趋势，其中表层土 Mg 含量平均值为 1.908%。基岩 S 含量中位值为 0.014%；从基岩→风化壳→深层土→中层土→表层土，S 含量具有逐渐升高的趋势，表层土 S 含量中位值为 0.018%。基岩 Fe_2O_3 含量中位值为 1.71%，风化壳和土壤层中 Fe_2O_3 含量显著大于基岩；从基岩→风化壳→深层土→中层土，Fe_2O_3 含量具有逐渐升高的趋势，而在表土层中有所降低，表层土 Fe_2O_3 含量中位值为 5.26%。基岩 MnO 含量中位值为 0.031%，风化壳和土壤中 MnO 含量显著高于基岩；从基岩→风化壳→深层土→中层土→表层土，MnO 含量有逐渐升高的趋势，表土层 MnO 含量中位值为 0.0792%。基岩 Cu 含量平均值为 11.5mg/kg，风化壳和土壤中的 Cu 含量显著高于基岩；从基岩→风化壳→深层土→中层土→表层土，Cu 含量呈波动变化，表层土 Cu 含量平均值为 30.9%。基岩 Zn 含量平均值为 51.3mg/kg，风化壳和土壤层中的 Zn 含量显著高于基岩；从基岩→风化壳→深层土→中层土→表层土，Zn 含量呈波动变化，表层土 Zn 含量平均值为 78.4mg/kg。

通过对比平泉市花岗岩、白云岩和片麻岩基质的养分元素含量变化特征发现，不同岩石类型区地表基质中矿质元素与母岩（质）具有继承性。全磷在母岩（质）和地表基质中呈片麻岩＞白云岩＞花岗岩，全钾呈花岗岩＞片麻岩＞白云岩，CaO 和 MgO 元素呈白云岩＞片麻岩＞花岗岩。不同岩石类型区母岩（质）风化成土作用过程中元素迁移-富集具有差异性。母岩（质）中 Fe_2O_3 含量表现为花岗岩＞片麻岩＞白云岩，而地表基质中表现为白云岩＞片麻岩＞花岗岩；母岩（质）中 MnO 含量表现为片麻岩＞白云岩＞花岗岩，而地表基质中表现为白云岩＞片麻岩＞花岗岩，推测与白云岩风化成土作用过程中 Ca、Mg 大量流失，而 Fe、Mn 以铁（氢）氧化物形式富集于土壤中有关。母岩（质）中 Cu 和 Zn 含量表现为花岗岩＞片麻岩＞白云岩，而地表基质中 Cu 和 Zn 含量为片麻岩＞白云岩＞花岗岩。

5.1.5.4　风化程度

1. 化学蚀变指数

研究区片麻岩土壤层 CIA 介于 54.5～62.6，平均值为 58.5，中位值为 59.1。风化壳 CIA 介于 52.8～64.5，平均值为 57.2，中位值为 55.5。根据 CIA 可知，片麻岩发育的表层土 CIA 相当，处于 50～65，反映了寒冷、干燥气候下低等的化学风化程度，且不同岩性表层土 CIA 表现为片麻岩＞花岗岩。同时，随着深度降低，CIA 逐渐增加，仅在表层土 CIA 降低，推测可能受到外来物质的影响（图 5.36）。

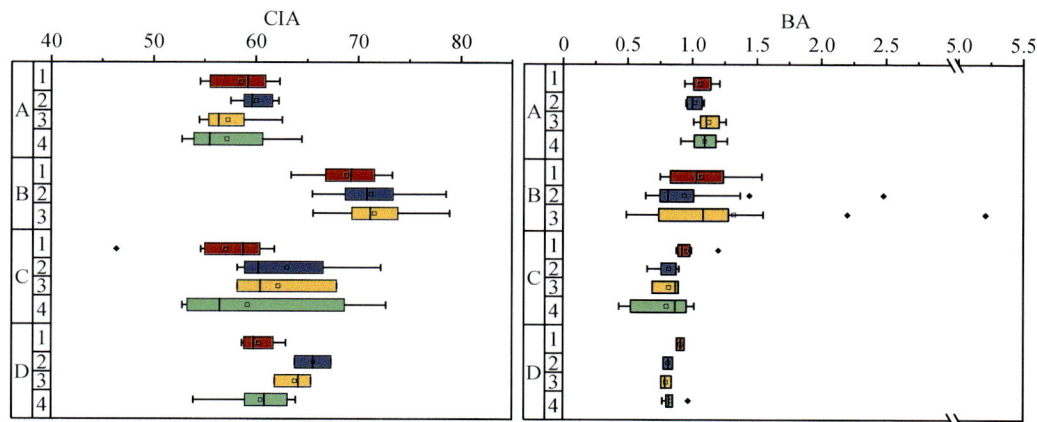

图 5.36　4 种岩性风化剖面不同深度 CIA 和 BA 分布图

A. 片麻岩；B. 白云岩；C. 花岗岩；D. 玄武岩；1. 表层土；2. 中层土；3. 深层土；4. 风化壳

2. 风化淋溶系数

研究区片麻岩土壤层 BA 介于 0.940～1.26，平均值为 1.07，中位值为 1.06。风化壳 BA 介于 0.910～1.27，平均值为 1.09，中位值为 1.10，不同岩性表层土 BA 表现为白云岩＞片麻岩＞花岗岩（图 5.36）。

3. 化学损耗分数

片麻岩发育土壤的 CDF 介于 0.497～0.788，平均值为 0.656，中位值为 0.696。总体上不同岩性 CDF 表现为白云岩＞片麻岩＞花岗岩。

5.1.5.5　基质物质组分

片麻岩发育土壤从深层土→表层土，土壤质地从砂土、砂壤土→壤土的趋势演化，砂粒含量降低（图 5.37）。总体上，平泉市 3 种岩性发育土壤黏粒含量均较低，低于 15%；片麻岩土壤黏粒含量最低，白云岩土壤黏粒含量较高，但总体均偏低。

5.1.5.6　风化成土作用特征

总体上，片麻岩区从山顶到山脚，土壤层厚度逐渐增加，仅在微地貌区厚度有所差异。阳坡的全磷和全钾在风化成土过程中基本上处于迁移-流失状态，从山顶到山脚，全磷和全钾富集量呈波动变化。在山顶处，CaO 较为稳定，迁移-流失量很小；在山腰处，CaO 表现为显著富集；而在山脚 CaO 又表现为迁移-流失。MgO 在风化成土过程中一直处于富集状态，在土壤中均表现为随着深度降低，富集量逐渐降低。Fe_2O_3 在风化成土过程中均呈波动变化。MnO 在风化成土过程中基本上处于迁移-流失的状态，从山顶到山脚，迁移-流失量降低（图 5.38）。

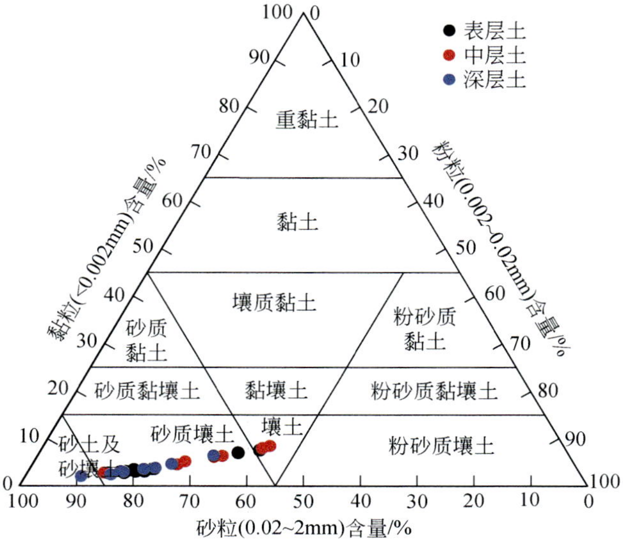

图 5.37 不同深度土壤质地分布三角图

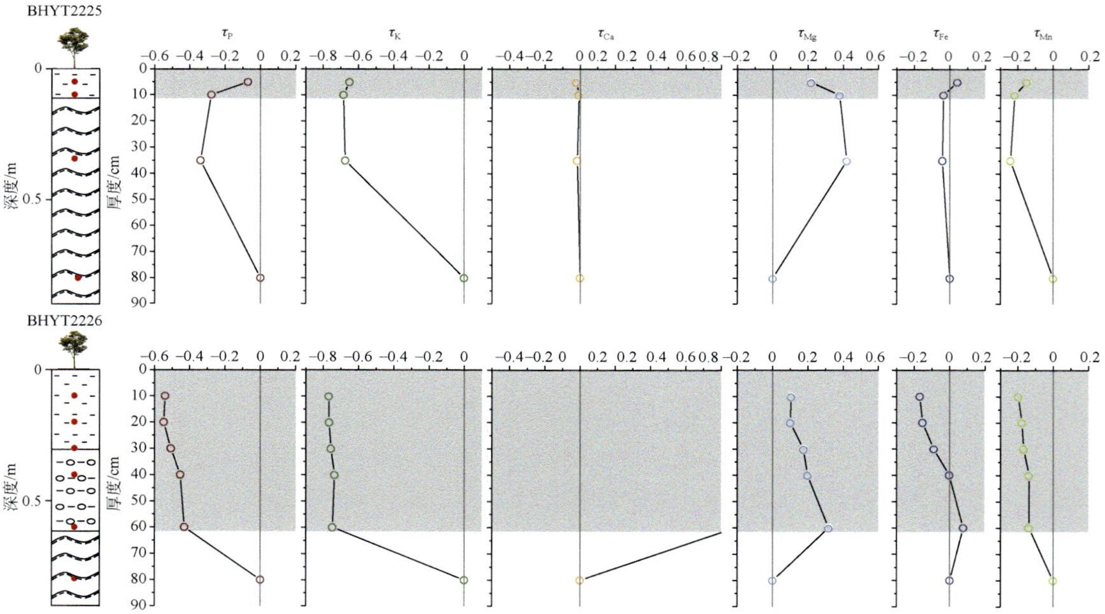

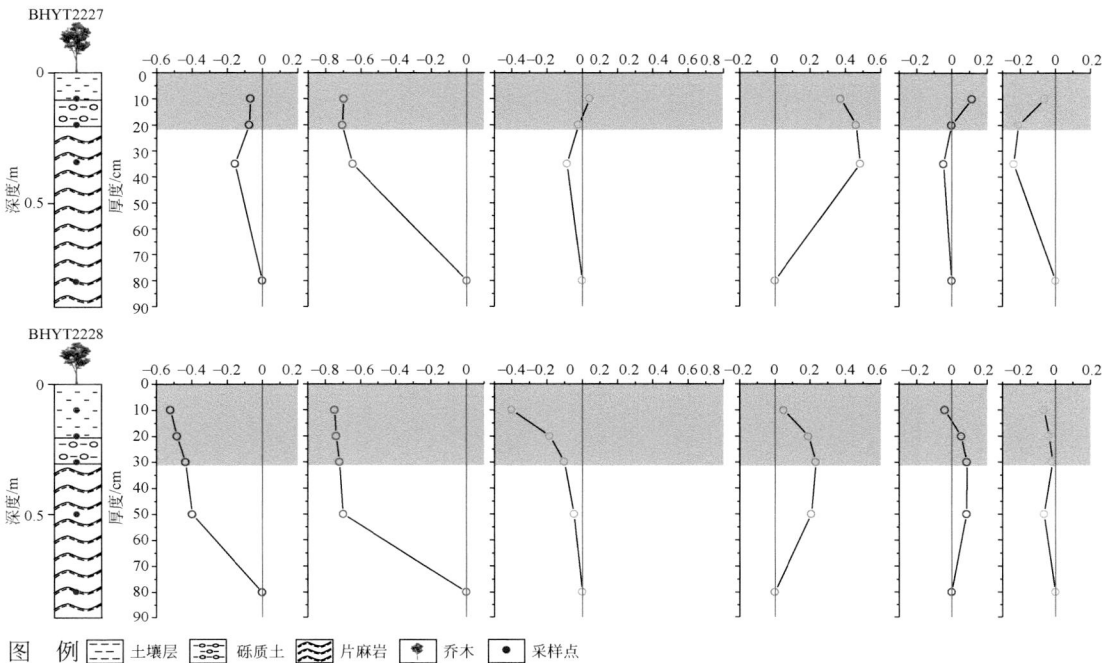

图 5.38　片麻岩山体阳坡养分元素质量迁移系数变化图

阴坡的全磷在山顶和山脚片麻岩风化成土作用过程中均表现为富集，而在山腰处表现为迁移-流失。全钾在风化成土过程中基本上处于迁移-流失状态。CaO 在风化成土过程中基本上处于迁移-流失状态，从山顶至山脚，迁移-流失量逐渐增加。MgO 在山顶和山脚片麻岩风化成土作用过程中均表现为迁移-流失，在山腰处表现为波动变化。Fe_2O_3 在土壤中均表现为富集。MnO 在风化成土过程中基本上处于迁移-流失状态，在土壤中均表现为随着深度降低，迁移-流失量逐渐降低（图 5.39）。

综上所述，片麻岩阳坡和阴坡土壤中全钾均处于较为稳定的迁移-流失状态，且迁移-流失量较大，可能与 K 以碱金属阳离子形式淋溶流失有关。Mn 均处于流失状态，与花岗岩土壤中 Mn 的富集具有显著差异。同时，片麻岩阴坡和阳坡土壤元素迁移-富集规律具有显著差异。片麻岩阳坡土壤全磷均处于流失状态，而阴坡迁移-富集规律极不稳定；阴坡土壤 Fe 均处于富集状态，而阳坡迁移-富集规律极不稳定；阴坡土壤 Ca 均处于迁移-流失状态，而阳坡迁移-富集规律极不稳定；阳坡土壤 Mg 主要处于富集状态，而阴坡主要处于流失状态，与花岗岩阴坡流失、阳坡富集规律具有显著差异。

5.1.5.7　片麻岩基质区植被根系发育特征

片麻岩层理裂隙较为发育，物理风化作用较花岗岩强，岩石较破碎，植物根系较易像下扎根，因此植被类型以蒙古栎、刺槐、油松、杏树等乔木为主。乔木根系沿着层理裂隙发育或者地表基质异质性部位水平发育 [图 5.40（a）、（c）]。由于乔木生长发育较大，因此林下植被发育较为稀疏，在垂向剖面上植物根系发育较少 [图 5.40（b）、（d）]。

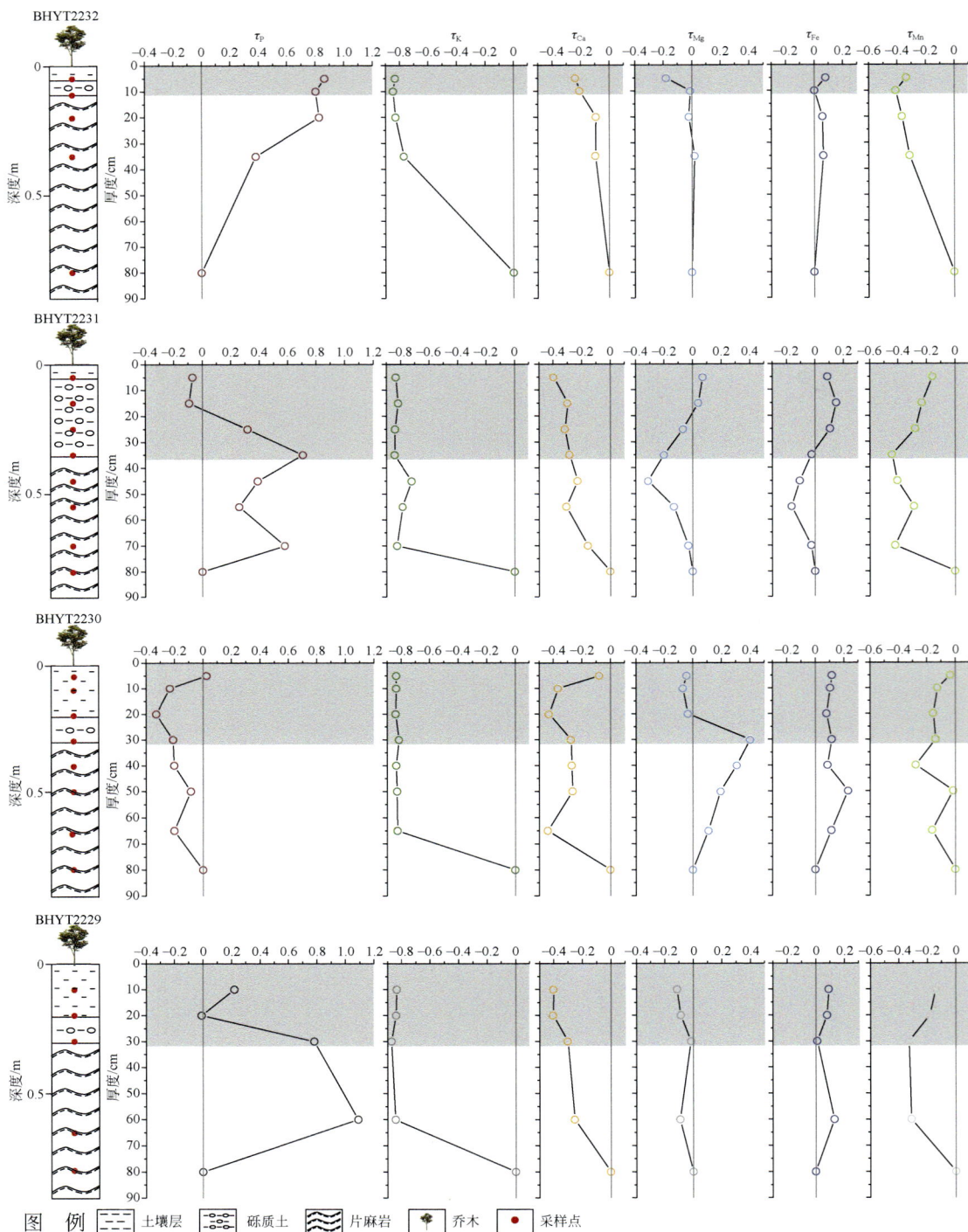

图 5.39 片麻岩山体阴坡养分元素质量迁移系数变化图

图 5.40　平泉市片麻岩基质植物特征

（a）乔木根系沿片麻岩基质裂隙发育；（b）片麻岩基质阳坡垂向剖面植物裂隙发育较少，林下植物较稀疏；（c）乔木根系沿着
片麻岩基质异质性部位平行发育；（d）片麻岩基质阴坡垂向剖面林下植物较阳坡发育

5.1.6　地表基质异质性对植被生态约束机理

5.1.6.1　地表基质空间垂向结构对植被根系构型影响过程

基岩山区地表基质的形成和演化在不同空间尺度上受风化过程的控制（罗友进，2011）。风化过程将风化前锋推入新鲜岩石中，不断改变垂向关键带的物质组成，受母岩的矿物组分、结构、构造等影响，会产生不同厚度的风化壳和土壤层（Anderson et al.，2012；Wilford and Thomas，2013）。研究区土壤风化强度为中-低，除白云岩外，片麻岩和花岗岩的化学风化强度较低，与研究区处于暖温带季风气候相符合。3 种岩性（花岗岩、片麻岩和白云岩）、地表基质垂向空间结构、风化壳发育情况、土壤层厚度、土壤层与母岩层之间的接触关系、风化剖面裂隙发育情况等均具有显著差异。其中，白云岩母岩质地坚硬，孔隙度和渗透率较低，化学风化过程主要以溶蚀为主，Ca、Mg 元素大量流失，土壤平均化学损耗分数为 0.867，最高可达 0.908，土壤体积呈压实状态（$\varepsilon<0$，ε 为应变体积系数，正值表示土壤体积膨胀，0 表示土壤等体积变化，负值表示土壤体积压实）。同时，由于其孔隙度、渗透率较低，透水

性差，易产生径流，并引起侵蚀，导致残积物较少，土壤层薄而质地黏重。片麻岩和花岗岩主要矿物成分均为斜长石、角闪石、石英和黑云母等。基岩风化以物理风化作用为主，化学风化强度低。风化成土过程中，黑云母风化初始阶段通过铁氧化膨胀和层间钾被其他水合阳离子替代，产生足以破裂岩石的应力，形成大量裂隙，导致渗透率提高，促进了风化前锋向未风化母岩深入，形成厚大的风化带，均为等体积风化（$\varepsilon \approx 0$），总体上片麻岩发育土壤的化学损耗分数（CDF）大于花岗岩，表明片麻岩在风化成土过程中元素流失量较大。

　　土壤的物质和能量被林木（或植物）获取利用，实际上是通过林木（或植物）的根系得以实现的。根据各种根着生的部位和其伸展的情况，树木根的形态分类包括水平根、垂直根和斜生根。例如，侧柏的根型为主根不发达的水平根型，发育密集的细根，在中或薄层土壤中，侧柏的须根密集于表土层。油松的根型为具有发达水平根的垂直根型或斜生根型（向师庆和赵相华，1981）。深根型的树木（油松）可能只能生长在土层较厚，或者存在地下网络通道的区域，以长期稳定地获取足够的水分和养分，而土层薄的地区只能维持短寿命的草本植物生长或浅根型的树木（刘鸿雁等，2019）。白云岩母岩分布区发育土壤的厚度较薄，风化壳不发育，因此土壤层直接覆盖在坚硬的母岩上，不利于植被根系的扎根。片麻岩母岩分布区发育的风化壳较为厚大，从土壤层—风化壳—基岩呈渐变式转变，有利于深根植被根系主根和垂直根的向下延伸。花岗岩母岩分布区发育风化壳，风化程度亦呈渐变式转变，土壤层为中厚层，但花岗岩与片麻岩相比，基岩的透水性较差，岩石较为坚硬，不利于植物根系的延伸。

5.1.6.2　地表基质风化壳裂隙对植被水分供给的约束机理

　　岩石缝隙为木本植物根系提供了物理空间，深根性木本植物的根系可穿过土壤或岩石，形成的地下通道，获取深层地下水，以保证植物正常生长（Canadell et al.，1996；Richter and Billings，2015；刘鸿雁等，2019）。随着裂隙深度的增加，水分和养分储量就会增大几个量级，水分和养分在地下储库里的滞留时间也会延长（Richter and Billings，2015）。

　　承德市旱季表层土壤干旱，植物（特别是木本植物）往往通过发达的根系吸收深部岩土的水分维持生存（张信宝等，2003），或通过其根系从岩土的裂隙及孔隙中吸收水分（曹建生等，2005）。研究区 3 种岩性（花岗岩、片麻岩和白云岩）发育风化壳剖面裂隙特征具有显著差异，主要体现在裂隙类型、密度、贯通度、开度、宽度等上，制约了基岩山区保水效率，从而制约了植被根系的向下延伸和对深处水肥的汲取。

　　研究区片麻岩属于一种揉塑性变质岩，由强烈塑性变形作用、变质作用和熔融作用形成动力变质构造岩，具有强塑性流变特征。岩石受到压性或压扭性断裂构造作用，发生柔性错动，发育波浪型、锯齿状的非贯通型节理。同时，在地表风化作用下，发育风化网状裂隙，岩体破碎，裂隙复杂多变（曹建生等，2005），有利于降水入渗；地面蒸发耗水少，可供植物利用的水分较多，特别是旱季深层岩土储存的水分往往可以维持深根性木本植物的生存；植物根系沿裂隙生长，吸收裂隙中储存的水分（张信宝等，2003）。花岗岩属于硬脆性岩浆岩，在张性或张扭性断裂构造作用下，形成具有一定宽度的破碎带，灌木和小乔木植物的根系会沿破碎带延伸，汲取水分和养分，而破碎程度差、裂隙不发育的岩层则不利于灌木、小乔木的生长，植物群落则以扭黄茅为主的稀疏草丛（张信宝等，2003），植物群落相对单一，密集程度降低。白云岩属于沉积岩，岩层倾向平缓的区域，岩石的破碎风化程度较弱，无法提供植物根系生长的空间和水分储存的区域，多为裸露基岩，仅在个别垂直节理发育地区生长稀疏的草本植物。岩层产状陡倾区域，顺层节理和垂向节理发育，发育网格或"Z"形节理，裂隙较窄，地表降水会沿裂隙深入，形成一些吸湿水、膜状水等，为毛细根的生长发育提供水分，因此，利于荆梢等灌木的生长，局面形成密集的灌木丛，根系长度会大于1m。

5.2　陕北黄土沙漠过渡区地表基质与植被

我们在陕北黄土沙漠过渡区的榆林横山区开展地表基质异质性对植被特征约束机制研究，该区不仅为黄土沙漠过渡区，而且为农牧过渡带、季风-非季风交互区。横山区地层岩性主要为新近系、侏罗系、三叠系、志留系和中酸性岩类等，第四系沉积物主要为风积、冲积、湖积沉积，以及马兰黄土、离石黄土等，植被类型主要为温带丛生禾草草原、一年一熟粮食作物及耐寒经济作物等。横山区的地表基质及植被生态类型在我国半干旱-半湿润地区具有典型性和代表性，是开展地表基质异质性对植被特征约束机制研究的理想区域。

5.2.1　地表基质层构型与植被约束概化模型

地表基质层构型通过影响土体含水量和含盐量来影响植被的生长，当地表基质层构型存在致密土层时，其含水量和含盐量明显升高，为植被生存提供了所需的水分和盐分，植被长势明显较好。经调查，黄土高原与毛乌素沙地过渡带地表基质层构型可归纳为 4 种：单层风成黄土结构、上部风成沙-下部黄土结构、上部风成沙-下部河湖相沉积结构以及水成次生黄土-风成沙互层结构（图 5.41）。

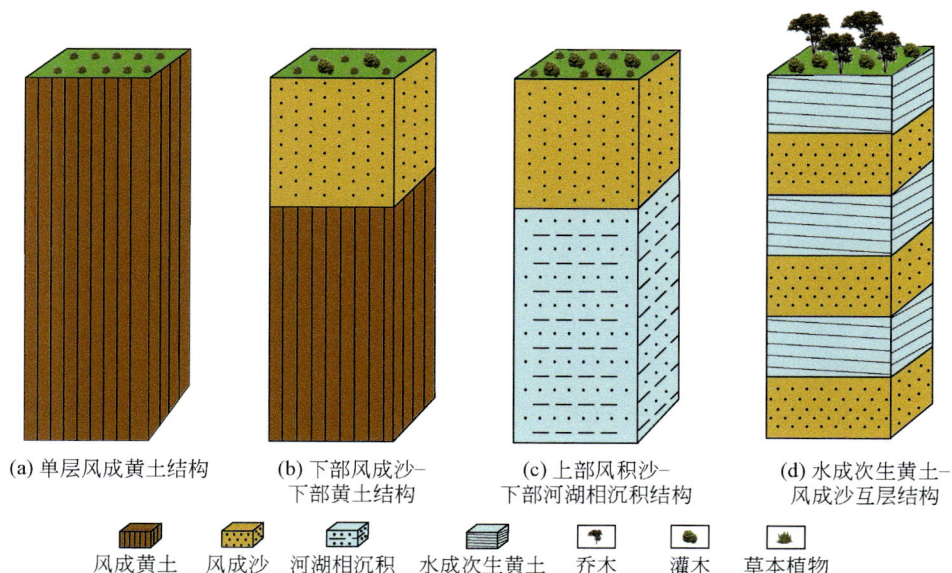

(a) 单层风成黄土结构　　(b) 下部风成沙-　　(c) 上部风积沙-　　(d) 水成次生黄土-
　　　　　　　　　下部黄土结构　　　下部河湖相沉积结构　　风成沙互层结构

风成黄土　风成沙　河湖相沉积　水成次生黄土　乔木　灌木　草本植物

图 5.41　黄土高原与毛乌素沙地过渡带不同地表基质层构型示意图

在黄土高原与毛乌素沙地过渡带，地表基质层单层风成黄土结构表现为侏罗系基底—更新统黄土，这种地表基质结构和地貌类型不利于大气降水入渗与涵养，主要生长零星的草本植物。上部风成沙-下部黄土结构表现为在侏罗系基底上沉积了中更新统黄土-全新统风积沙，这种结构有利于大气降水的入渗和上层滞水的形成，主要生长零星的灌木和草本植物。上部风成沙-下部河湖相沉积结构表现为在侏罗系基底上沉积了中更新统黄土-上更新统萨拉乌苏组冲湖积层-全新统风成沙，这种构型极易接受大气降水的补给和涵养，主要生长灌木和草本植物，植被长势良好。水成次生黄土-风成沙互层结构分布于河谷、滩地等，这种结构易接受大气降水的补给和涵养，地下水埋深浅，以喜水的沙柳灌丛和乔木为主，植被长势旺盛。

5.2.2 坡耕地与宽幅梯田的地表基质理化和微生物性质特征

本次选取坡耕地（PGD）和宽幅梯田（TT）地表基质垂向剖面，地表基质层构型均为单层风成黄土结构；结合自然断面和探槽，地表基质垂向剖面深度为 5m、宽度为 2m，深度按每隔 2cm、宽度按每隔 40cm 现场测试及取样，测试地表基质体积含水率、有机碳含量、微生物α多样性、微生物类群 circos 丰度等指标，研究坡耕地与宽幅梯田的地表基质理化和微生物性质特征。

（1）坡耕地与宽幅梯田地表基质剖面体积含水率、有机碳含量对比。在 5m 深度范围内，宽幅梯田的平均体积含水率和有机碳含量分别是坡耕地的 1.7 倍和 2.1 倍。其中，体积含水率的差异主要体现于表层 3m 范围内，宽幅梯田的平均体积含水率为坡耕地的 2.1 倍；而在 3～5m 深度范围内，二者的平均体积含水率没有显著差异。宽幅梯田与坡耕地有机碳含量的差异同样随着深度的增加而降低，在表层 50cm，宽幅梯田的有机碳含量（4%）明显高于坡耕地（1.7%），而在 5m 深处，二者的有机碳含量仅相差 0.2%（图 5.42）。

（2）坡耕地与宽幅梯田地表基质剖面微生物α多样性对比。采集宽幅梯田（TT）及坡耕地（PGD）5m 深度范围的地表基质剖面样品，分为 7 层：TT_0（0～25cm）、TT_1（25～50cm）、TT_2（50～100cm）、TT_3（100～200cm）、TT_4（200～300cm）、TT_5（300～400cm）、TT_6（400～500cm）。通过 Miseq-PE300 方法对样品进行测序，保证每个样品平均有超过 43000 条 400bp[①]以上读长的有效序列，并且所有样品的测序覆盖度均超过 99%。微生物α多样性反映了微生物物种数量，在 2m 以浅，宽幅梯田中微生物α多样性显著高于坡耕地，物种数量约为坡耕地的 1.9 倍；在 2～5m 深度范围内，二者的微生物多样性没有显著差异。研究表明通过将坡耕地改造为宽幅梯田，可以显著提高土体营养丰富度及生物量，有利于植被生长（图 5.43）。

（3）坡耕地与宽幅梯田地表基质剖面微生物类群 circos 丰度对比。在宽幅梯田微生物群落中，*Streptomyces*（链霉菌）、*Nocardioides*（诺卡氏菌）、*Bacillus*（芽孢杆菌）的相对丰度分别是坡耕地的 4.6 倍、2.4 倍、2.4 倍。宽幅梯田与坡耕地的微生物群落组成有明显差异，研究表明，3 类细菌均可产生一系列的次生代谢产物，如抗生素、抗菌物质、植物生长促进物质等。其中，诺卡氏菌现已报道能产生 30 多种次生代谢产物，包含引起植物白

---

① bp 为碱基对（base pair）。

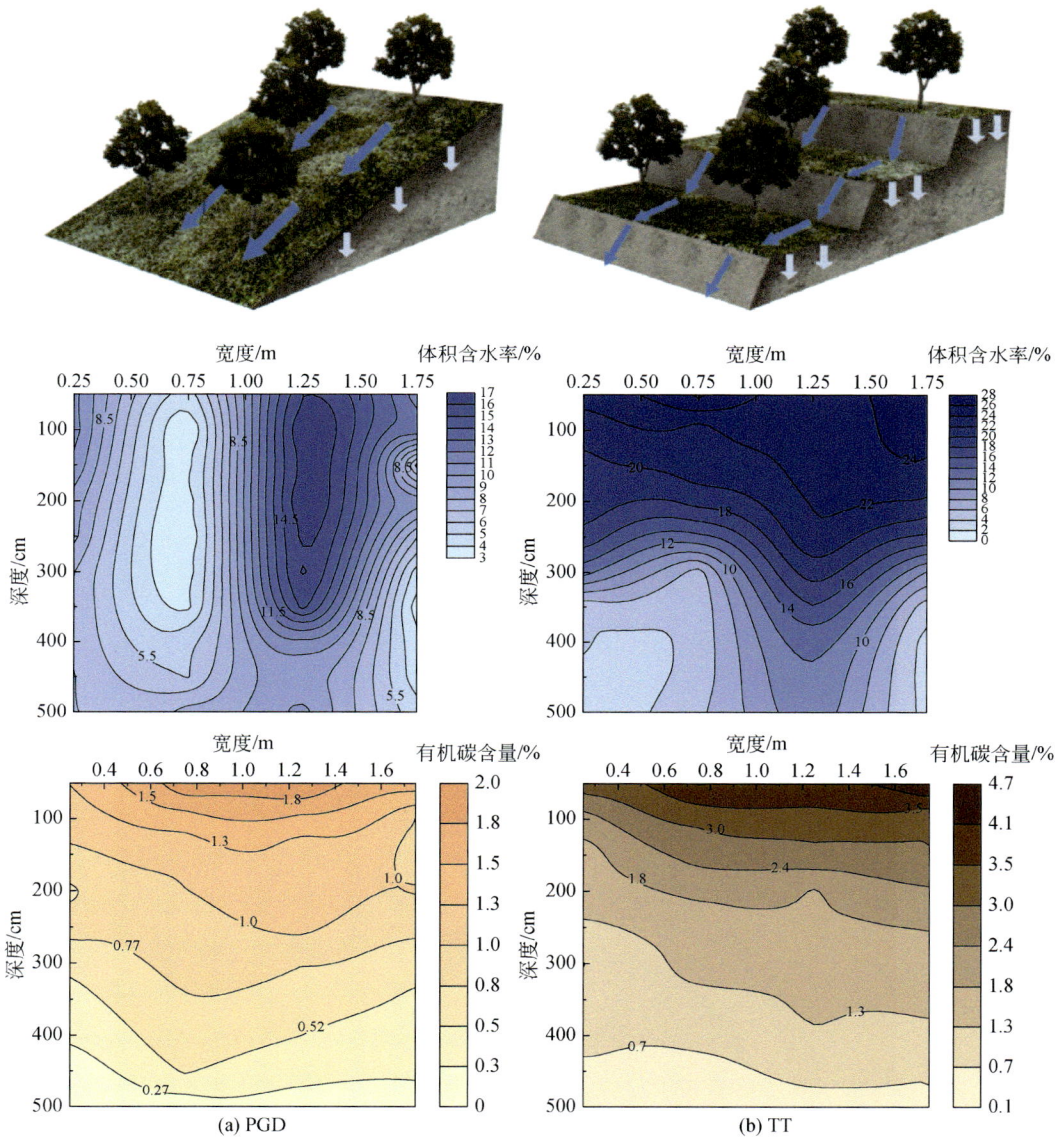

图 5.42　坡耕地（PGD）与宽幅梯田（TT）地表基质体积含水率、有机碳含量等值线图

叶枯病的细菌，以及对原虫、病毒有作用的间型霉素。链霉菌属为常见的土壤根际放线菌，是宽幅梯田中相对丰度最高的菌属，其菌落形态通常为长丝状或分支状，主要存在于富含有机质的土壤中，对土壤的有机质分解和营养循环起着重要的作用。而在坡耕地中丰度更高的微生物类群主要有 *Vicinamibacteraceae*（嗜邻聚杆菌）、*Psychrobacillus*（嗜冷芽孢杆菌）、*Gemmatimonadaceae*（芽单胞菌）、*Pseudomonas*（假单胞菌），其中，*Vicinamibacteraceae* 和 *Gemmatimonadaceae* 的性质尚不明确，少见于研究报道，而 *Psychrobacillus* 及 *Pseudomonas* 消耗的能量较少，能适应营养贫乏、有机质生物降解活性较低的低能量环境。总体而言，宽幅梯田的微生物群落对营养物质的循环代谢能力较强，并且能产生防止植物病虫害的抗

生素，有利于农作物生长；而在传统坡耕地中，低能耗微生物类群占优势地位，一定程度上反映其营养物质相对不足（图 5.44）。

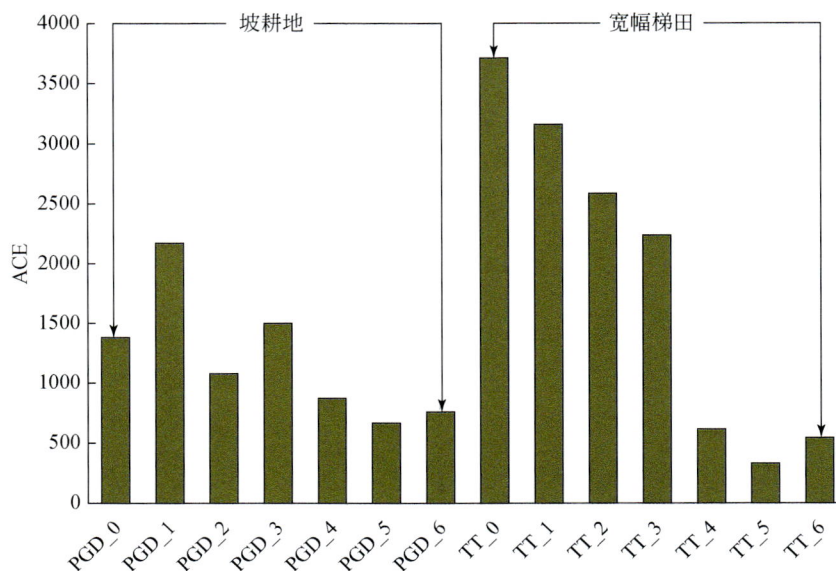

图 5.43 坡耕地与宽幅梯田地表基质微生物α多样性对比图

ACE 基于丰度的覆盖度估计值，abundance-based coverage estimator

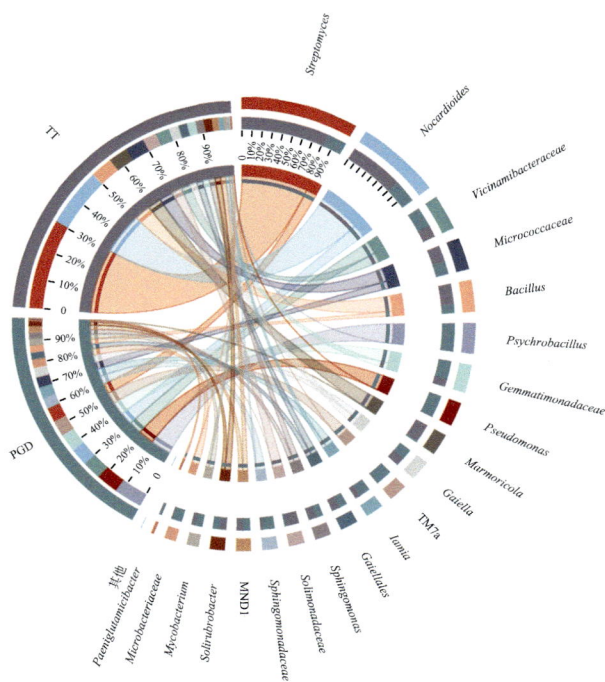

图 5.44 坡耕地与宽幅梯田地表基质微生物类群 circos 丰度图

第6章 如意河流域不同植被样地林水关系和碳分布特征

本章以位于坝上高原东部的如意河流域为例，开展人工落叶松林、次生白桦林及草地等不同类型植被样地林水关系和碳分布特征研究。

6.1 坝上高原如意流域林水关系研究

6.1.1 如意河流域概况

如意河小流域位于滦河上游，流域面积为197km^2（图6.1）；流域内以低山丘陵为主，海拔由流域东北部的1752m，降至西南部的1300m；多年平均降水量为458mm，潜在蒸发量为1294mm；如意河小流域上游种植了大量的人工林，主要包括落叶松和樟子松；中游

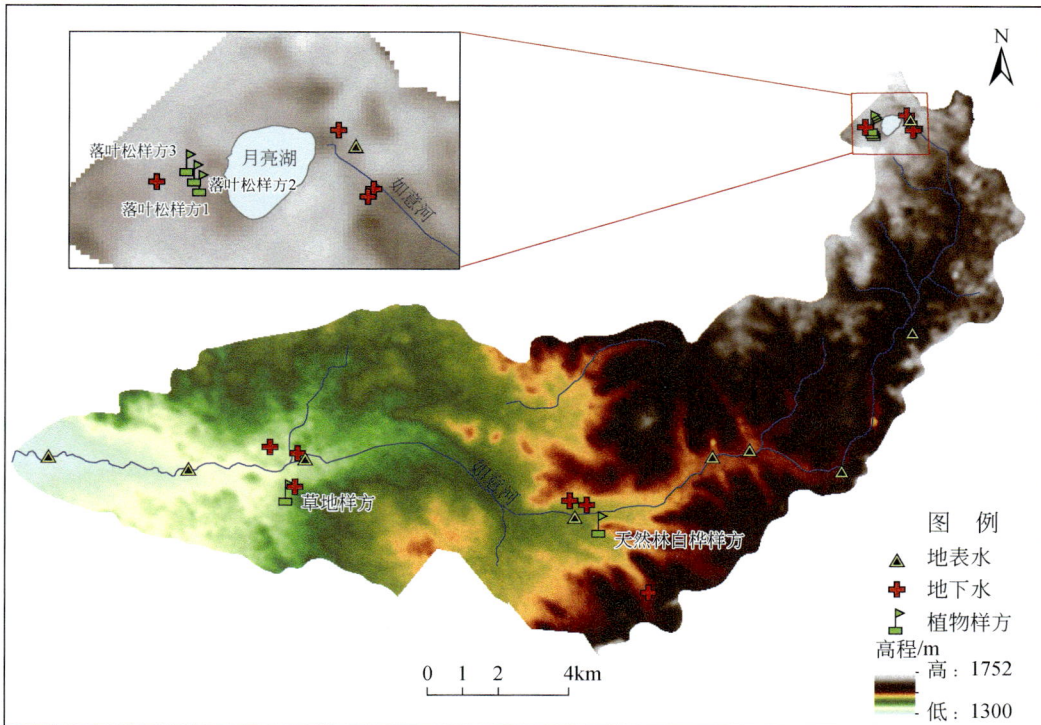

图6.1 如意河小流域林水关系采样点图

主要为林草交错带，阳坡以草本植物为主，阴坡为天然白桦林；下游则广泛分布草本植物和灌木。

6.1.2 样品采集测试

在坝上高原东部的承德塞罕坝如意河流域选取人工落叶松林、次生白桦林及草地共 3 个样地，开展京津生态屏障区人工林及天然植被水分利用来源研究。在落叶松及白桦样地选取 3～4 颗不同胸径的样树，样树编码如"落叶松 35"，阿拉伯数字为样树胸径。在样树向阳方向同一高度位置采集 3～5cm 长的非一年生栓化枝条，去除外皮及韧皮部后放入 12mL 的螺纹口瓶，采用 parafilm 封口膜密封，冷藏保存。在草地样地选取白莲蒿、狗娃花、虎尾草和拉拉藤 4 种典型草本植物，采集根茎结合部放入 12mL 的螺纹口瓶，采用 parafilm 封口膜密封，冷藏保存。

在选择的样树或草本植物附近 50cm 处采用背包钻对地表基质进行分层采集，分别采集 0～5cm、5～10cm、10～15cm、15～20cm、20～30cm、30～40cm、40～60cm、60～80cm、80～100cm、100～120cm、120～140cm、140～160cm、160～180cm 深度地表基质样品。地表基质样品分两份保存，一份装入 12mL 的螺纹口瓶，采用 parafilm 封口膜密封，冷藏保存，用于测试地表基质水氢氧稳定同位素；另一份装入铝盒，采用烘干法测定地表基质水的土壤含水量（soil moisture content，SWC）。将地表基质和植物茎秆样品送至中国科学院地理科学与资源研究所进行氢氧稳定同位素样品测试（图 6.2）。

(a) 树龄测量　　(b) 地表基质样品　　(c) 草本植物样品　　(d) 茎秆样品

图 6.2　地表基质与植被样品采集

地表基质水及植物茎秆水抽提：地表基质样品及植物茎秆样品水分使用 LI-2100 全自动真空冷凝抽提系统采用低温真空蒸馏的方法提取。该方法采用超低压真空蒸馏冷冻的原理，将样品中的水分在超低压的环境中加热蒸馏，在低温环境中冷凝收集，从而实现水分无分馏提取。

水样氢氧同位素测试：水样氢氧同位素采用液态水同位素分析仪分析。测定结果以相对维也纳标准平均海水（Vienna standard mean ocean water，VSMOW）的千分偏差表示。对于 δ^2H 和 $\delta^{18}O$ 的测量精度分别是 ±1‰ 和 ±0.1‰。

6.1.3　地表基质含水率

基于 2022 年 7 月和 9 月草地、次生白桦林及人工落叶松林样地 0～160cm 地表基质剖面含水量数据，分析不同类型植被样地地表基质水分布特征的差异。如图 6.3 所示，2022 年 7 月白桦的地表基质含水率最高（平均 14.75%），落叶松次之（平均 12.4%），草地最低（3.9%）。草地的地表基质含水率垂向分布呈先升高、后降低、再升高的变化趋势，地表基质含水率在 5～10cm 最高值为 5.7%，而后逐渐降低至 40～60cm 的 2.3%，随后逐渐升高至 100～120cm 的 6.3%。草地样方表层极低的地表基质含水率可能受到蒸发作用影响，且 40～60cm 处地表基质含水率最低，表明可能该层位的草本植物根系分布最多，草本植物对该层地表基质水的利用导致地表基质含水率的降低。落叶松的地表基质含水率垂向分布呈先降低、后升高的变化趋势，地表基质含水率从 0～5cm 的 19.2% 逐渐降低至 80～100cm 的 7.7%，而后升高至 160～180cm 的 11.7%。白桦地表基质含水率垂向分布呈逐渐降低的变化趋势，地表基质含水率从 0～5cm 的 22.6% 逐渐降低至 100～120cm 的 10.2%。白桦与落叶松的地表基质含水率在 120～160cm 逐渐升高主要是由于受到毛细上升作用的影响，而 120cm

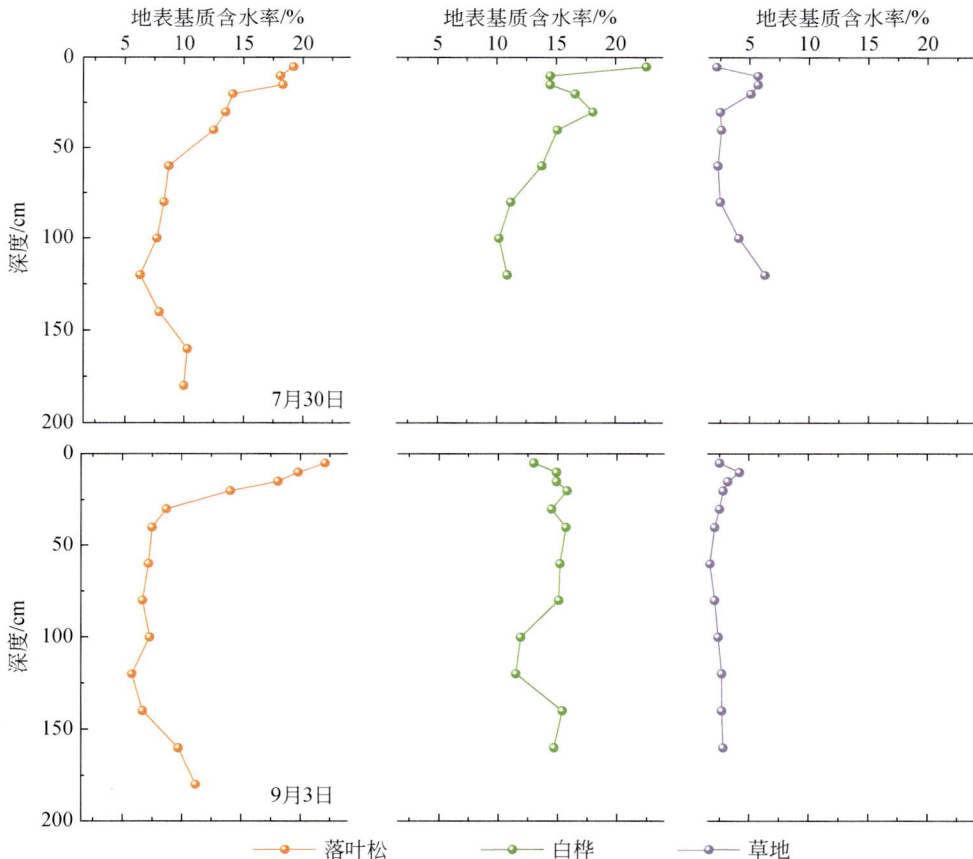

图 6.3　2022 年 7 月和 9 月不同类型植被样地地表基质含水率垂向变化图

处最低的地表基质含水率可能由于植被对地表基质水的吸收、利用，以及该层较深的埋深导致的降水入渗补给较弱。

2022 年 9 月各样地表基质含水率均显著降低，白桦的地表基质含水率最高（平均14.38%），落叶松次之（平均 11.15%），草地最低（2.64%）。主要由于 2022 年 9 月降水量仅为 9mm，相比 9 月多年（1960～2022 年）平均降水量少 46mm，降水减少导致各样地地表基质含水率明显降低。草地 0～30cm 地表基质含水率（平均 3.04%）显著低于落叶松（平均 16.56%）和白桦（平均 14.62%），落叶松较厚的枯落物层具有较强的持水能力，因此其表层含水率最高。草地 30～80cm 和 80～120cm 地表基质含水率（平均 1.97%和 2.65%）显著低于白桦（平均 15.33%和 13.38%），其他样地各层地表基质含水率无显著差异。

6.1.4 地表基质水和木质部水氢氧稳定同位素

不同类型植被样地地表基质水和木质部水氢氧稳定同位素分布特征如图 6.4 所示。采集如意河流域 5～10 月降水，测试降水氢氧稳定同位素，获得区域大气降水线（local meteoric water line，LMWL）：$\delta^2H=7.98\delta^{18}O+6.01$（$R^2=0.99$）。区域大气降水线相比全球大气降水线

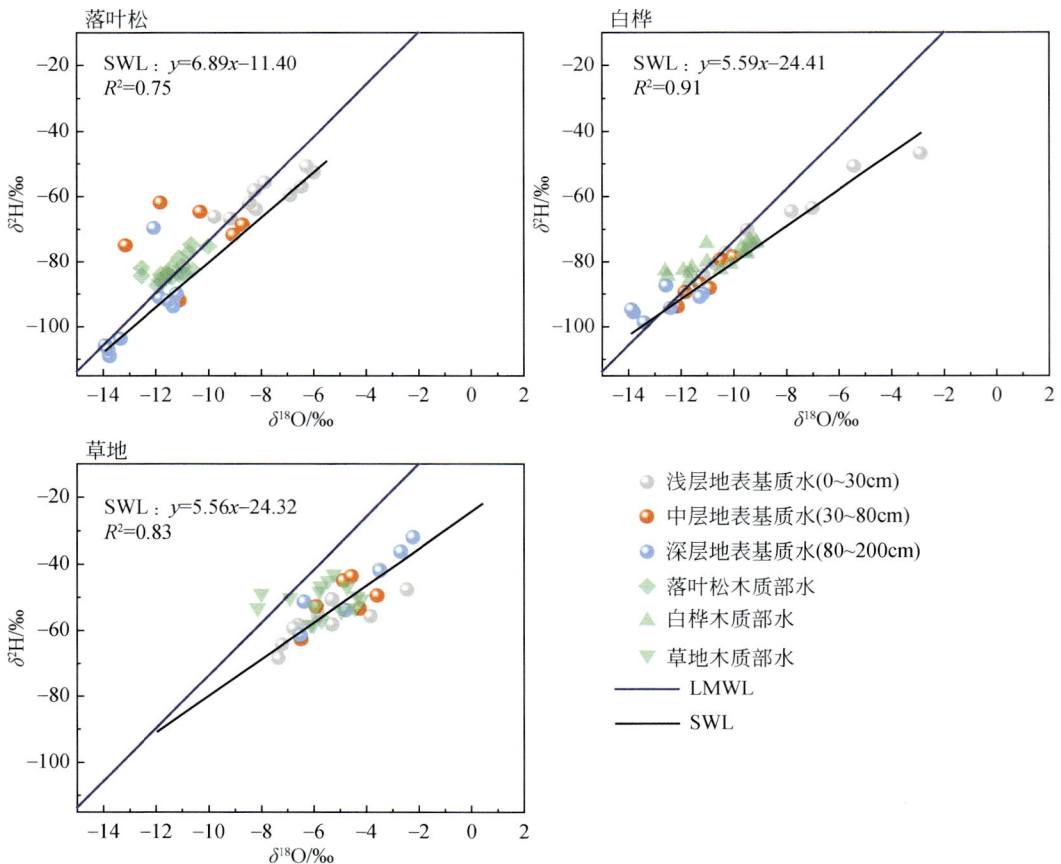

图 6.4 2022 年 7 月和 9 月不同类型植被样地地表基质水和木质部水 δ^2H-$\delta^{18}O$ 关系图

SWL. 地表水线，surface waterline

δ^2H=8δ^{18}O+10 的斜率和截距均较小，说明降雨过程中的蒸发作用对氢氧同位素分馏具有较大的影响。

采样期内（2022 年 7 月和 9 月）落叶松样地地表基质水δ^2H 值的变化范围为-109‰～-51‰（平均值为-76‰），δ^{18}O 值的变化范围为-13.9‰～-6.0‰（平均值为-10.2‰）；白桦样地土地表基质水δ^2H 值的变化范围为-99‰～-47‰（平均值为-81‰），δ^{18}O 值的变化范围为-13.9‰～-2.9‰（平均值为-10.4‰）；草地样地地表基质水δ^2H 值的变化范围为-68‰～-32‰（平均值为-52‰），δ^{18}O 值的变化范围为-7.3‰～2.2‰（平均值为-5.0‰）。各样地地表基质水及地表水线（SWL）整体上位于区域大气降水线（LMWL）下方，表明地表基质水经历了较强的蒸发作用，且草地样地地表基质水距离 LMWL 最远，氢氧稳定同位素值更大，表明草地样地地表基质水蒸发作用最强烈。各样地植物木质部水整体上位于地表基质水变化范围内，表明各层地表基质水是植物的潜在水源，可以用地表基质水、木质部水的氢氧稳定同位素来识别植物的水分利用来源。

各样地表基质水δ^2H、δ^{18}O 值随深度和季节变化如图 6.5 和图 6.6 所示。落叶松和白桦

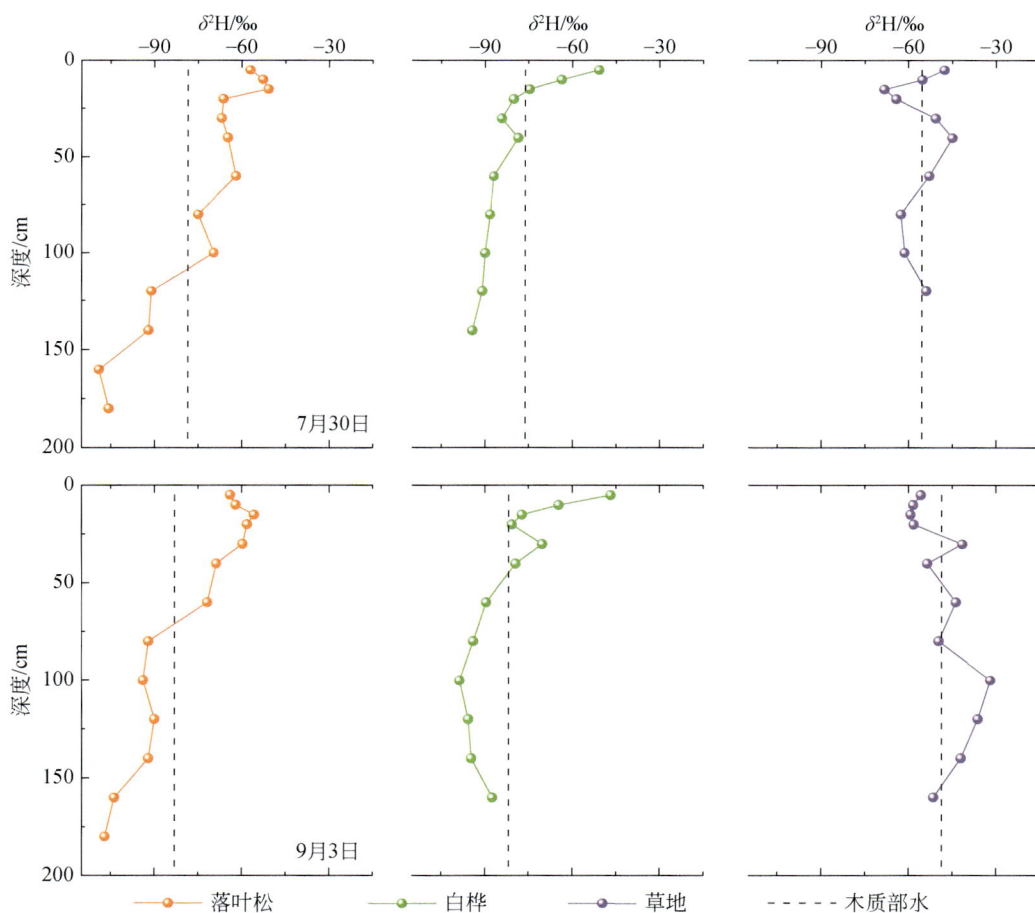

图 6.5　2022 年 7 月和 9 月不同类型植被样地地表基质水和木质部水δ^2H 剖面图

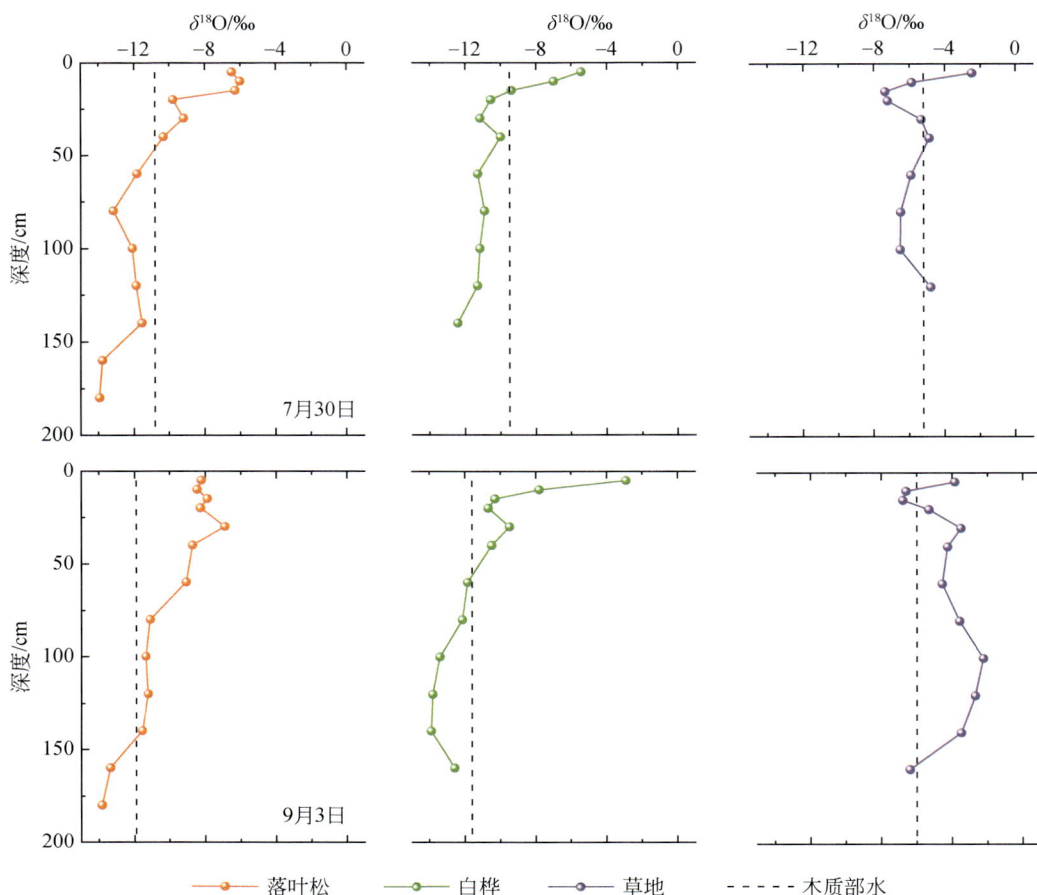

图 6.6　2022 年 7 月和 9 月不同类型植被样地地表基质水和木质部水 $\delta^{18}O$ 剖面图

样地的地表基质水 $\delta^{18}O$、δ^2H 值随深度增加逐渐降低，表明浅层地表基质水经历了更强的蒸发作用；深层地表基质水氢氧同位素的贫化特征表明其受到了氢氧同位素贫化的夏季暴雨入渗补给和地下水通过毛细作用的补给。落叶松样地各层地表基质水 $\delta^{18}O$ 和 δ^2H 随季节变化差异均较大，而白桦样地各层地表基质水氢氧稳定同位素随季节变化较小。草地样地浅层地表基质水 $\delta^{18}O$、δ^2H 值随季节变幅最大，主要由于草地地表基质含水率最低，因此其氢氧稳定同位素受降雨分配和蒸发作用影响最大。2022 年 9 月，落叶松木质部水 δ^2H 与中层和深层地表基质水存在交集，表明中层和深层地表基质水是落叶松的潜在水源。白桦木质部水 δ^2H 与浅层和中层地表基质水存在交集，表明浅层和中层地表基质水是白桦的潜在水源。草本植物木质部水极为富集，其与浅层、中层和深层地表基水均存在交集，表明草本植物具有多层潜在水源。

6.1.5　不同类型植被水利用来源

采用基于 R 的贝叶斯混合（MixSIAR）模型量化不同土层水的利用比例。在 MixSIAR 模型中输入地下水、地表水、木质部水和各层地表基质水的氢氧同位素原始数据，TDF 数据设为 0，默认不发生同位素分馏，马尔可夫链-蒙特卡罗（Markov chain-Monte Carlo，MC-MC）运行时长设定为 long，模型结果使用 Gelman 和 Geweke 诊断确定模型是否收敛，模型输出结果用平均值表示，见图 6.7。

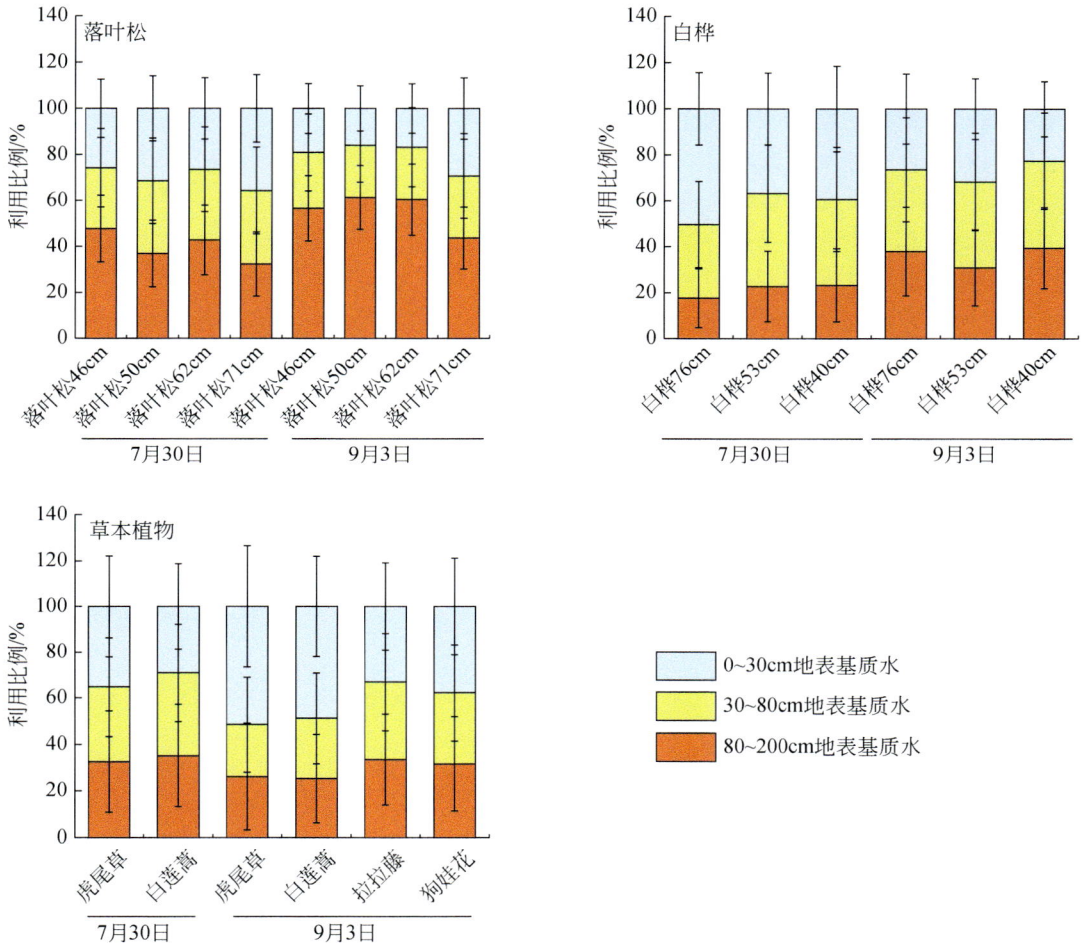

图 6.7　2022 年生长季不同类型植被水利用来源变化图

生长季内草本植物主要利用浅层地表基质水（36%），7 月对浅层地表基质水的利用比例为 32%，9 月达 40%。王剑（2019）在黄土高原发现长芒草生长季 80% 的水来自 0～120cm 土壤。Eggemeyer 等（2009）发现美国内布拉斯加州半干旱草原上的禾本科植物主要利用浅层土壤水（5～50cm），在整个生长季，草本植物的水利用比例波动较小，说明其对水资源利用的可塑性水平较低。Asbjornsen 等（2008）发现两种草本植物主要利用 0～20cm 浅层土壤水，其在水利用方面生态可塑性低。

落叶松在生长季内主要利用深层地表基质水（48%），7 月落叶松浅层和中层地表基质水的利用比例最高分别为 36% 和 32%，落叶松对深层地表基质水的利用比例在 9 月时最大达 61%。落叶松在水利用方面表现出较高的生态可塑性，在不同季节分别对浅层和深层地表基质水进行利用。在干旱和半干旱生态系统中，许多植物发育了功能二态型根系系统，侧根在湿润季节吸收浅层土壤水，主根则在浅层土壤水难以利用时，转向从深层土壤中汲取水分（Nie et al.，2011）。具有功能二态型根系系统的植被，相比单一依靠浅层地表基质水生存的植被具有更高的生态适应性。白桦相比落叶松和草本植物对中层地表基质水的利用比例更高（37%），其对各层地表基质水的利用比例无明显差异，7 月对浅层和中层地表基质水的利用比例最高分别为50%和41%，9月对深层地表基质水的利用比例最高，为40%，表明白桦同样具有功能二态型根系系统。

综上，坝上高原如意河流域林水关系调查研究结果发现，人工落叶松林、次生白桦林和草地 0～160cm 深度内平均地表基质含水率分别为 11.77%、14.55%和 3.21%，落叶松和白桦样地地表基质含水率垂向上呈先降低、后升高趋势，草地样地地表基质含水率垂向差异较大，其受到蒸发-降水入渗补给、植被根系吸水和毛细作用共同控制。相比于落叶松及白桦，草地地表基质含水率最低，且地表基质水氢氧同位素最为富集，表明草地地表基质水经受了更强的蒸发作用。基于不同深度地表基质水及植物水氢氧稳定同位素数据，采用 MixSIAR 模型计算了不同植被的根系吸收来源。生长季内草本植物主要利用浅层地表基质水（36%），其在水利用方面生态可塑性低。落叶松在生长季内主要利用深层地表基质水（48%），落叶松在水分利用方面表现出较高的生态可塑性，在不同季节可对浅层和深层地表基质水进行利用。白桦相比落叶松和草本植物，对中层地表基质水的利用比例更高（37%），其对各层地表基质水的利用比例无明显差异，表明白桦同样具有功能二态型根系系统，其环境适应性较高。

6.2 如意河流域林地碳分布及影响因素

6.2.1 植被含碳量调查

选择如意河流域的人工落叶松林、人工樟子松林、天然次生白桦林作为植被样地开展植被参数调查，结果见表 6.1。

人工落叶松林调查结果显示：林龄、种植密度对落叶松群落乔木碳含量影响较大。林龄较低的落叶松，单株和群落含碳量都较少；种植密度较大的落叶松林基本没有草被层，树木为获得生存空间，努力向上生长，导致树木高度增加，即使树径较小的树，树木也相对较高，但树木单株含碳量并不高。N 样地为林龄较低的理想样地，群落结构较合理，草被层发育较好、种类丰富，因林龄较低单株和群落含碳量都较少。P 样地为林龄较高的理想样地，草被层发育较好，单株和群落含碳量都较高，因此合理的种植密度对植物群落结构、固碳效果及树木成材都有益。

人工樟子松林乔木盖度适中，其中较稀疏樟子松林群落结构丰富，林下有零星灌木，草被层发育，树径、树高和单株含碳量都较高。较稠密樟子松林下无灌木，草被层发育相对较差，单株含碳量、总含碳量都高。总体来说，樟子松林固碳能力较强。

天然次生白桦林乔木盖度适中，林下草被层发育、种类丰富，树径、树高、单株含碳量和总含碳量都高。总体来说，白桦固碳能力较强。

表 6.1　如意河流域样地调查结果表

样地编号	样地类型	乔木盖度/%	平均乔木数/棵	平均胸径/cm	平均树高/m	株均含碳量/t	总含碳量/(t/400m²)
B	落叶松（中龄林）	85	96	14.58	14.65	0.21	20.42
G	落叶松（中龄林）	80	62	16.36	13.00	0.22	13.85
N	落叶松（低龄林）	40	45	14.31	10.81	0.15	7.11
P	落叶松（成熟林）	50	17	30.86	21.14	1.15	19.53
M	白桦（次生林）	50	31	23.39	17.47	0.61	19.05
O	樟子松（中龄林）	60	71	19.24	14.33	0.47	33.13
Q	樟子松（成熟林）	55	27	23.75	15.63	0.69	18.45

综上，人工落叶松林单株和群落含碳量主要受林龄和种植密度影响，差距较大；人工樟子松林单株和群落含碳量都较高，固碳能力较强；天然次生白桦林单株含碳量和总含碳量都高，固碳能力较强。

6.2.2　地表基质层有机碳调查

样地剖面地表基质有机碳含量调查结果见图 6.8，B、G、N 样地为人工落叶松林，O 样

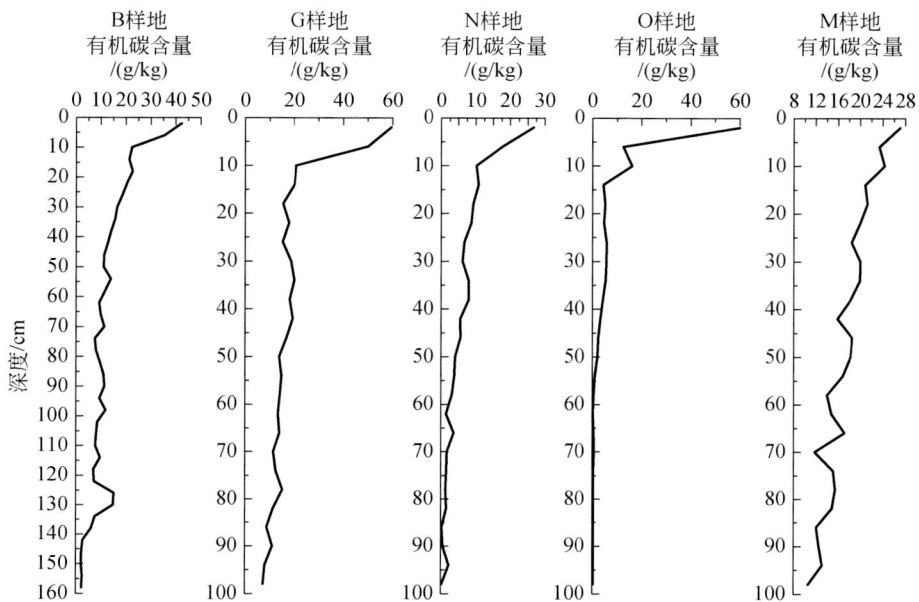

图 6.8　样地剖面地表基质有机碳含量调查结果图

地为人工樟子松林，M 样地为天然次生白桦林。从图 6.8 中可以看出人工落叶松林近地表层地表基质有机碳含量较高，0~10cm 迅速降低，之后下降趋势减弱，不同人工落叶松样地地表基质有机碳含量在剖面上变化趋势相同；不同林龄落叶松表土和深部地表基质有机碳含量有一定差别，林龄低的落叶松表土和深部地表基质有机碳含量都较低。人工樟子松林表土有机碳含量最高，0~5cm 降低迅速，之后波动下降，60cm 后几乎不含有机碳。天然次生白桦林表土有机碳含量较低，地表基质剖面含碳量减少相对缓慢。

从图 6.8 数据结果可以看出不同种类人工林之间地表基质有机碳含量有一定差异，落叶松林比樟子松林表土有机碳含量低，但表土之下有机碳含量较高；人工林和天然次生林之间则差异巨大，天然次生林地表基质有机质含量变化斜率表层和深部没有大的差别，人工林表层地表基质有机碳含量急剧增加，这可能是近几十年大量种植人工林的结果。

6.2.3 孢粉和地表基质有机碳

1. 孢粉

采自林地剖面孢粉分析结果见图 6.9，此样地剖面共鉴定出孢粉 39 种，乔木主要有落叶松属、松属、栎属、鹅耳枥属、胡桃属、桦木属、榆属、榛属；灌木包括蔷薇科、麻黄属、胡颓子属、杜鹃花属；草本植物包括蒿属、藜科、禾本科、菊科紫菀属、菊科蓟属、菊科蒲公英属、蓼属、石竹科、香蒲属、莎草科、牻牛儿苗属、地榆属、十字花科、荨麻属、毛茛科、唐松草属、豆科、鸢尾属、亚麻属、唇形科、车前属、木樨科、远志属；孢子有单缝孢、中华卷柏孢子及其他三缝孢。

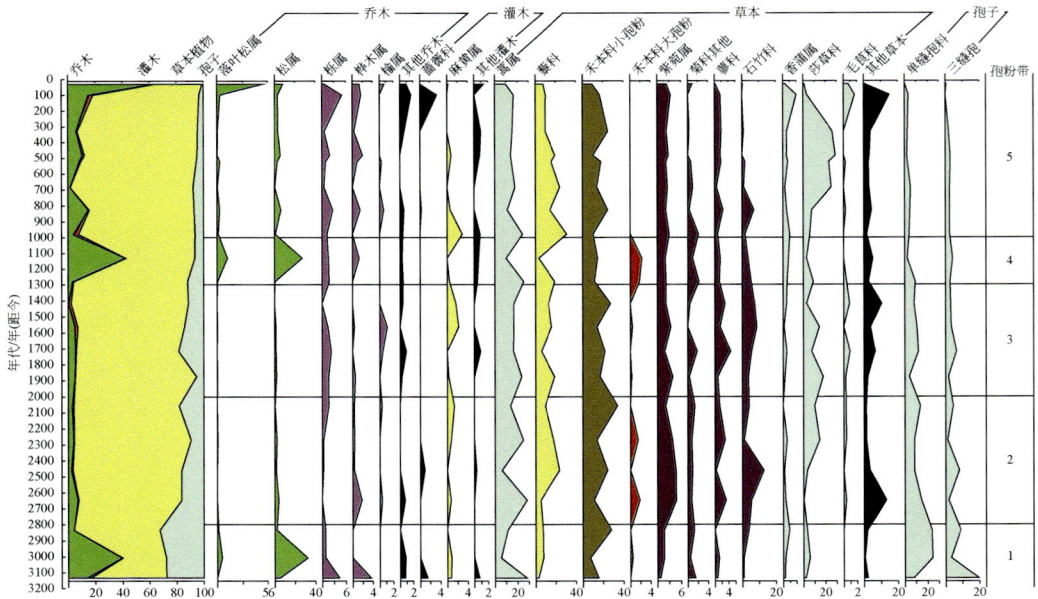

图 6.9　样地剖面孢粉百分含量图

图中横坐标轴为含量（%）

结果显示：样地孢粉剖面自下而上可划分为 5 个带。

　　带 1：距今 3200～2800 年，此带乔木孢粉和孢子百分含量较高，草本植物孢粉百分含量较低。喜冷的松属在剖面中孢粉百分含量最高；灌木孢粉总体百分含量较低；草本植物中蒿属和禾本科孢粉百分含量较高；孢子百分含量在剖面中最高，此时段气候相对较冷湿。

　　带 2：距今 2800～2000 年，与带 1 相比，此带乔木孢粉和孢子百分含量降低，草本植物孢粉百分含量升高。喜冷的松属在剖面中孢粉百分含量降低，草本植物中藜科孢粉百分含量升高，高山草甸紫菀属、蓼科、石竹科、莎草科孢粉百分含量升高，指示气候比带 1 相对暖干，禾本科大孢粉的出现指示人类活动加强。

　　带 3：距今 2000～1300 年，乔木孢粉、草本植物孢粉和孢子百分含量变化不大；乔木中温带落叶-阔叶林常见栎属孢粉百分含量较高，鹅耳枥属、榆属、胡桃属孢粉零星出现；草本植物以蒿属、藜科、禾本科小孢粉为主，指示干旱的藜科孢粉百分含量略有降低，喜湿的莎草科、毛茛科孢粉百分含量较高，禾本大孢粉百分含量降低。此时段相对带 2 湿度略有增加，人类活动减弱。

　　带 4：距今 1300～1000 年，孢粉谱中乔木孢粉增加，草本植物孢粉和孢子减少，乔木中松属、落叶松属、桦木属孢粉增加明显；灌木中喜干的麻黄属孢粉减少。草本植物中蒿属、藜属、禾本科小孢粉百分含量降低，禾本科大孢粉百分含量为剖面最高，周边种植业可能有所发展，孢粉谱显示此阶段针叶树种（落叶松属、松属）扩展，人类活动较强。

　　带 5：距今 1000 年至今，乔木中温带落叶-阔叶林常见栎属、桦属孢粉百分含量较高，针叶树种（落叶松属、松属）孢粉谱底部较带 4 百分含量降低，最近几十年落叶松属孢粉增加明显，显示人类植树造林的影响；草本植物孢粉在本带占明显优势，藜科孢粉百分含量较带 4 低。总体来看，本阶段早期暖干、中间暖湿、后期暖干，近 300 年来湿度降低，反映了增温、减湿的过程，近几十年人类活动影响明显。

　　从孢粉结果可以看出此地经历了原始乔木较好阶段—人类影响加强阶段—人类影响稳定阶段—近几十年人工造林影响明显阶段。

2. 孢粉反映的气候条件对地表基质有机质的影响

　　落叶松林，距今 3200～2800 年，喜冷植物孢粉和喜湿的孢子含量较高；孢粉重建气候条件显示相对冷湿，此时总有机碳（total organic carbon，TOC）含量较高。

　　距今 2800～2000 年，喜冷植物孢粉含量降低，反映干旱的孢粉含量升高，喜湿的孢子含量降低；孢粉重建气候条件显示相对暖干，此时 TOC 含量较低。

　　距今 2000～1300 年，指示干旱的藜科孢粉略有减少，喜湿的莎草科含量较高，禾本科大孢粉和孢子减少；相对上一阶段，湿度略有增加、人类活动减弱、TOC 含量增加。

　　距今 1300～1000 年，乔木孢粉增加，特别是松属含量升高，草本植物孢粉和孢子减少，禾本科大孢粉含量为剖面最高；孢粉重建气候条件显示相对冷干，人类活动较强，此时 TOC 含量较低。

　　距今 1000 年至今，喜冷植物孢粉含量降低，喜暖植物孢粉含量升高，藜科孢粉含量较上一阶段高，莎草科孢粉在本带中部含量最高，后期降低；孢粉重建气候条件显示本带中期较湿润，近 300 年来湿度降低，反映了增温、减湿的过程，与最近几十年 TOC 含量较高和大量种植人工林有关，TOC 含量主要由干湿程度控制。

6.2.4　地表基质有机碳含量和含水率的关系

地表基质有机碳含量和含水率测试结果见图 6.10，B、G、N 样地为人工落叶松林，O 样地为人工樟子松林，M 样地为天然次生白桦林，从图中可以看出样地剖面地表基质有机碳含量和含水率有很好的相关性。

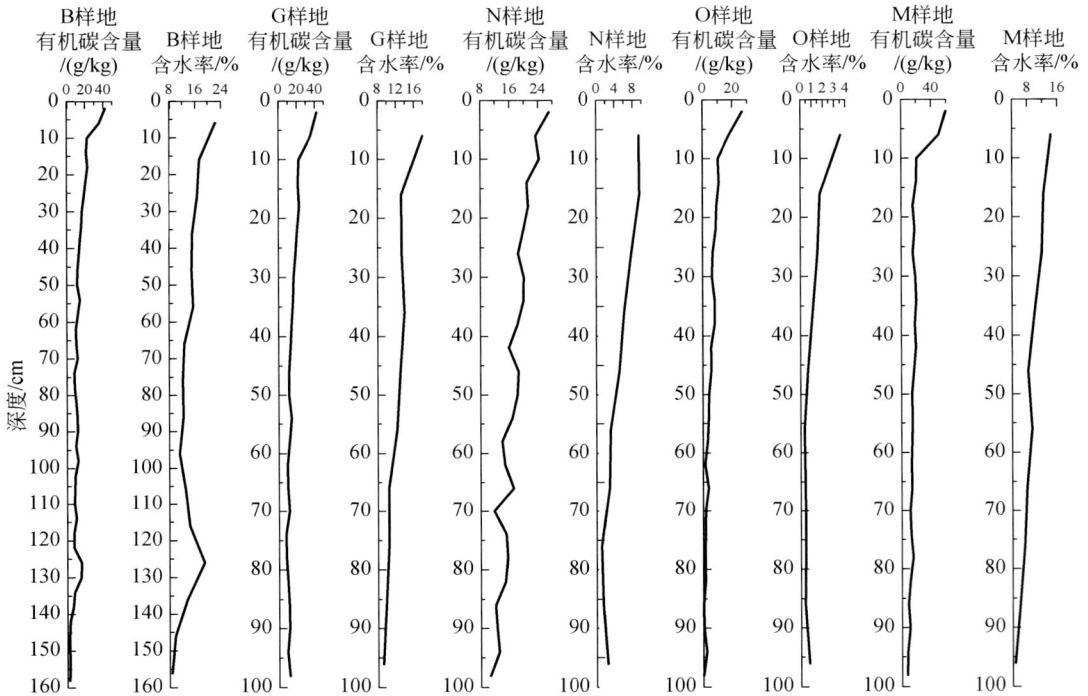

图 6.10　样地剖面地表基质有机碳含量和含水率对比图

不同林龄人工落叶松林表土和深部地表基质含水率有一定差别，林龄低的落叶松表土和深部地表基质含水都较少；人工樟子松林表土和深部地表基质含水都较少；天然次生白桦林表土和深部地表基质含水都较多。

这几个样地本底是砂质地表基质，经过成壤作用改造后，地表基质有机质聚集，从而影响地表基质结构，进而影响水的含蓄。

6.2.5　地表基质有机质与营养元素关系

1. 样地调查结果

每块样地设 3 个样方，每个样方按照梅花采样法取表层 20cm 地表基质，按四分法留样实验室备测，取每块样地 3 个样方平均值作为样地值，结果见表 6.2。

地表基质有机质调查结果显示，人工落叶松低龄林和成熟林有机质含量低，中龄林有机质含量高；人工樟子松中龄林有机质含量低，成熟林有机质含量较高；天然次生白桦林的有机质含量中等。

表 6.2　样地地表基质有机质及营养元素结果表

样地编号	样地类型	有机质含量 /(g/kg)	速效钾含量 /(mg/kg)	铵态氮含量 /(mg/kg)	有效磷含量 /(mg/kg)
B	落叶松 （中龄林）	80.68	126.56 （中等）	29.59 （中等）	19.82 （低）
G	落叶松 （中龄林）	276.82	156.86 （高）	32.78 （中等）	11.38 （低）
N	落叶松 （低龄林）	48.70	184.37 （高）	32.28 （中等）	11.35 （低）
P	落叶松 （成熟林）	48.08	101.93 （中等）	36.58 （中等）	21.50 （中等）
M	白桦 （次生林）	73.16	206.85 （极高）	36.01 （中等）	8.80 （极低）
O	樟子松 （中龄林）	41.27	84.42 （低）	29.45 （中等）	16.26 （低）
Q	樟子松 （成熟林）	94.10	119.81 （中等）	38.97 （中等）	10.30 （低）

地表基质速效钾调查结果显示，人工落叶松中龄林速效钾含量中等-高，成熟林速效钾含量中等，总体处于中等-高水平；人工樟子松林中龄林速效钾含量低，成熟林速效钾中等，总体处于中等-低水平；天然次生白桦林的速效钾含量极高。

地表基质铵态氮调查结果显示，人工落叶松林铵态氮含量总体处于中等水平，P 样地相对略高；人工樟子松林铵态氮含量总体处于中等水平，成熟林铵态氮含量相对较高；天然次生白桦林的铵态氮含量处于中等水平。

地表基质有效磷调查结果显示，人工落叶松林有效磷含量总体处于中等-低水平，P 样地相对较高；人工樟子松林铵态氮含量总体处于低水平，成熟林有效磷含量相对较低；天然次生白桦林的铵态氮含量处于极低水平。

2. 样地地表基质有机质与营养元素的关系

落叶松林样地地表基质有机质与营养元素的关系见图 6.11，中、低林龄 3 个样地落叶松林地表基质有机质与速效钾呈非线性负相关关系，成熟林地表基质有机质与速效钾呈正相关关系；低龄林速效钾含量最高，中龄林速效钾含量居中，成熟林速效钾含量最低；各点的地表基质有机质与铵态氮和有效磷呈非线性负相关关系。

樟子松林样地地表基质有机质与营养元素的关系见 6.12，樟子松林地表基质有机质与速效钾呈非线性正相关，与铵态氮和有效磷呈负相关关系。

白桦林样地地表基质有机质与营养元素的关系见图 6.13，白桦林地表基质有机质与速效钾、铵态氮和有效磷均呈负相关关系。

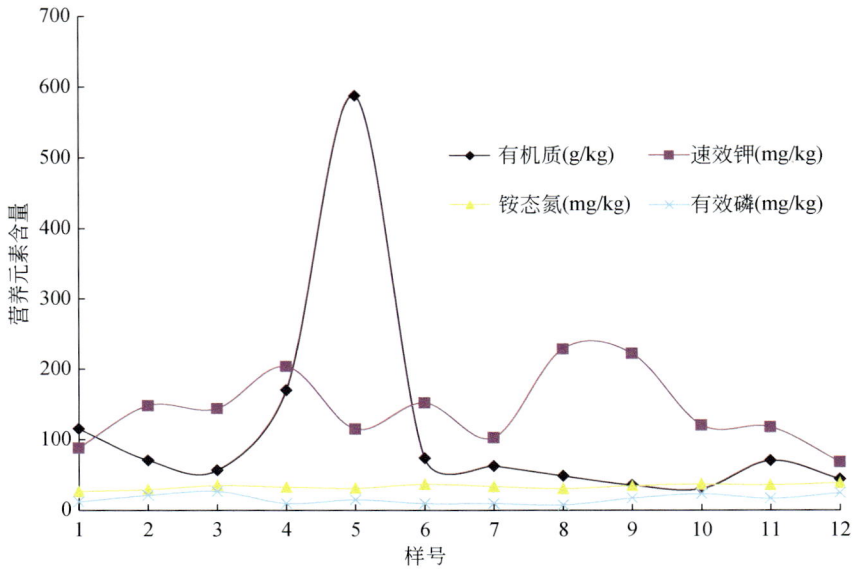

图 6.11　落叶松林样地地表基质有机质与营养元素关系图

样号 1～3 为 B 样地，中龄林；样号 4～6 为 G 样地，中龄林；样号 7～9 为 N 样地，低龄林；样 10～12 为 P 样地，成熟林

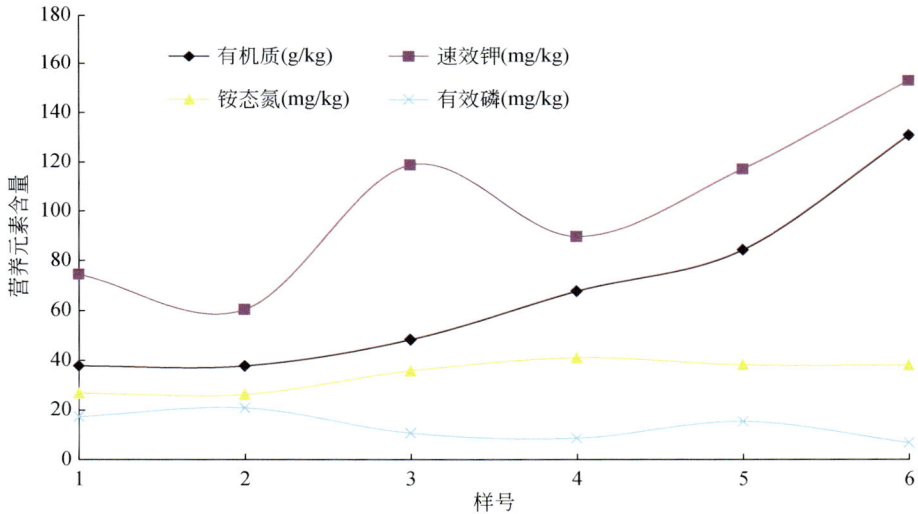

图 6.12　樟子松林样地地表基质有机质与营养元素关系图

样号 1～3 为 O 样地，中龄林；样号 4～6 为 Q 样地，成熟林

　　坝上高原林地碳分布特征及影响因素调查研究结果表明，林龄、种植密度对落叶松群落乔木碳含量影响较大，樟子松和白桦固碳能力较强，人工樟子松林近地表层地表基质有机碳含量较高，并迅速降低，之后下降趋势减弱，含量相对稳定；通过孢粉数据显示该区经历了原始乔木较好阶段—人类影响阶段加强—人类影响稳定阶段—近几十年人工造林影响明显阶段；地表基质有机碳和地表基质水分具有较好的相关性。

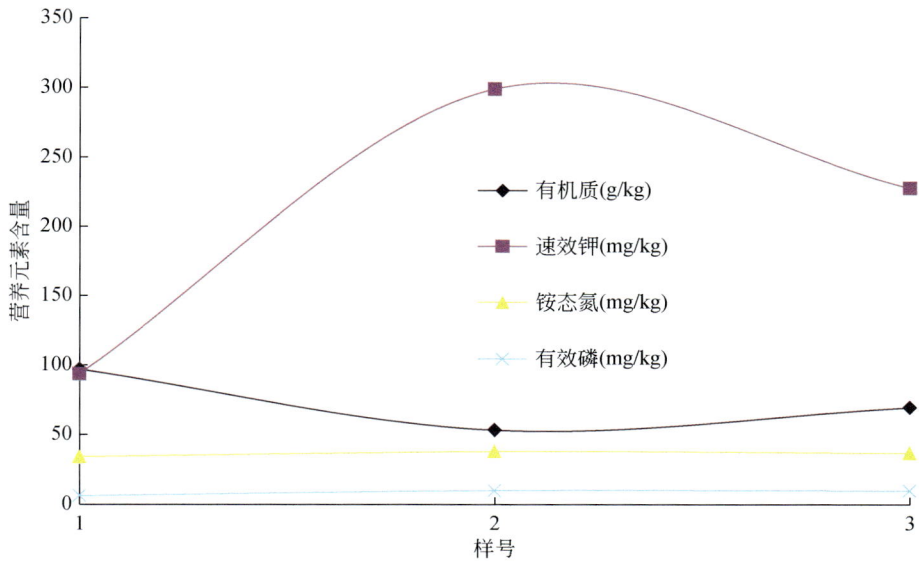

图 6.13　白桦林样地地表基质有机质与营养元素关系图

样号 1～3 为 M 样地，次生林

第7章　地表基质调查支撑黄土高原南缘科学绿化

森林植被在生态系统气候调节、生物多样性保持、水土保持等方面发挥着重要作用（Hou et al.，2012）。黄土高原丘陵沟壑区因土质疏松、沟壑纵横、暴雨集中、植被覆盖度较低，成为世界上水土流失最严重的地区之一（Dotterweich，2013；Sun et al.，2014；Wang et al.，2015；韩磊等，2023）。其水土流失治理问题历来受到国家高度关注，涌现了种类多样的水土流失治理模式，其中以退耕还林、荒山造林和封山育林工程等为代表的生物措施模式是治理坡面土壤侵蚀的主要模式，经过多年治理，黄土高原植被覆盖度明显增加，生态环境条件明显好转，黄河黄土高原段输沙量显著降低（Wang et al.，2007；Lü et al.，2015；Wang et al.，2015；李宗善等，2019）。但是，在人工植被重建过程中普遍存在一些问题，如人工林结构单一、违背适地种树原则、造林密度不科学等，从而诱发了生态耗水量增加、土壤干燥化、生态效益降低等生态问题，具体表现为人工林过早衰退、黄河径流量减少等现象（Zhang et al.，2017；凤紫棋等，2023；赵志炜和谢新平，2023）。

地表基质是地球表层物质与能量循环的主要载体（姚晓峰等，2022），是孕育和支撑森林、草原、水等各类自然资源的基础物质[①]，也是各种物理、化学风化，土壤形成、发育的发生带[②]（Bristol et al.，2012；殷志强等，2020a，2020b；刘玖芬等，2024）。地表基质的地质属性决定了其内部组构及植被赖以生存的水分、养分、盐分的基准特征，直接影响到地表植被生态特征，表现为不同的植被景观现象。

黄土高原南缘韩城地区位于黄河中游，地处黄土高原丘陵沟壑南缘与关中平原过渡带，同属于著名的渭北"旱腰带"和"黑腰带"东缘，其主要特点是能源资源丰富、矿业活动频繁，资源短缺、水土流失等生态地质问题突出，生态环境脆弱。本章以此区域为试点，通过调查地表覆盖层下部地表基质层中的土壤、风化壳及包气带剖面结构、物质组成、理化性质的异质性，研究其对水、气、元素迁移和交换过程的影响，分析地表基质层与林草生态植被的协同适宜性，提出基于地表基质异质性的科学绿化建议，纠正目前部分区域在植被生态恢复过程中植被类型选择与地表基质层不匹配、土地利用错位的问题，对支撑服务黄河重点生态区（含黄土高原生态屏障）生态保护和修复重大工程具有重要意义。

韩城市地处黄河中游陕晋交界，黄土高原丘陵沟壑南缘与关中平原过渡地区（图7.1），地理坐标：东经110°7′19″～110°37′24″，北纬35°18′50″～35°52′08″。属于暖温带半干旱大陆性季风气候，季风性强，四季分明。多年平均气温为13.5℃，积温为3753℃，无霜期为208天。地势西北高、东南低，从西至东可分为中山山地地貌、低山丘陵地貌、黄土台塬地貌、河谷阶地地貌，其中，中山山地和低山丘陵地貌占总面积的69%，最高海拔为1783m，最低海拔为357m，相对高差为1426m。区内地形复杂，沟壑纵横，境内500m以上的干、

---

① 自然资源部，2020，自然资源调查监测体系构建总体方案。
② 殷志强、邢博、邵海等，2022，支撑塞罕坝生态屏障建设水平衡和科学绿化研究取得新认识，中国地质调查局地质调查专报。

支、毛沟有 1300 多条，中部黄土丘陵沟壑全市总面积的 40%，位于凿开河、盘河、濛水、芝水等主要水系的中、下游，又是白矾河、汶水、泌水、沆水、轨水等小流域的发源地，且全区均在断层褶皱构造带上，地形破碎，起伏度大，沟壑发育，表层土胶力很差，是境内水土流失最严重的地区。地面坡度 25° 以上面积达 345km², 多年平均降水量为 566.4mm，降水年内分配不均，多集中在 7~9 月，占年降水量的 55.6% 以上，且多呈大雨、暴雨、连阴雨形式，历时短、强度大，进一步加剧了水土流失，全境水土流失面积达 1337km²，占总面积的 82.5%，属于黄河中游水土流失重点县（市）之一。

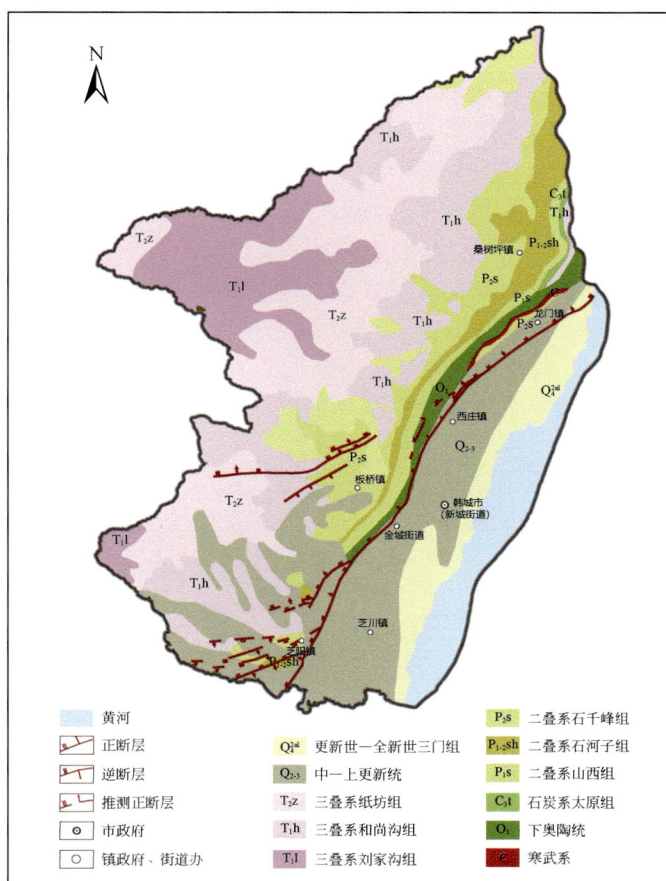

图 7.1　研究区位置及地质简图

韩城大地构造位置上位于鄂尔多斯地块的东南边缘与渭河盆地的交界部位。地层总体上可分两个单元，以韩城山前北东-南西向的大断层为界，东南部为该正断层的上盘，系下沉地层，为一套厚层第四纪沉积地层，岩性以黄土为主，分布极为广泛，不整合覆于新近系及其他老岩层之上；西北部为相对上升的侵蚀地层，出露地层由老到新依次为古生界的寒武系、奥陶系、石炭系、二叠系、三叠系和新生界，主要岩性为花岗片麻岩夹绿泥石片岩、砂泥岩、灰岩和白云岩，上覆黄土或坡积、残积物。

7.1 地表基质类型及特征

7.1.1 地表基质单元划分和填图

在本区地表基质调查和填图工作中，结合地表基质调查的支撑服务目标及实际地表基质填图过程的便利性，从地表基质的生态地质属性出发，综合考虑地表基质的物质组成、成因类型、地貌形态、粒级、表层土壤类型，对研究区地表基质进行 3 级分类。其中，一级类参考自然资源部已经发布的《地表基质分类方案（试行）》[①]，根据地表基质的物质类型，增加沙质地表基质类型，以韩城地区 1∶20 万数字化区域地质图为基础，综合参考第四纪地质图和工程地质图，将全区地表基质分为岩质、砾质、沙质、土质、泥质 5 类；二级类依据地表基质的成因类型+物质类型，在一级类的基础上，综合参考第四纪地质图和工程地质图，岩质地表基质划分为泥质岩、碎屑岩夹泥质岩、碎屑岩、碳酸盐岩、片麻岩 5 类，砾质地表基质在区内仅出露冲洪积砾 1 类，沙质地表基质分为冲洪积沙和风积沙 2 类，土质地表基质分为风积土和冲洪积土 2 类，泥质地表基质分为河泥、湖泥和沼泽泥 3 类，共 13 个地表基质二级类；三级类划分综合考虑地表基质的物质类型、成因类型和特征理化性质，在二级类的基础上，结合野外调查、原位试验和分析测试结果，共划分为 25 个地表基质三级类（表 7.1），并编制了地表基质类型图（图 7.2）。

表 7.1 韩城地区地表基质 3 级分类表

序号	一级类	二级类	三级类
1	岩质	碎屑岩	高硬度强风化碎屑岩
2			高硬度弱风化富钙碎屑岩
3			高硬度弱风化富锰碎屑岩
4		碎屑岩夹泥质岩	中硬度中风化富锌碎屑岩夹泥质岩
5			中硬度中风化富钙碎屑岩夹泥质岩
6			中硬度中风化富锰碎屑岩夹泥质岩
7			中硬度弱风化富锰碎屑岩夹泥质岩
8		泥质岩	低硬度强风化富锌泥质岩
9			低硬度强风化富钙泥质岩
10		碳酸盐岩	高硬度弱风化富钙碳酸盐岩
11		片麻岩	高硬度强风化富钾片麻岩
12	砾质	冲洪积砾	中含土硅质冲洪积砾
13			低含土硅质冲洪积砾
14	沙质	冲洪积沙	分选好中粗粒硅质冲洪积沙
15			分选好中细粒硅质冲洪积沙
16		风积沙	分选好细粒硅质风积沙

---

① 自然资源部，2020，地表基质分类方案（试行）。

续表

序号	一级类	二级类	三级类
17	土质	风积土	强渗透性富钙风积土
18			强渗透性富硒风积土
19			中渗透性富钙风积土
20			中渗透性富硒风积土
21			弱渗透性富钙风积土
22		冲洪积土	强渗透性富硒冲洪积土
23	泥质	湖泥	高有机质湖泥
24		沼泽泥	中有机质沼泽泥
25		河泥	低有机质河泥

7.1.2 地表基质结构类型特征

在分析整理区域地质调查和钻孔资料的基础上,野外补充调查实测了各地表基质类型的垂向剖面,将区内地表基质层构型特征归结为四大类、21个亚类(表7.2),具体情况如下:

单一结构型:主要为分布于东部黄土台塬区的富含粉砂的马兰黄土、部分墚峁区厚层状钙质结核铁锰结核发育的离石黄土、市域西南零星分布富含钙质结核的午城黄土和黄河岸滩沼泽湿地区中的有机质沼泽泥。区内单一结构型地表基质层多位于地形相对平缓地区,表层土壤受流水和重力侵蚀作用较弱,地表基质表层土壤相对稳定,保水、保肥能力较强,有机质含量适中。

双层结构型:主要为分布于河谷阶地区和山前冲洪积扇地区的上细下粗的冲洪积砾、上细下粗的冲洪积沙、冲洪积土-冲洪积砾、上细下粗的风积沙、黄土-冲洪积砾、上细下粗的冲洪积土、黄土-冲洪积沙、黄土-冲洪积沙(砾),以及分布于部分墚峁区的富含粉砂的马兰黄土-富含铁锰结核的离石黄土组合结构类型地表基质。

多层结构型:主要为分布于中部低山丘陵地区的黄土-残坡积砾-基岩,以及分布于河底和湖底的河泥-冲洪积沙-冲洪积砾-基岩、湖泥-湖积沙-碎屑岩构型地表基质。

风化壳型:主要为分布于区内中西部山区的岩质地表基质,包含碎屑岩风化壳、碎屑岩夹泥质岩风化壳、泥质岩风化壳、碳酸盐岩风化壳和片麻岩风化壳,受不同岩质地表基质坚硬程度差异的影响,风化壳厚度泥质岩>碎屑岩夹泥质岩>碎屑岩>片麻岩>碳酸盐岩。区内片麻岩沿韩城大断裂分布,受构造活动影响,使原本坚硬的花岗片麻岩地表基质破碎,节理、裂隙密集发育,且裂隙产状各向异性极强,裂隙内部砾石和黄土填充较好;碳酸盐岩地表基质质地坚硬,风化壳极不发育。

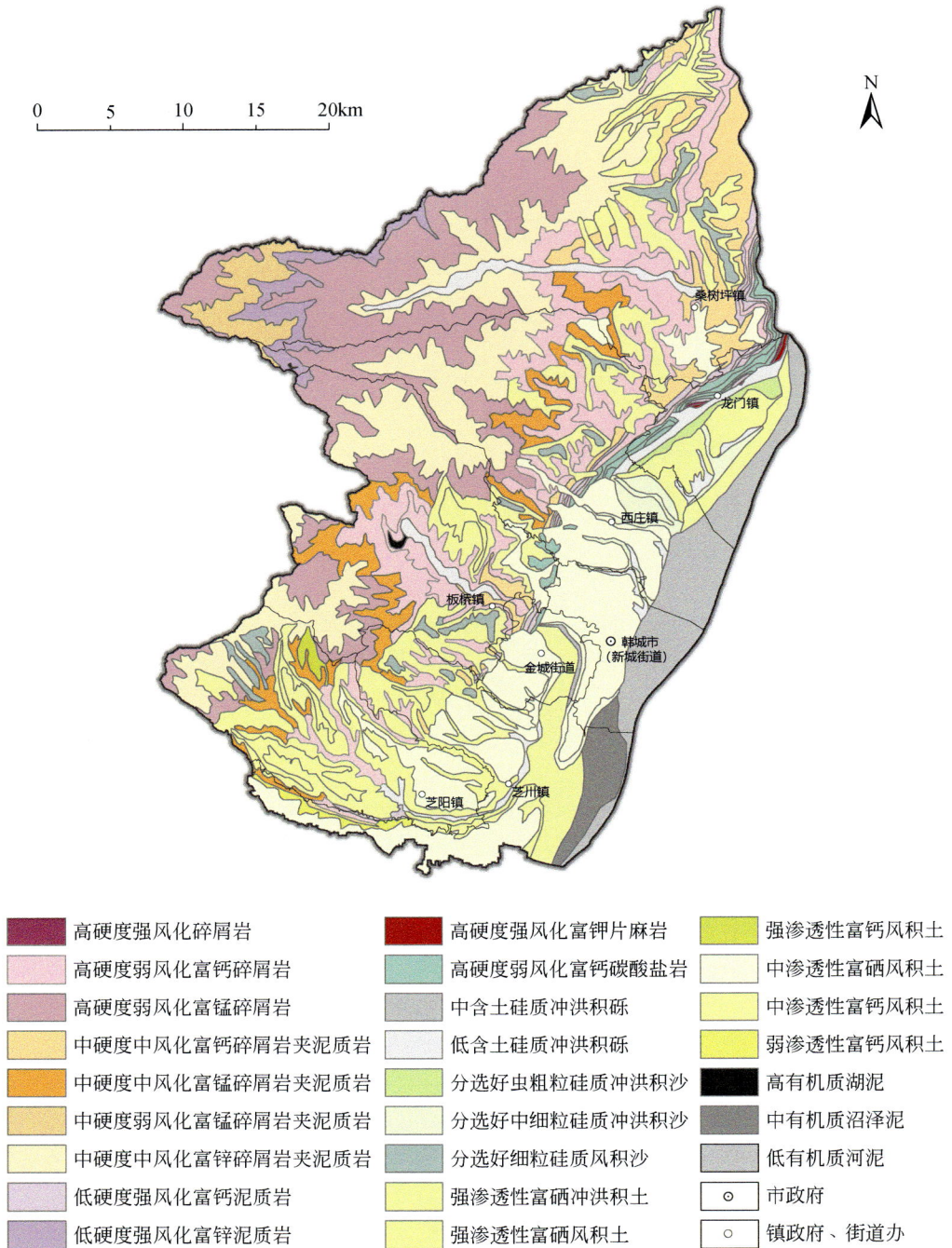

图 7.2　研究区地表基质三级类型图

表 7.2　韩城市地表基质层构型分类表

序号	构型大类	构型亚类
1	风化壳型	碎屑岩风化壳
2		碎屑岩夹泥质岩风化壳
3		泥质岩风化壳
4		碳酸盐岩风化壳
5		片麻岩风化壳
6	单一结构型	富含粉砂的马兰黄土
7		钙质结核铁锰结核发育的离石黄土
8		富含钙质结核的午城黄土
9		中有机质沼泽泥
10	双层结构型	上细下粗的冲洪积砾
11		冲洪积土-冲洪积砾
12		富含粉砂的马兰黄土-富含铁锰结核的离石黄土
13		上细下粗的冲洪积沙
14		上细下粗的风积沙
15		黄土-冲洪积沙（砾）
16		黄土-冲洪积砾
17		上细下粗的冲洪积土
18		黄土-冲洪积沙
19	多层结构型	黄土-残坡积砾-基岩
20		河泥-冲洪积沙-冲洪积砾-基岩
21		湖泥-湖积沙-碎屑岩

7.2　地表基质理化性质

　　2022 年 5～8 月，在全区按照 3km×3km 的网格均匀布设采样点，采集地表基质表层土壤样品，面上采样深度为 0～20cm，部分点位按照 0～20cm、20～60cm 和 60～200cm 分层采样。采样时，在每个采样点 30～50m 范围内多点（3～5 处）采集同类、等重样品混合为 1 件样品，去根系、秸秆、石块、虫体等杂物，样品重量大于 1kg，采样过程中避开明显点状污染地段、人工堆积土、田埂等，离开主干公路、铁路 100m 以外。共采集样品 190 件，采样点位分布见图 7.3。分析测试 pH、容重、比重、含水率、毛管孔隙度、非毛管孔隙度 6 项物理性质指标（由中国冶金地质总局西北地质勘查院酒泉测试中心完成），以及 N、P、K_2O、CaO、MgO、S、Fe_2O_3、Mn、Zn、Cu、B、Mo、Cl、Ni、Se、I、F、有机碳（Corg.）共计 18 项植被生长所需的化学营养元素指标（由中国地质调查局西安矿产资源调查中心分析测试实验室完成）。

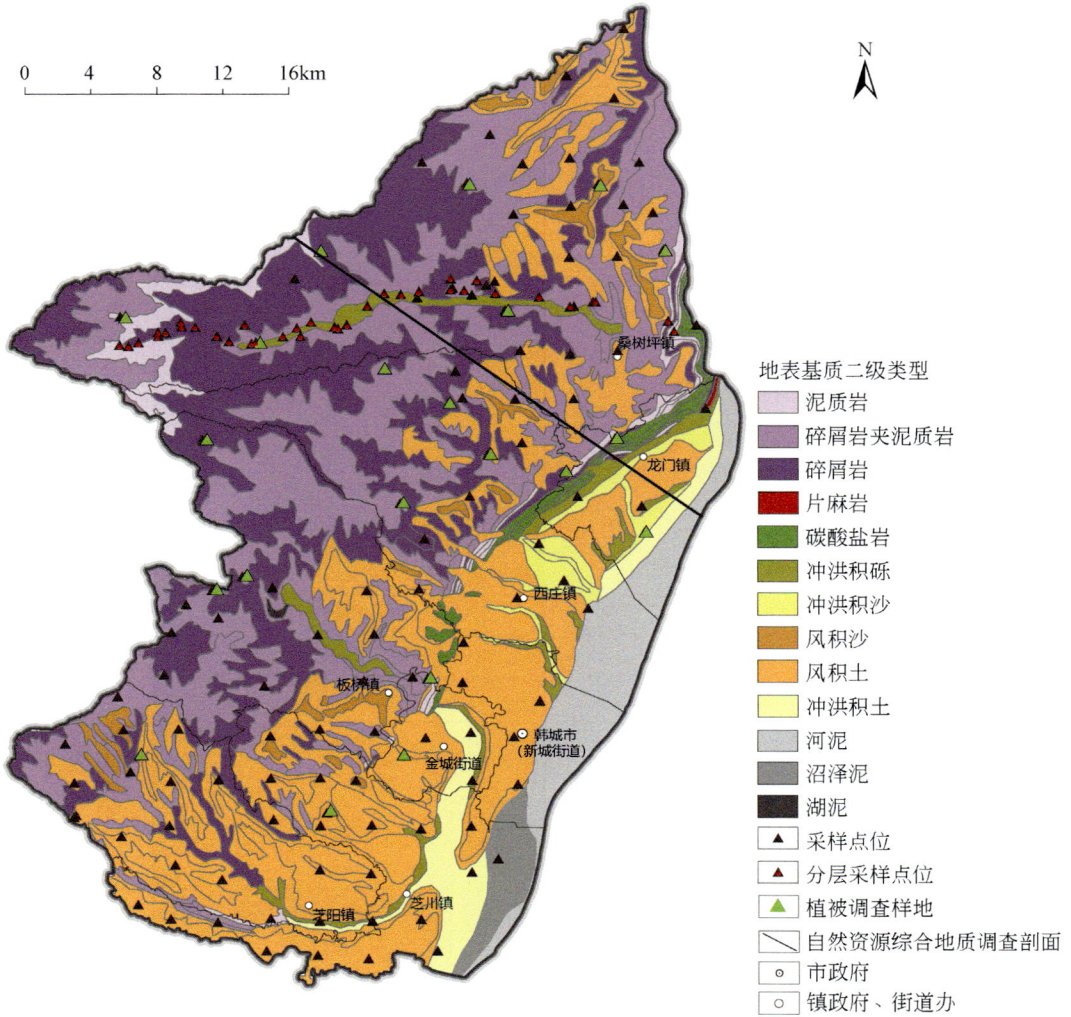

图 7.3 地表基质表层样品采样点位及植被抽样调查点位分布图

7.2.1 各地表基质类型表层样品的物理性质

不同地质成因的地表基质类型具有不同的沉积构造、分层结构、厚度、孔隙度、物质组成等理化性质，直接影响表土的气-水交换、微生物群落类型和有机质组成，为植被提供不同的营养和水分，地表基质的异质性直接影响着植被的类型和空间展布格局（殷志强等，2023）。浅层（0～2m）和中层（2～10m）地表基质（殷志强等，2023；刘玖芬等，2024）中 pH、容重、比重、含水率、非毛管孔隙度、毛管孔隙度物理性质的不同会直接影响土壤的透气性、保水性、排水性等，进而影响植物根系的生长、水分和养分吸收过程。其中，土壤容重是自然状态下单位体积土壤干重，直接影响土壤的密实度和通气性，一般最佳土壤容重应该在 1.0～1.4g/cm^3，如果土壤容重太高，根系将受到限制，水分和氧气供应不足；如果太低，土壤可能缺乏稳定性，植物生长支撑受限（Lestariningsih et al.，2013；Sequeira et al.，2014）。土壤比重是指单位体积土壤的质量与同体积水的质量之比，一般最佳土壤的比重应该在 2.6～2.8g/cm³，较高的土壤比重通常意味着土壤颗粒排列更紧密，这对于提供足够的支撑和水分保持有益。土壤的含水率指土壤中所含水分的百分比，适当的含水率有利于植物根系的吸水和养分吸收，但过高或者过低的含水率都会影响植物的生长，过高的含水率可能导致根系窒息，过低的含水率则会限制植物的水分吸收，通常情况下，土壤含水率应保持在 10%～20%。非毛管孔隙度指土壤中的非毛管孔隙所占的比例，影响土壤的透气性和排水性，适当的非毛管孔隙度可以确保土壤有足够的空气和水分供应，有利于植物根系的生长和呼吸。毛管孔隙度指土壤中的毛管孔隙所占的比例，影响土壤的保水性，适当的毛管孔隙度有助于土壤保持一定的水分，但过高的毛管孔隙度可能导致排水不畅，影响植物根系的健康生长。

利用 Microsoft Excel、IBM Statistics SPSS 和 ArcGIS 软件对韩城地区 190 件地表基质表层样品的物理性质测试结果进行统计分析，得到按地表基质二级类型（区内泥质地表基质不做统计）统计的物理性质参数特征值统计表（表 7.3）和均值对比柱状图（图 7.4），由表可见，各地表基质类型物理性质特征表现如下：

表 7.3　不同地表基质类型表层样品物理性质

地表基质二级类		pH	比重/(g/cm³)	容重/(g/cm³)	含水率/%	毛管孔隙度/%	非毛管孔隙度/%
泥质岩	最小值	8.18	2.57	1.15	16.53	35.97	5.41
	最大值	8.38	2.61	1.49	20.54	52.50	9.69
	平均值	8.28	2.59	1.28	18.32	42.37	7.53
	标准差	0.04	0.01	0.09	0.83	3.49	0.89
	变异系数	0.01	—	0.07	0.05	0.08	0.12
碎屑岩	最小值	8.05	2.57	1.09	16.36	38.72	4.50
	最大值	8.37	2.62	1.38	20.17	54.71	9.94
	平均值	8.27	2.59	1.21	18.35	44.59	7.26
	标准差	0.05	0.01	0.06	1.03	3.45	1.41
	变异系数	0.01	—	0.05	0.06	0.08	0.19
碎屑岩夹泥质岩	最小值	6.94	2.57	1.09	15.89	35.97	4.16
	最大值	8.18	2.62	1.49	20.51	54.84	9.65
	平均值	8.07	2.59	1.29	17.94	42.53	7.37
	标准差	0.05	0.01	0.09	0.86	4.03	1.11
	变异系数	0.01	—	0.07	0.05	0.09	0.15
碳酸盐岩	最小值	8.21	2.59	1.12	15.89	38.68	4.29
	最大值	8.35	2.62	1.38	19.52	46.64	7.70
	平均值	8.26	2.60	1.29	17.40	41.88	5.43
	标准差	0.04	0.01	0.07	1.12	2.30	1.07
	变异系数	0.01	—	0.06	0.06	0.05	0.20

地表基质二级类		pH	比重/(g/cm³)	容重/(g/cm³)	含水率/%	毛管孔隙度/%	非毛管孔隙度/%
片麻岩	最小值	8.21	2.60	1.28	17.20	38.67	4.81
	最大值	8.22	2.60	1.35	18.00	40.53	5.30
	平均值	8.22	2.60	1.32	17.47	39.40	5.12
	标准差	0.01	0	0.02	0.29	0.70	0.23
	变异系数	—	—	0.02	0.02	0.02	0.05
冲洪积砾	最小值	8.18	2.57	1.12	16.44	37.88	4.70
	最大值	8.61	2.62	1.40	21.16	52.93	9.59
	平均值	8.34	2.60	1.27	18.78	43.64	6.35
	标准差	0.08	0.01	0.06	0.84	3.33	0.96
	变异系数	0.01	0	0.05	0.04	0.08	0.15
冲洪积沙	最小值	8.17	2.56	1.15	17.39	38.39	4.24
	最大值	8.58	2.67	1.51	22.56	47.68	8.86
	平均值	8.26	2.63	1.32	19.23	41.56	5.55
	标准差	0.06	0.01	0.05	0.54	2.33	0.78
	变异系数	0.01	0.01	0.03	0.02	0.04	0.02
风积沙	最小值	8.31	2.60	1.19	18.02	40.34	5.90
	最大值	8.44	2.65	1.54	19.21	44.68	7.57
	平均值	8.36	2.62	1.32	18.56	43.28	7.22
	标准差	0.04	0	0.04	0.56	0.39	0.53
	变异系数	0.01	0.01	0.02	0.02	0.01	0.03
风积土	最小值	8.35	2.74	1.15	15.98	38.70	4.68
	最大值	9.58	2.62	1.47	21.13	54.87	9.18
	平均值	8.66	2.60	1.38	17.86	46.34	6.45
	标准差	0.04	0.01	0.06	0.99	2.85	1.19
	变异系数	0.01	0.01	0.05	0.05	0.06	0.16
冲洪积土	最小值	7.98	2.58	1.24	19.65	36.36	4.77
	最大值	8.33	2.72	1.67	23.87	48.34	9.26
	平均值	8.12	2.60	1.46	21.18	45.19	7.32
	标准差	0.04	0.01	0.05	0.80	0.82	0.92
	变异系数	0.01	0.03	0.05	0.07	0.08	0.02

（1）泥质岩：表层土壤 pH=8.18～8.38，呈弱碱性；容重在 1.15～1.49g/cm³，平均值为 1.28g/cm³，整体处于偏紧-紧实状态；含水率介于 16.53%～20.54%，平均值为 18.32%，总体处于适中状态；毛管孔隙度介于 35.97%～52.50%，平均值为 42.37%。

（2）碎屑岩夹泥质岩：表层土壤 pH=6.94～8.18，呈中性-弱碱性；容重在 1.09～1.38g/cm³，平均值为 1.21g/cm³，整体处于偏紧-紧实状态；含水率介于 16.36%～20.17%，平均值为 18.35%，总体处于适中状态；毛管孔隙度介于 38.72%～54.71%，平均值为 44.59%。

（3）碎屑岩：表层土壤 pH=8.06～8.38，呈弱碱性；容重在 1.09～1.49g/cm³，平均值为 1.29g/cm³，整体处于偏紧-紧实状态；含水率介于 15.89%～20.51%，平均值为 17.94%，总体处于适中状态；毛管孔隙度介于 35.97%～54.84%，平均值为 42.53%。

（4）碳酸盐岩：表层土壤 pH=8.21～8.35，呈弱碱性；容重在 1.12～1.38g/cm³，平均值为 1.29g/cm³，整体处于适宜-偏紧状态；含水率介于 15.89%～19.52%，平均值为 17.4%，总体处于适中状态；毛管孔隙度介于 38.68%～46.64%，平均值为 41.88%。

（5）片麻岩：表层土壤 pH=8.21～8.22，呈弱碱性；容重在 1.28～1.35g/cm³，平均值为 1.32g/cm³，整体处于偏紧-紧实状态；含水率介于 17.20%～18.00%，平均值为 17.47%，总体处于适中状态；毛管孔隙度介于 38.67%～40.53%，平均值为 39.4%。

（6）冲洪积砾：表层土壤 pH=8.18～8.61，呈弱碱性-碱性；容重在 1.12～1.40g/cm³，平均值为 1.27g/cm³，整体处于偏紧-紧实状态；含水率介于 16.44%～21.16%，平均值为 18.87%，总体处于适中状态；毛管孔隙度介于 37.88%～52.93%，平均值为 43.64%。

（7）冲洪积沙：表层土壤 pH=8.17～8.58，呈弱碱性；容重在 1.15～1.51g/cm³，平均值为 1.32g/cm³，整体处于偏紧-紧实状态；含水率介于 17.39%～22.56%，平均值为 19.23%，总体处于适中状态；毛管孔隙度介于 38.39%～47.68%，平均值为 41.56%。

（8）风积沙：表层土壤 pH=8.31～8.44，呈弱碱性-碱性；容重在 1.19～1.54g/cm³，平均值为 1.32g/cm³，整体处于偏紧-紧实状态；含水率介于 18.02%～19.21%，平均值为 18.56%，总体处于适中状态；毛管孔隙度介于 40.34%～44.68%，平均值为 43.28%。

（9）风积土：表层土壤 pH=8.35～9.58，呈弱碱性-碱性；容重在 1.15～1.47g/cm³，平均值为 1.38g/cm³，整体处于偏紧-紧实状态；含水率介于 15.98%～21.13%，平均值为 17.86%，总体处于适中状态；毛管孔隙度介于 38.70%～54.87%，平均值为 46.34%。

（10）冲洪积土：表层土壤 pH=7.98～8.33，呈弱碱性；容重在 1.24～1.67g/cm³，平均值为 1.46g/cm³，整体处于紧实状态；含水率介于 19.65%～23.87%，平均值为 21.18%，总体处于适中状态；毛管孔隙度介于 36.36%～48.34%，平均值为 45.19%。

总体来看，各地表基质单元表层土壤的 pH、容重、比重、含水率、毛管孔隙度、非毛管孔隙度物理参数空间变异总体较小，但仍表现出明显的规律：①岩质地表基质比砾质、沙质和土质等松散堆积物成因类型地表基质表层土壤的比重、容重、毛管孔隙度和含水率相对更小，表明松散堆积物成因类型的地表基质表层土壤通气性和保水性相对较好；②岩质地表基质中泥质岩、碎屑岩、碎屑岩夹泥质岩地表基质表层土壤的毛管孔隙度、非毛管孔隙度和含水率均大于碳酸盐岩和片麻岩地表基质，表明泥质岩、碎屑岩、碎屑岩夹泥质岩地表基质表层土壤具有相对更好的孔隙空间和水分；③松散堆积物型地表基质的表层土壤 pH、容重、孔隙度和含水率均存在相对差异，风积土和风积沙地表基质 pH 相对较大，多呈碱性；冲洪积土地表基质表层土壤容重值最大，呈相对紧实状态，且具有最大的非毛管孔隙度和含水率（图 7.4）。

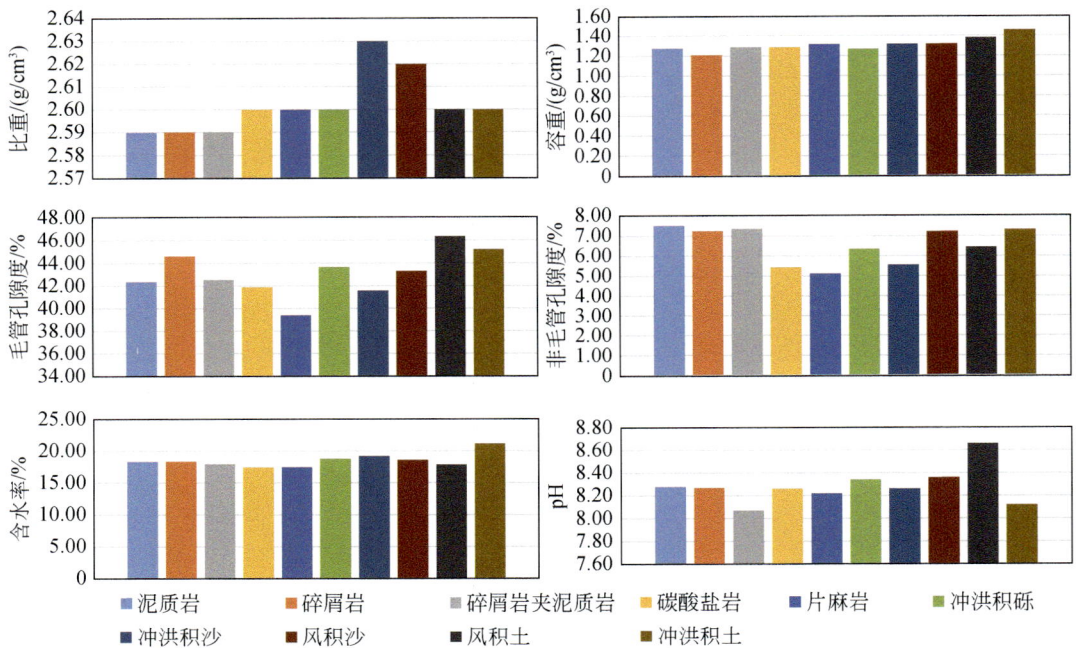

图 7.4 不同地表基质类型表层样品物理性质平均值对比图

7.2.2 不同地表基质单元表层土壤的养分含量

利用 Microsoft Excel、IBM Statistics SPSS 和 ArcGIS 软件对韩城地区 190 件地表基质表层样品的 pH，以及 C、N、P、K_2O、CaO、MgO、S、Fe_2O_3、Mn、Zn、Cu、B、Mo、Cl、Ni、Se、I、F、Corg. 19 项地球化学营养元素指标测试结果进行统计分析，得到韩城地区地表基质表层样品地球化学营养元素含量特征值统计表（表 7.4），由表可知，表层样品中 N、S、Cl、Se 含量的变异系数大于 50%，C、P、CaO、I、F 含量的变异系数在 20%～50%，说明以上元素在局部地区存在浓集现象，整体表现为 Cl＞S＞Se＞N＞S＞CaO＞P＞C＞F＞I。与临近的关中地区表层土壤背景值横向对比，可以发现，韩城地区土壤 pH 高于关中地区背景值，平均值为 8.56，属碱性土壤，碱土元素 CaO 等在区内相对富集，或为表层土壤表现为碱性的内在因素。此外，Corg.、N、S、Se 也表现为相对富集，据已有研究，韩城地区微量元素 Se 主要来源于石炭-二叠系的含煤系地层（陈继平等，2021）。Zn、Cu、Ni、C 元素含量与关中地区基本持平，具有较强的继承性。

表 7.4 韩城地区地表基质表层样品 pH 及地球化学营养元素含量特征值统计表

名称	单位	最小值	最大值	平均值	关中地区背景值	与关中地区背景值的变化率/%	标准误差	标准偏差	变异系数/%
pH	无量纲	6.64	9.58	8.56	8.11	5.49	0.02	0.27	3.15
C 含量	%	0.51	5.21	1.95	1.95	−0.21	0.05	0.68	34.87
Corg.含量	/(mg/kg)	＜0.20	5.67	2.35	0.86	173.26	0.64	10.16	19.34

续表

名称	单位	最小值	最大值	平均值	关中地区背景值	与关中地区背景值的变化率/%	标准误差	标准偏差	变异系数/%
N 含量	/(mg/kg)	0.07	3.61	0.80	0.09	792.22	0.03	0.40	50.07
P 含量	/(Mg/kg)	359.00	1839.00	712.26	917.70	−22.39	16.92	255.98	35.94
K₂O 含量	/(Mg/kg)	1.63	2.82	2.29	2.53	−9.37	0.01	0.18	7.71
CaO 含量	/(Mg/kg)	1.35	18.60	6.66	5.79	15.09	0.17	2.52	37.79
MgO 含量	/(Mg/kg)	0.97	3.43	2.13	2.30	−7.61	0.01	0.19	9.02
S 含量	/(Mg/kg)	0.02	0.10	0.03	0.02	86.67	0	0.02	68.63
Fe₂O₃ 含量	/(Mg/kg)	2.12	5.34	4.49	4.86	−7.72	0.03	0.42	9.38
Mn 含量	/(Mg/kg)	356.00	804.00	619.58	688.50	−10.01	4.67	70.65	11.40
Zn 含量	/(Mg/kg)	27.80	114.00	73.74	73.50	0.33	0.69	11.07	15.01
Cu 含量	/(Mg/kg)	6.30	41.40	26.44	26.70	−0.96	0.29	4.67	17.64
B 含量	/(Mg/kg)	1.00	76.00	46.75	50.40	−7.24	0.53	8.53	18.24
Mo 含量	/(Mg/kg)	0.35	1.17	0.74	0.80	−7.25	0.01	0.13	16.92
Cl 含量	/(Mg/kg)	30.30	924.00	60.56	69.80	−13.24	4.14	62.66	103.47
Ni 含量	/(Mg/kg)	8.09	48.90	33.19	33.13	0.17	0.29	4.73	14.26
Se 含量	/(Mg/kg)	0.05	0.84	0.18	0.16	12.20	0.01	0.13	67.98
I 含量	/(Mg/kg)	0.19	3.69	1.74	1.94	−10.52	0.03	0.47	26.97
F 含量	/(Mg/kg)	70.90	1521.00	528.60	597.00	−11.46	9.21	147.99	28.00

　　在剔除个别异常数据后，采用克里金法对营养元素含量数据进行插值分析，得到韩城地区地表基质表层土壤营养元素含量空间分布图（图 7.5～图 7.7）。有机碳含量在 0～5.67mg/kg，平均值为 2.35mg/kg，高于关中地区背景值，高值主要分布于市域西部黄龙山区和东部河谷阶地区，市域中部和南北两端黄土台塬及丘陵沟壑区有机质含量较低，可能与黄土高原区为干旱–半干旱的气候和风沙母质土壤强烈的淋滤性等环境条件有关，导致有机质在表层土壤中流失。

　　大量营养元素的空间分布总体具有地带性，与地貌单元相关，且与地表基质类型具有较强的对应性（图 7.5）。N 含量在 0.07～3.61mg/kg，平均值为 2.35mg/kg，高值区主要分布于中西部岩质山区碎屑岩、碎屑岩夹泥质岩及泥质岩地表基质区；P 含量在 359.00～1839.00mg/kg，平均值为 712.26mg/kg，空间分布呈南北条带状，高值区主要分布于东部河谷阶地区中洪积土、风积土及冲洪积沙地表基质区；K₂O 含量在 1.63～2.82mg/kg，平均值为 2.29mg/kg，空间分布呈现东西显著差异，高值区主要分布于西部黄龙山区碎屑岩、碎屑岩夹泥质岩，以及中部片麻岩地表基质区；CaO 含量在 1.35～18.60mg/kg，平均值为 6.66mg/kg，高值区主要分布于中部黄土台塬及丘陵沟壑区风积沙、风积土地表基质区；MgO 含量在 0.97～3.43mg/kg，平均值为 2.13mg/kg，高低异常零散分布；S 含量在 0.02～0.10mg/kg，平均值为 0.03mg/kg，高值区主要分布于东部河谷阶地冲洪积砾、冲洪积沙、冲洪积土地表基质区。

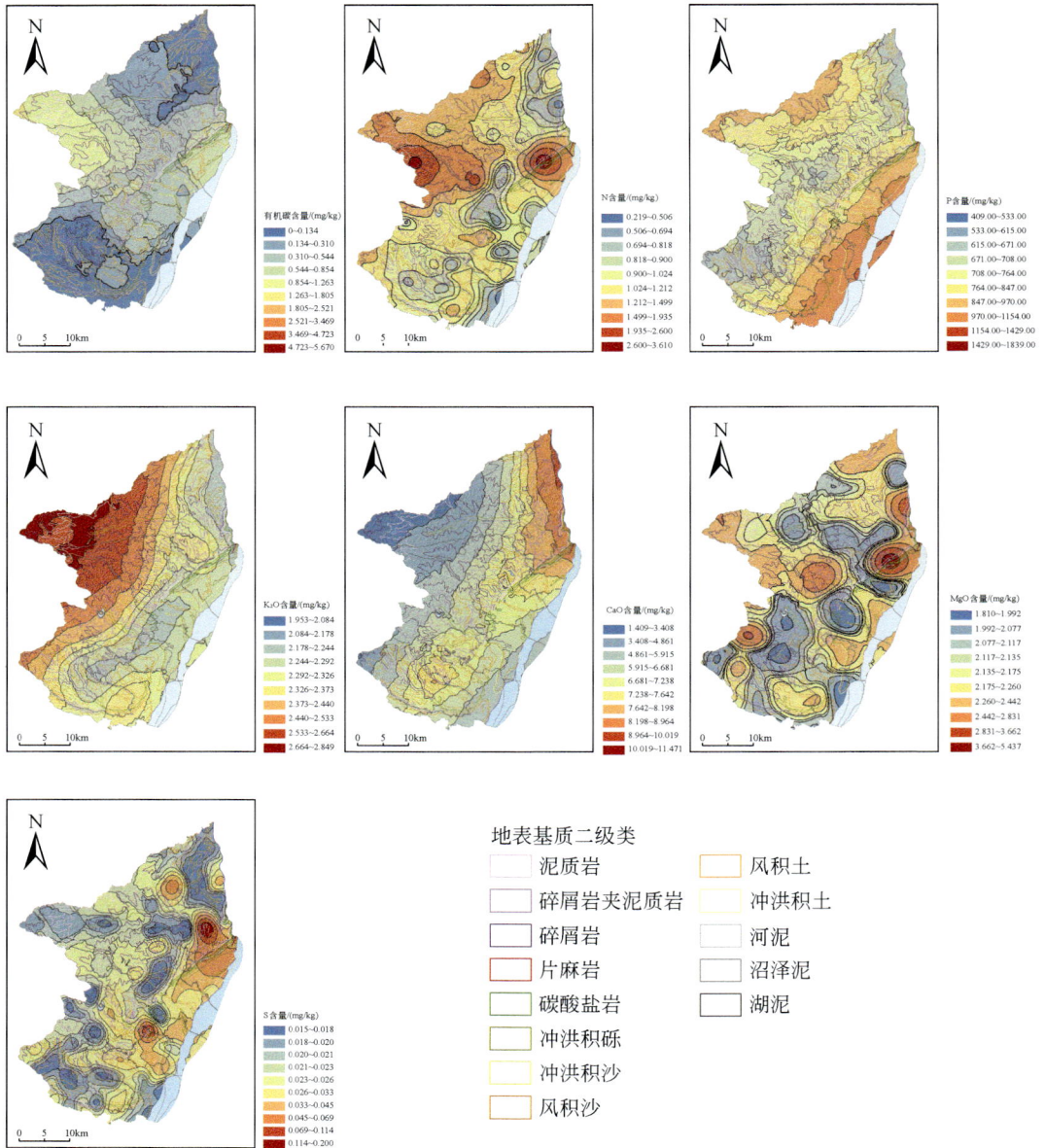

图 7.5　地表基质表层土壤大量营养元素含量空间分布图

微量营养元素的空间分布具有与大量营养元素相似的地带规律性（图 7.6）。Fe_2O_3 含量在 2.12～5.34mg/kg，平均值为 4.49mg/kg，高值区主要分布于中西部岩质山区碎屑岩、碎屑岩夹泥质岩及泥质岩地表基质区；Mn 含量在 356.00～804.00mg/kg，平均值为 619.58mg/kg，高值区呈现和 Fe_2O_3 含量相似的分布规律，主要分布于中西部岩质山区碎屑岩、碎屑岩夹泥质岩及泥质岩地表基质区；Zn 含量在 27.80～114.00mg/kg，平均值为 73.74mg/kg，高值区主

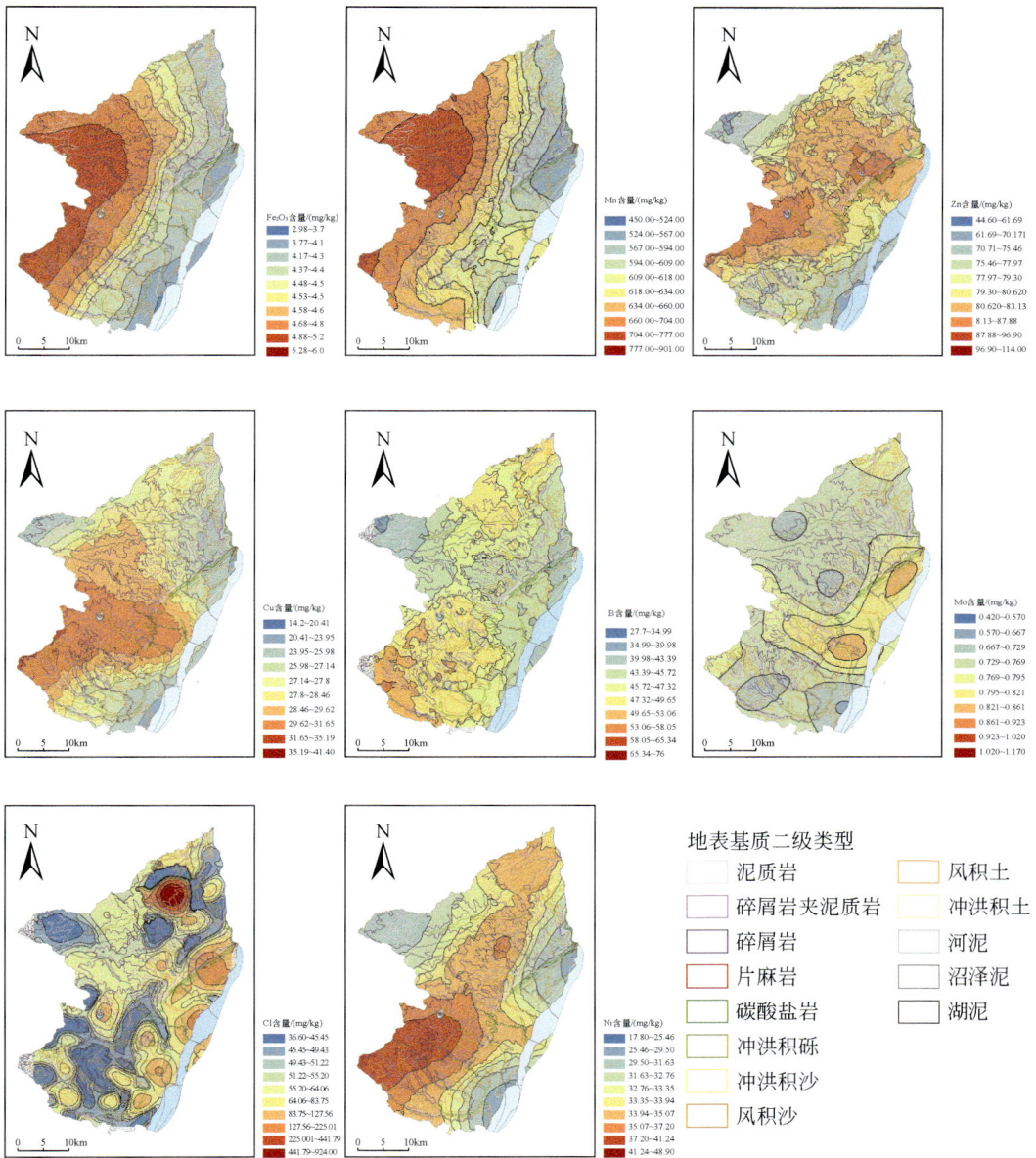

图 7.6　地表基质表层土壤微量营养元素含量空间分布图

要分布于市域中段碎屑岩、碎屑岩夹泥质岩地表基质区；Cu 含量在 6.30～41.40mg/kg，平均值为 26.44mg/kg，高值区主要分布于中部南段，呈现和 Zn 元素相似的分布规律，主要分布于中西部岩质山区碎屑岩、碎屑岩夹泥质岩地表基质区；B 含量在 1.00～76.00mg/kg，平均值为 46.75mg/kg，高值区主要分布于市域中部和南北两端黄土台塬及丘陵沟壑区；Mo 含量在 0.35～1.17mg/kg，平均值为 0.74mg/kg，高值区主要分布于东部河谷阶地冲洪积砾、冲洪积沙及冲洪积土地表基质区。Cl 含量在 30.30～924.00mg/kg，平均值为 60.56mg/kg，高低异常零散分布，东部河谷阶地区相对富集；Ni 含量在 8.09～48.90mg/kg，平均值为

33.19mg/kg，高值区主要分布于市域中部和南北两端黄土台塬及丘陵沟壑区碎屑岩及风积沙地表基质区。

　　微量健康营养元素中 Se 主要分布于市域中北部含煤地层分布区，高值异常集中于东部河谷阶地、山前冲洪积扇的冲洪积砾、冲洪积沙、冲洪积土及风积土地表基质中，含量在0.05～0.84mg/kg，平均值为0.18mg/kg；I元素空间分布异质性较小，含量在0.19～3.69mg/kg，平均值为 1.74mg/kg；F 元素空间分布仅在市域西南芝阳镇西侧出现异常，含量在 90.90～1521mg/kg，平均值为 528.60mg/kg（图 7.7）。

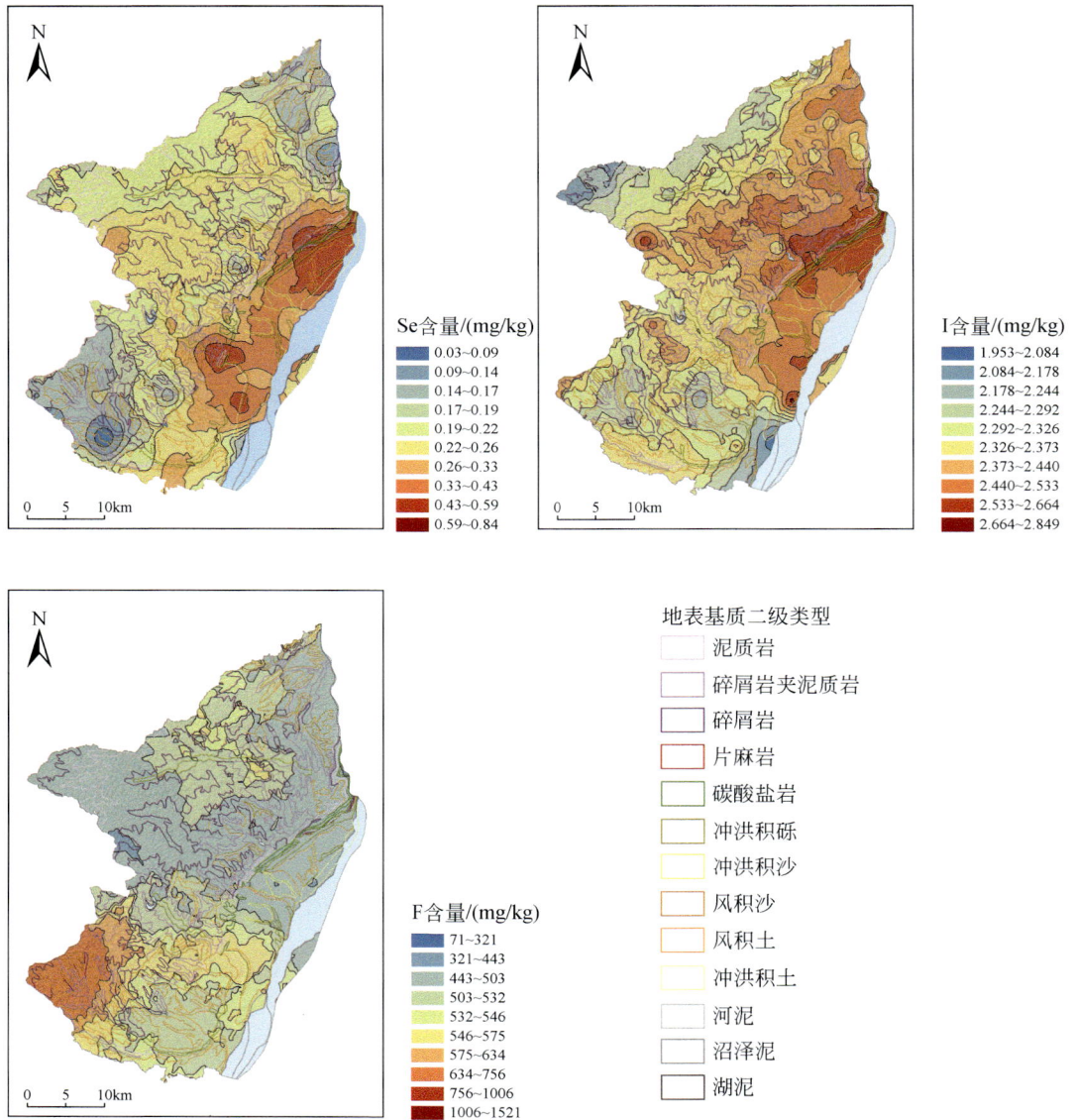

图 7.7　地表基质表层土壤微量健康营养元素含量空间分布图

综上，市域中西部中低山区碎屑岩、碎屑岩夹泥质岩及泥质岩地表基质区表层土壤中 N、P、K_2O、Fe_2O_3、Mn 营养元素含量相对丰富，市域中部丘陵沟壑区风积沙、风积土地表基质区表层土壤中 CaO、Zn、Ni 营养元素含量相对丰富，市域东部山前冲洪积扇、黄土台塬及河谷阶地区冲洪积砾、冲洪积沙、冲洪积土、风积土地表基质表层土壤中 Se、P、S、Mo 养分元素含量相对丰富。

7.3　地表基质和植被生态空间耦合关系

7.3.1　区域植被生态特征

2022 年 6~9 月，在"林草一张图"林地图斑的基础上，结合 2022 年度韩城市林草湿资源综合监测工作，选择具有植被类型代表性的 21 个调查样地进行详细调查（表 7.5，图 7.3），每块样地面积为 800m²，调查样地内所有胸径≥3cm 的乔木，识别物种并测定其树高、胸径、冠幅等，在对角线及四角分别布设 2m×2m、1m×1m 的灌木样方、草本样方，高度大于 0.3m 及胸径小于 3cm 的乔木树种列入灌木，将高度小于 0.3m 的乔木和灌木幼苗划入草本植物，识别其高度、盖度。通过 Microsoft Excel 和 SPSS 软件统计乔木层、灌木层及草本层的重要值和物种多样性（表 7.6~表 7.8），结果表明：

表 7.5　植被样地基本信息表

样地号	经度/(°)	纬度/(°)	海拔/m	坡度/(°)	坡向
1	110.2774329	35.54506821	842	20	半阳坡
2	110.285523	35.67835106	907	21	半阳坡
3	110.194709	35.69206273	1173	35	半阴坡
4	110.5458862	35.57163217	344	36	半阴坡
5	110.4522325	35.69734944	637	15	半阳坡
6	110.526166	35.62522774	826	22	半阴坡
7	110.3350081	35.41132325	595	10	阳坡
8	110.2574138	35.53712349	822	10	阳坡
9	110.4412232	35.61559858	637	17	半阳坡
10	110.4014767	35.48808315	536	14	半阴坡
11	110.4261295	35.76904919	1156	23	半阴坡
12	110.5143014	35.76881571	862	19	阳坡
13	110.558131	35.73205098	665	15	半阳坡
14	110.2502094	35.62278085	1230	18	阳坡
15	110.3826315	35.58751723	1125	19	半阳坡
16	110.2074907	35.44233336	872	17	半阳坡
17	110.3838108	35.44342511	510	13	半阴坡
18	110.3695363	35.66415238	1124	16	阳坡
19	110.4135811	35.64460839	1014	17	半阳坡
20	110.4917703	35.60604796	756	19	半阳坡
21	110.3260574	35.73068599	1274	21	阳坡

表 7.6 韩城地区乔木层树种组成表

树种	株树/株	平均胸径/cm	平均高度/m	胸径/cm	总胸高断面积/cm²	蓄积量/m³	重要值/%
油松，*Pinus tabuliformis*	31	17.45	8.8	540.9	10799.80	3.7065	4.20
侧柏，*Platycladus orientalis*	66	16.15	7.9	1065.6	16306.65	5.2817	8.94
刺槐，*Robinia pseudoacacia*	138	10.09	8.2	1392.6	13944.61	4.5738	18.70
国槐，*Styphnolobium japonicum*	163	16.72	6.2	2725.8	9722.18	2.4111	22.09
山杏，*Prunus armeniaca*	8	11.19	5.8	89.5	1252.16	0.2905	1.08
油桐，*Vernicia fordii*	12	13.09	7.3	157.1	2084.13	0.6086	1.63
杨属，*Populus*	160	19.18	13.4	3068.4	50965.49	27.3175	21.68
辽东栎，*Quercus wutaishanica*	31	14.38	8.1	445.7	5697.62	1.8461	4.20
八角枫，*Alangium chinense*	43	8.60	6	369.7	3146.08	0.7551	5.83
胡桃（核桃树），*Juglans regia*	48	13.33	6.5	639.7	8386.48	2.1805	6.50
垂柳（柳树），*Salix babylonica*	1	10.50	6.5	10.5	86.55	0.0225	0.14
白皮松，*Pinus bungeana*	12	12.66	8.4	151.9	1713.43	0.5613	1.63
臭椿，*Ailanthus altissima*	8	18.74	10.9	149.9	2815.74	1.2277	1.08
柿（柿子树），*Diospyros kaki*	11	10.31	5.3	113.45	1346.25	0.2854	1.49
桑（桑树），*Morus alba*	1	3.30	3	3.3	8.59	0.0011	0.14
皂荚（皂荚树），*Gleditsia sinensis*	3	8.80	4.8	26.4	185.49	0.0356	0.41
漆（漆树），*Toxicodendron vernicifluum*	2	17.30	8.5	34.6	485.96	0.1652	0.27

表 7.7 韩城地区灌木层物种组成表

植物名称	株树/株	平均盖度/%	平均高度/cm	重要值/%
黄刺玫，*Rosa xanthina*	84	24	47.9	27.445
黄荆，*Vitex negundo*	36	13	31.4	10.335
忍冬，*Lonicera japonica*	4	20	110	2.925
构（构树），*Broussonetia papyrifera*	11	4	23.3	6.045
河朔荛花，*Wikstroemia chamaedaphne*	18	9	18.75	11.665
刺璇花，*Convolvulus tragacanthoides*	10	16	18	7.315
虎榛子，*Ostryopsis davidiana*	16	21	35.5	15.705
鬼箭锦鸡儿，*Caragana jubata*	5	9	9	7.655
桑（桑树），*Morus alba*	1	0.5	4	2.73
胡枝子，*Lespedeza bicolor*	31	15	20	8.175
刺槐，*Robinia pseudoacacia*	2	1	100	0.9
国槐，*Styphnolobium japonicum*	1	1	40	0.85

表 7.8　韩城地区草本层物种组成表

植物名称	株树/株	平均盖度/%	重要值/%
薹草属，*Carex*	158	29	11.805
艾（艾草），*Artemisia argyi*	17	8	0.885
蒿属（蒿草），*Artemisia*	197	14	13.78
狗尾草，*Setaria viridis*	89	18	7.55
刺儿菜，*Cirsium arvense* var. *integrifolium*	64	19	3.765
香薷，*Elsholtzia ciliata*	74	19	4.125
一年蓬，*Erigeron annuus*	87	17	5.185
雀麦，*Bromus japonicus*	279	38	14.05
蒲公英，*Taraxacum mongolicum*	10	15	1.035
菟丝子，*Cuscuta chinensis*	2	20	0.54
香附子（莎草），*Cyperus rotundus*	6	15	0.91
小蓬草，*Erigeron canadensis*	4	15	0.485
苍耳，*Xanthium strumarium*	4	20	0.605
车前，*Plantago asiatica*	27	17	2.885
葎草，*Humulus scandens*	7	4	0.385
苦苣菜，*Sonchus oleraceus*	26	12	1.43
藜（灰灰菜），*Chenopodium album*	430	26	20.82
野草莓，*Fragaria vesca*	50	30	2.99
糙隐子草，*Cleistogenes squarrosa*	63	25	4.965
针茅，*Stipa capillata*	23	23	1.795

韩城地区群落物种组成：天然乔木林是以刺槐和国槐为主的森林群落，大样地涉及乔木 17 种、灌木 10 种、藤本植物 1 种、草本植物 20 种。组成乔木林的优势树种为刺槐、国槐、辽东栎，其次为侧柏、栓皮栎、杨属等。乔木层 1 层，林冠层高度为 3～17m，平均高度为 8.5m，平均郁闭度为 0.6，其中杨属生长状况较好，平均高度可达 13.4m。灌木层高度为 0.8～2m，平均盖度为 15%，主要有黄刺玫、虎榛子、黄荆等。草本层高度为 0.2～1m，平均盖度 16%，主要为多年生的蒿属和杂草类植物，层间植物只有鹅绒藤一种。

韩城地区群落空间结构：乔木层中刺槐、国槐、杨属株树超过乔木层其他乔木树种，树种比例达到 62.4%，且树种高度高于乔木层平均高度，属于绝对优势树种（表 7.6）。乔木层单个种的优势度较明显，重要值最高的乔木树种是国槐，重要值达到 22.09%，杨属重要值为 21.68%，刺槐重要值为 18.70%，属研究区域乔木层的优势种；侧柏、八角枫、胡桃（核桃树）的重要值在 5%～10%，属亚优势种；油松、山杏、油桐、辽东栎、白皮松、臭椿、柿子树等 7 种植物重要值在 1%～5%，属伴生种；垂柳、皂荚树、漆树、桑树等 4 种植物重要值均小于 1%，属偶见种。

灌木层中主要由下木、灌木和藤本组成，其中下木主要是胸径小于 3cm 的乔木树种，如刺槐、国槐、桑树、构树等。灌木以黄刺玫、黄荆、胡枝子为主，株树占 69.3%（表 7.7）。根据表 7.7 中灌木层的平均高度，黄刺玫、忍冬、刺槐幼苗等组成了灌木层的顶层，黄荆、虎榛子、国槐幼苗等组成了灌木层中间层，鬼箭锦鸡儿、桑树幼苗等组成了灌木层的最底层。通过计算灌木层的植物重要值发现，黄刺玫的重要值达到 27.445%高于群落其他物种，黄荆、河朔荛花、虎榛子的重要值在 10%～20%，为研究区域灌木层的优势种；构树、刺旋花、鬼箭锦鸡儿、胡枝子的重要值在 5%～10%，属灌木层的亚优势种；忍冬、桑树的重要值在 1%～5%，属灌木层的伴生种；刺槐、国槐的重要值均小于 1%，属灌木层的偶见种。

草本层中薹草属、蒿草、雀麦、灰灰菜总株数在草本植物中占绝对优势，株树占比达到 65.8%，4 种植物在平均盖度、重要值上均远超过草本层的其他植物，为研究区域草本层的优势种；狗尾草、一年蓬的重要值在 5%～10%，属草本层的亚优势种；蒲公英、苦苣菜、针茅、刺儿菜、香薷、车前、野草莓的重要值在 1%～5%，属草本层的伴生种；菟丝子、莎草、小蓬草、苍耳、葎草的重要值均小于 1%，属草本层的偶见种（表 7.8）。

总体来说，韩城地区植被物种资源比较丰富，乔木层中国槐、刺槐、杨属为优势种，株树和蓄积量所占百分比为 62.40%和 66.91%，但在调查中发现杨属在部分地区存在成熟株枯死或植株瘦小等现象，主要位于冲洪积砾、风积沙地表基质区，表明杨属虽然易成活，在韩城地区广泛分布，但在水分条件较差的地表基质上不宜种植；灌木层以黄刺玫、黄荆、胡枝子为优势种，株树占 69.3%，草本层以薹草属、蒿草、雀麦、灰灰菜为优势种，株树占比为 65.8%。Simpson-Winner 多样性指数表现为草本层＞乔木层＞灌木层＞层间植物，草本层具有较高的物种多样性，且群落结构稳定。根据物种的生物学特性，乔木层树种一般为群落的建群种和优势种，灌木层和草本层主要为更新层。同时，在本次抽样调查中，主林层的优势树种刺槐、国槐在更新层中均有出现，表明该群落在本地区占有比较明显的控制地位，能够在自然条件下形成稳定的自我更新，但具有较高重要值的杨属在更新层中表现较差，这可能是随着杨属林龄的增加，较高的林分密度导致林内光照条件恶化，高密度的林分影响了其结实和种子的传播，同时成熟的杨属具有深大粗壮的根系，过度消耗了中-浅层地表基质层中的水分，使依赖浅层水分生长发育的幼苗难以生长，从而降低了树种自我更新能力。全区森林平均胸径在 3.3～18.7cm，较大比例的乔木林平均胸径都在 10cm以下，林木的林龄较小，未来随着林木生长，水分和养分消耗需求增加，部分地表基质区森林群落演化存在一定的不可持续性风险，同时，从区域资源丰富度和生态系统稳定性来看，韩城地区植被丰富度也相对简单，这都说明韩城地区迫切需要基于地表基质的禀赋条件，综合考虑微地貌类型加强科学绿化工作。

7.3.2 地表基质与植被生态空间耦合特征

穿越韩城地区全地表基质类型和植被生态类型的自然资源综合调查剖面见图 7.8，剖面西起桑树坪镇西段前马尾沟脑，穿凿开河东至龙门镇黄河滩，南东走向，方位角为126°，最高海拔为1415m，最低海拔为370m，剖面高差为1045m，全长30km。剖面由西向东先后穿越中山山地、低山丘陵、黄土台塬和河谷阶地四大地貌类型，横跨更新统—全新统三门组（Q_4^{2al}）、中—上更新统（Q_{2-3}），三叠系刘家沟组（T_1l）、纸坊组（T_2z）、和尚沟组（T_1h）、二叠系石千峰组（P_2s）、石河子组（$P_{1-2}sh$）、山西组（P_1s），石炭系太原组（C_3t），下奥陶统（O_1）和寒武系（ϵ）。沿剖面由西向东出露的地表基质二级类型依次为泥质岩→碎屑岩夹泥质岩→冲洪积沙→碎屑岩夹泥质岩→泥质岩→碎屑岩→碎屑岩夹泥质岩→风积沙→碎屑岩夹泥质岩→碳酸盐岩→片麻岩→冲洪积砾→风积沙→冲洪积土→河泥（图7.8）。

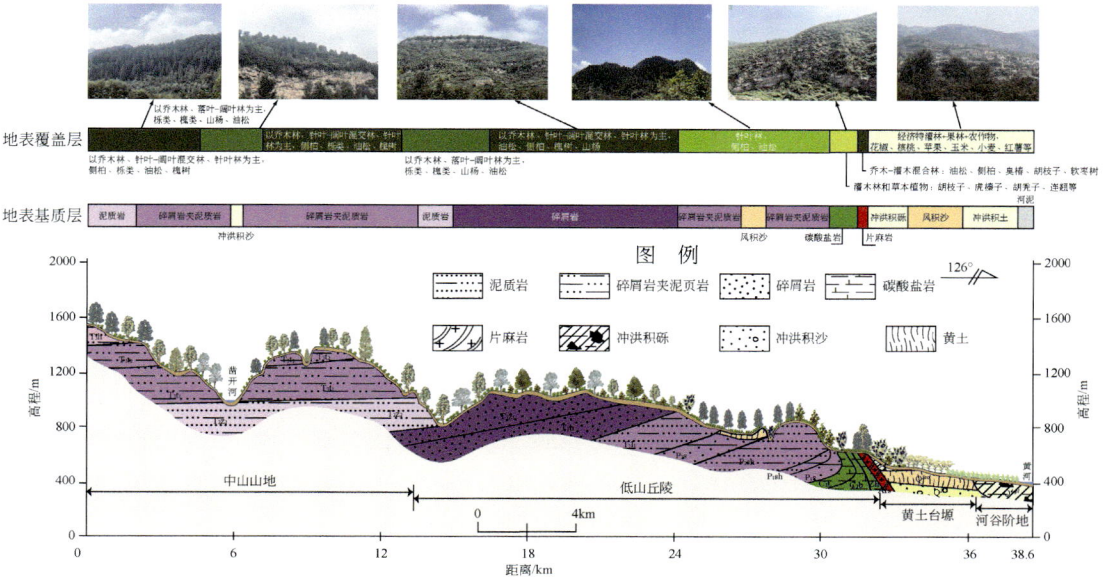

图 7.8　韩城地区自然资源综合地质剖面图

自然资源综合地质剖面测量结果表明，不同地表基质类型上覆植被特征具有较为明显的差异（图 7.8）。地表基质为植被发育提供物质基础，进而表现出不同的植被景观特征，从剖面西段基岩风化壳型地表基质，到中段下岩中砾上土多层结构型地表基质，再到东段下砾上土、下砂上土双层结构型及单一结构型地表基质，由林业区向农林交错区，再向农业区演变，由天然次生林向人工林，再向经济林演变，虽然植被覆盖率有所增加，但植被多样性降低，趋于单一，森林成熟度变低。在基岩风化壳型地表基质内部，因基岩物质组成类型的不同，上覆植被特征呈现出较为显著的差异（图 7.8）。

（1）泥质岩风化壳型地表基质分布区：主要岩性为紫红色砂质泥岩、深灰色砂质泥岩-黏土岩、棕红色粉砂质泥岩，夹灰绿色粉砂岩、砖红色黏土岩、砂质黏土岩等，基岩表面破碎严重，颜色较浅，质地疏松，普遍具有很强的风化程度，风化形成的土壤质地以壤土为主，不同地貌位置上土壤层厚度差异较大，平缓区最厚可达 2m，平均厚度约 22cm，局部见极薄的土壤层（或基岩裸露），亦可见厚度达 3m 多的土层。位于剖面最西端黄龙山区的泥质岩风化壳型地表基质分布区，海拔为 1250～1415m，上覆天然次生乔木林，针叶-阔叶树种混交，以针叶林为主，植被覆盖率达到 50%～80%，优势树种树高 6～22m，胸径为 15～55cm，优势树种为刺槐、国槐、辽东栎、侧柏、油松（树种顺序在前者数量多，下同）；位于剖面中段的泥质岩风化壳型地表基质分布区，海拔为 700～1000m，上覆天然次生乔木林，树木较多较杂，针叶-阔叶树种混交，以阔叶林为主，植被覆盖率达到 45%～85%，优势树种树高 5～20m，胸径为 3～40cm，优势树种为辽东栎、刺槐、国槐、油松、侧柏。

（2）碎屑岩夹泥质岩风化壳型地表基质分布区：主要岩性为灰白色细砂岩夹碳质页岩及煤线，灰绿色砂岩夹泥页岩及少许碳质泥岩，灰、灰绿色砂岩夹砂质泥岩及 1 层油页岩，灰绿、浅红色砂岩夹暗紫色砂质泥岩等，基岩表面风化强度大，裂隙发育，裂隙中多被土壤填充，风化形成的土壤质地以壤土、砂壤土为主，土壤层厚度差异大，平均厚度为 18cm，陡立状悬崖峭壁处土壤层极薄（或基岩裸露）。分布面积大，剖面西段中山山地地区，海拔大于 900m，上覆天然次生乔木林，针叶-阔叶树种混交，以针叶林为主，植被覆盖率达到40%～75%，优势树种树高 4～19m，胸径为 3～40cm，优势树种为侧柏、刺槐、辽东栎、山杨；剖面中东段低山丘陵地区，海拔为 600～900m，上覆人工乔木林，以针叶林为主，植被覆盖率为 40%～75%，优势树种树高 3～12m，胸径为 3～25cm，优势树种为飞播造林树种油松和侧柏。总体来说，该地表基质分布区不同地形地段，土壤层厚度的差异对区内植被的影响较为明显，陡立悬崖植被难以生长，而地形平缓处植被生长条件好。

（3）碎屑岩风化壳型地表基质分布区：主要岩性为紫红色细粒长石砂岩、泥砾岩、石英岩状砂岩及石英砂岩，深灰、黑灰色细砂岩、粉砂岩等，基岩风化程度以中-较强风化为主，贯通式裂隙发育，裂隙充填程度较高，岩石中矿物的结晶程度差，粒径小，风化形成的土壤中砂粒的含量较低，土壤质地以砂壤土、壤土为主，平均厚度为 16cm，海拔为700～900m，上覆天然次生乔木林，针叶-阔叶树种混交，以阔叶林为主，植被覆盖率为45%～75%，优势树种树高 3～15m，胸径为 3～35cm，优势树种为油松、侧柏、国槐和栎属。

（4）碳酸盐岩风化壳型地表基质分布区：主要岩性为白云岩、白云质灰岩、角岩状泥灰岩、豹皮灰岩、细晶质白云岩、硅质灰岩、薄层泥质灰岩及竹叶状灰岩等，基岩表面弱风化或未风化，裂隙基本不发育，无开放式贯通裂隙，土壤层较薄（<5cm），主要为砂质、砾质土，土体分布不均一，分布于低山丘陵地貌区，海拔为 500～700m。上覆乔木-灌木混合林、灌木林和草本植物，以灌木和草本植物为主，植被覆盖率为 25%～55%，优势树种树高 2～9m，胸径为 3～25cm，乔木多见刺槐、油松、山杏、八角枫，灌木多见黄刺玫、黄荆、胡枝子、虎榛子、连翘等，草本植物多见薹草属、蒿草、雀麦、灰灰菜等。

（5）片麻岩风化壳型地表基质分布区：主要岩性为混合岩化花岗片麻岩及混合岩化黑云角闪斜长片麻岩，位于韩城大断裂附近，受构造活动影响，节理、裂隙非常发育，裂隙内部多填充砾石和砂壤土，水土条件较好，表层土壤层平均厚度为 10cm，海拔约 500m，上覆针叶-阔叶混交林，以阔叶林为主，植被覆盖率为 35%～75%，优势树种树高 4～18m，胸径为 3～40cm，优势树种为油松和臭椿。

（6）冲洪积砾地表基质分布区：主要岩性为砂砾石层，灰黄、褐黄色砂质黏土含小砾石、碎石，黄褐、棕红色砂质黏土夹砂砾石层。表层为薄层灰黄、黄褐色黏土、壤土、砂壤土，含水率低，平均厚度为 20cm，分布区域地形平缓，海拔为 380～400m，地表为以花椒为主的稀疏灌木。

（7）风积沙地表基质分布区：主要岩性为浅黄、灰黄色马兰黄土，灰黄、灰褐色离石黄土厚度大，表层多为黄绵土。丘陵沟壑段，土质疏松，保水、保肥性能较差，地表植被多为人工种植的稀疏油松林及以花椒为代表的稀疏经济特灌林，植株矮小，长势一般；平坦台塬段，土壤层相对稳定，肥力较沟壑区高，多见种植花椒、桃、核桃、苹果等经济林，部分灌溉条件便利的区段作为旱地农用地，种植红薯、玉米、小麦等作物。

图 7.9 立体展示了沿剖面地表基质和植被生态在空间上的耦合关系，可见，地表基质类型和植被生态类型在空间上具有紧密的相关性，地表基质类型，以及地表基质层的结构类型、物质组成和理化性质，控制着植被生长必需的水分、盐分和养分条件，进而影响地表植被覆盖类型和生态环境。

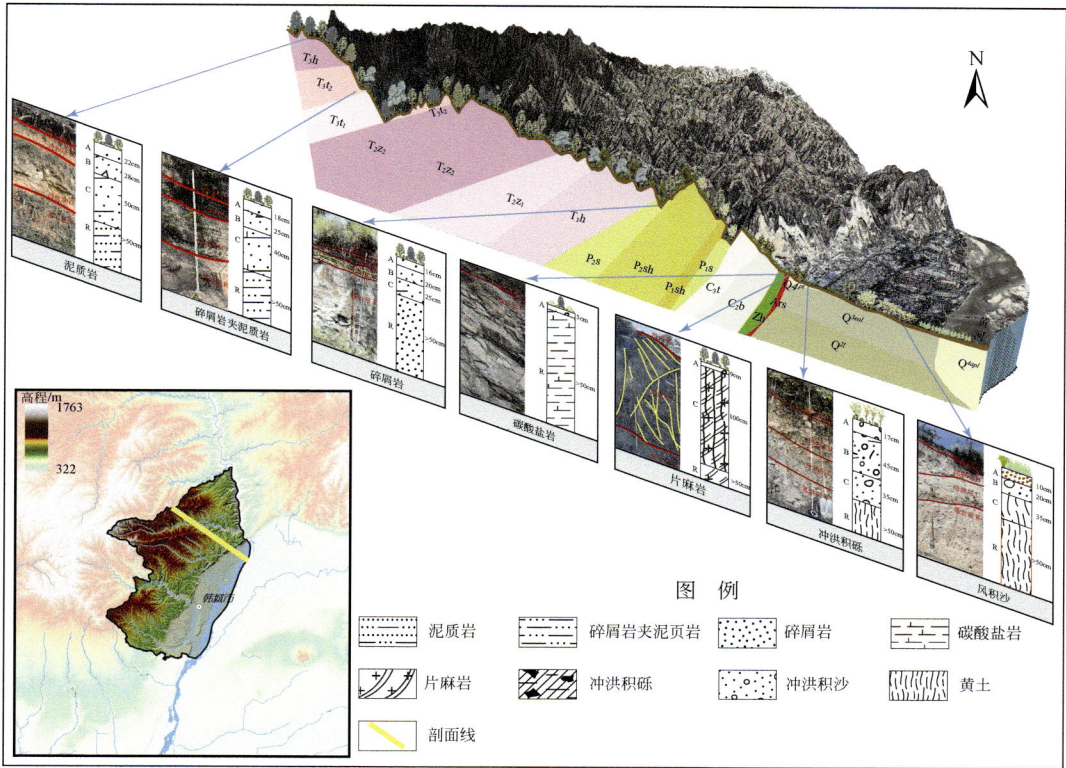

图 7.9　地表基质与地表覆盖耦合关系三维立体剖面图

7.4　地表基质对植被生态的约束机理分析

在对植被的群落组成和覆盖率有重要影响的因素中，受到学术界广泛关注的主要为气候条件、地形地貌、土壤类型、生物作用以及人类活动（Valladares et al.，2015），但越来越多的研究表明，在气候条件和地形地貌相似、人类活动影响相同的区域，地质因子是制约植被生长的主导因素，地层岩性矿物组成、物理性质、结构和构造不同，导致其上覆土壤类型、物质组成、质地和理化性质不同，进而孕育出不同的生物群落和生态景观格局（卫晓锋等，2020；何泽新等，2020；聂洪峰等，2021），根据自然资源部对地表基质层的定义，这些地质因素都属于地表基质概念范畴。控制植被生长的三大地质要素分别是土壤中的水分、养分和盐分，而根据最新的定义，土壤是地表基质层的重要组成部分，也是地表基质层和地表覆盖层交互作用最强烈的层位，在自然环境条件下，土壤的水分条件、养分含量和扎根环境很大程度上受到整个地表基质层物质组成和空间结构的共同影响。

研究区位于黄土高原丘陵沟壑核心区南缘，关中北山绿色重建带东缘，西北部属黄龙山-桥山次生水源涵养保护林区，中东部为渭北黄土高原丘陵沟壑水土保持农林防护区，总体属于我国华北暖温带落叶-阔叶林地带的西段，由于人为原因，地带性天然植被暖温带落叶-阔叶林被破坏殆尽，现存多为天然次生林或人工造林，林龄普遍较小。地表基质的异质性对次生林演化和人工林质量有着重要的影响，主要体现在 3 个方面：地表基质的结构性差异影响植被根系生长；地表基质物理性质影响保水能力，进而影响植被生长的水分吸收；地表基质的化学性质控制植物生长的养分来源。

7.4.1 地表基质结构性差异影响植物根系构型

植物根系是链接植物和土壤的重要介质，植物生长过程需要通过根系来吸收水分和养分，同时根系还具有固定植物、呼吸、储藏养分、与土壤微生物互动的作用，根系构型决定了根系对地下资源的利用程度，在植被生长发育过程中起着非常重要。不同的地表基质具有不同的空间结构，深根型的植被只能生长在风化程度高，节理、裂隙发育的岩质地表基质分布区或土层较厚的松散堆积物地表基质分布区（国振杰等，2008；嵇晓雷等和杨平，2012；刘鸿雁等，2019）。

韩城地区岩质地表基质中，泥质岩地表基质 [图 7.10（a）] 和碎屑岩夹泥质岩地表基质 [图 7.10（b）] 富含黏土矿物，岩石较软，风化程度较高，地表基质层多具有深厚的风化壳和完整的土壤发生层结构，孔隙、裂隙空间丰富，可为以刺槐、国槐、山杨、侧柏、辽东栎为主的植被生长提供良好的根系生长空间。碎屑岩地表基质 [图 7.10（c）] 和区内断裂构造附近的片麻岩多发育张性裂隙，其中碎屑岩裂隙多沿层理界面发育，裂隙产状具有较强的一致性，片麻岩地表基质岩石坚硬，裂隙是构造活动的产物，具有很强的各向异性，且裂隙中多充填砂砾石、砂壤土，丰富的裂隙为以刺槐、椿树、侧柏等为主的深大根系植被生长提供扎根空间，主根和侧根沿地表基质层中的张性裂隙空间向下或侧向扎根，须根系沿风化层及侧向节理空间辐射扎根。碳酸盐岩地表基质 [图 7.10（d）] 岩石坚硬，风化程度弱或未风化，土壤层较薄，裂隙欠发育，或裂隙短小且紧闭，无法满足深根型植被生长，仅能支撑部分以辐射状、扁平状、串联状根系为主的灌木和草本植物生长，局部弱风化区域，可见生长以侧根为主的浅根型乔木。风积沙地表基质 [图 7.10（e）] 和风积土地表基质 [图 7.10（f）] 土层深厚，垂直节理发育，土质疏松，但水土和营养元素均易流失，虽然具备充足的植被根系生长空间，但由于土壤肥力较低，多生长具有更加发达根系的耐贫瘠、耐干旱植被。冲洪积砾地表基质 [图 7.10（g）] 通常具有上细下粗的双层结构型特征，上部为细砾层、下部为松散粗大的砾石层，水分难以存储，表层土壤相对贫瘠，多生长耐旱型浅根灌草。冲洪积土地表基质 [图 7.10（h）] 土质紧实，熟化程度高，孔隙小而密集，适宜密集团簇状根系乔木和辐射状、串联状根系浅根型农作物生长。

图 7.10　典型地表基质结构类型及上覆植物根系形态图

（a）～（h）分别为泥质岩、碎屑岩夹泥质岩、碎屑岩、碳酸盐岩、风积沙、风积土、冲洪积砾、冲洪积土 8 种
地表基质类型及根系形态

7.4.2 地表基质物理性质制约植被生长水分供给

在黄土高原地区，水分是黄土高原植被恢复与生态环境重建的决定因子（陈洪松和邵明安，2003；Chen et al.，2007），其含量的多少取决于水量平衡过程中输入项和输出项的动态变化及各种水源之间的相互转化（徐学选等，2010），影响着根-土系统中的物质迁移、水分转化和吸收利用，从而决定着地表植被生态的产量（生物量）。已有研究表明，在我国北方干旱-半干旱黄土高原地区，土壤中的水分主要来自大气降水，而大气降水的利用效率又取决于风化壳和土壤层对于雨水的拦蓄、保持能力，以及植被对土壤水分的利用程度。其中，植被对土壤水分的利用程度受根系的垂直和水平分布特征影响；浅层和深层根系的相对分布及其活性影响着植物水分的吸收范围（韩烈保等，2009）；地表基质层的主体是基岩风化残积物和第四纪松散堆积物（殷志强等，2023），其节理、裂隙发育程度，风化程度以及紧实程度直接制约植被根系发生发育的空间条件；同时，风化壳和土壤层对于雨水的拦蓄、保持能力受控于地表基质层质地、孔隙度、含水率和渗透性等物理性质的共同影响。因此，在植被生长发育过程中，地表基质的异质性是制约其水分供给的主要因素。

研究区泥质岩地表基质和碎屑岩夹泥质岩地表基质岩石风化程度高，节理、裂隙丰富，且岩石结晶程度差，颗粒小，风化形成的土壤容易充填到裂隙中，形成密集的封闭的储水空间；同时，表层土壤层较厚，土壤孔隙度大、含水率相对较高（图 7.4），可给耗水量较大、根系发达的高大乔木提供水源供给。片麻岩地表基质岩石节理、裂隙丰富，裂隙产状杂乱，相互之间容易形成相对封闭的贮水空间，仅可供给根系发达的乔木吸收裂隙深层水。碎屑岩地表基质风化程度较强，主要以不易风化的石英粗粒级矿物成分为主，易被侵蚀，岩层产状水平，保蓄水能力一般；相应地，倾斜或者陡立的岩层，则保蓄水能力极差，地表径流量增大，水分保持能力减弱，仅适宜深大根系乔木或浅根耐旱型乔木及灌丛生长。碳酸盐岩地表基质岩石风化壳较薄，土壤层极薄，节理、裂隙欠发育，或仅发育短小张开裂隙，大气降水快速下渗，保蓄水能力较差，仅可供给根系发达的灌木和草本植物吸收水分，无法满足乔木类植被生长。风积沙地表基质垂直节理发育、土质疏松、孔隙发育、水分较易流失，仅适宜生长具有更加发达根系的耐贫瘠、耐干旱植被。

7.4.3 地表基质化学性质提供植被生长养分来源

植物所需的营养元素有 17 种，其中 C、H、O 主要从空气和水中获得，是构成植物体的主要元素，占植物质量的 90%以上，一般不会缺乏；其余 14 种元素均来自土壤，按照植物生长所需要的数量可分为大量元素和微量元素，大量元素包括 N、P、K、Ca、Mg、S，微量元素包括 Fe、Mn、Zn、Cu、B、Mo、Cl、Ni。

大量元素中 N、P、K、Ca 是植物生长所必需的关键元素。其中 N 元素是蛋白质、核酸和叶绿素等生物大分子的组成部分，对植物的光合作用等生命活动至关重要，被称为植物生命元素；P 元素参与能量传递、糖类合成、细胞分裂等生物学过程，是植物细胞核的重要成分，是植物体内生理代谢活动必不可少、但往往缺少的一种元素，土壤溶液中 P 的主要来源是长期的岩石风化矿物质（孙向阳，2005）；K 元素具有参与调节渗透压、细胞壁合成等功能，对植物根系生长、果实发育具有重要促进作用，是调节植物体内离子平衡，提高植物抗逆性的不可或缺元素；Ca 元素可以促进植物细胞壁的发育，减少植株体内营养物质外渗，抑制病菌侵染，提高抗病性，消除体内过多有机酸的危害，促进体内各种代谢过程。

同时，微量元素在土壤和植物体中含量虽然很低，但是对植物的健康生长起着关键作用，已有研究表明，微量元素对植物健康生长的作用甚至超过大量元素，当植物缺乏微量元素时，可出现植株矮小、低产、早衰或死亡等，过量也会导致出现植物中毒现象（陈岳龙等，2017；李樋等，2021）。在自然条件下，土壤微量元素主要受地质背景控制（钱信禹等，2023）。考虑植物对微量元素的需求和风化成土过程中元素的富集规律，土壤 Fe、Cu、B、Ni、Cl 5 种微量元素通常能够满足植物生长的需求（李樋等，2021）。此外，土壤有机质具有促进植物的生长发育，改善土壤的物理性质，促进微生物和土壤生物的活动，促进土壤中营养元素的吸收分解，提高土壤的保肥性和缓冲性的作用，是评估土地质量的关键指标。因此，选择有机质、N、P、K₂O、CaO、Mn、Zn、Mo 7 种营养元素以及典型微量健康元素 Se，共计 9 个指标进行地表基质化学性质异质性分析。参照《土地质量地球化学评价规范》（DZ/T 0295—2016）对有机质、N、P、K₂O、CaO、Mn、Zn、Mo、Se 9 项指标划分丰缺等级（图 7.11，表 7.9）。结果表明：

（1）泥质岩地表基质中 Se 元素含量适量，Mn、Mo 元素含量丰富，其余 6 种指标均处于较丰富水平。

（2）碎屑岩夹泥质岩地表基质中 Se 元素含量适量，有机质、N、K₂O、CaO、Mn、Zn 6 种元素含量丰富，P、Mo 元素含量处于较丰富水平。

（3）碎屑岩地表基质中 Se 元素含量适量，有机质、N、P、Mn 元素含量适中，K₂O、CaO、Zn、Mo 均处于较丰富水平。

（4）碳酸盐岩地表基质中 Se 元素含量适量，N、Mn 元素含量适中，有机质、P、K₂O、CaO、Zn、Mo 元素含量处于较丰富水平。

（5）片麻岩地表基质中 CaO 含量丰富，N、Mn 元素含量适中，Se 元素含量适量，有机质、P、K₂O、Zn、Mo 元素处于较丰富水平。

（6）冲洪积砾地表基质中 P、CaO、Mn、Zn、Se 元素含量均处于丰富水平，K₂O、Mo 元素含量处于较丰富水平，N、有机质含量适中。

（7）冲洪积沙地表基质中 P、CaO、Se 元素含量处于丰富水平，K₂O、Mo、Zn 元素含量处于较丰富水平，有机质、N、Mn 元素含量适中。

（8）风积沙地表基质中有机质、N 元素含量均较缺乏，CaO 含量丰富，P、Mn 元素含量适中，Se 元素含量适量，K₂O、Zn、Mo 元素含量处于较丰富水平。

（9）冲洪积土地表基质中有机质、P、Mo、Se 元素含量处于丰富水平，K₂O、CaO、Zn 元素含量处于较丰富水平，N、Mn 元素含量适中。

（10）风积土地表基质中 CaO、Se 含量丰富，K₂O、Zn、Mo 元素含量处于较丰富水平，N、P、Mn 元素含量适中，有机质含量较缺乏。

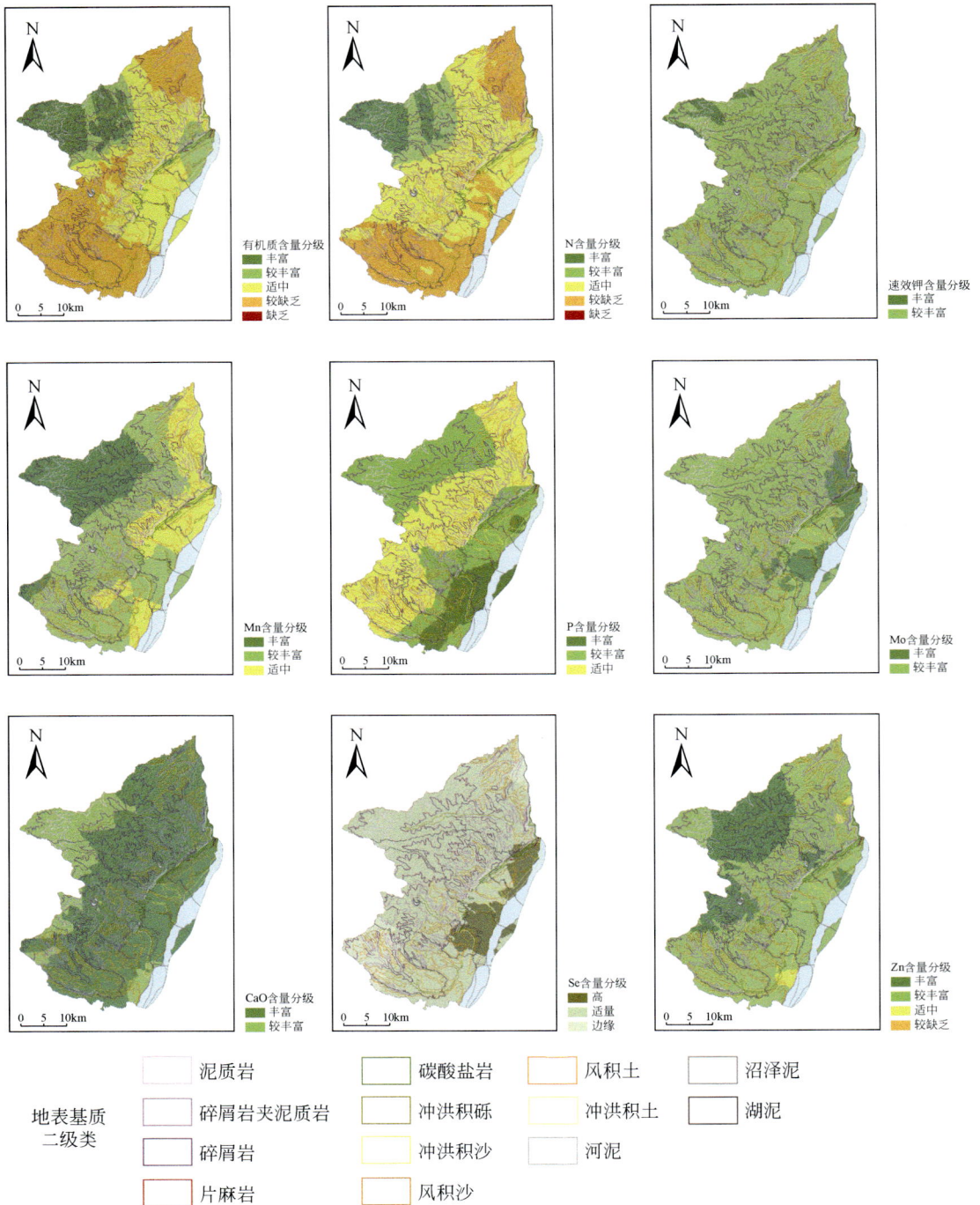

图 7.11　不同地表基质单元中典型营养元素含量丰度等级空间分布图

表 7.9　不同地表基质单元典型营养元素丰度统计表

地表基质类型	有机质	N	P	K₂O	CaO	Mn	Zn	Mo	Se
泥质岩	较丰富	较丰富	较丰富	较丰富	较丰富	丰富	较丰富	丰富	适量
碎屑岩夹泥质岩	丰富	丰富	较丰富	丰富	丰富	丰富	丰富	较丰富	适量
碎屑岩	适中	适中	适中	较丰富	较丰富	适中	较丰富	较丰富	适量
碳酸盐岩	较丰富	适中	较丰富	较丰富	较丰富	适中	较丰富	较丰富	适量
片麻岩	较丰富	适中	较丰富	较丰富	较丰富	适中	较丰富	较丰富	适量
冲洪积砾	适中	适中	丰富	较丰富	较丰富	丰富	丰富	较丰富	丰富
冲洪积沙	适中	适中	丰富	较丰富	较丰富	适中	较丰富	较丰富	丰富
风积沙	较缺乏	较缺乏	适中	较丰富	较丰富	适中	较丰富	较丰富	适量
冲洪积土	丰富	适中	丰富	较丰富	较丰富	适中	较丰富	丰富	丰富
风积土	较缺乏	适中	适中	较丰富	丰富	适中	较丰富	较丰富	丰富

总体上，韩城地区各地表基质类型中以上 9 种营养元素含量大都处于适中-较丰富水平。仅风积沙、风积土地表基质中有机质和 N 元素存在缺乏现象，这与黄土覆盖区较强的土壤侵蚀相关，营养元素随水土流失严重。此外，全区 CaO 含量基本处于丰富水平，这与黄土高原地区黄土中大量存在的钙质结核息息相关。

碎屑岩夹泥质岩地表基质中营养元素最为丰富，9 种元素中有 6 种达到丰富水平，2 种元素达到较丰富水平，说明该地表基质类型具有较好的养分环境，可以为植被生长提供充足的养分元素；其次为泥质岩地表基质，除 Se 元素外，其他养分元素也均处于较丰富以上水平，其中 Mn 和 Mo 元素含量丰富。在表 7.4 的分析中，以上 2 种地表基质类型上覆植被生态丰富，为植被覆盖率 50%～85%的针叶-阔叶混交型乔木林。

碳酸盐岩地表基质中除 N、Mn、Se 元素含量适中（适量）以外，其余养分元素含量也处于较丰富水平。已有研究表明，虽然碳酸盐岩+残坡积砾地表基质分布区土壤层欠发育，但白云岩中钙、镁与植物分解产生的有机酸结合形成不易溶解淋失腐质钙镁盐类（杨继镐等，1997），导致有机质含量较高，利于土壤胶体提升吸附其他养分元素能力，从而提升土壤养分环境，为碳酸盐岩地表基质分布区浅根性灌丛植物种植提供了可能性。

此外，分布于市域东部的冲洪积砾、冲洪积沙、冲洪积土、风积土地表基质中健康元素 Se 含量丰富（图 7.11），主要是因为该地表基质类型多分布于含煤地层所处水系下游，Se 元素通过水流运动、灌溉和大气干湿沉降富集到地表基质表层土壤中，同时 P、Mn、Zn、CaO、有机质、K₂O 和 Mo 元素含量较丰富-丰富水平，为农业种植提供了较好的养分环境。

碎屑岩、碎屑岩夹泥质岩、泥质岩、冲洪积砾、风积沙 5 种地表基质是韩城市的主要地表基质类型，图 7.12 展示了沿市域北部桑树坪镇凿开河流域内，以上 5 种典型地表基质层基岩-成土母岩-表层土壤营养元素含量变化关系。总体来看，地表基质层中基岩、成土母岩和表层土壤中的营养元素含量基本呈现正相关关系，即营养元素含量在某种地表基质表层土壤中含量高，那么对应的在该地表基质的成土母岩和基岩中的含量也相对较高（图7.12）。这说明营养元素地表基质层中基岩、成土母岩和表层土壤之间具有较好的一致性和继承性，即表层土壤中的营养元素多来源于地下，底部新鲜基岩风化破碎形成成土母岩，营养元素随之迁移，而成土母岩经过成土作用形成其上部土壤层，营养元素再次迁移-富集，共同为植被生长提供养分来源。

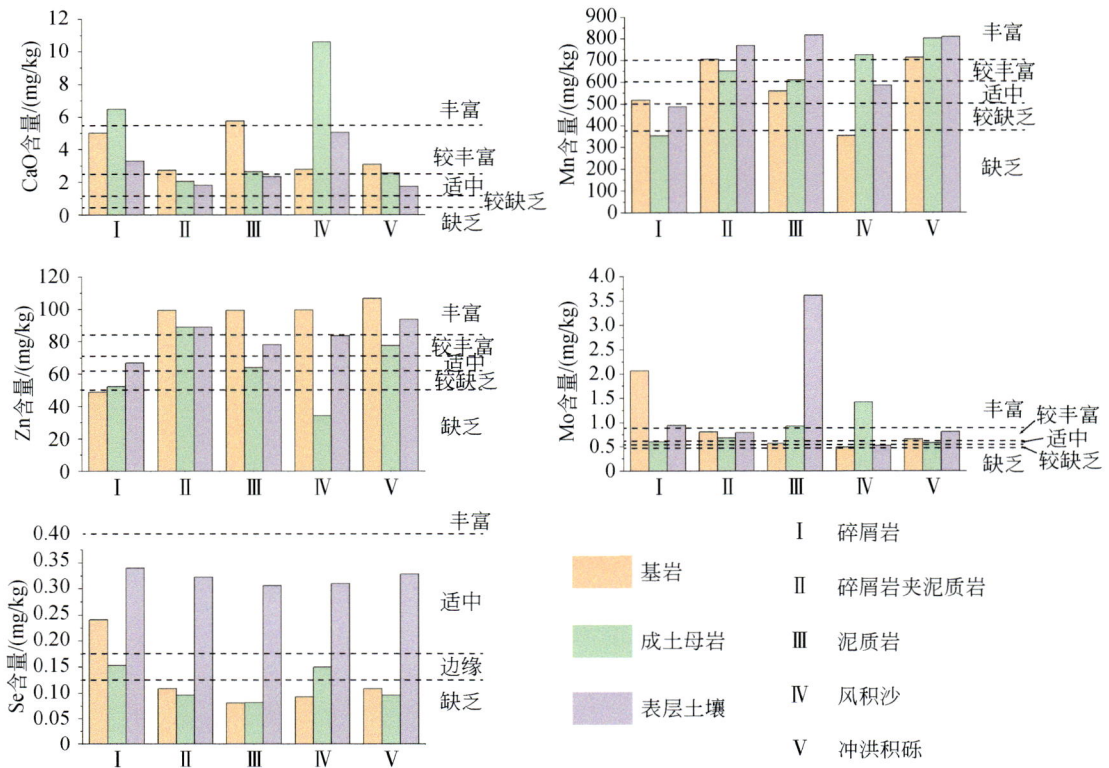

图 7.12 典型地表基质层基岩-成土母岩-表层土壤营养元素含量对比图

此外，值得关注的是，表层土中的微量元素含量多高于成土母岩和下伏基岩，推测是因为在基岩风化成土过程中，基岩经历物理和化学风化作用，岩石中的微量元素得到释放，逐渐迁移-富集到表层土中，再经过有机质的吸附作用和微生物活动，表层土壤中的微量营养元素含量不断提高，这恰好是土壤微量养分元素来源于成土母岩和基岩的直接证据。大量营养元素 CaO 含量均处于较丰富以上水平，在风积沙地表基质中含量成土母岩＞表层土壤＞基岩，但在其余 4 种地表基质中含量均表现为表层土壤小于成土母岩或基岩，说明土壤层中的大量营养元素植物吸收利用较快，并容易受到淋溶作用和土壤侵蚀作用的影响，导致养分流失。

7.5 基于地表基质的生态保护修复和综合整治区划及科学绿化建议

地表基质的主体是基岩风化物和第四纪松散堆积物，但又不仅限于此，完整的地表基质层是包含风化壳底部新鲜基岩和表层土壤层的统一整体，其内部的不同层位之间有着密切的联系，底部新鲜基岩层是成土母质层的原始物质，而成土母质层又是形成其上部土壤层的物质基础，共同为地表植被生态的发生发育、演化变化提供基础物质来源。黄土高原丘陵沟壑区新时期高质量的生态保护修复和科学绿化工作，必须尊重科学规律，从地表基质异质性对植被生态的约束机理研究出发，提出更加精细的生态修复区划和科学绿化建议，才能真正解决以往植被恢复中植被类型选择与地表基质层不匹配导致的林草结构不合理、森林质量偏低、土地利用错位的问题。

根据以上研究，综合全区地表基质、地形地貌、水土光热条件，基于自然修复理念，对《韩城市国土空间总体规划（2020—2035 年）》中提出的韩城市域生态修复和综合整治规划进行了细化优化，依据地表基质类型分布细化了原森林生态修复规划和水土流失生态修复规划，并在规划中提出了具体的针对性的科学绿化种植建议（图 7.13），具体绿化建议如下：

（1）阔叶林种植区：主要位于泥质岩地表基质分布区，零星分布于市域西北黄龙山区及中部低山丘陵地带，地表基质构型为泥质岩风化壳，厚度大、养分含量丰富、水分保蓄性好，建议种植国槐、刺槐、辽东栎、栓皮栎等落叶-阔叶树种。

（2）针叶-阔叶混交林种植区：主要位于碎屑岩夹泥质岩地表基质区，广泛分布于中西部山地区，地表基质构型为碎屑岩夹泥质岩风化壳，厚度相对较大、养分含量较丰富-丰富、水分保蓄性较好，建议种植以落叶-阔叶树种为主，以针叶树种为辅的针叶-阔叶混交林，阔叶树种建议种植国槐、刺槐、辽东栎、栓皮栎、山杨等，针叶树种建议种植侧柏、油松等。

（3）针叶林种植适宜区：主要位于碎屑岩地表基质分布区，广泛分布于中西部山地地区，地表基质构型为碎屑岩风化壳，厚度、养分条件和水保条件均属一般水平，建议种植以侧柏和油松为主的针叶树种。

（4）乔木-灌木混合林种植区：主要位于片麻岩、冲洪积砾和风积沙地表基质分布区，地表基质构型主要为花岗片麻岩风化壳型、下砾中砂上土多元结构型和下砂上土双层结构型，其中，花岗片麻岩风化程度一般，但受构造活动影响的节理、裂隙十分发育，为部分深根型乔木和灌木生长提供了较好的水分条件，下砾中砂上土多元结构型和下砂上土双层结构型地表基质水土保持条件一般，这些区域综合建议种植以杨属、油松、侧柏为主，以黄刺玫、胡枝子、软枣树等为辅的乔木-灌木混合林。

（5）灌木-草本植物种植区：主要位于碳酸盐岩地表基质分布区，分布于韩城大断裂盆-山过渡区，面积占比小，地形陡峭，地表基质构型为碳酸盐岩风化壳型，风化壳极不发育，土壤贫瘠，养分条件和水保条件均差，无乔木生长条件，建议尊重自然规律，种植紫花地丁、狼尾草、羽扇豆、薹草属、艾草、刺儿菜、雀麦等草本植物，以及胡枝子、黄刺玫、软枣树等灌木。

（6）经济特灌林及特色林果种植区：主要位于风积沙地表基质分布区，主体分布于市域中部黄土台塬和丘陵沟壑区，建议采用乔木-灌木-草本植物混合林结构种植，其中，乔木宜林果相间种植，宜选择核桃、苹果、侧柏、油松等；灌木优先选择经济林花椒，其次选择连翘、桑树；草本植物宜选择苜蓿、薹草属、艾草等。

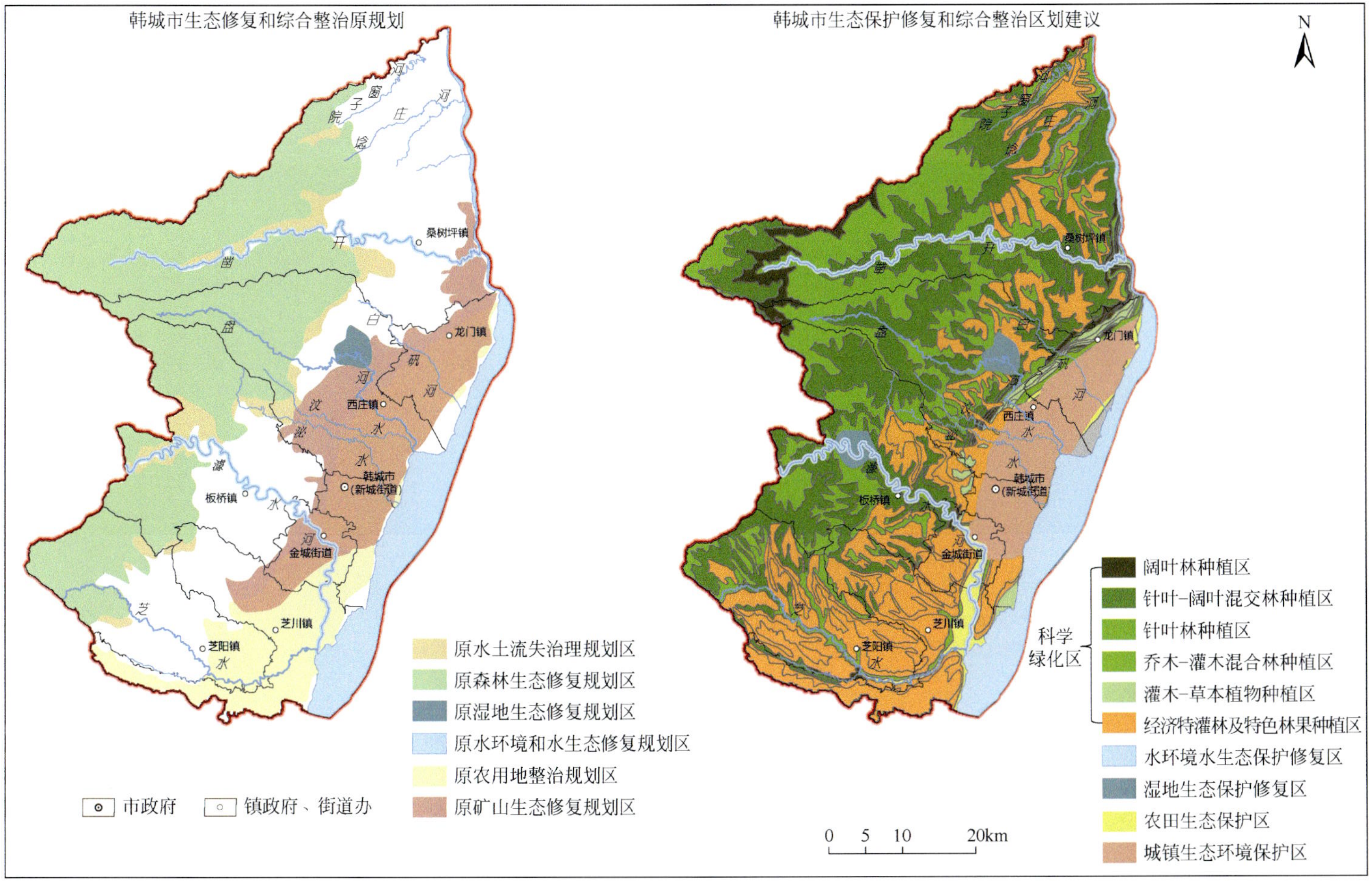

图7.13　研究区固沟保塬生态保护修复植被恢复区划

数据来源于：韩城市自然资源局《韩城市国土空间总体规划（2020—2035年）》。以上绿化建议是基于区域地表基质赋予特点提出的适合韩城地区宜林荒山、荒地等绿化用地的植被恢复和综合整治区划建议

气候条件和地貌特征的植被群落，在实际植被恢复过程中需注意各类适宜生态系统的稳定性；以保证森林结构质量、提高森林物种多样性、提高森林生态系统的稳定性。其中，乔木中的阔叶树种推荐国槐、刺槐、山杨、针叶树种推荐侧柏、油松、白皮松；乔木初期建议3.0m×3.0m株为宜，种植初期建议采取必要的坑穴整地措施；灌木树种推荐黄荆玫、胡枝子、虎榛子、软枣树；草本植物推荐苜蓿、苦荬菜、羹草、羹草等；灰灰菜等；经济特灌特色花椒、特色林果推荐核桃、苹果和桃树

（7）农田生态保护区：建议科学耕种，倡导采用水保耕种方式，宜选择豆类、红薯、花生、油菜等有助于保持土壤结构、防止水土流失的作物。

需要说明的是，以上区划建议中的阔叶林种植区、针叶-阔叶混交林种植区、针叶林种植区、乔木-灌木混合林种植区、灌木-草本植物种植区提出的只是该区内最适宜人工绿化种植的植被类型，在实际植被恢复过程中需注意以分区规划建议的绿化种植品种为主，并适当保护原天然植被群落数量和覆盖度，维持森林物种多样性，提高森林结构质量，以保证森林生态系统的稳定性。

第8章　地表基质调查支撑东北地区海伦黑土地保护

黑土，是指拥有黑色或暗黑色腐殖质表土层的土壤，属于性状好、肥力高、适宜农耕的优质土地[1]。根据 FAO[2] 提出的黑土判定标准，即土壤层厚度≥25cm，有机碳含量≥1.2%（热带地区≥0.6%），Munsell 颜色色调（chroma）≤3，湿润时色度（value）≤3，干燥时色度（value）≤5，中国黑土地面积位列全球第三。中国黑土地主要分布在东北地区，是最重要的商品粮基地。该区粮食产量和粮食调出量分别占全国总量的四分之一和三分之一（韩晓增等，2021），已成为我国粮食生产的"稳定器"和"压舱石"，为国家粮食安全提供了重要保障。

党的十八大以来，党中央从国家安全战略高度，对黑土地保护和利用进行了系统谋划，将实施黑土地保护工程纳入国家"十四五"规划和 2035 年远景目标纲要，出台了相关法律，黑土地保护已上升为国家战略（Hou，2022）。在黑土地保护和利用过程中，尽管全域保护和科学利用黑土地的工作不断加强，但黑土地"变薄、变瘦、变硬"的情况还没有得到根本性遏制。保护好、利用好黑土地是一项长期艰巨的任务，必须坚持问题导向、目标导向，不断破除瓶颈，多措并举，多学科交叉。自然资源部为贯彻落实党中央、国务院关于黑土地保护的重大决策部署，系统查清东北黑土区地表基质现状，于 2021 年启动黑土地地表基质调查试点。至 2023 年底，完成了东北典型黑土分布区 83 个重点保护县（市、区、旗）地表基质调查。本章内容是团队在海伦市黑土地地表基质调查工作中的方法探索和经验总结。

8.1　海伦市概况及调查技术路线

8.1.1　区域位置及自然地理

海伦市是隶属于黑龙江省绥化市的县级市，为东北典型黑土分布区 83 个重点保护县（市、区、旗）之一[3]；地理坐标范围：东经 126°13′15″～127°45′07″，北纬 46°57′25″～47°50′28″。海伦市下辖 13 个镇、10 个乡，总人口 85 万人，总面积为 4667km²。

该区地处中温带，属大陆性季风气候，四季分明，降水集中（Chen et al.，2024）；年平均气温为 2.7℃，有效积温为 2300～2600℃，日照时数约 2780h；年平均降水量为 580.5mm，年平均蒸发量为 837mm。

地势从东北向西南由低山、丘陵、高平原、低平原、河流阶地、河漫滩依次呈阶梯型

---

① 中国科学院，2021，东北黑土地白皮书（2020 年）。

② FAO，2022，Global status of black soils.

③ 农业部，国家发展改革委，财政部，国土资源部，环境保护部，水利部，2017，关于印发《东北黑土地保护规划纲要（2017—2030 年）》的通知（农农发〔2017〕3 号）。

逐渐降低。境内无高山峻岭，除少数残丘外，大部为波状起伏的高平原，平均海拔为 239m。

海伦市地处大、小兴安岭之间，属松嫩平原东部。出露的地层主要以第四系全新统为主。岩浆岩出露较少，主要出露于区内东北角。

海伦市全域内包含有黑土、草甸土、暗棕壤、白浆土、沼泽土和水稻土 6 种土壤类型，黑土、草甸土和暗棕壤是海伦市的主要土壤类型，三者相加面积占比超过 94%。

海伦市土地利用类型以耕地和林地为主，两者相加面积占比接近 90%；其次为水域及水利设施用地、交通运输用地、草地、住宅用地，面积相加占比不到 10%；其余土地利用面积较小，比例均不足 1%。

海伦市水资源比较丰富，流经境内的主要河流有两条界河——通肯河、克音河，3 条内河——扎音河、海伦河、三道乌龙沟，将海伦市切割成"目"字形。

8.1.2 地表基质调查技术路线

地表基质调查以第三次全国国土调查成果为基础，综合运用地质调查、土地质量调查等技术方法，采用"空-天-地网钻"一体化手段，着力查清地表基质类型、分布范围、空间结构、理化性质、碳储-碳汇以及其中附属物（水、生物等）特征等；分析不同类型地表基质（岩—砾—土—泥）发生发展、转化机理和演替规律；揭示地表基质层与地表覆盖层的支撑孕育特征和耦合关系，评估地表基质对耕地、森林、草原、湿地、水等自然资源支撑孕育能力和潜力，探索基于黑土地地表基质的空间适应性评价方法，为黑土地合理利用与科学管理提供基础参考。

主要工作方法包括：资料收集和改化利用、遥感解译、野外调查、地球化学勘查、地球物理勘查、工程地质钻探、分析测试、图件编制、数据库建设等（图 8.1、图 8.2）。

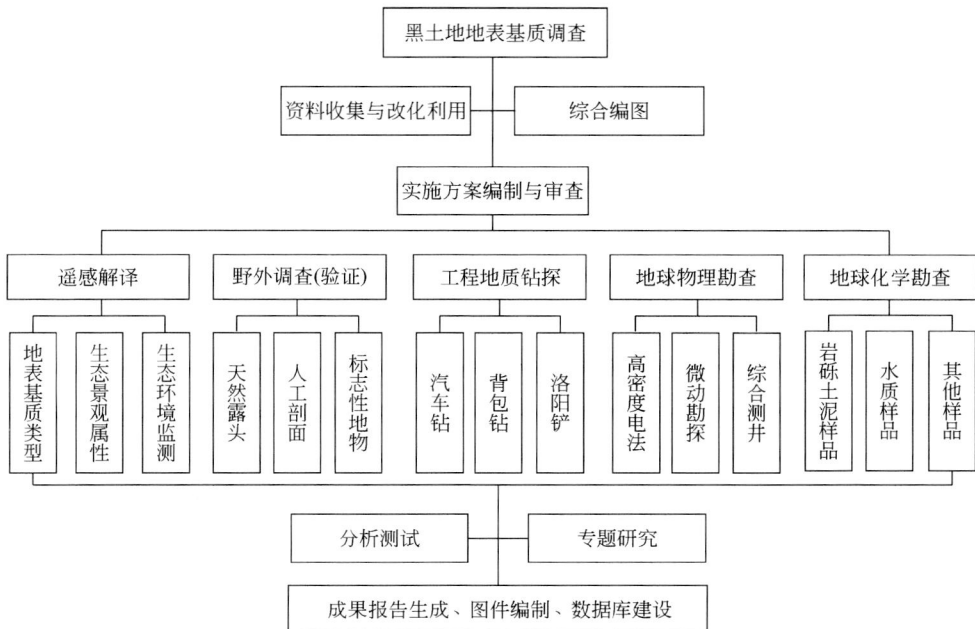

图 8.1 黑土地地表基质调查技术路线图

图 8.2 黑土地地表基质调查工作方法照片

8.2 地表基质分区分类

地表基质层在垂直和水平方向存在连续性和变异性，构成了一个在三维空间上的立体结构。因此，与任何自然实体一样，地表基质层在不同空间尺度内可以分割成相对均一的单元（张甘霖等，2021）。地表基质分区和分类有助于更加清晰地认识地表基质层的空间变异性，以及由此决定的物质迁移、转化过程的特征及其对生态系统功能的影响，从而对地球关键带科学研究和自然资源综合管理进行指导。

8.2.1 地表基质分区

《自然资源调查监测体系构建总体方案》[①]中指出地表基质层位于地下资源层之上，地表覆盖层之下。地表基质层主要由岩石、风化壳和第四纪沉积物构成。岩石包括沉积岩、火成岩，风化壳包括残积物、坡积物，第四纪沉积物包括冲洪积物、冲积物、湖积物和风成黄土（殷志强等，2020）。综合考虑地质构造、地形地貌、成因来源等 3 种因子作为分区指标，形成了调查区地表基质分区方案（表 8.1，图 8.3）。地表基质形成与演化受构造、地貌、物源、气候等多因素共同控制，按照构造分区，全区可分为隆起、沉降区两种成因类型，面积分别为 306km^2 和 4361km^2，占比分别为 93.44%和 6.56%；在构造分区内，按照

---

① 自然资源部，2020，自然资源调查监测体系构建总体方案。

表 8.1　海伦市地表基质分区统计表

构造单元	面积/km²	占比/%	地貌单元	面积/km²	占比/%	成因单元	面积/km²	占比/%
隆起区	306	93.44	剥蚀丘陵	292	6.26	残坡积	292	6.26
			侵蚀谷地	14	0.31	冲洪积	14	0.31
沉降区	4361	6.56	波状平原	2541	54.44	残坡积	77	1.66
						湖积	2463	52.78
			低洼平原	886	18.99	冲洪积	501	10.73
						风积	385	8.25
			河床漫滩	877	18.79	冲洪积	877	18.79
			湖积沼泽	57	1.22	湖积	57	1.22

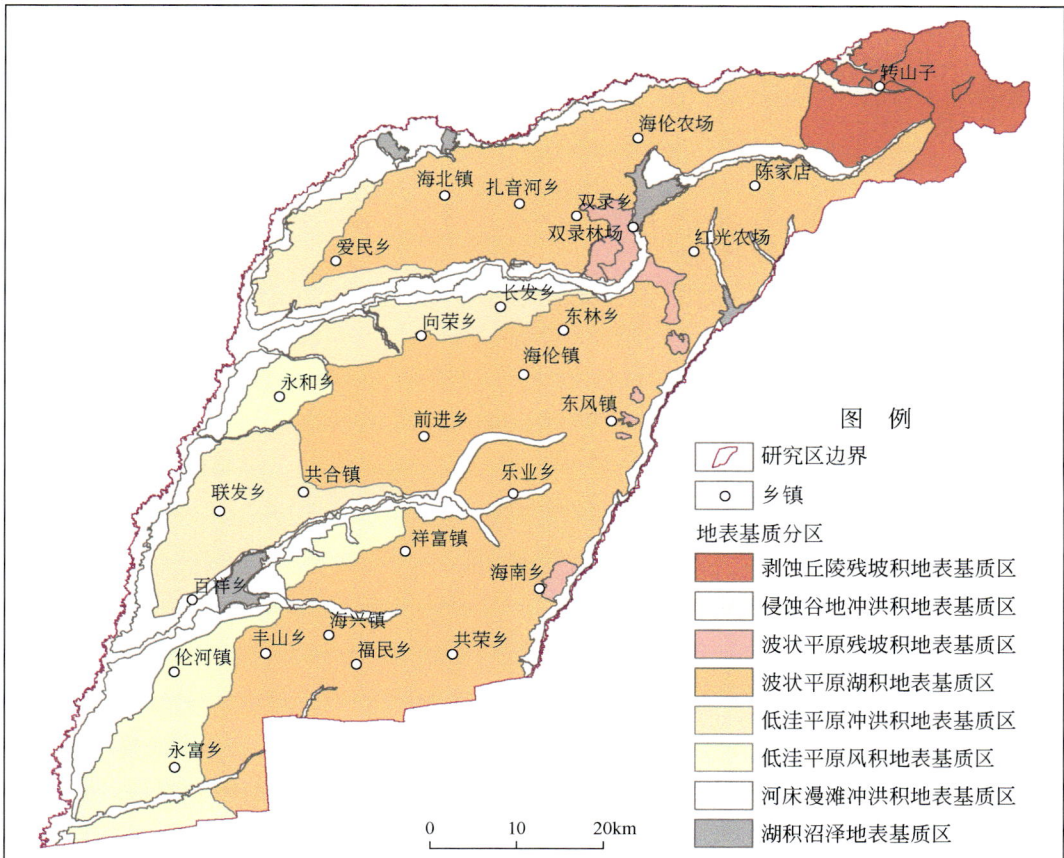

图 8.3　研究区地表基质分区图

地貌进一步可分为剥蚀丘陵、侵蚀谷地、波状平原、低洼平原、河床漫滩和湖积沼泽 6 种类型。在地貌分区内，根据地表基质成因不同，可在波状平原地貌分区内划分出残坡积和湖积两种成因，在低洼平原地貌分区内划分出冲洪积和风积两种成因。地貌单元和成因单元划分结果如表 8.2 所示。

表 8.2 按地貌分区统计地表基质层厚度 （单位：m）

地貌分区	样本数/个	平均值	标准离差	变异系数	最小值	最大值
丘陵	1	3.28	—	—	3.28	3.28
波状平原	39	27.21	14.53	0.53	2.3	50
低洼平原	21	26.76	14.78	0.55	5.27	54.32
阶地漫滩	17	18.13	15.31	0.84	2.66	47.35

剥蚀丘陵残坡积地表基质区，面积为 292km^2，占比为 6.26%。主要分布在海伦市的东北部，海拔为 240～360m，相对高差为 20～60m，岩石类型主要有花岗岩、砾岩和泥岩，表层覆有残坡积黏土夹碎石层。丘陵多为浑圆状，呈岗阜状起伏，较平缓，坡度小于 15°。区内土地利用以林地为主，其次为耕地。

侵蚀谷地冲洪积地表基质区，面积约 14km^2，占比 0.31%。发育在剥蚀丘陵区内谷地，切割微弱，谷底宽坦，呈 "U" 形或浅宽谷，谷底多耕地或湿地沼泽。植被较发育、多次生林。

波状平原残坡积地表基质区，面积约 77km^2，占比 1.66%。主要分布在扎音河上游双录乡，以及克音河流域东风镇和海南乡。第四系覆盖层相对较薄，下伏基岩为花岗岩和泥岩。区内土地利用多为耕地和林地。

波状平原湖积地表基质区，面积约为 2463km^2，占比为 52.78%。主要分布在海伦市的中部地区，海拔为 200～240m。自东北向西南缓倾斜，坡度为 5°～10°，其上沟谷较发育，侵蚀切割轻微。成土母质由黄土状亚黏土、亚黏土、砂砾石等构成。区内土地利用多为耕地。

低洼平原冲洪积地表基质区，面积为 501km^2，占比 10.37%；低洼平原风积地表基质区，面积为 385km^2，占比 8.25%。两者呈条带状沿波状高平原边缘分布，主要分布在海伦市的西部，海拔为 180～210m。其地貌宽阔平坦，微向河流倾斜，坡度为 3°～5°，呈微波状起伏，地势低洼平坦，成土母质由黄土状亚砂土、粉细砂、黏性土构成。区内土地利用多为耕地，其次为草地。

河床漫滩冲洪积地表基质区，面积为 877km^2，占比 18.79%。阶地主要分布在河流的左侧，宽 2～3km。海拔为 160～180m，阶面宽而平坦，微向河床倾斜，坡度小于 3°；高漫滩主要分布于河流两侧，海拔为 155～175m，漫滩宽阔，地势平坦；低漫滩沿河流两侧呈条带状分布，一般宽 0.5～1km。主要岩石类型为河流冲积细砂、砂砾石和淤泥质亚黏土。各阶地多呈不连续不规则条带状，宽度也不一致，高差变化在 3～30m，具有亚黏土和砂砾石层二元结构。漫滩一般宽坦、低洼，高出河床 1～3m，有旧河道、牛轭湖、沙嘴、沙洲等分布，沼泽湿地发育；林、草、水域面积相当。

湖积沼泽地表基质区，面积为 57km^2，占比约 1.22%，土地利用主要为水域，少量分布耕地、草地和湿地。

8.2.2　地表基质分类

根据自然资源部《地表基质分类方案（试行）》要求[①]，对构成地表基质的主体物质进行分类，由 4 类 3 级分级体系构成。一级类按照地表基质发育发展全过程，综合地质学等学科中的岩石、第四纪沉积物、土壤及水体底质等科学理论和概念，统筹考虑陆域岩石、砾石、砂、土等，以及包括海洋在内的各类水体的底质，从形态上进行整体性区分，划分为岩质、砾质、土质、泥质 4 类不同类型。二级类主要按其原有学科体系、理论或普遍接受的依据划分，并结合地表基质实用性的分类原则，进行适当简化，二级类共有 14 个。三级类采用粒径、质地、组成、成因等作为分类依据进一步细分。

本章根据 3 级地表基质分类方案，将海伦市划分为 7 个二级类（图 8.4），分别为侵入岩类、沉积岩类、冲洪积沙类、风积土类、冲洪积土类、湖积土类、湖泥类，面积分别为199.67km²、159.54km²、949.08km²、374.05km²、488.47km²、2403.55km²、68.52km²，占比分别为 4.30%、3.44%、20.44%、8.06%、10.52%、51.77%、1.48%。

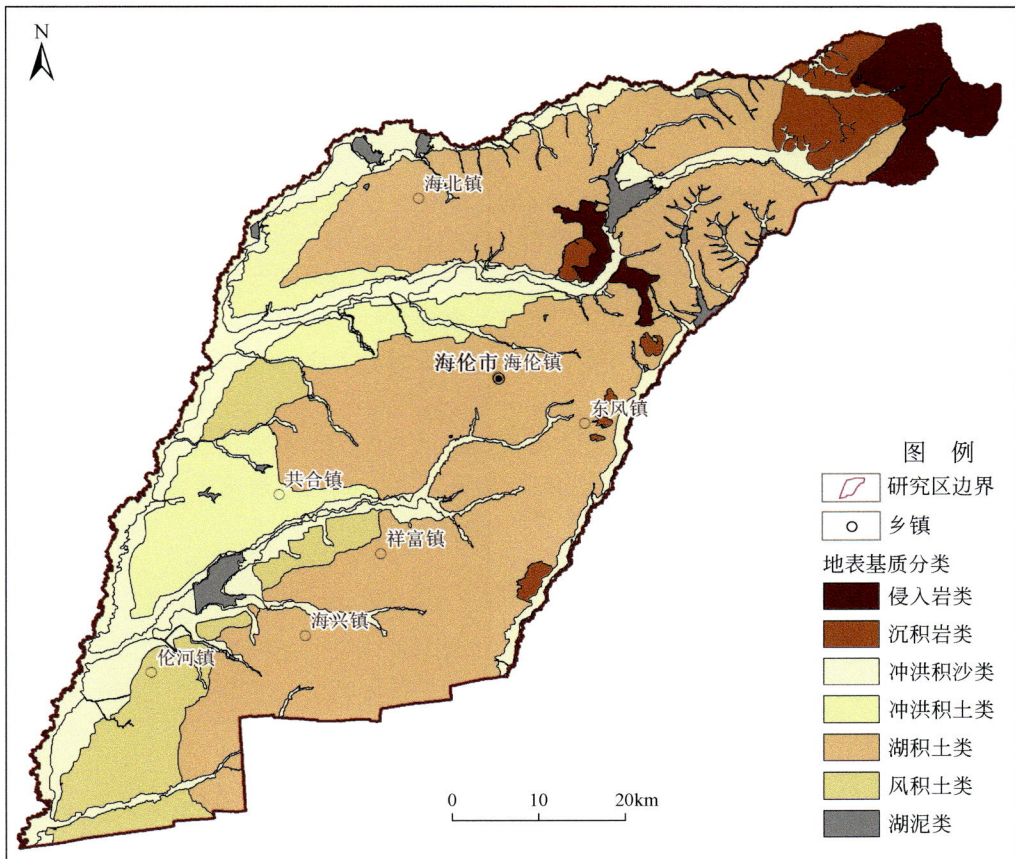

图 8.4　研究区地表基质分类图

① 自然资源部，2020，地表基质分类方案（试行）。

花岗岩类主要分布在东北部林场和双录乡，以三叠系—侏罗系和二叠系—三叠系侵入岩为主，主要由二长花岗岩组成。

砾岩类主要分布在东北部转山子林场、陈家店林地，地层主要以古近系—新近系弱固结砾岩孙吴组为主。

泥岩类主要分布在双录乡、东风镇、海南乡，地层主要以白垩系泥岩、粉砂质泥岩嫩江组为主。

细砾类主要分布在丘陵山谷和河漫滩部位，主要以第四系高、低河漫滩堆积物为主。

壤土类占据了调查区的绝大部分地区，超过调查区总面积的 9/10，地层主要为顾乡屯组、哈尔滨组和荒山组。顾乡屯组主要分布在通肯河流域爱民乡，扎音河南岸向荣镇和长发镇，海伦河北岸共合镇、联发乡和百祥乡；哈尔滨组主要分布在扎音河下游永和乡，海伦河南岸祥富镇、海兴镇、丰山乡、伦河镇和永富乡；荒山组分布较为广泛，占据绝大部分波状高平原、低洼平原地区乡镇。

淤泥类主要分布在东方红水库、联丰水库、星火水库、燎原水库、东边水库和爱民水库底部，以及坑塘底部，主要为淤泥质沉积物。

8.3 地表基质平面分布特征

地表基质研究核心在于理解和探寻地球表层的复杂系统构成、圈层相互作用以及时空演化过程，包括对于地表基质层的结构、功能与演化过程和机制的研究。地表基质具有 4 个至关重要的特性：界面交互性、空间异质性、过程复合性和动态演化性（Lü et al.，2019）。其中，空间异质性反映了地表基质的内在复杂性，在垂直和水平方向上具有不同的作用机理（Brantley et al.，2007）。垂直方向上因不同的物质特性、密度、厚度、质量转移以及能量积累或者衰减而产生了层化效应；水平方向上的异质性受到内外部自然因素（地质、地貌、水文等）和人为因素（土地利用、资源开采）的共同塑造（Lin，2010；Zuo et al.，2023）。因此，了解地表基质的空间分布是地表基质调查的首要任务。本节从地表基质层厚度、黑土层厚度、容重、粒度、有机碳和全碳等理化性质入手，展现地表基质主要理化性质的平面分布特征。

8.3.1 地表基质层厚度

厚度是地表基质层的基本属性，但由于地层成因和地表环境的复杂性，地表基质层厚度空间分布上存在很大差异。调查区区域地质调查工作未开展，第四纪沉积物厚度不明。通过总结项目调查实测的 14 孔钻井编录资料，综合地质云"全国数字岩心平台"收集的 60 孔钻井编录资料，查明调查区地表基质层厚度及空间分布模式。

调查区钻孔统计结果［样本数（n）=78］：平均厚度为 24.80m，标准离差为 15.14m，变异系数为 0.61，厚度变化区间为 2.30～54.32m。按照地貌分区统计，厚度由大到小排列：波状平原＞低洼平原＞阶地漫滩＞丘陵（表 8.2）；按照地质分区统计，厚度由大到小排列：哈尔滨组＞上荒山组＞顾乡屯组＞河漫滩堆积物＞二长花岗岩（表 8.3）；按照土壤类型分区统计，厚度由大到小排列：黑土＞草甸土＞水稻土＞暗棕壤（表 8.4）。

表 8.3　按地层分区统计地表基质层厚度　　　　　　　　　　（单位：m）

地层分区	样本数/个	平均值	标准离差	变异系数	最小值	最大值
第四系全新统河漫滩堆积物	17	18.13	15.31	0.84	2.66	47.35
第四系上更新统顾乡屯组	10	16.88	9.36	0.55	5.27	36.08
第四系上更新统哈尔滨组	11	35.74	13.1	0.37	8	54.32
第四系中更新统上荒山组	39	27.21	14.53	0.53	2.3	50
二叠系—三叠系二长花岗岩	1	3.28	—	—	3.28	3.28

表 8.4　按土壤类型分区统计地表基质层厚度　　　　　　　　（单位：m）

土壤类型	样本数/个	平均值	标准离差	变异系数	最小值	最大值
暗棕壤	4	10.9	15.77	1.45	2.66	34.55
黑土	49	26.26	14.74	0.56	2.3	50
草甸土	23	25.24	15.44	0.61	3.78	54.32
水稻土	2	11.97	5.05	0.42	8.4	15.54

　　总体来看，地表基质层厚度受到构造、地貌、气候等不同因素影响；尺度不同，影响因素不同。区域尺度，地质、地貌对地表基质厚度起到宏观控制作用（图 8.5）；小流域尺

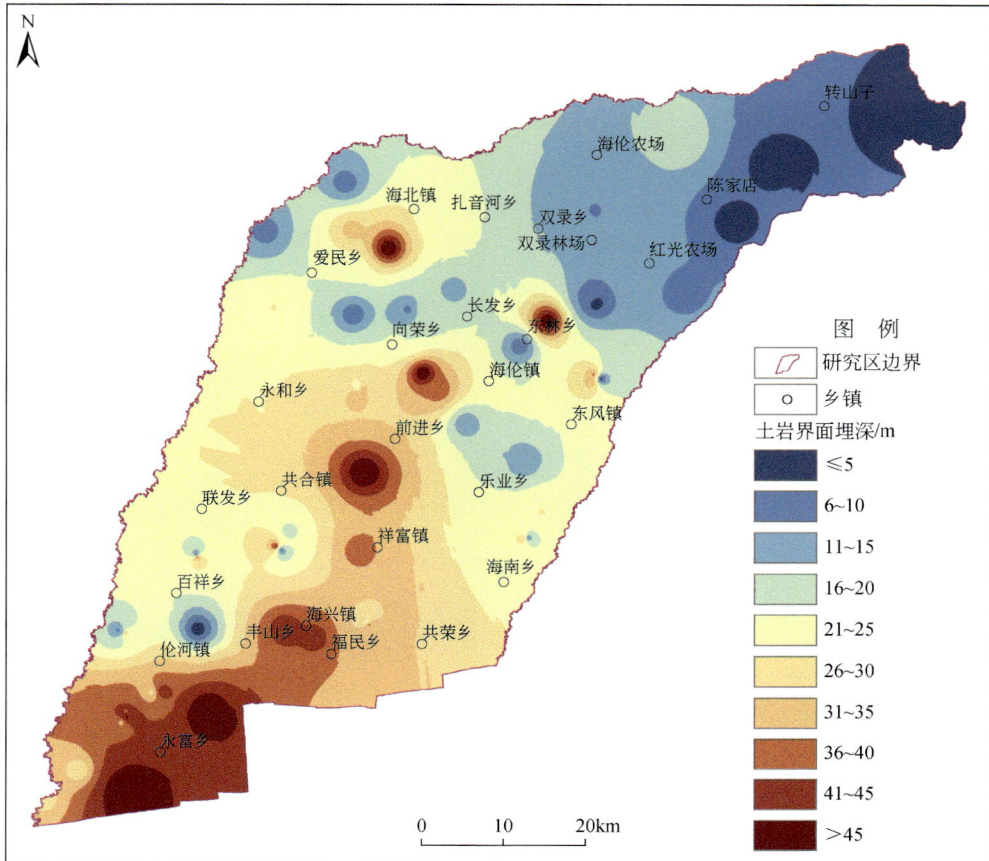

图 8.5　研究区地表基质层厚度空间分布图

度，地形和流水侵蚀是主要影响因素。

8.3.2 黑土层厚度

黑土层的厚薄是土壤肥力的重要标志（张之一，2010），也是黑土区地表基质层的独特属性。黑土层变薄被认为是黑土受到侵蚀或退化的表现，减缓黑土层变薄是黑土地保护的重点工作（张兴义和刘晓冰，2020，2021）。黑土层厚度空间分布上具有明显的异质性（Zhang S. et al.，2021），成土母质、地形地貌等都是天然影响因素，土地利用、土地覆盖变化等人为因素也是重要的影响因素。

调查区黑土层统计结果（n=536）：平均厚度为69.31cm，标准离差为29.33cm，变异系数为0.42，厚度变化区间为3～200cm，未见底。空间分布特征表现为东北部薄、西南部厚（图8.6）。按照地貌分区统计，黑土层厚度由大到小排列：阶地漫滩＞低洼平原＞波状平原＞侵蚀谷地＞丘陵（表8.5）；按照地质分区统计，黑土层厚度由大到小排列：哈尔滨组＞高河漫滩堆积物＞上荒山组＞顾乡屯组＞低河漫滩堆积物＞孙吴组＞三叠系—侏罗系二长花岗岩＞嫩江组＞二叠系—三叠系二长花岗岩（表8.6）；按照土壤类型分区统计，厚度由大到小排列：水稻土＞草甸土＞沼泽土＞黑钙土＞黑土＞暗棕壤＞白浆土（表8.7）。

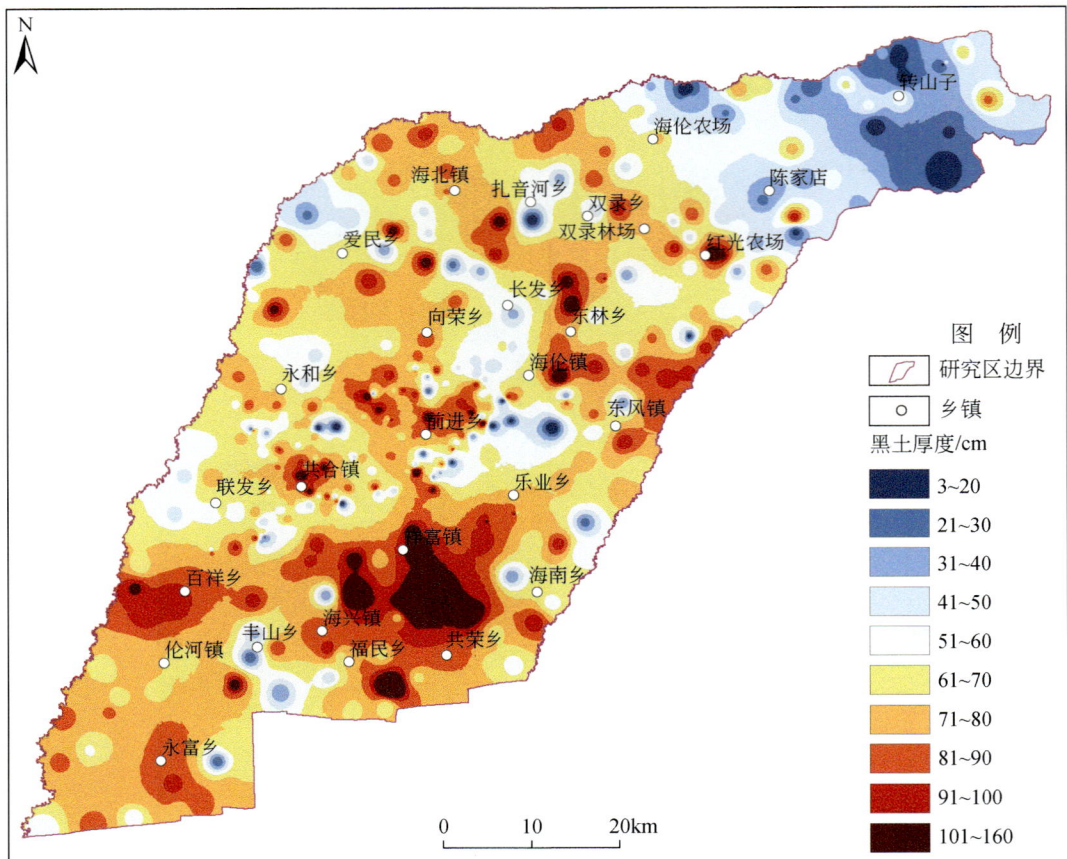

图8.6 研究区黑土层厚度空间分布图

表 8.5　按地貌分区统计黑土层厚度　　　（单位：cm）

地貌分区	样本数/个	平均值	标准离差	变异系数	最小值	最大值
丘陵	25	45.8	41.9	0.91	3	200
侵蚀谷地	3	48.33	24.66	0.51	20	65
波状平原	326	70.07	28.77	0.41	5	177
低洼平原	124	71.46	24.86	0.35	15	200
阶地漫滩	58	71.67	31.19	0.44	5	200

表 8.6　按地层分区统计黑土层厚度　　　（单位：cm）

地层分区	样本数/个	平均值	标准离差	变异系数	最小值	最大值
第四系全新统低河漫滩堆积物	10	67	25.95	0.39	35	105
第四系全新统高河漫滩堆积物	50	70.44	32.1	0.46	5	200
第四系上更新统顾乡屯组	86	69.57	26.7	0.38	15	200
第四系上更新统哈尔滨组	38	75.74	19.76	0.26	45	115
第四系中更新统上荒山组	323	70.43	28.87	0.41	5	177
新近系中新统—上新统孙吴组	14	55.43	52.03	0.94	5	200
上白垩统嫩江组	3	47.67	8.74	0.18	38	55
三叠系—侏罗系二长花岗岩	2	50	28.28	0.57	30	70
二叠系—三叠系二长花岗岩	10	33.1	21.02	0.64	3	70

表 8.7　按土壤类型分区统计黑土层厚度　　　（单位：cm）

土壤类型	样本数/个	平均值	标准离差	变异系数	最小值	最大值
暗棕壤	13	64.62	23.67	0.37	20	100
白浆土	1	40	—	—	40	40
黑土	482	67.95	28.01	0.41	3	200
黑钙土	1	76	—	—	76	76
草甸土	33	88.39	40.14	0.45	15	200
水稻土	2	100	28.28	0.28	80	120
沼泽土	4	82	48.37	0.59	45	150

　　总体来看，研究区黑土层较厚，与刘凯等（2022）调查结果相同。不同的土壤母质对黑土层的形成和发展有显著影响，不同母质的化学成分和物理性质会影响黑土层的厚度和质量（刘若轩等，2024）。调查区特殊的漫川-漫岗地貌区地形复杂，不同地区的坡度和坡向会影响水流的分布和侵蚀程度，从而影响黑土层的积累和保存（Wen et al.，2021）。

8.3.3　容重

　　容重是土壤物理性质中的关键指标，对于理解土壤结构、孔隙度、水分保持能力以及土壤中气体交换等过程至关重要。土壤容重的高低直接影响到土壤的渗透性、通气性以及根系的生长环境，进而影响植物的生长和发育。高容重通常意味着土壤结构紧密、孔隙度低，可能导致水分和养分的供应不足，影响作物生长；相反，适当的低容重则表明土壤结构较为松散，有利于根系发展和水分、养分的渗透。此外，土壤容重也是估算土壤碳贮量的关键参数（Xu et al.，2016）。黑土层变硬被认为是黑土退化的重要表现，其实质是黑土层被压实导致容重增大。

调查区表层容重统计结果（n=536）：平均值为 1.32g/cm³，标准离差为 0.16g/cm³，变异系数为 0.12，容重变化区间为 0.51～1.61g/cm³。空间分布特征表现为东北部和西南部偏低，中部较高（图 8.7）。按照地貌分区统计，表层容重由大到小排列：低洼平原＞波状平原＞阶地漫滩＞侵蚀谷地＞丘陵（表 8.8）；按照地质分区统计，表层容重由大到小排列：三叠系—侏罗系二长花岗岩＞顾乡屯组＞嫩江组＞哈尔滨组＞上荒山组＞低河漫滩堆积物＞高河漫滩堆积物＞孙吴组＞二叠系—三叠系二长花岗岩（表 8.9）；按照土壤类型分区统计，表层容重由大到小排列：黑土＞黑钙土＞草甸土＞水稻土＞暗棕壤＞沼泽土＞白浆土（表 8.10）。

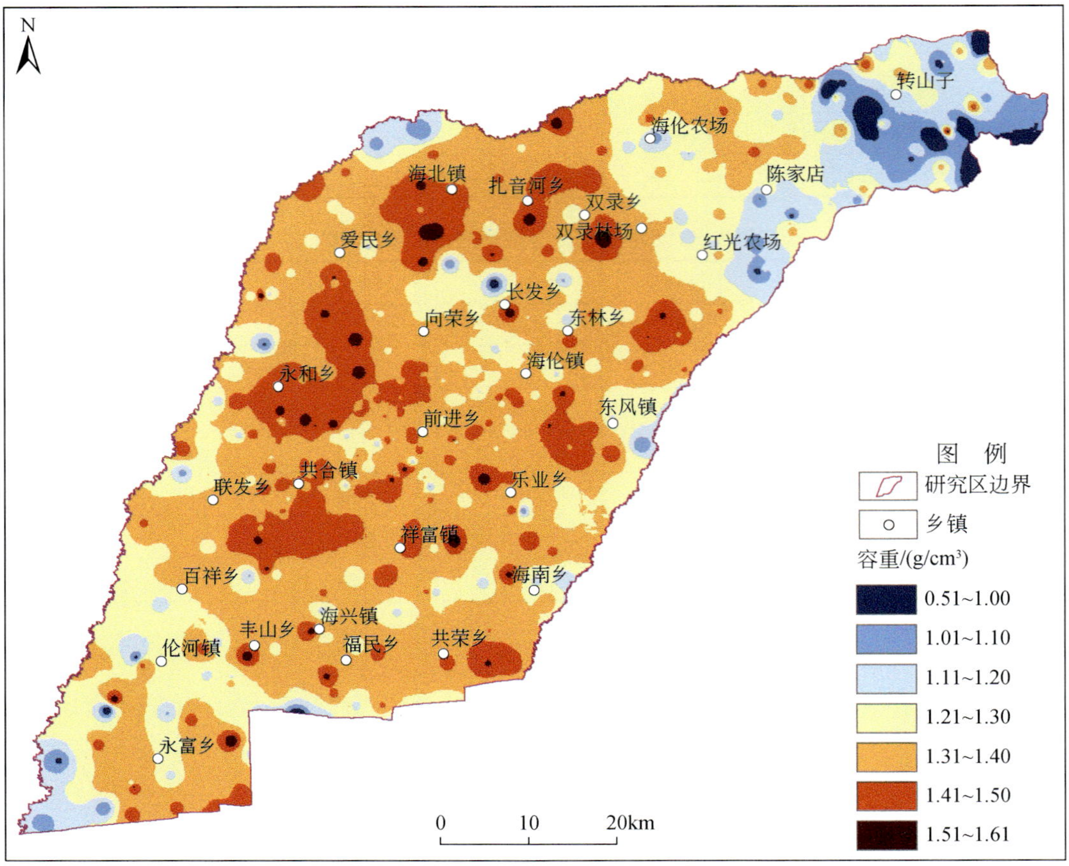

图 8.7　研究区土壤容重空间分布图

表 8.8 按地貌分区统计容重 （单位：g/cm³）

地貌分区	样本数/个	平均值	标准离差	变异系数	最小值	最大值
丘陵	25	1.08	0.3	0.27	0.58	1.47
侵蚀谷地	3	1.2	0.25	0.2	0.99	1.47
波状平原	326	1.34	0.13	0.1	0.51	1.58
低洼平原	124	1.36	0.11	0.08	0.93	1.61
阶地漫滩	58	1.28	0.17	0.14	0.94	1.58

表 8.9 按地层分区统计容重 （单位：g/cm³）

地层分区	样本数/个	平均值	标准离差	变异系数	最小值	最大值
第四系全新统低河漫滩	10	1.3	0.18	0.14	1.01	1.58
第四系全新统高河漫滩	50	1.27	0.18	0.14	0.94	1.56
第四系上更新统顾乡屯组	86	1.37	0.1	0.07	1.14	1.61
第四系上更新统哈尔滨组	38	1.34	0.14	0.11	0.93	1.55
第四系中更新统上荒山组	323	1.34	0.13	0.1	0.51	1.58
新近系中新统—上新统孙吴组	14	1.12	0.29	0.26	0.59	1.47
上白垩统嫩江组	3	1.35	0.05	0.04	1.3	1.39
三叠系—侏罗系二长花岗岩	2	1.44	0.06	0.04	1.4	1.48
二叠系—三叠系二长花岗岩	10	1.01	0.31	0.31	0.58	1.4

表 8.10 按土壤类型分区统计容重 （单位：g/cm³）

土壤类型	样本数/个	平均值	标准离差	变异系数	最小值	最大值
暗棕壤	13	1.17	0.22	0.19	0.59	1.48
白浆土	1	1	—	—	1	1
黑土	482	1.34	0.14	0.11	0.58	1.61
黑钙土	1	1.33	—	—	1.33	1.33
草甸土	33	1.26	0.18	0.14	0.62	1.5
水稻土	2	1.25	0.09	0.08	1.18	1.32
沼泽土	4	1.03	0.4	0.39	0.51	1.45

总体来看，研究区容重适中，略低于全国容重平均值（1.35g/cm³）（柴华和何念鹏，2016），高于欧洲农田土壤容重平均值（1.26g/cm³）（Panagos et al.，2024）。不同的地貌类型、成土母质和土壤类型对容重的大小具有显著影响，说明环境变量对容重的作用在空间上是变化而非均质的，具有"空间非平稳性"（Liu et al.，2022）。

8.3.4 粒度

不同粒级颗粒在土壤中的分布即为土壤质地（彭福元，1994）。土壤质地是土壤重要的物理特性之一，影响土壤的持水、通气等特性（吴克宁和赵瑞，2019）。田间条件下，质地很难被改变，因此被认为是土壤的最基本性质。《地表基质分类方案（试行）》中关于土质基质的分类，主要也是参照质地的差异来进行划分。地表基质野外调查时，最先也是最重要的是确定不同层位土壤的质地。

调查区平均粒径统计结果（$n=101$）：平均值为 16.13μm，标准离差为 3.64μm，变异系数为 0.23，变化区间为 12.02～33.20μm。空间分布特征表现为东北部粒径较粗，西北部粒径偏细，南部乐业乡、海兴镇和永富乡存在一条中高值异常条带（图 8.8）。按照地貌分区统计，平均粒径由粗到细排列：丘陵＞波状平原＞阶地漫滩＞低洼平原＞（表 8.11）；按照地质分区统计，平均粒径由粗到细排列：孙吴组＞上荒山组＞哈尔滨组＞高河漫滩堆积物＞顾乡屯组＞低河漫滩堆积物（表 8.12）；按照土壤类型分区统计，平均粒径由粗到细排列：沼泽土＞暗棕壤＞水稻土＞草甸土＞黑土（表 8.13）。

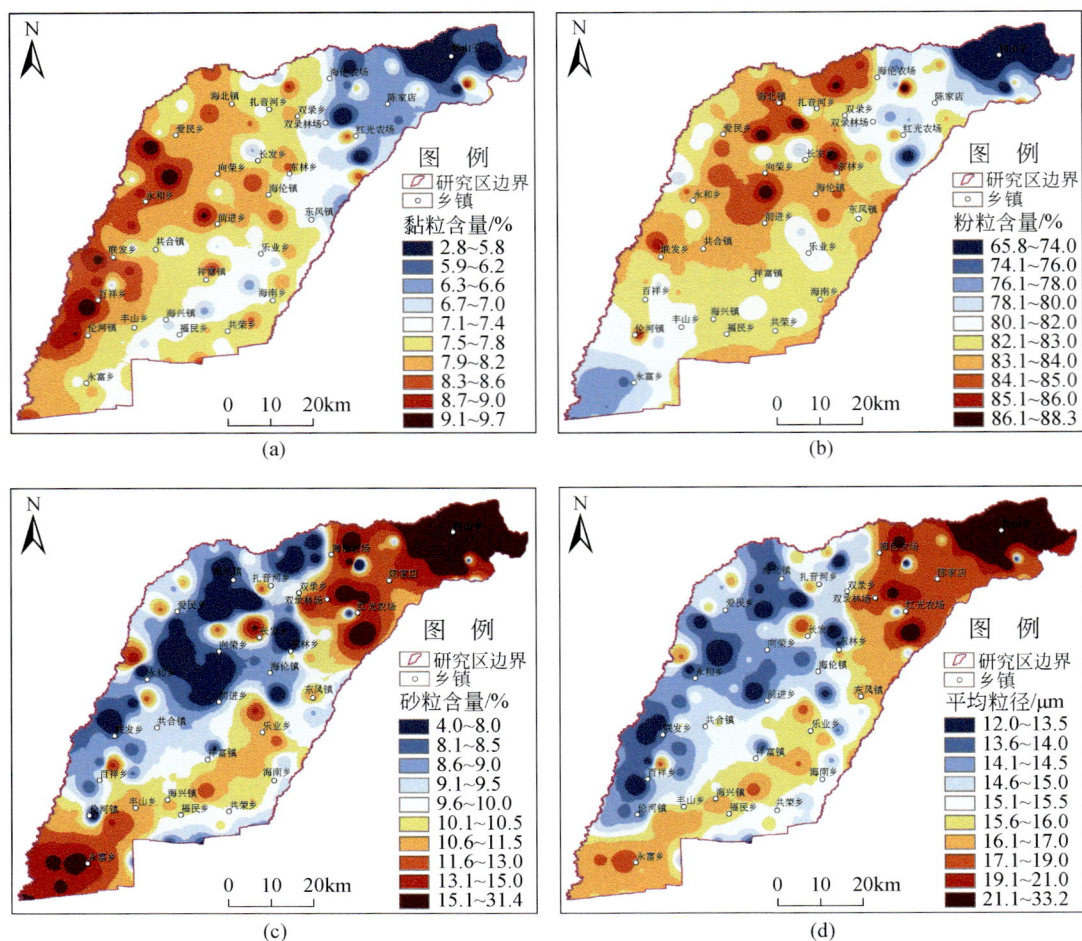

图 8.8　研究区地表基质粒度参数空间分布图

表 8.11　按地貌分区统计平均粒径　　　　　　（单位：μm）

地貌分区	样本数/个	平均值	标准离差	变异系数	最小值	最大值
丘陵	5	27.32	4.33	0.16	22.81	33.2
波状平原	61	15.91	2.76	0.17	12.02	25.95
低洼平原	24	14.77	1.79	0.12	12.11	18.65
河床漫滩	11	15.21	1.9	0.12	12.5	18.12

表 8.12　按地层分区统计平均粒径　　　　　　（单位：μm）

地层分区	样本数/个	平均值	标准离差	变异系数	最小值	最大值
第四系全新统低河漫滩堆积物	1	13.61	—	—	13.61	13.61
第四系全新统高河漫滩堆积物	10	15.37	1.92	0.12	12.5	18.12
第四系上更新统顾乡屯组	16	14.22	1.54	0.11	12.11	17.31
第四系上更新统哈尔滨组	8	15.87	1.84	0.12	13.11	18.65
第四系中更新统上荒山组	61	15.91	2.76	0.17	12.02	25.95
新近系中新统—上新统孙吴组	5	27.32	4.33	0.16	22.81	33.2

表 8.13　按土壤类型统计平均粒径　　　　　　（单位：μm）

土壤类型	样本数/个	平均值	标准离差	变异系数	最小值	最大值
暗棕壤	6	21.64	5.75	0.27	13.31	30.06
黑土	71	15.36	2.29	0.15	12.02	25.95
草甸土	20	16.17	4.49	0.28	12.5	33.2
水稻土	1	16.45	—	—	16.45	16.45
沼泽土	3	22.76	5.09	0.22	17.01	26.69

根据美国农部制进行质地划分（图 8.9），表层土壤主要分为粉砂质土和粉砂质壤土两类。其中粉砂质土样本数为 78 件，占比为 77.23%%；粉砂质壤土样本数为 23 件，占比22.77%。调查区砂粒（50~2000μm）含量、粉粒（2~50μm）含量和黏粒（<2μm）含量统计结果（n=101）分别为砂粒平均含量为 11.19%，标准离差为 5.14%，变异系数为 0.46，变化区间为 3.97%~31.44%；粉粒平均含量 81.36%，标准离差为 4.26%，变异系数为 0.05，变化区间为 65.78%~88.32%；黏粒平均含量 7.45%，标准离差为 1.19%，变异系数为 0.16，变化区间为 2.78%~9.69%。

砂粒空间分布模式与粒径平均值相似；粉粒主要在海伦中北部地区含量较高；黏粒主要在西部通肯河东岸一带含量较高。

8.3.5　碳密度

有机碳是土壤肥力的重要指标，它来源于植物残体、动物残骸和微生物活动，通过分解作用转化为土壤有机质。土壤有机碳的含量直接影响土壤的结构稳定性、水分保持能力、

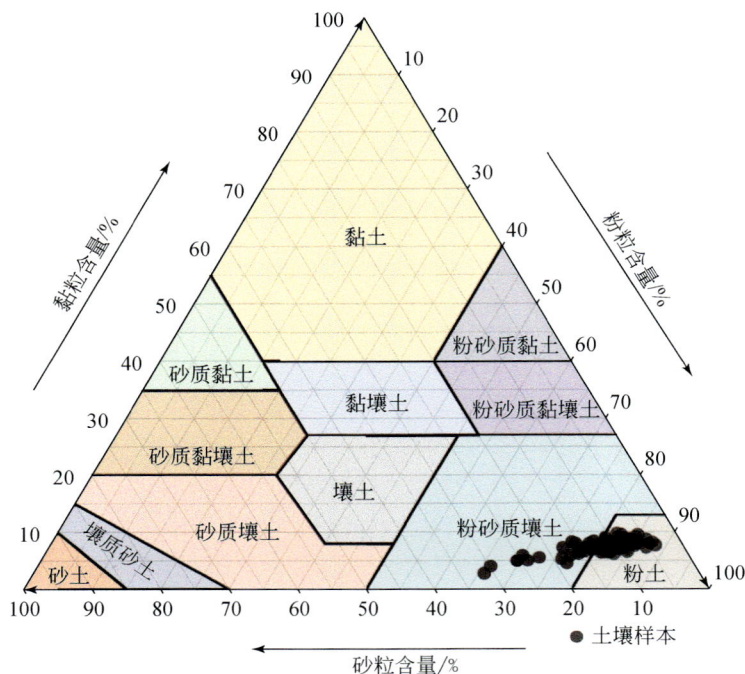

图 8.9　研究区表层地表基质质地分类图

养分供应和生物多样性。高含量的有机碳有助于形成良好的土壤结构，提高土壤的抗侵蚀能力和通气性，同时也能够提高土壤对养分的吸附和保水能力。土壤碳库是地球上最大的陆地碳储存库，其在全球碳循环中起着至关重要的作用。土壤中的有机碳含量微小的变化都可能对大气中的二氧化碳浓度产生显著影响。全球变暖也会加快土壤有机碳的分解，从而与气候变化形成强烈的正反馈。全球土壤剖面有机碳对长期变暖的响应表现出深度依赖性（Wang et al., 2022）。准确量化土壤剖面深部碳储库，特别是在高纬度有机碳含量较高、温度变化响应敏感的黑土区开展此项工作，具有重要意义。

调查获得 0.2m、1m 和 2m 不同深度地表基质有机碳和全碳的含量以及容重，计算可得到 0.2m、1m 和 2m 深度有机碳密度和全碳密度。由表 8.14 可知，0.2m、1m 和 2m 有机碳密度（OCD_0.2m、OCD_1m、OCD_2m）平均值分别为 6.79kg/m^2、23.82kg/m^2 和 35.40kg/m^2，0.2m 和 1m 有机碳密度占 2m 有机碳密度比例分别为 19.18%和 67.29%；0.2m、1m 和 2m 全碳密度（TCD_0.2m、TCD_1m、TCD_2m）平均值分别为 7.31kg/m^2、31.98kg/m^2 和 44.61kg/m^2，0.2m 和 1m 全碳密度占 2m 全碳密度比例分别为 16.39%和 71.69%。可见 1～2m 深度有机碳密度和全碳密度占比均只有 30%左右。

无机碳密度等于全碳密度减去有机碳密度，不同深度有机碳密度和无机碳密度分配比例不同。0.2m 深度有机碳密度和无机碳密度占比分别为 92.89%和 7.11%；1m 深度有机碳密度和无机碳密度占比分别为 74.48%和 25.52%，无机碳占比明显增加；2m 深度有机碳密度和无机碳密度占比分别为 79.35%和 20.65%，无机碳占比略有下降。

表 8.14　不同深度碳密度统计表　　　　　　（单位：kg/m²）

碳密度	样本数/个	平均值	标准离差	变异系数	最小值	最大值
OCD_0.2m	126	6.79	2.19	0.32	2.32	15.58
OCD_1m	126	23.82	12.69	0.53	9.69	108.43
OCD_2m	126	35.40	24.49	0.69	15.02	225.64
TCD_0.2m	126	7.31	2.53	0.35	2.43	17.64
TCD_1m	126	31.98	15.58	0.49	11.47	128.15
TCD_2m	126	44.61	28.42	0.64	15.98	255.37

从空间分布图 8.10 上可以看出，有机碳密度和全碳密度，高值区主要分布在海伦市东北部丘陵和波状高平原一带，低值区主要分布在海伦市西南部低洼平原和阶地漫滩一带。0.2m 深度碳密度在东风镇、乐业乡、祥富镇一带还存在一条高值带，随着深度增加，这条高值带逐渐消失，至 2m 深度只在联发乡、伦河镇和永富乡南缘表现为个别高值异常点。

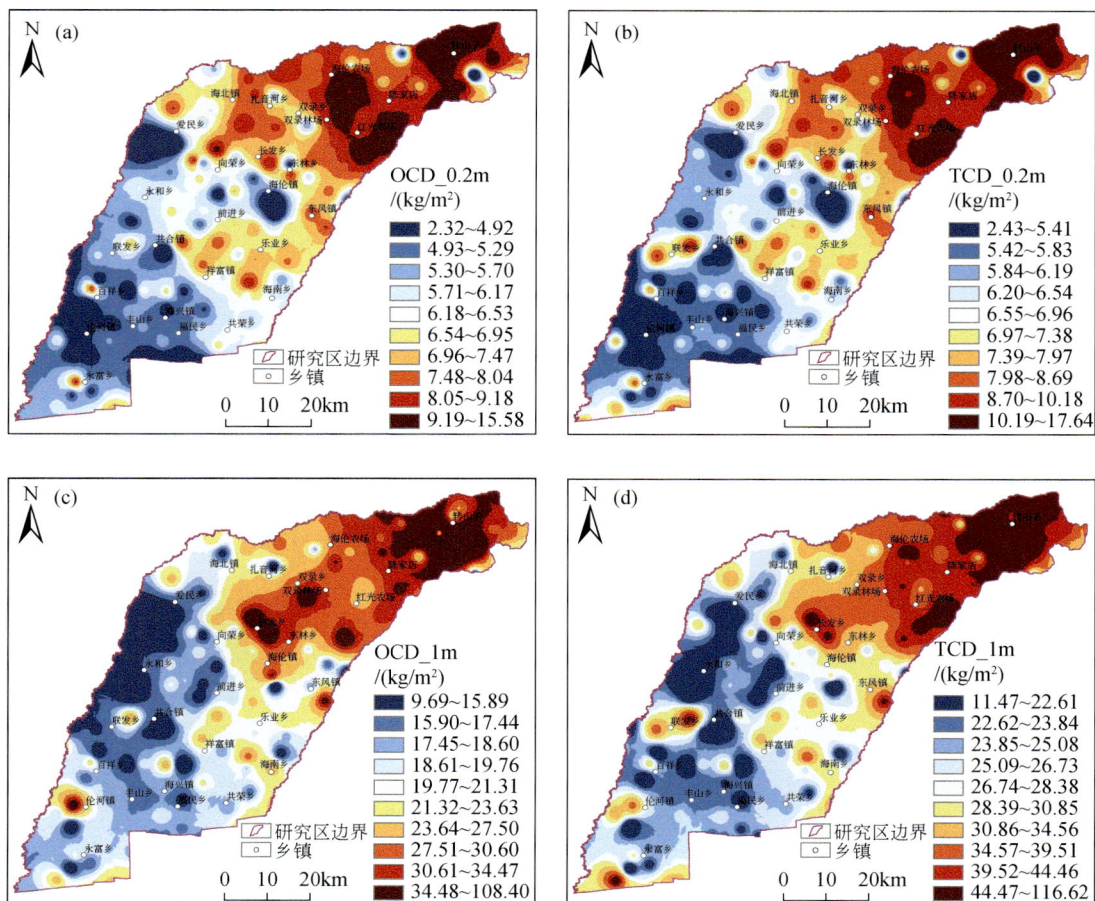

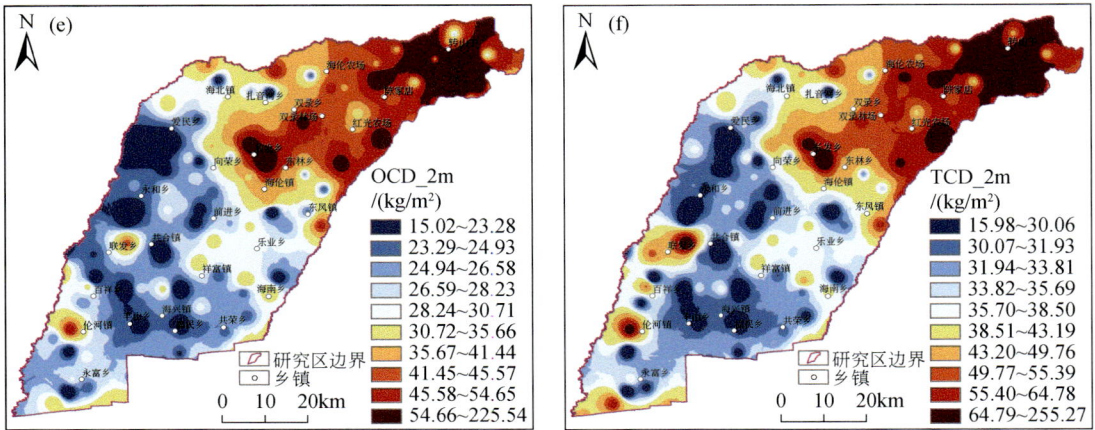

图 8.10　研究区碳密度空间分布图

8.4　地表基质层构型特征

地表基质层构型，是地表基质层结构类型的简称，指不同类型的地表基质层位单元的垂向组合形式。地表基质层构型对上覆植被的类型、盖度和生长状况，以及包气带水的传输运移等具有明显的约束作用（殷志强等，2023；邵海等，2023）。通过调查，海伦市地表基质构型可划分为 10 种构型（图 8.11），分别为残坡积土-花岗岩构型、残坡积土-砾岩构型、冲洪积土-花岗岩构型、冲洪积土-冲洪积土构型、冲洪积土-泥岩构型、冲洪积土-湖积土构型、冲洪积土-风积土构型、冲洪积土-冲洪积砾构型、冲洪积砾-冲洪积砾构型、湖泥构型。以下选择具有代表性的地表基质构型加以论述。

8.4.1　残坡积土-侵入质构型

该类型垂向构型表现为土-岩结构，如残坡积土-花岗岩（图 8.12），主要分布在海伦市东北部，下伏岩石为不同时期的花岗岩类，包括三叠系—侏罗系正长花岗岩（$\xi\gamma$T—J）；二叠系—三叠系二长花岗岩（$\eta\gamma$P—T），岩石主要为二长花岗岩，坚硬岩，完整，节理不发育，上覆土层厚度为 30～50cm，植被类型为针叶林，土地利用类型为林地。

8.4.2　冲洪积土-湖积土构型

典型代表 HLHNZK01 号钻孔位于海伦市乐业乡红星村正西方向 500m 处，地理坐标为 127.050906°E，47.308500°N；土地利用类型为旱地；钻孔终孔深度为 38.69m，分为 4 套地层（图 8.13），分层描述如下：

上白垩统嫩江组（K_2n）：29.65～38.69m，上部黏质壤土呈网纹结构，具有明显氧化还原现象分布，红褐色和灰绿色交替出现，红褐色成分中含砂较多，灰绿色成分中含黏土较多；下部砂土中细砂居多，中间夹有粉砂层；地层时代为晚白垩世晚期，属于滨浅湖相沉积。

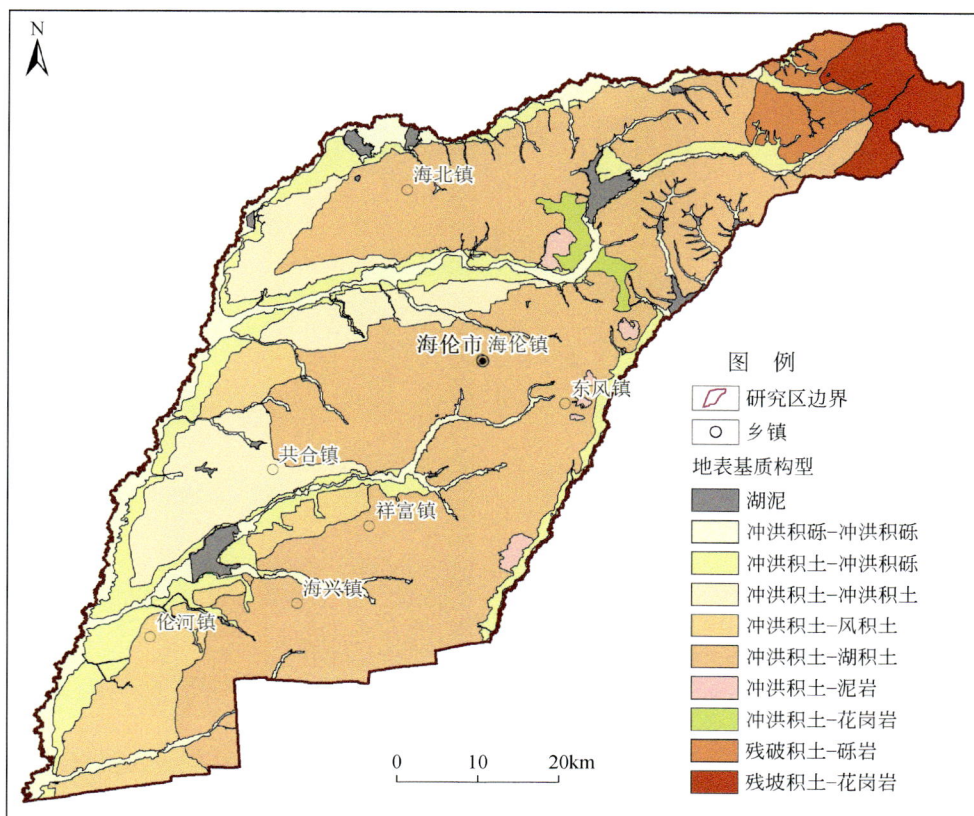

图 8.11　研究区地表基质构型分区图

图 8.12　残坡积土-花岗岩构型剖面

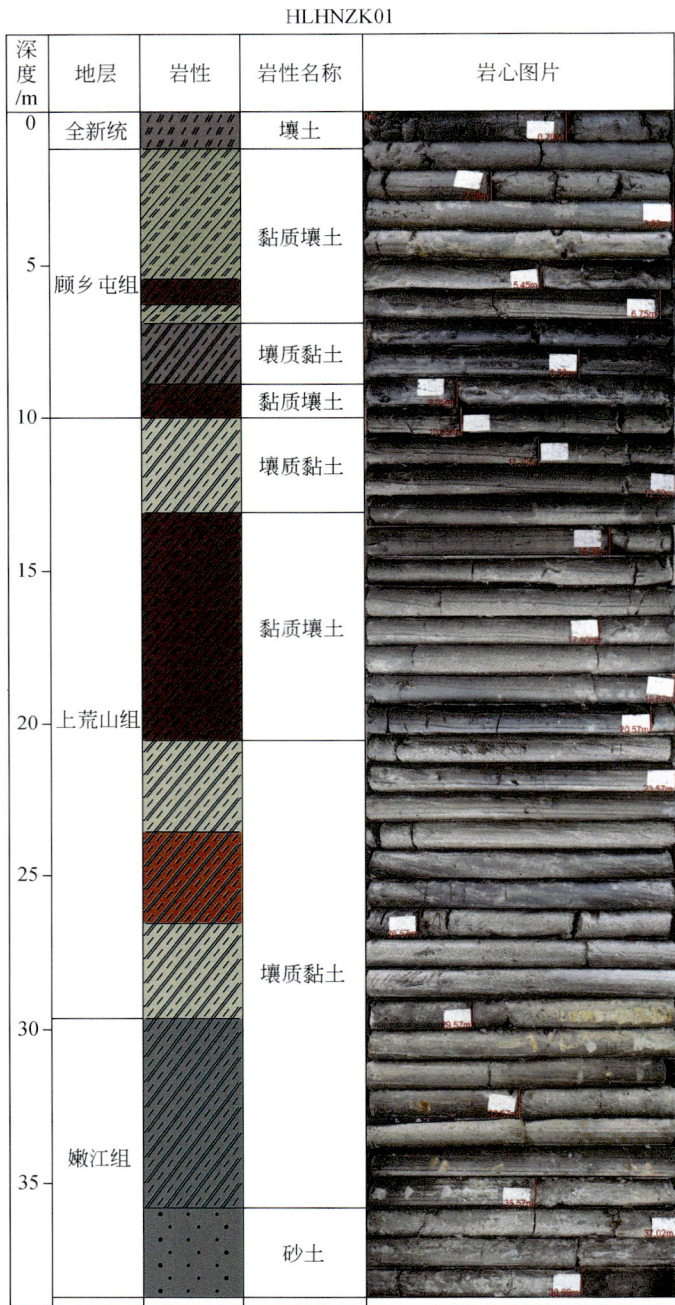

图 8.13 研究区 HLHNZK01 号钻孔岩性柱状图

中更新统上荒山组（Qp^2s）：10～29.65m，灰黄棕、暗黄棕色壤质黏土，暗棕色黏质壤土；地层形成时代为中更新世，沉积环境稳定，属于静水湖相沉积。

上更新统顾乡屯组（Qp^3g）：1.2～10m，灰黄棕、暗棕色黏质壤土，灰黑色壤质黏土；地质形成时代为晚更新世中晚期，为河流冲积形成的河床相沉积。

全新统（Qh）：0～1.2m，灰黑色壤土；是以堆积成高河漫滩为标志的一套河流相冲洪积堆积物。

8.5　地表基质调查支撑黑土地保护

8.5.1　地表基质调查支撑黑土地表土剥离

《中华人民共和国黑土地保护法》于 2022 年 8 月 1 日分布实施，其中第二十一条规定，"建设项目不得占用黑土地；确需占用的，应当依法严格审批，并补充数量和质量相当的耕地。建设项目占用黑土地的，应当按照规定的标准对耕作层的土壤进行剥离。剥离的黑土应当就近用于新开垦耕地和劣质耕地改良、被污染耕地的治理、高标准农田建设、土地复垦等。建设项目主体应当制定剥离黑土的再利用方案，报自然资源主管部门备案。具体办法由四省区人民政府分别制定。"

利用地表基质最新调查成果，为海伦市自然资源局提供了海伦市耕地分布区黑土层厚度、表层土壤（0～30cm）有机质、pH、砷（As）、镉（Cd）、铬（Cr）、铜（Cu）、汞（Hg）、镍（Ni）、铅（Pb）、锌（Zn）等元素指标含量调查数据及成果图件等（图 8.14，表 8.15），

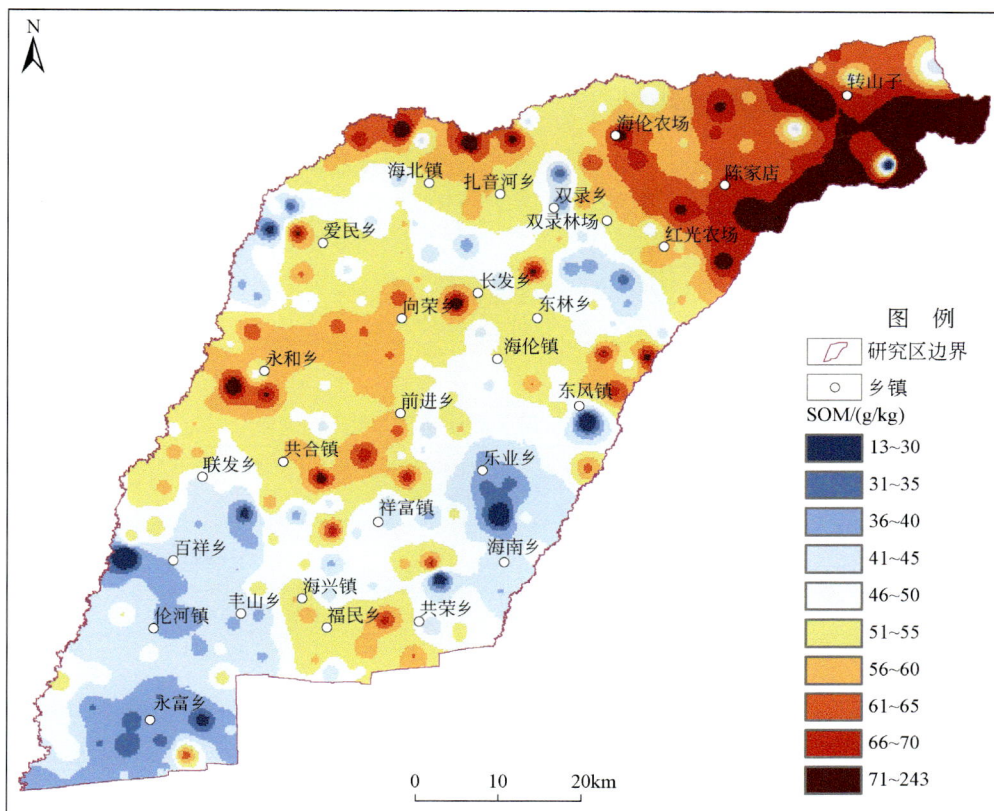

图 8.14　研究区地表基质土壤有机质空间分布图

SOM. 土壤有机质，soil organic matter

表 8.15 海伦市黑土层厚度及主要地球化学数据统计表

统计指标	厚度/cm	pH	As	Cd	Cr	Cu	Hg	Ni	Pb	Zn	SOM
平均值	69.00	6.04	10.06	0.13	63.93	23.18	0.04	28.01	25.20	67.52	51.39
标准误差	1.27	0.03	0.09	0.01	0.23	0.13	0	0.15	0.11	0.35	0.94
标准离差	29.00	0.57	1.56	0.10	4.00	2.19	0.03	2.59	1.87	6.06	16.24
偏度	0.51	1.32	0.12	15.26	-0.63	-0.66	10.35	-1.28	1.38	0.63	5.64
峰度	1.84	1.83	0.42	251.85	1.22	9.82	136.76	6.38	15.63	11.86	65.20
最小值	3.00	4.55	6.27	0.05	48.16	8.62	0.02	12.48	16.58	32.81	13.26
25%	50.00	5.67	8.97	0.11	61.76	22.21	0.03	26.82	24.13	64.78	243.45
50%	70.00	5.91	10.23	0.13	64.11	23.08	0.04	28.20	25.25	67.17	42.60
75%	90.00	6.23	11.12	0.14	66.59	24.35	0.04	29.40	26.10	69.70	50.10
最大值	200.00	7.96	15.70	1.83	73.30	33.06	0.51	35.65	40.29	103.74	56.75

注：黑土层厚度 n=536，元素指标 n=298，n 为样品数量，单位为件；pH 为无量纲，SOM 单位为 g/kg，其余指标单位为 mg/kg。

可用于海伦市全域耕地保护表土剥离规划，为规划编制提供了时效新、指标全、精度高的第一手资料，为海伦市黑土地保护利用、乡村振兴等工作提供了有力支撑。

8.5.2 黑土地资源脆弱性评价

黑土地资源脆弱性评价采用先单因子评价，再多因子叠加的评价方法。以海伦市域为评价范围，评价单因子指标选取地表基质垂向构型，以及能够反映黑土地变薄、变瘦、变硬的指标，结合海伦市漫川-漫岗地形和受侵蚀强度的 6 个指标：地表基质垂向构型、黑土层厚度、有机质含量、表层土壤容重、坡度、侵蚀强度。各单因子统一重采样至 90m×90m 分辨率，各单因子评价等级赋分标准如表 8.16 所示，单因子评价结果如图 8.15 所示。

表 8.16 脆弱性评价因子及分等定级赋分标准表

单因子指标	四等（退化区）（1 分）	三等（脆弱区）（2 分）	二等（较稳定区）（3 分）	一等（稳定区）（4 分）	数据来源
地表基质垂向构型	土-岩	土-砾	砂土、壤土、黏土-砂土、黏土、粗骨土	通体壤土	实测数据
黑土层厚度/cm	<20	20~35	35~50	>50	实测数据
有机质含量/(g/kg)	<20	20~35	35~50	>50	实测数据
表层土壤容重/(g/cm³)	<0.8 或≥1.8	0.8~1.1 或 1.5~1.8	1.1~1.2 或 1.35~1.5	1.2~1.35	实测数据
坡度/(°)	>5	3~5	1~3	<1	90m 分辨率 ALOS DEM
侵蚀强度	剧烈+极强度	强度	轻、中度	微度	中国科学院资源环境科学数据平台

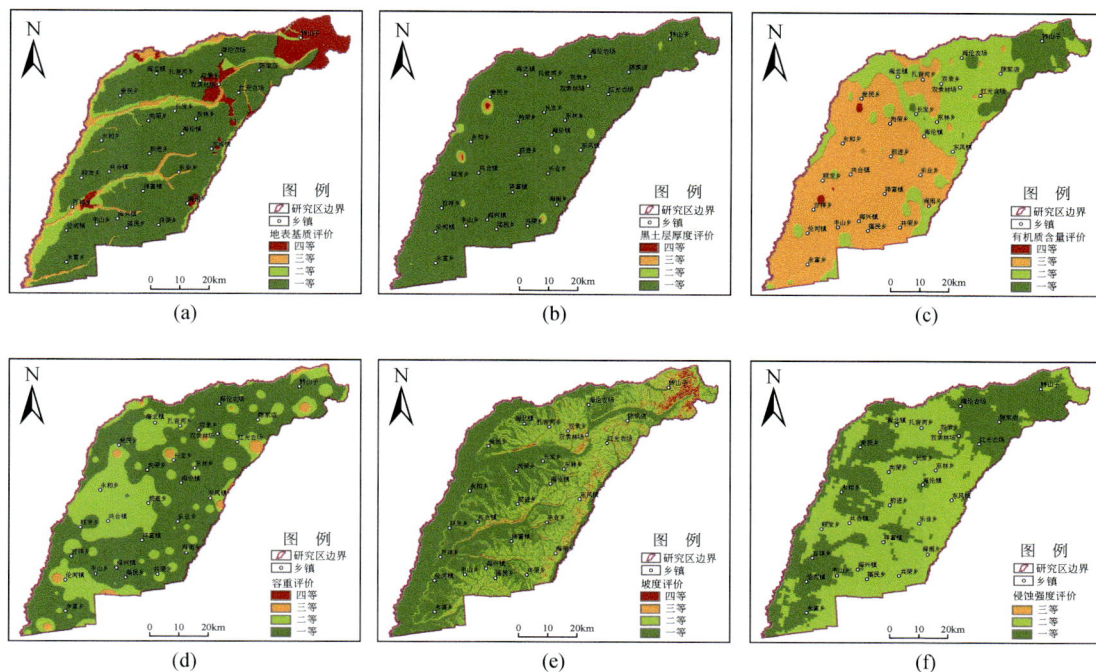

图 8.15　研究区黑土地资源脆弱性单因子评价图

根据以上赋分标准，得到该区域评价得分，分数（y）由低至高分为 4 个等级，即退化区（$y<12$ 分）、脆弱区（12 分 $\leq y<15$ 分）、较稳定区（15 分 $\leq y<18$ 分）和稳定区（$y\geq$ 18 分）。评价结果如图 8.16 所示，海伦市黑土资源脆弱性评价整体良好，未有退化区分布，脆弱区面积为 0.31km²，占比不到 1%，零星分布在东北部山区，主要原因为表土较薄、土壤容重低、坡度较大；较稳定区面积为 116.73km²，占比约 2.50%，主要分布在残坡积土-花岗岩构型区域、河流北岸侵蚀沟发育区，以及西部个别黑土层较薄、有机质含量较低区域。稳定区占比最大，面积为 4549.96km²，占比约 97.49%。说明海伦市黑土资源条件较好，多为通体壤土、黏质壤土构型，黑土层较厚，有机质含量较高，农业生产条件好。

8.5.3　地表基质适宜性评价

选用 CLUMondo 模型进行土地利用适宜性评价，CLUMondo 模型可以根据现有土地利用情况与各驱动因子的相关性计算出相关性系数，可以有效地说明土地利用受各个因子的影响程度，进而可以更高效地规划出各用地的适宜区。

1. 评价指标选择

模型的驱动因子的选取遵循科学性、全面性、可获取性、可量化性的原则，结合海伦市区域现状及地域特点，初步选择了 21 个代表气候、土壤、地形的驱动因子（表 8.17），并统一重采样到 100m 分辨率。

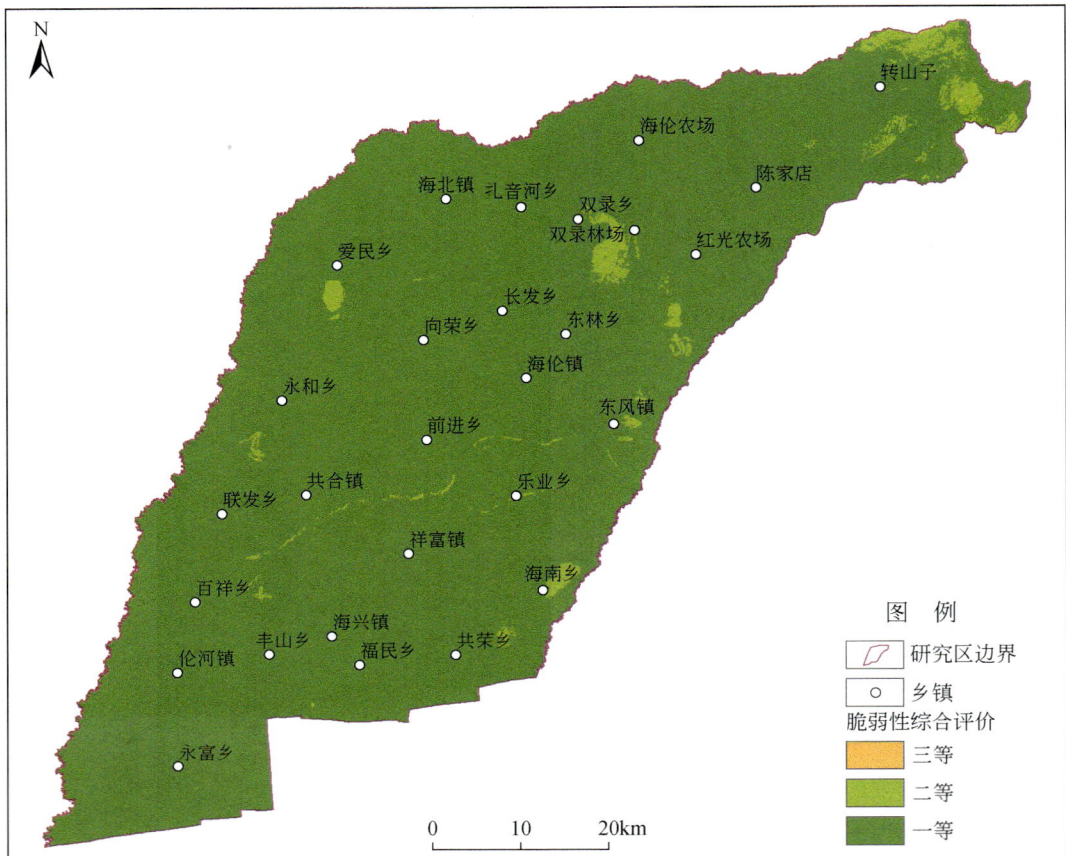

图 8.16　研究区黑土地资源脆弱性综合评价图

表 8.17　地表基质适宜性评价驱动因子及命名表

种类	驱动因子	驱动因子描述	数据来源
土壤因子	通体壤土型/tutu	5m 以浅通体壤土结构	实测数据
	土-砂构型/tusha	5m 以浅上土下砂砾结构	
	土-岩构型/tuyan	5m 以浅上土下岩结构	
	通体砂砾型/sha	5m 以浅通体砂砾结构	
	泥-土构型/nitu	5m 以浅上泥下土结构	
	黑土厚度/thick	像元中心黑土厚度	
	砂粒含量/sand	像元中心土壤砂粒含量	
	黏粒含量/clay	像元中心土壤黏粒含量	
	酸碱度/ph	像元中心土壤酸碱度	
	有机质/som	像元中心土壤有机质含量	
位置因子	距河流距离/dis-river	像元中心距离河流距离	基于"第三次全国国土调查"数据空间分析
	距公路距离/dis-road	像元中心距离主要公路距离	
	距农村道路距离/dis-ruralroad	像元中心距离农村道路距离	

续表

种类	驱动因子	驱动因子描述	数据来源
自然和社会因子	高程/dem	像元中心高程值	EarthData 平台（http://search.asf.alaska.edu）
	坡度/slope	像元中心坡度值	基于高程处理数据
	坡向/aspect	像元中心坡向	基于高程处理数据
	年平均气温/temp	像元中心的年平均气温	国家地球系统科学数据中心（www.geodata.cn）
	年平均降水/prcp	像元中心的年平均降水量	
	地下水等水位线/dixiashui	像元中心的地下水位	黑龙江省海伦市自然资源局
	归一化植被指数/ndvi	像元中心的归一化植被指数	遥感反演数据
	人口/tpop	像元中心的人口密度	中国科学院资源环境科学数据中心（https://www.resdc.cn/）

在对土地利用类型的 Logistic 回归分析过程中，需要对驱动因子之间的相关性进行分析，排除相关性较大的因子。本节选取的 21 个驱动因子中只有地下水等水位线与年平均气温、高程相关性较高，剔除地下水等水位线这一驱动因子，其他驱动因子的共线性均小于 0.8，可满足 CLUMondo 模型的共线性要求，因此采用剩余 20 个因子作为驱动因子进行研究。基于选定的驱动因子计算每种土地利用类型与各驱动因子的贡献程度系数如表 8.18 所示。

表 8.18　Logistics 回归分析贡献程度表

影响因子	旱地	水田	园地	林地	草地	湿地	城乡用地	水体	未利用地
常数	−9.22974	3.56135	−6.16683	−9.93248	−5.51093	−11.9098	−0.90401	−2.92732	−13.9845
土−土构型	4.40059	−1.50721	1.61576	−0.91061	−1.74265		0.79155	0.49901	
土−砂构型	2.65704	0.50988	2.27122	−1.47434	−1.51745		0.5491	1.17709	
土−岩构型	2.74826	−1.64738			−1.95547	1.00885			
砂−砂构型	2.33882			−1.20628		2.01397		2.96722	
泥−土构型				−2.2815				5.6366	
坡向		0.0001		0.00049	−0.00078	−0.00011		−0.00089	
黏粒含量	0.0103	0.00149		−0.00869			0.00718	−0.00788	
高程	0.00253	−0.07652	−0.01789	0.01068	−0.01161	0.01073	0.00907	−0.0224	
距河流距离	−0.00005	0.00024	−0.00042	−0.00004		−0.00135		−0.00028	
距公路距离	0.00004	0.00005			0.00014	0.00016	−0.0005		−0.00069
距村道距离	−0.00101	−0.00052		0.00117			−0.00422	0.00095	−0.00587
NDVI									
pH	0.01364			−0.01548			0.01178	0.0149	1.11147
年均降水量	0.00668	0.0219		0.00842	0.00921		−0.0104	0.00965	
砂粒含量	−0.01014	−0.00123	0.01776	0.00909	0.0026	0.01993	0.00653	0.00756	

续表

影响因子	旱地	水田	园地	林地	草地	湿地	城乡用地	水体	未利用地
坡向			0.38719	−0.00051	0.00075			0.00094	
有机质含量	−0.01363		0.03582	0.01541			−0.01138	−0.01493	0.03442
年均气温	0.26268	−2.00312	−2.64888		−0.8605		0.20546	−0.97039	−1.65736
黑土厚度		0.00012					0.00448	−0.0001	
人口								0.00006	0.01814
AUC 值	0.917475	0.889065	0.908493	0.827393	0.736829	0.943165	0.731179	0.866613	0.784831

注：AUC 值为 ROC 曲线与坐标轴围成的面积，ROC 曲线为受试者工作特征（receiver operating characteristic）曲线。

在剔除地表基质垂向构型因子后，计算每种土地利用类型与其他各驱动因子的贡献程度系数如表 8.19 所示。对比两表可知，在剔除地表基质垂向构型因子后，除未利用地外其他各类用地 AUC 值均有下降，说明加入地表基质垂向构型的因子后使得回归分析结果与 ROC 曲线拟合度更高，精度更高，更能解释土地利用的适宜性。

表 8.19　剔除地表基质垂向构型 Logistics 回归分析贡献程度表

影响因子	旱地	水田	园地	林地	草地	湿地	城乡用地	水体	未利用地
常数	−13.6872	8.41518	−0.72128	−11.2885	−0.77187	−3.47082	−2.66425	5.66114	−13.9845
坡向		0.0001		0.00044	−0.00084	−0.00012		−0.00104	
黏粒含量	0.01704	−0.00333		−0.00887	−0.00544		0.01015	−0.01248	
高程	0.00471	−0.10258	−0.03177	0.02006	−0.02337	0.01355	0.00766	−0.04062	
距河流距离	0.00023	−0.00005		−0.00005	−0.00034	−0.00193	0.00006	−0.00095	
距公路距离	−0.00007	0.00008		0.00003	0.00019	0.00016	−0.00052	0.00006	−0.00069
距村道距离	−0.00114	−0.00047		0.00111	0.00029		−0.0043	0.00142	−0.00587
NDVI	0.00007								
pH	0.00747	0.00843		−0.01024		−0.00569	0.01008		1.11147
年均降水量	0.01508	0.02569		0.00577	0.00737	−0.01304	−0.00758	0.00692	
砂粒含量	−0.01684	0.0036	0.01689	0.00929	0.00596	0.02517	0.00485	0.01214	
坡向			0.38023	−0.00046	0.00079			0.00106	
有机质含量	−0.0075	−0.00829	0.03438	0.01019		0.00559	−0.0097		0.03442
年均气温	0.6629	−2.87502	−3.15335	0.21886	−1.38684		0.25783	−1.6073	−1.65736
黑土厚度		0.00012					0.00451	−0.0001	
人口	0.00004				−0.00005	−0.00005	0.00013	0.00003	0.01814
AUC 值	0.900628	0.862272	0.900963	0.827142	0.710079	0.935094	0.730579	0.829484	0.784831

2. 评价方法

地表基质适宜性通过 Logistic 回归分析计算某一种土地利用类型出现概率的方法，其原理是将不同土地利用的栅格单元与驱动因子之间的关系进行回归，从而求出每种土地利用类型在每个栅格上的概率，计算公式如下：

$$\mathrm{Log}\left\{\frac{P_i}{1-P_i}\right\} = \beta_0 + \beta_1 X_{1,i} + \beta_2 X_{2,i} + \cdots + \beta_n X_{n,i}$$

通过对 Logistics 回归模型的变换可以得到每个栅格单元的土地利用类型的概率，代表着每个栅格的土地利用适宜性，从而得到每种土地利用类型的最佳适宜区域，Logistics 回归模型的变换公式为

$$p_i = \frac{\exp\left(\beta_0 + \beta_1 x_{1,i} + \beta_2 x_{2,i} + \beta_3 x_{3,i} + \cdots + \beta_n x_{n,i}\right)}{1 + \exp\left(\beta_0 + \beta_1 x_{1,i} + \beta_2 x_{2,i} + \beta_3 x_{3,i} + \cdots + \beta_n x_{n,i}\right)}$$

式中，p_i 为某个栅格出现土地利用类型 i 的概率；β_0 为常数项；β_1，β_2，$\cdots$，β_n 为每种驱动因子的回归系数；x_1，x_2，$\cdots$，x_n 为驱动因子；$\exp(\cdot)$ 为以自然对数为底的指数。

Logistics 回归结果常使用 ROC 曲线进行精度的检验，AUC 值可以表征每种土地利用类型与驱动因子之间拟合度的系数，代表回归计算的准确性，数值范围为 0~1，通常数值超过 0.7，表示结果具有较高的准确性，数值低于 0.7 表示结果的精度较差。

所有土地利用类型的 AUC 值均大于 0.7，其中旱地、园地、湿地的 AUC 值超过 0.9，说明所选的驱动因子准确度较高，可以很好解释土地利用的适宜性。

3. 评价结果

根据回归分析结果，运用地图代数方法计算每个栅格出现的每种土地利用类型的概率，得到每种土地利用类型的适宜性图，如图 8.17 所示，由评价结果可知，旱地主要适宜分布在漫川漫岗、低洼平原区，而水田适宜分布在河道周围的漫滩阶地，林地主要适宜在东北部丘陵。

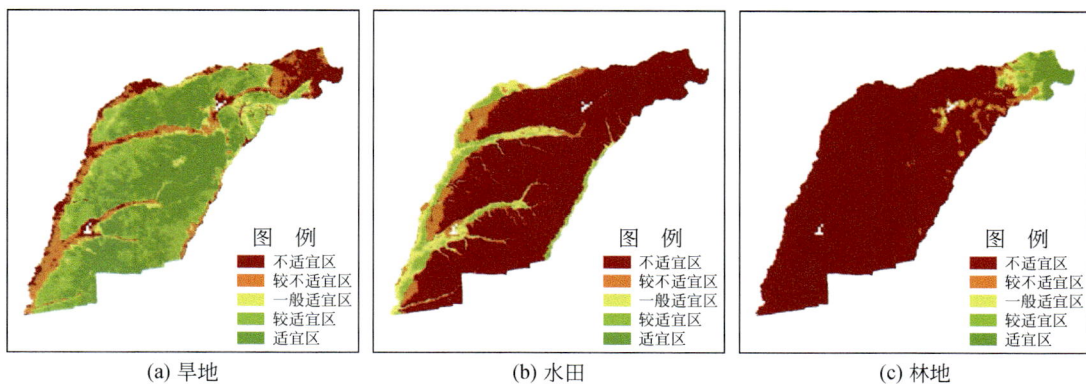

图 8.17 研究区基于地表基质的土地利用适宜性评价图

第9章 地表基质调查支撑江苏泰兴高沙土区国土空间优化

9.1 自然资源背景

9.1.1 地形

江苏省泰兴市，面积约 1169km^2。地表高程分级如图 9.1 所示。整体地势较平坦，北部

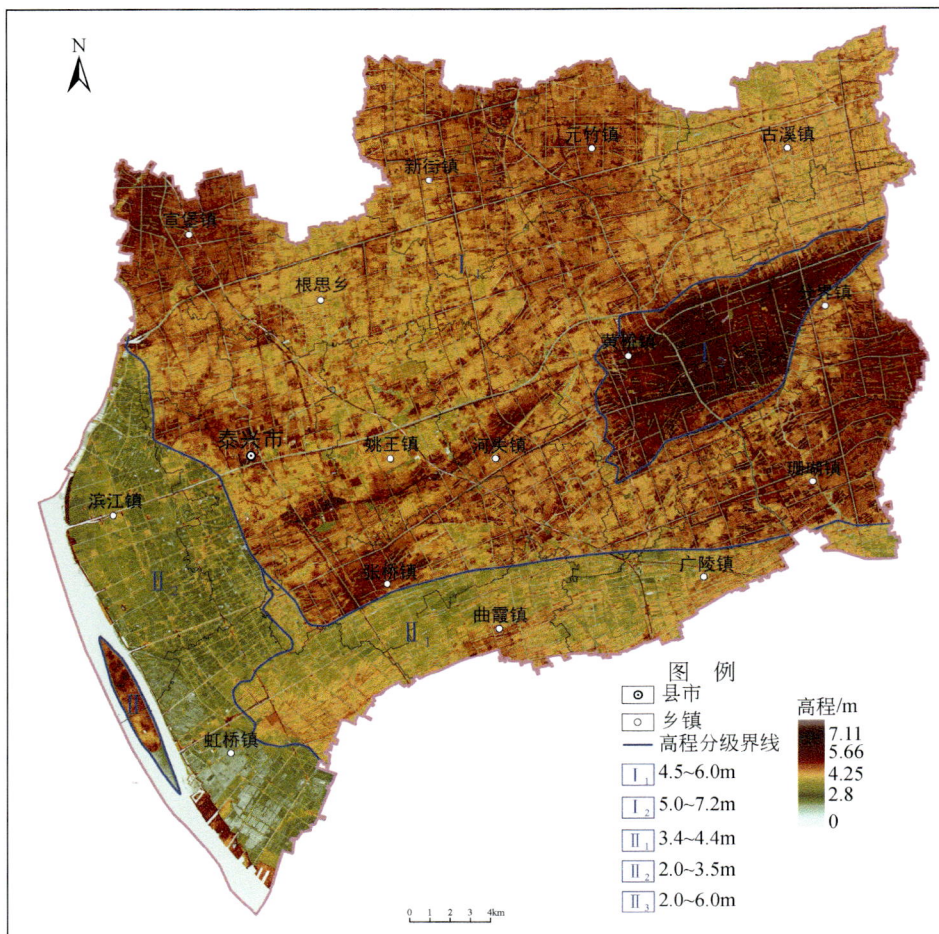

图 9.1 研究区地表高程分级图

和中部属长江三角洲冲海积平原，地形较高一般为 4.0～6.0m，黄桥一带局部可达 7.2m；西部和南部地区属长江下游冲积平原，地形相对较低，一般为 2.0～4.4m，河渠密布；江心洲为 2.0～6.0m 不等（图 9.1）。

9.1.2　土壤

泰兴市土壤亚类以灰潮土和水稻为主，其中土属以高沙土为代表，分布区域如图 9.2 所示。泰兴市属于典型高沙土区，高沙土占全区面积近 75%，其他类型还有潮灰土、油泥土、冲积土等[①]，这些土壤的成土母质主要包括冲海积粉砂或细砂、冲积黏性土、冲积细砂（图 9.2）。

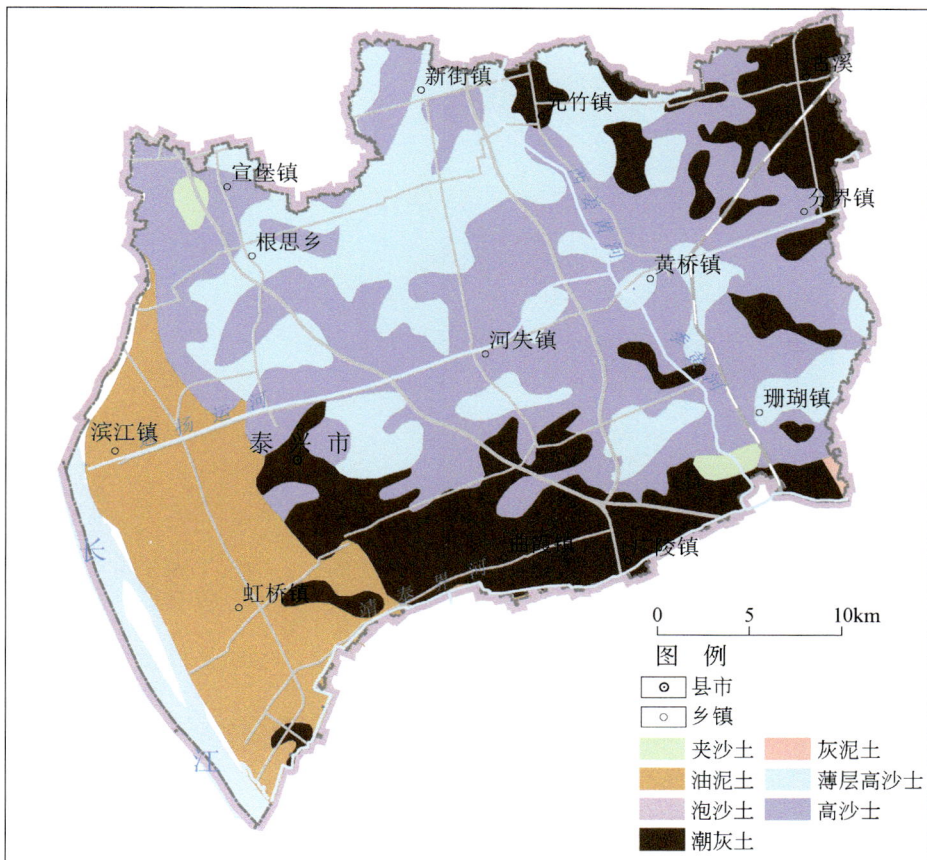

图 9.2　研究区土壤类型分布图

高沙土属于冲海积成因，成土时间较短，地下水位周期性升降作用明显，黏化作用较弱，氧化还原层或雏形层发育，母质特征较明显。土壤受物源影响，偏砂，呈弱碱性，灰化反应较强，持水性较差，保水、保肥性比较差，有机质、营养元素较缺乏，但透气性及

---

① 泰兴县土壤普查办公室，1985，泰兴县土壤志。

耕性较好。

9.1.3 土地利用类型

参照泰兴市第三次全国国土调查土地利用分类 [《土地利用现状分类》（GB/T 21010—2017）]，按照自然资源实际发育状况，本次工作采用土地利用分类如图 9.3 所示。

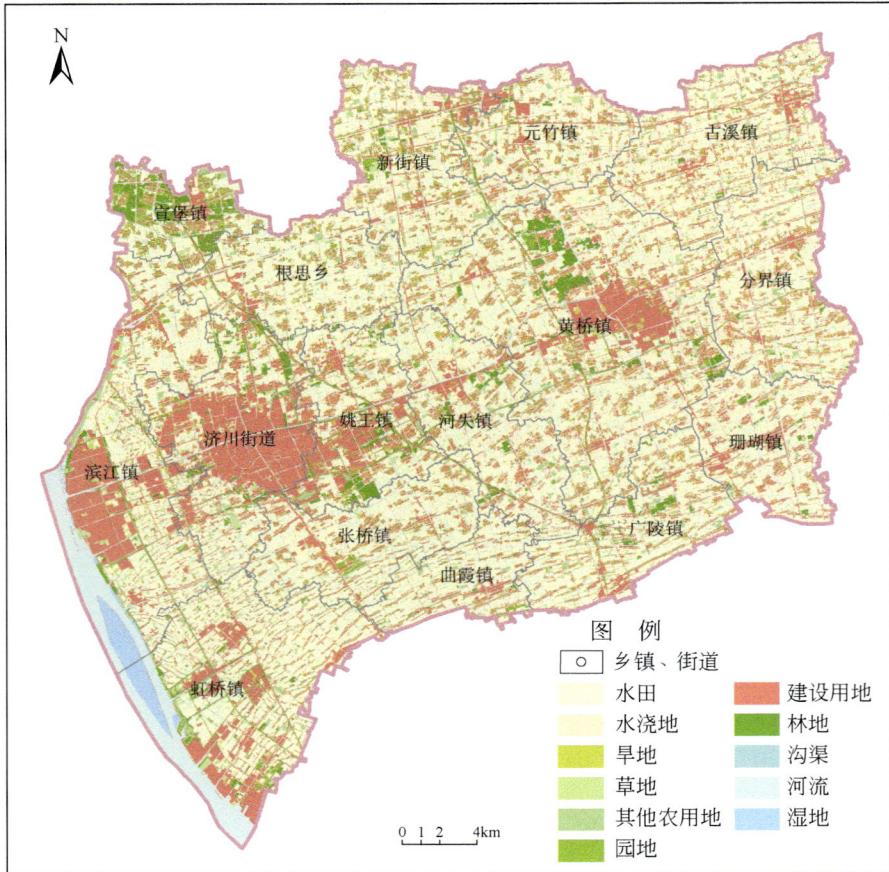

图 9.3 研究区土地利用类型

泰兴市土地资源主要包含耕地（水田、旱田、水浇地）、园地、林地、建设用地、河流、沟渠等。据 2020 年统计数据，全市土地总面积约 1169.66km^2（175.45 万亩^①），其中农用地面积约 752.47km^2（112.87 万亩），占土地总面积的 64.33%；建设用地面积约 302.63km^2（45.39 万亩），占土地总面积的 25.87%；未利用地面积约 114.54km^2（17.18 万亩），占土地总面积的 9.80%。

泰兴市耕地总面积约 585.12km^2（87.77 万亩），占土地总面积的 50.03%，耕地细分为水田、水浇地、旱地，耕地类型分布如图 9.4 所示。

---

① 1 亩 ≈ 0.000667km^2。

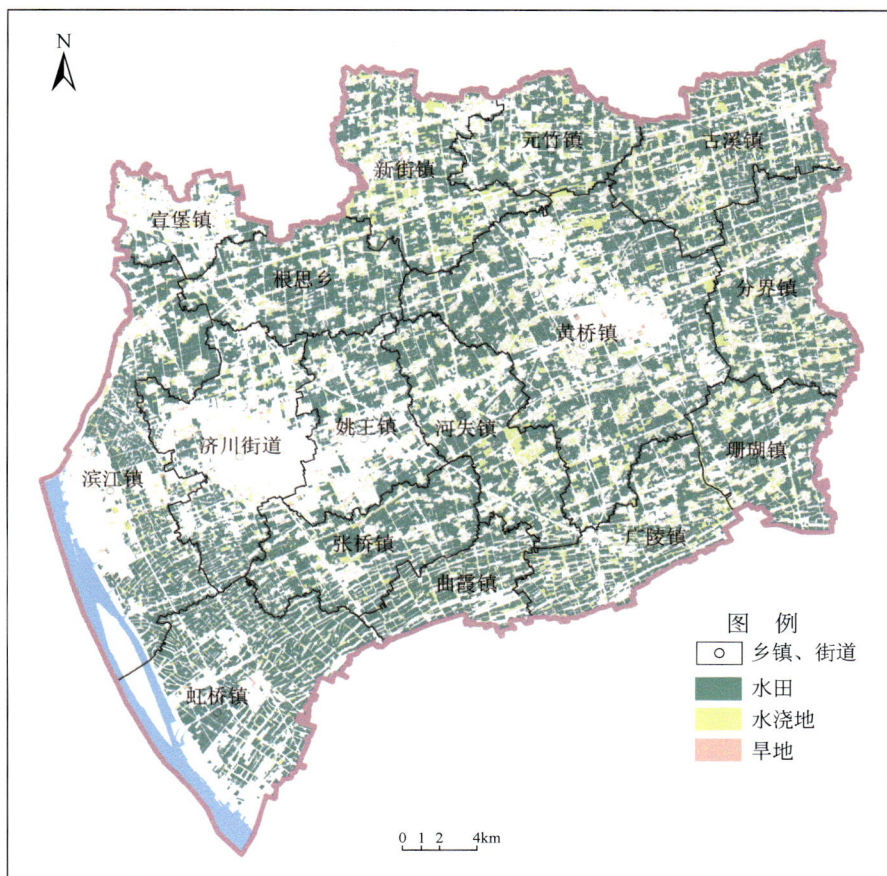

图 9.4　研究区耕地类型分布图

泰兴市基本农田保护图斑共 88.40 万亩。在第三次全国国土调查中（2020 年 12 月），调查为农用地的面积为 86.69 万亩（图 9.5），占比为 98.07%，其中耕地的面积为 75.93 万亩，占比 85.89%。

9.1.4　地表水与地下水

1. 地表水

泰兴市位于长江下游，水网密布，雨量充沛，河流水面发育，地表水资源丰富。境内地表水主要来自降水、径流水、江水，存在于河、沟、塘等水系之中。降水量各年分布不均，汛期降水量占全年降水量 60%；年平均径流（不含长江水域）量约 2.53 亿 m³；江水实际年平均净引量约 11.38 亿 m³。年平均蒸发量约 856mm。处于正常水位时（黄桥 2.04m），总容量约 0.54 亿 m³。

全市地表水域面积为 230.3km²，其中江域面积为 42.88km²。泰兴市境内现有干河 15 条，总长 393km；中沟 416 条，全长 1131km。干沟、中沟构成了全市骨干引排水网络。主要河流水面分布如图 9.6 所示。

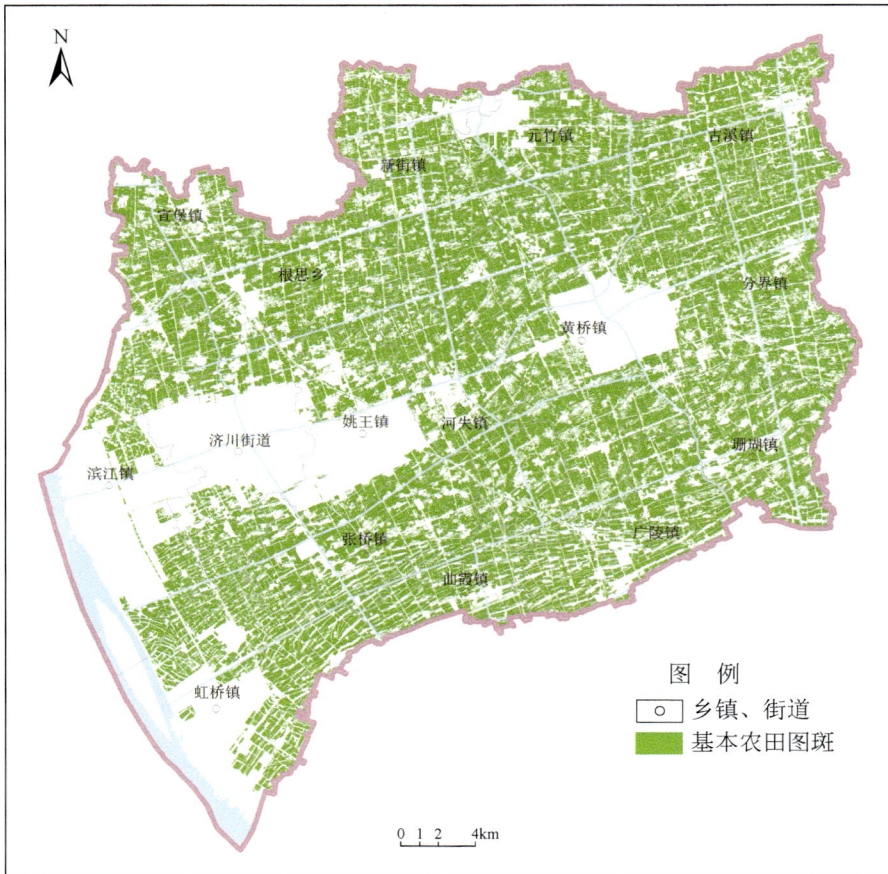

图9.5 研究区永久基本农田保护区

2. 地下水

泰兴市地下水资源丰富，主要为松散岩类孔隙水，包括包气带水、潜水和 4 个承压含水层，各含水层组具有厚度大、层次少（含水层之间无稳定隔水层）、颗粒粗、水量丰富等特点。潜水和第Ⅳ承压含水层以淡水为主，第Ⅰ、Ⅱ、Ⅲ承压含水层以微咸水为主。与地表基质层密切相关的地下水是包气带（土壤水）与潜水，它们是地表基质物质交换的重要媒介，与农业生产、生态保护、工程建设等密切相关。

1）包气带水

包气带水位于潜水面以上，是土壤与含水层之间的介质，存在形式包括土壤水和上层滞水。其中土壤水存在于包气带土层中，以结合水和毛管水形式存在，是植物生长和生存的物质基础，它不仅影响林木、大田作物、蔬菜、果树的产量，还影响陆地表面植物的分布。

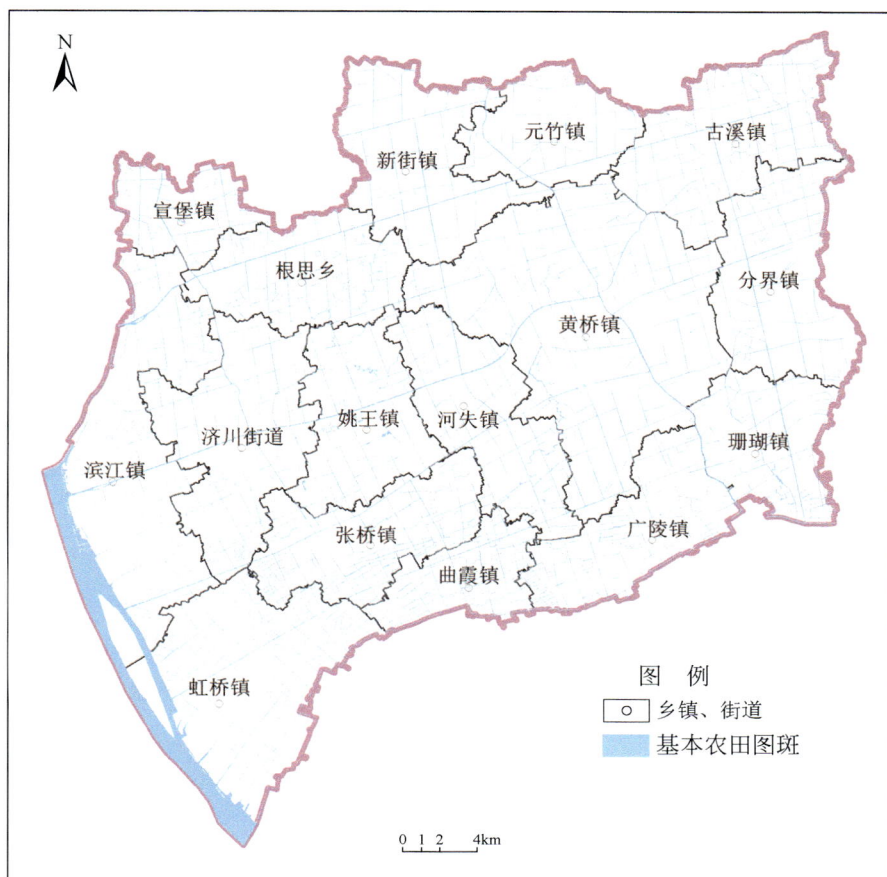

图 9.6　研究区主要河流水系分布图

高沙土由于颗粒偏粗、孔隙较粗、孔隙率小，持水性相对较差；偏黏性土，如沿江地区的粉砂质黏土，颗粒较细、孔隙率较高，持水性更强。

2）潜水

含水层厚度一般在 20～60m，单井涌水量一般介于 100～1000m³/d（注：单井涌水量均换算成井径 0.4m，降深 10m 情况下的涌水量）。潜水垂直长江分布，自南西向北东具有明显分带性，以淡水为主，仅东北部局部存在微咸水，一般民井开采，用于洗涤及生活用水。

丰水期与枯水期的泰兴市埋深等值线分布如图 9.7、图 9.8 所示[①]。丰水期潜水埋深一般为 1～3m，西南低、北东高；枯水期潜水埋深一般在 1～4m，东南浅、北东深，年变幅为 2～3m。

潜水补给、径流、排泄特征。大气降水和农田灌溉水入渗是其主要补给途径。此外，工作区内河网密布，天然状态下，地表水与地下水相互补给、排泄，即丰水期地表水补给

---

① 江苏省地质调查研究院，2020，泰兴综合地质调查成果报告。

潜水、枯水期潜水补给地表水。据 2020 年 9 月区内潜水统测表明，地下水总体流向为西南向北东方向，由于区内水位坡降小，含水层渗透性差，故潜水径流强度微弱。潜水的排泄方式主要有蒸发、枯水期泄入地表水体、越流补给承压水及民井开采。

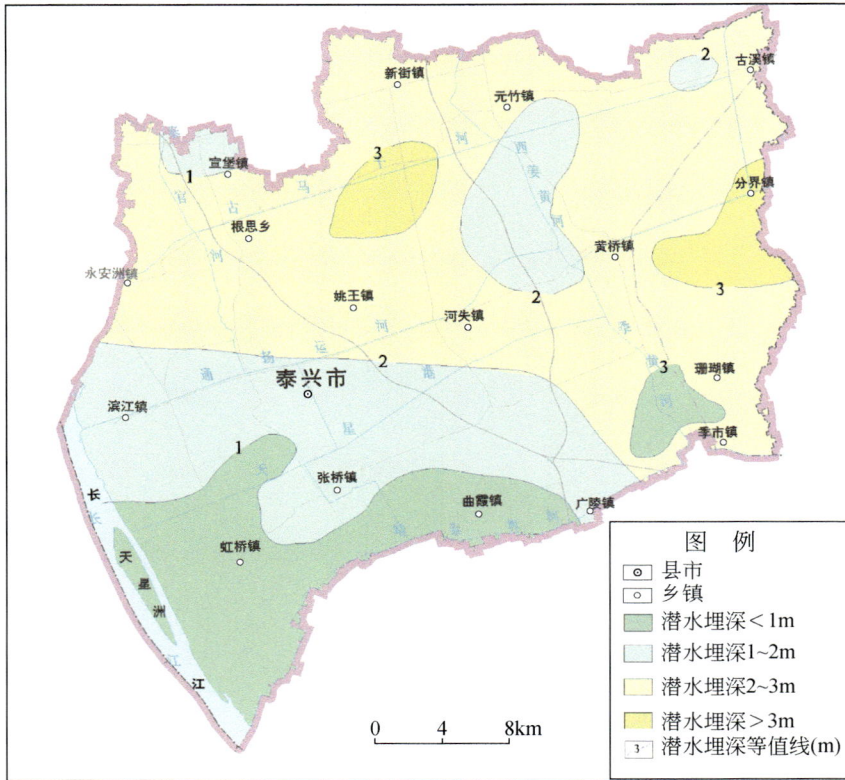

图 9.7　研究区三水期潜水埋深等值线分布图

潜水位动态变化特征如图 9.9 所示，区内潜水位随季节变化上下浮动，主要受大气降雨影响和控制，潜水埋深曲线几乎与降水量曲线同步升降。根据民井 2020 年水位野外统测数据，6～9 月为降水的丰水期，潜水呈高水位，埋深浅；12 月到翌年 3 月降水贫乏期，潜水处于低水位，埋深深，反映较典型的降水入渗-蒸发型动态特征。在丰水期潜水埋深为 0.5～2.4m，枯水期潜水埋深在 1.3～4.2m，变化幅度在 1.0～2.0m。

潜水质特征。根据泰兴市综合地质调查 2020 年调查数据，水质以Ⅳ类水为主，总体水质较差，并且水质与取样深度有关。民井水（成井深度小于 10m）水质如表 9.1 所示，硝酸盐超标具有普遍性，且为Ⅴ类指标，硝酸盐污染主要来自农业上化肥的使用。10～50m 潜水以Ⅳ～Ⅴ类水为主，指标以铁、砷、氨氮指标超标概率较大，其他指标如硝酸盐、总硬度、溶解性总固体等，虽有检出，但超标率低。

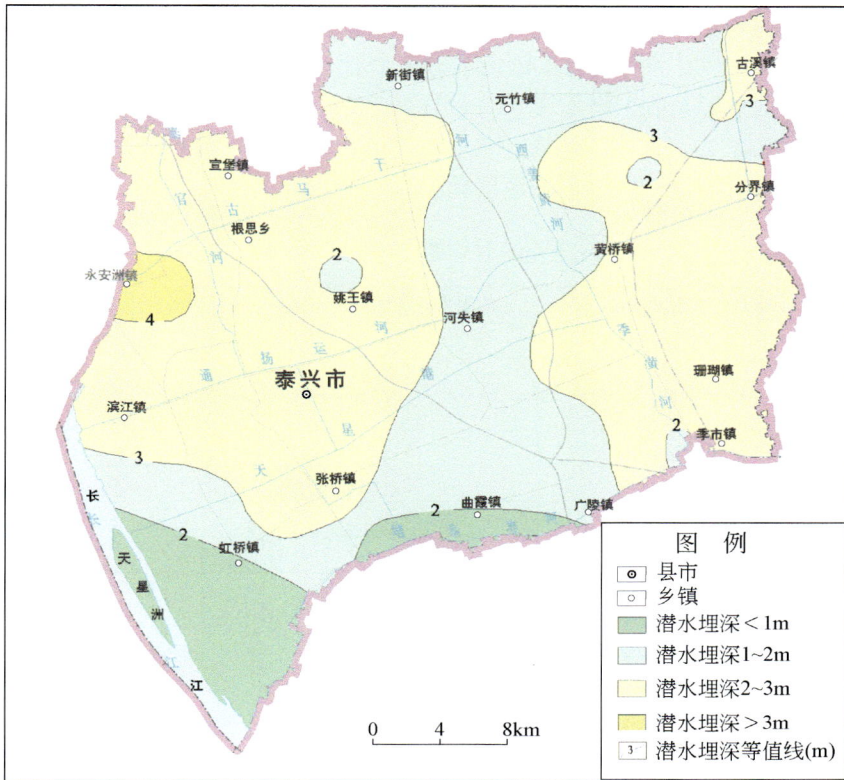

图 9.8　研究区枯水期潜水埋深等值线分布图

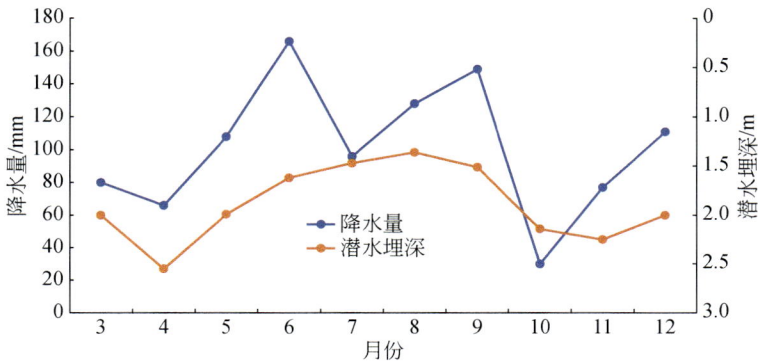

图 9.9　泰兴市古溪镇段庄村 2018 年潜水埋深与降水量关系图

9.1.5　第四纪地质背景

地貌按照成因及外力作用类型分为长江三角洲冲海积平原（Ⅰ）和长江下游冲积平原（Ⅱ）两大分区，根据形成微环境进一步细分为 5 种地貌类型，如图 9.10 所示。

根据松散沉积组合及成因特征，结合沉积地层划分及形成时代，编制形成泰兴市区域第四纪地质图，如图 9.11 所示。浅表沉积物较单一，沉积物成熟度较高，基本以灰黄色粉砂、粉细砂或细砂为主。浅表地层及分布特征为泰兴城区—河失镇一线以北地区分布全新统如东组三段（Qhr^{3alm}）冲海积粉细砂或粉砂，岩性较为简单，厚度一般 5m 左右；沿江滨江—虹桥镇分布全新系如东组三段（Qhr^{3al}）冲积物，上层岩性为粉砂质黏土与黏土质粉砂韵律互层，厚度在 1～2m；下层为青灰色粉细砂、细砂，厚度超过 10m。在此基础上，根据全新世沉积相组合差异，将岩石地层单位进一步细分为 4 个地层单位。

表 9.1 民井水样检测出超标指标及超标率

指标类别	指标名称	检测出水样个数/个	占25组民井水样百分比	
V类指标	硝酸盐	22		88%
IV类指标	锰	5		20%
	铁	3		12%
	砷	2		8%
	碘化物	1		4%
	pH	2		8%
	总硬度	4		16%

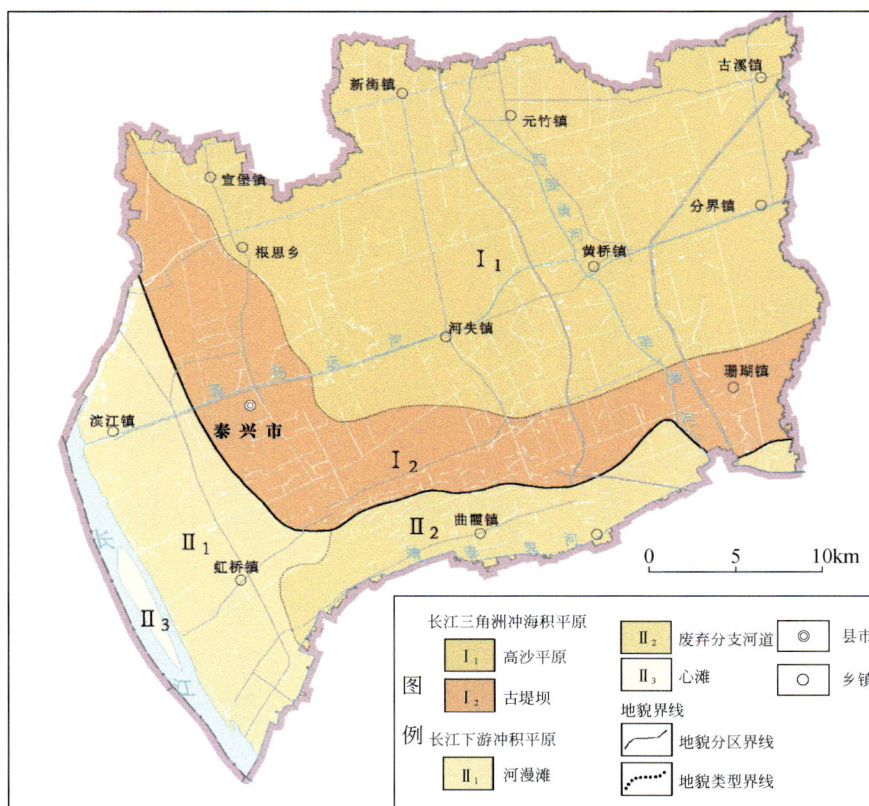

图 9.10 研究区区域地貌类型划分图

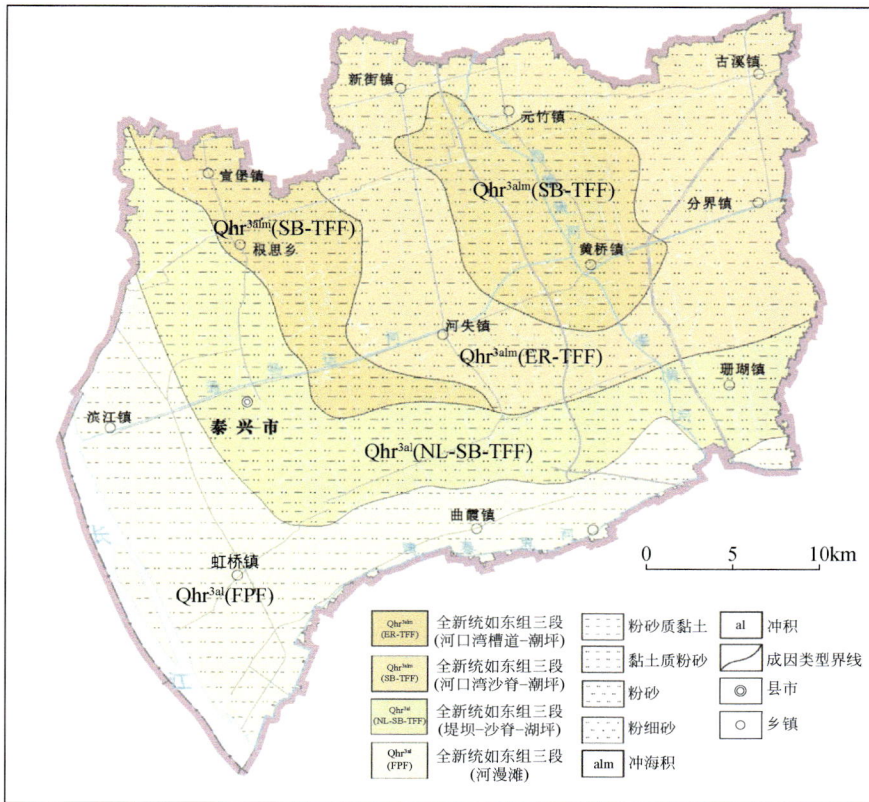

图 9.11　研究区第四纪地质图

9.1.6　国土空间规划

据《泰兴市国土空间总体规划（2021—2035 年）》要求，"十四五"期间，泰兴市构建国土空间开发保护新格局，积极推动发展方式转型，着力构建生产空间集约高效、生活空间宜居适度、生态空间山清水秀，优化国土空间发展格局。促进城乡融合，推进新型城镇化和乡村振兴。重点乡镇，围绕各自资源禀赋、产业基础、区位优势等，坚持宜工则工、宜农则农、宜游则游、宜商则商，因地制宜打造各具特色、有活力有魅力的小城镇。

规划"一主两副，两带五片"的全域国土空间格局（图 9.12），"一主"，即泰兴主中心城区；"两副"，即黄桥副中心和虹桥副中心；"两带"沿江复合带和如泰发展带（泰兴主中心至黄桥副中心一线）；"五片"包括沿江综合发展片区、中部城镇发展片区、西北生态农业片区、北部现代农业片区和南部高效农业片区。

图 9.12　研究区国土空间总体格局示意图

9.2　地表基质类型及性质

9.2.1　地表基质类型

　　地表基质分类方案如表 9.2 所示，采用 3 级 9 类的划分方案，方案参考自然资源部《地表基质调查分类方案（试行）》、伍登-温德华粒级划分标准、刘宝珺《沉积岩石学》（1980 年）质地分类命名方法、《区域地质图图例》（GB/T 958—2015）成因类型划分等标准。地表基质一级类均为土质，二级类共划分出 4 种类型，三级类细分出 9 种类型。

表 9.2　泰兴市地表基质划分方案

一级类	二级类	三级类
土质（C）	冲海积粉砂（C1）	河口沙坝粉砂（C1-1）
		潮汐沙脊粉砂（C1-2）
		潮汐河道粉砂（C1-3）
		天然堤粉砂（C1-4）
	冲海积细砂（C2）	潮汐河道细砂（C2-1）
	冲积黏性土（C3）	河漫滩粉砂质黏土（C3-1）
		废弃河道黏土质粉砂（C3-2）
		洼地沼泽粉砂质黏土（C3-3）
	冲积细砂（C4）	心滩细砂（C4-1）

泰兴市地表基质 9 种类型分布如图 9.13 所示。在平面上大致以泰兴主城区西—张桥—广陵北—珊瑚镇南一线为界,地表基质整体表现为北海南陆、北粗南细、北砂南黏的特征。地表基质特征及分布情况如表 9.3 所示。

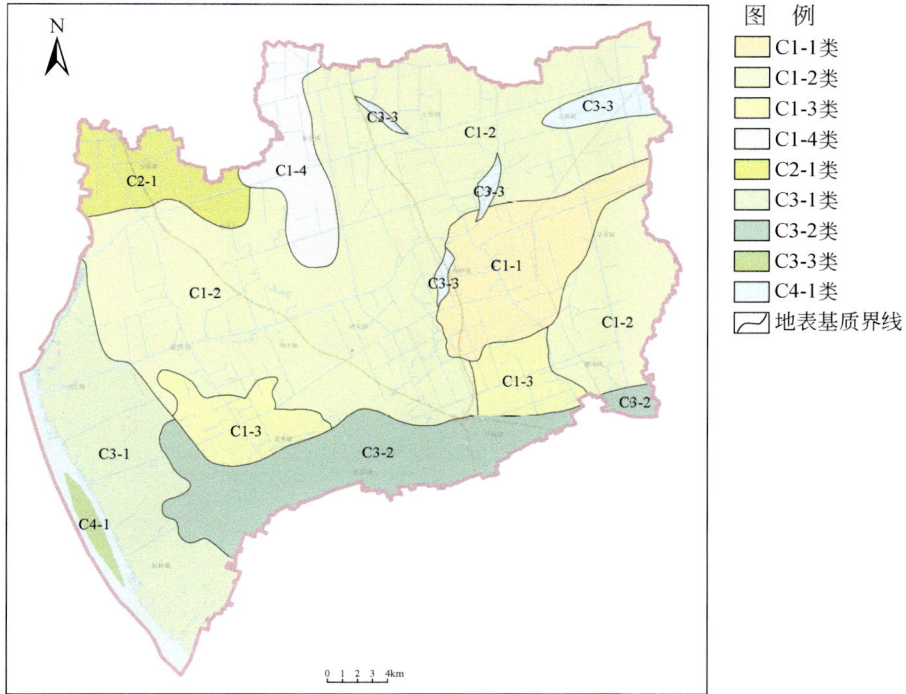

图 9.13 研究区地表基质类型分布图

表 9.3 研究区地表基质特征概述表

地表基质	地表高程/m	分布及特征
河口沙坝粉砂	6～7.2	分布在黄桥一带,冲海积成因,河口沙坝沉积物;以粉砂为主,粒度略细,孔隙较发育,矿物组分中石英、长石含量最高,成熟度较高;基质弱碱性,有机质和营养元素含量强偏低,土质偏砂,较为贫瘠
潮汐沙脊粉砂	4.5～5.5	分布在泰兴市中部与北部,分布区域面积最广;冲海积成因,潮汐沙脊沉积物;成熟度较高,以粉粒为主,石英、长石含量高,松散,孔隙发育;弱碱性,有机质和营养元素较缺乏
潮汐河道粉砂	5	分布在泰兴市新街以西;冲海积成因,潮汐河道沉积物;成熟度较高,以粉粒为主,石英、长石含量高,孔隙发育;弱碱性,土质偏砂,有机质和营养元素含量强偏低
天然堤粉砂	5～6	零星分布在张桥、广陵以北;冲海积成因,早期海相沉积物,后来成为阻隔长江的天然堤;以粉粒为主,局部可见黏粒夹层,长石、石英含量高,松散;弱碱性,土质偏砂,有机质和营养元素含量偏低
潮汐河道细砂	4.8～6.2	分布在西北部宣堡一带;冲海积成因,潮汐河道沉积,形成时间较早;以砂粒和粉粒为主,粒度细,上部略细,较为松散,孔隙发育;弱碱性,有机质和营养元素缺乏
河漫滩粉砂质黏土	2～3.4	分布在南部虹桥-滨江;冲积成因,长江河漫滩沉积物,以粉砂质黏土为主;黏粒明显增多,黏土矿物较丰富,粒度偏细,孔隙不发育;基质呈弱碱性,有机质及营养元素含量全区最高,土质较肥沃

地表基质	地表高程/m	分布及特征
废弃河道黏土质粉砂	3～4	分布在曲霞-广陵一带；冲积成因，废弃古河道淤积形成，以黏土质粉砂为主；含少量黏粒，粒度偏细，土质较肥沃，不沙不黏，适合耕种
洼地沼泽粉砂质黏土	4～4.3	零星分布在泰兴市北部古溪、黄桥、新街一带，范围较小；冲积成因，低洼沼泽淤积形成；粒度偏细，质地偏黏，黏土矿物较丰富，孔隙不发育；呈弱碱性，有机质含量较高，颜色偏深，土质较肥沃
心滩细砂	3～5.7	分布在长江天星洲；冲积形成，现代长江心滩沉积物，形成时间最晚；以砂粒为主，粒度达到细砂，较为松散，孔隙度最高；pH 全区最高，有机质和营养元素含量最低，较贫瘠

9.2.2 物理性质

泰兴市地表基质的物理特征，重点调查地表基质的粒度、矿物组分、表土容重、孔隙度等性质，按照地表基质二级类，特征总结如表 9.4 所示。

表 9.4 地表基质物理特征总结表

基质类型（物理性质）	冲海积细砂	冲海积粉砂	冲积黏性土		冲积细砂
			粉砂质黏土	黏土质粉砂	
颜色	黄棕、灰黄色	棕灰、灰黄色	棕灰、棕黄色		浅灰黄色
粒度/μm	中值粒径一般 70～100	中值粒径一般 35～60	中值粒径一般 3～20	中值粒径一般 20～30	一般 90～150
矿物组分/%	石英 60～70	石英 60～70	石英 50～60，黏土矿物 5～10		石英 45～60
表土容重/(g/cm³)	0.90～1.50，平均 1.15	0.73～1.67，平均 1.15	0.77～1.57，平均 1.06	0.73～1.67	
孔隙度/%	48～50	38～50，平均 48.68	平均 50.57	平均 48.68	
田间持水率/%	23～25		30～32		

1. 粒度

粒度主要包括细砂、粉砂、黏土质粉砂、粉砂质黏土。表层粒度北粗南细，分异明显，大致以泰兴西—张桥—广陵北—珊瑚南一线为界，天星洲地区现代长江冲积形成，粒度最粗，反映较强的水动力条件。

北部冲海积粉砂中值粒径主要分布在 35～40μm，宣堡一带冲海积细砂中值粒径为 70～100μm；南部滨江—虹桥一线冲积粉砂质黏土中值粒径主要分布在 3～20μm；曲霞—广陵一线冲积黏土质粉砂中值粒径主要分布在 20～30μm；天星洲一带冲积细砂中值粒径主要分布在 120～150μm（图 9.14）。

地表基质的粒度在垂向上存在明显波动，符合沉积作用的客观规律，如图 9.15 所示。冲海积粉砂基质剖面显示［图 9.15（a）］，垂向上中值粒径均值基本稳定，但波动幅度自下而上由大到小，并在表层趋于稳定，表现出均值化，总体波动幅度维持在固定的范围以内，下部区间在 30～70μm，上部快速缩小到 35～40μm；冲积黏性土剖面显示 [图 9.15（b）]，垂向上中值粒径自下而上明显变小，表现下粗上细的特点，下部中值粒径为 20～50μm，上部迅速减少到 10μm 左右，并趋于稳定。

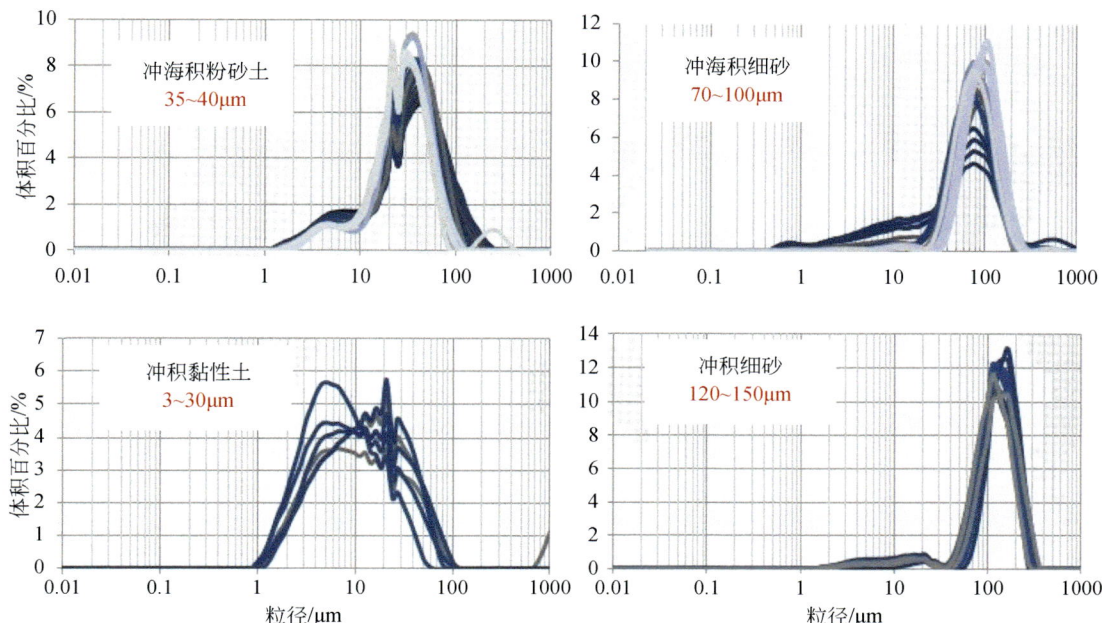

图 9.14　不同地表基质类型的粒度频率曲线

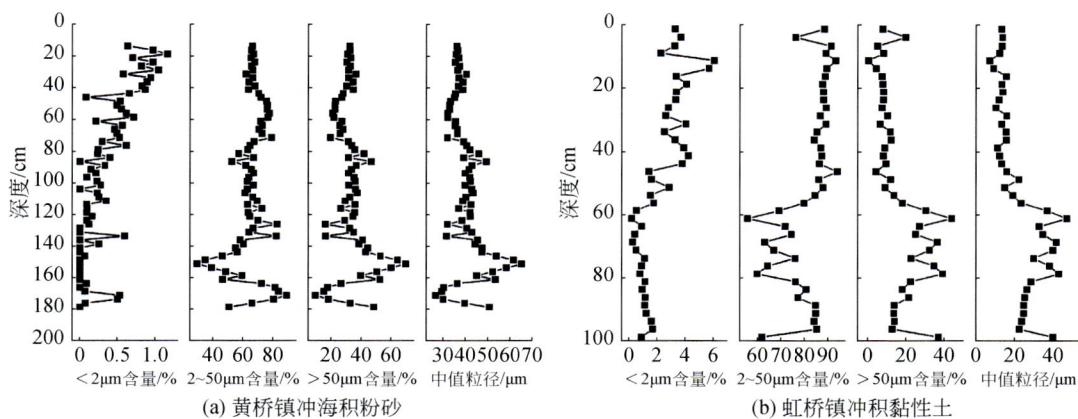

(a) 黄桥镇冲海积粉砂　　　　　　　　(b) 虹桥镇冲积黏性土

图 9.15　冲海积粉砂和冲积黏性土粒度垂向变化曲线

2. 矿物组合

表层基质矿物组合南北差异明显，反映物源与沉积环境的差异。矿物组合以石英、长石、云母、绿泥石、方解石、白云石、黏土矿物、闪石类矿物为主，其中差异主要体现在石英和黏土矿物含量。大致以泰兴西—张桥—广陵北—珊瑚南一线为界，北部冲海积粉砂或冲海积细砂石英含量明显高于南部。冲海积粉砂石英含量为 60%～70%，长石为 10%～25%，黏土矿物少量［图 9.16（a）］；冲海积细砂石英含量为 45%～60%；冲积黏性土石英含量为 50%～60%，黏土矿物为 5%～10%［图 9.16（b）］；冲积细砂石英含量为 45%～60%，长石为 10%～20%，局部方解石或白云石大于 10%。

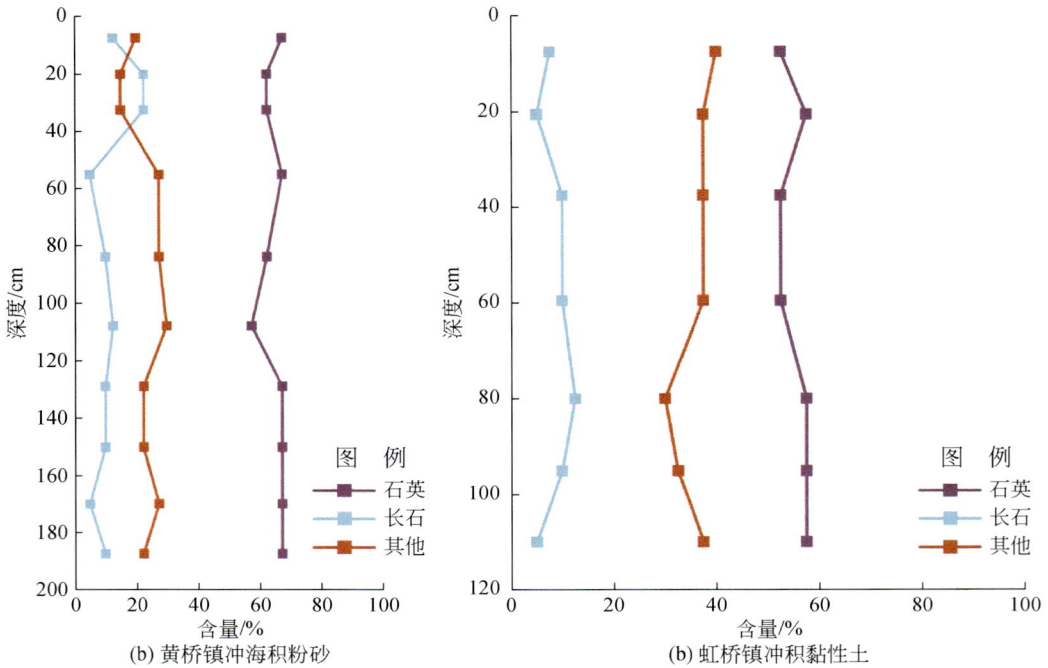

(b) 黄桥镇冲海积粉砂   (b) 虹桥镇冲积黏性土

图 9.16　冲海积粉砂和冲积黏性土矿物组合特征图

3. 孔隙度与容重

全区表土容重多在 1.18～1.65g/cm³（图 9.17），孔隙度为 37.74%～55.47%，容重较为接近，中间略大、两侧略小。中部冲海积粉砂容重为 0.73～1.67g/cm³，平均值为 1.15g/cm³，单个颗粒偏粗，孔隙率较小，孔隙度平均值为 48.68%；分布在宣堡镇的冲海积细砂，单个颗粒粗，孔隙率较小，容重偏小，范围为 0.9～1.5g/cm³。西南部和东北部容重偏小，特别是沿江冲积黏性土，颗粒偏细，孔隙率较高，孔隙度为 50.57%，容重最小，分布在 0.77～1.57g/cm³，平均值为 1.06g/cm³。

9.2.3　化学性质

根据地表基质面上和剖面化学采样调查的结果，分别选取 pH、有机碳、营养元素、常量元素、重金属（表 9.5、表 9.6），总结平面及纵向化学性质特点或元素迁移规律。

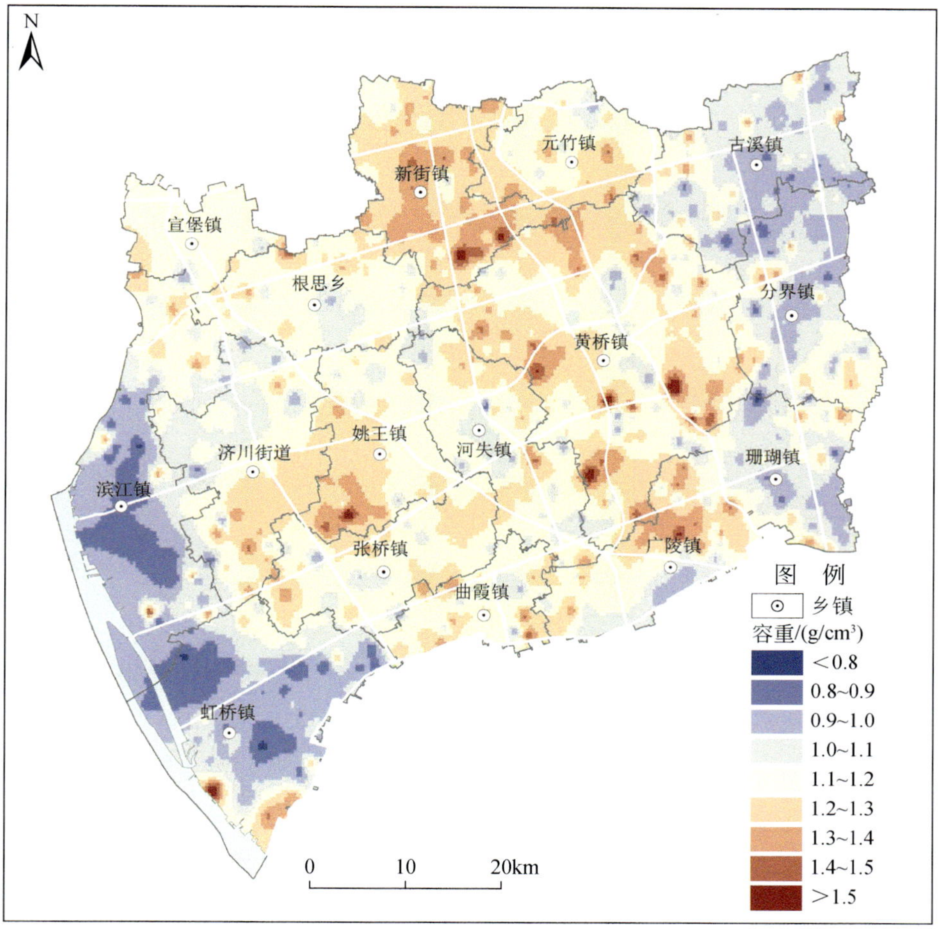

图 9.17　研究区地表基质容重分级图

表 9.5　泰兴市不同地区表层（0～20cm）基质地球化学特征表

特征值	单位	宣堡–根思，冲海积细砂	新街–古溪、河失–黄桥–珊瑚，冲海积粉砂	滨江–虹桥、曲霞，冲积黏性土
TN	mg/kg	1043.98	1101.134	2078.466
P	mg/kg	1059.46	1090.365	1092.127
K	%	1.71	1.691	2.053
碱解氮	mg/kg	89.72	95.534	174.059
速效钾	mg/kg	71.85	67.599	94.066
有效磷	mg/kg	27.63	28.334	23.395
As	mg/kg	7.31	8.247	11.054
Cd	mg/kg	0.12	0.129	0.250
Cr	mg/kg	58.65	59.517	82.282
Hg	mg/kg	0.08	0.081	0.144
Ni	mg/kg	23.80	23.432	39.053

特征值	单位	宣堡-根思,冲海积细砂	新街-古溪、河失-黄桥-珊瑚,冲海积粉砂	滨江-虹桥、曲霞,冲积黏性土
Pb	mg/kg	22.05	21.983	32.455
Cu	mg/kg	15.95	16.411	36.221
Zn	mg/kg	63.93	63.766	101.895
pH		7.67	7.539	7.878
有机碳	%	0.94	0.991	1.844
SiO₂	%	67.19	67.106	61.594

注：均为平均值。

表 9.6   泰兴市不同地区 150~200cm 基质地球化学特征表

特征值	单位	宣堡-根思,冲海积细砂	新街-古溪、河失-黄桥-珊瑚,冲海积粉砂	滨江-虹桥、曲霞,冲积黏性土
N	mg/kg	320.033	249.392	569.850
P	mg/kg	658.067	661.335	662.200
K	%	1.593	1.585	1.765
As	mg/kg	4.128	4.771	7.970
Cd	mg/kg	0.069	0.067	0.166
Cr	mg/kg	66.357	65.924	72.328
Hg	mg/kg	0.030	0.025	0.049
Ni	mg/kg	24.950	24.181	29.510
Pb	mg/kg	14.237	13.621	19.388
Cu	mg/kg	13.263	11.767	24.370
Zn	mg/kg	53.180	49.838	68.880
SiO₂	%	66.756	66.558	63.981
Mg	%	1.179	1.190	1.241
pH		8.478	8.499	8.261
有机碳	%	0.210	0.174	0.385

注：数据来自 2004 年多目标地球化学调查，均为平均值。

1. pH

泰兴市表层基质 pH 呈弱碱性，平面上有分异，与基质类型具有相关性，pH 平面分布如图 9.18 所示。冲海积细砂与粉砂基质区 pH 略低（图 9.19、图 9.20），表层（0~20m）基质 pH 平均值分别为 7.67 和 7.54;冲积黏性土基质区 pH 略高，平均值为 7.88。150~200cm基质 pH 呈弱碱性，pH 平面上差异性不明显。结合基质剖面 pH 纵向变化曲线分析，表土土壤的酸碱度均出现了不同程度的降低，前人的研究认为表层基质中酸碱度的降低与区内氮肥和磷肥的大量使用有关（Schroder et al.，2011；徐仁扣，2015）。不同的基质，由于粒度和质地的差异，对 pH 降低表现出差异化的响应，其中黏性颗粒，由于对酸性物质具有较好的吸附能力，能减缓 pH 下降的趋势。因此，在表层基质中，黏土质基质 pH 略偏高，出现了与基质相关性的表现。

(a) 表层(0~20cm)基质　　　　　　　　　　　(b) 150~200cm基质

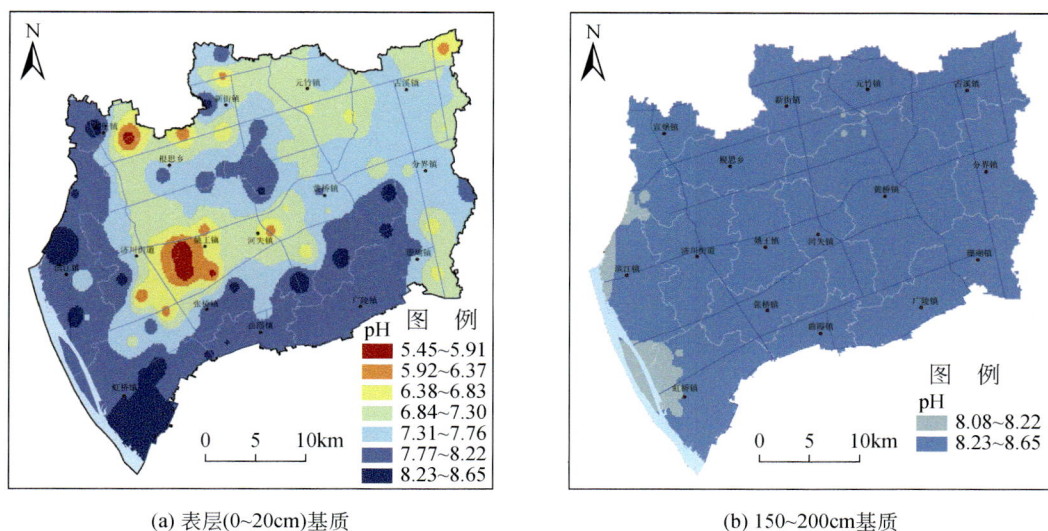

图 9.18　研究区不同深度基质 pH 空间分布图

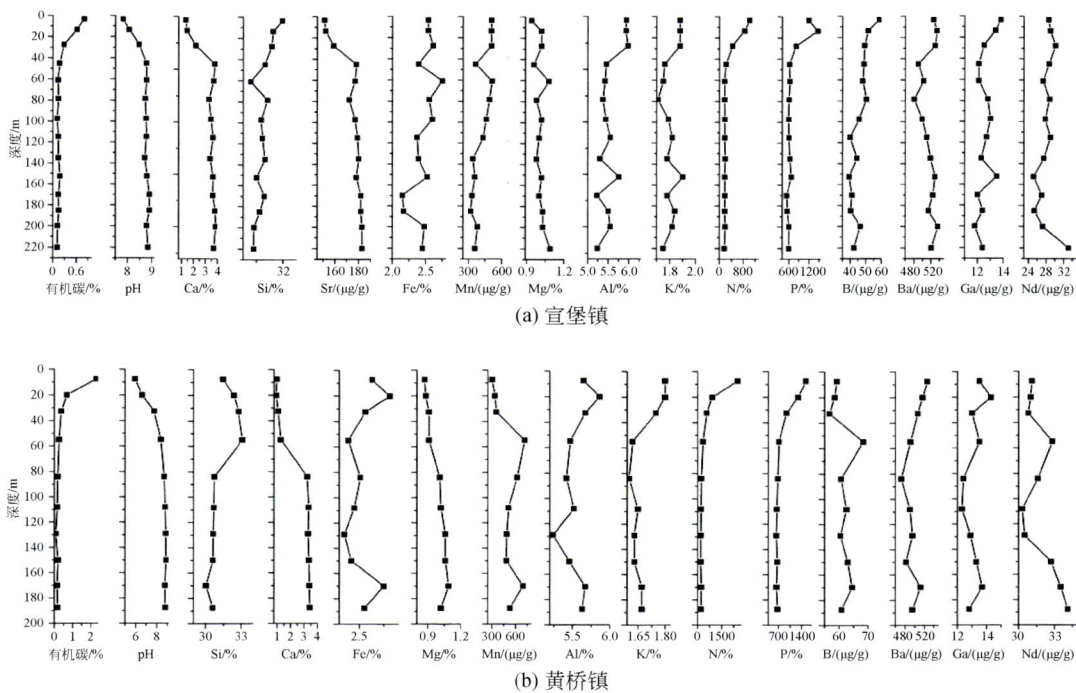

(a) 宣堡镇

(b) 黄桥镇

图 9.19　冲海积粉砂基质剖面化学元素纵向曲线图

除 pH 外，横坐标轴表示含量，下同

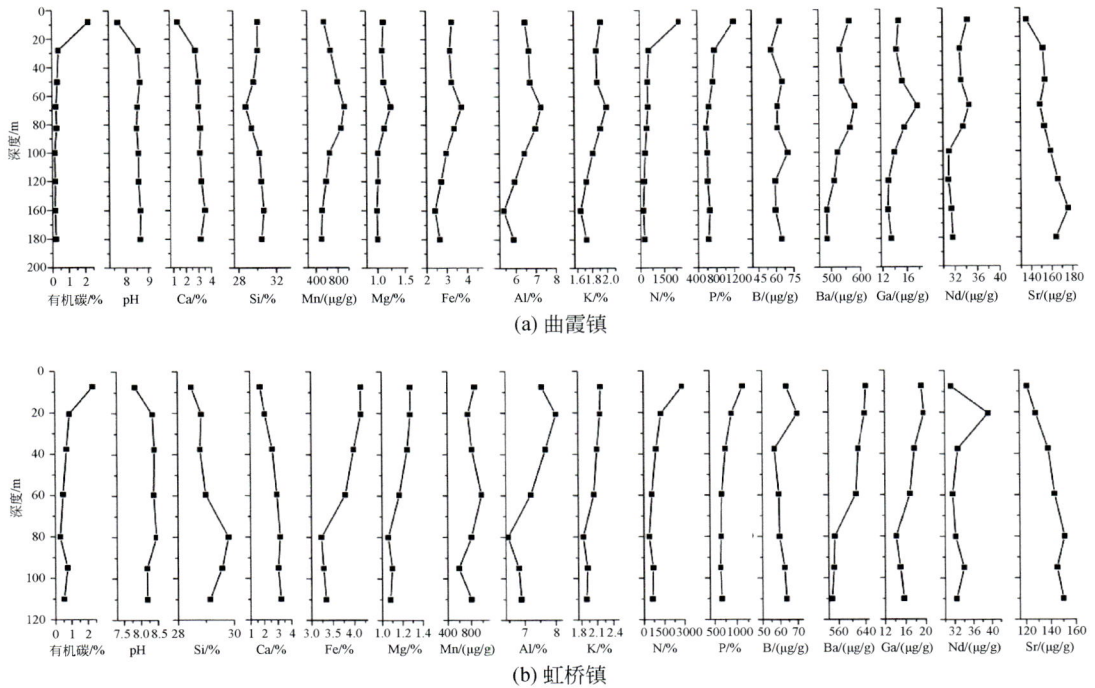

图 9.20　冲积黏性土基质剖面化学元素纵向曲线图

2. 有机质

泰兴市表层基质有机碳含量平面上具有分异性，有机碳地球化学平面分布如图 9.21 所示。表层基质中冲海积细砂有机碳含量偏低，平均值为 0.94%；冲海积粉砂基质区，有机

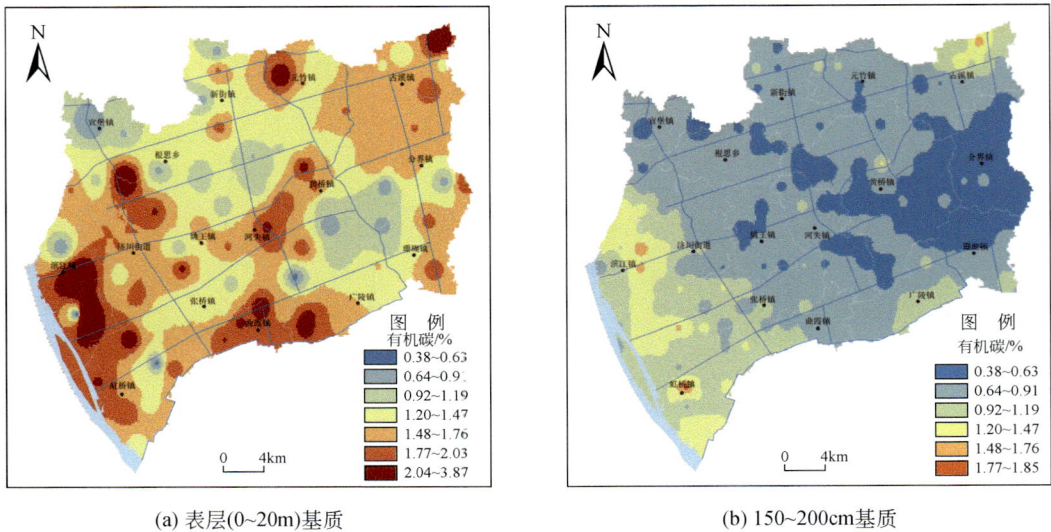

(a) 表层(0~20m)基质

(b) 150~200cm 基质

图 9.21　研究区表层基质和 150～200cm 基质有机碳分布图

碳含量略高,平均值为 0.991%;冲积黏性土包含冲积粉砂质黏土和冲积黏土质粉砂有机碳含量最高,平均值为 1.844%。150~200cm 基质全区有机碳含量总体偏低,平均含量为 0.174%~0.385%,平面上差异不明显。结合基质剖面有机碳质量百分含量纵向变化曲线分析,表层土壤的有机碳含量出现了显著增高,并且黏性土基质有机质增加最多。对比分析 4 种不同基质有机碳垂向曲线(图 9.22),表层基质中,冲积黏性土中有机质富集明显,通过收集相关文献发现,与基质中黏土矿物颗粒吸附性有关,黏粒对有机碳吸附性更强(师焕芝等,2011;姚远等,2024),因此在耕作活动影响下,冲积黏性土基质有机碳含量更高。因此,表层基质中出现有机碳含量的禀赋差异,是由于不同基质固碳能力的一种差异化的表现。

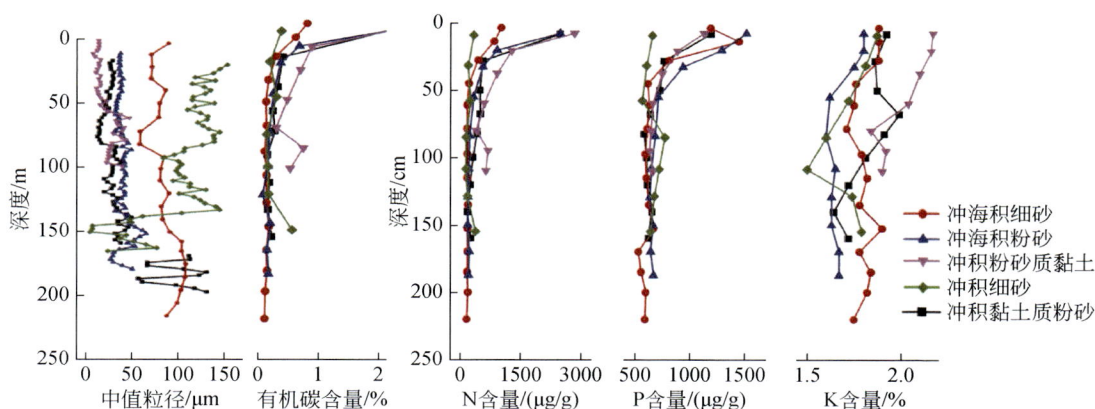

图 9.22　不同基质有机质与营养元素对比分析纵向曲线图

比较近 40 年以来,表层基质中有机碳含量变化,如图 9.23 所示。对比分析 1984 年、2004 年、2021 年泰兴市表层基质中有机碳含量的变化,平均值从 1984 年 0.46%,上升到

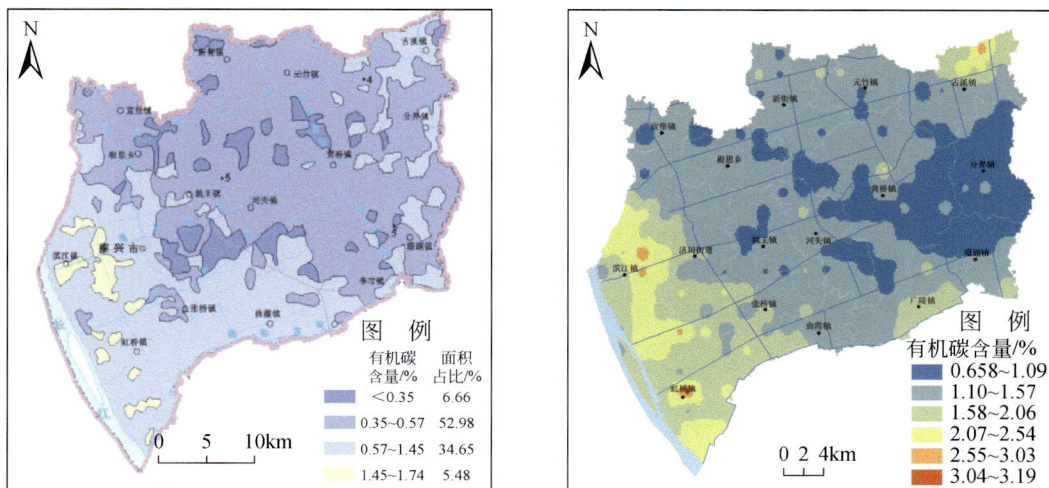

(a) 1984年　　　(b) 2004年

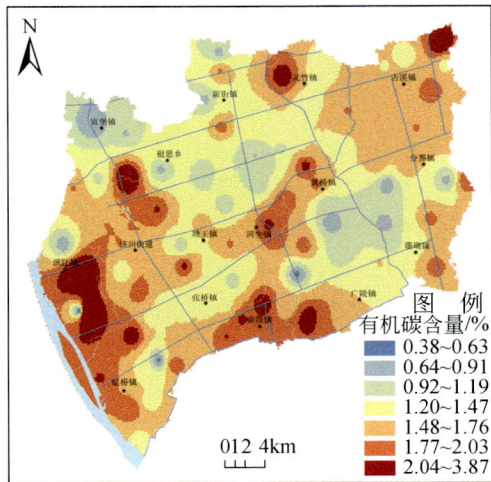

(c) 2021年

图 9.23　研究区表层基质有机碳含量变化分析图

2004 年 0.82%，又上升至 2021 年的 2.62%，近 40 年平均值增长了 5～6 倍，表明在人类耕作活动的影响下，表层基质处于碳汇的状态。统计对比分析不同基质区近 20 年来变化，其中冲海积粉砂基质区的有机质增加比例最高，2021 年平均值/2004 年表层平均值达 1.98，其次冲积黏性土基质区为 1.55～1.75，冲海积细砂基质区近 20 年来基本趋于稳定。因此不同基质类型，碳汇的能力具有差异性，通过查阅相关文献与基质固碳能力和碳饱和度等诸多因素有关。

3. 营养元素

泰兴市表层基质营养元素地球化学分布，不同元素平面分布特点不同。其中，总氮、碱解氮、总钾、速效钾分布特点与有机碳分布特点较为相似，以钾（K）元素为例，化学分布如图 9.24 所示；总磷、有效磷化学分布特点与基质分布相关性不明显，化学分布如图 9.25 所示。

表层基质中冲海积细砂 K 元素含量偏低，平均值 1.71%；冲海积粉砂基质区，K 元素含量略高，平均值为 1.69%；冲积黏性土基质区 K 元素含量最高，平均值 2.05%。距地表 150～200cm 基质全区 K 元素含量较表层基质略低，但在平面面上与基质具有相关性，其中冲海积细砂和冲海积粉砂基质区 K 元素基本相近，含量偏低，平均值为 1.59%；冲积黏性土基质区 K 元素含量略高，平均值为 1.765%。结合基质剖面有机碳质量百分含量纵向变化曲线分析，表土土壤的 K 元素含量增高不明显。说明表土基质中，K 元素与基质的相关性具有明显的继承性特点，与沉积物源基质差异性有关。

4. 常量元素

基质常量元素，选择 Si、Ca 元素为代表，分析平面分布及纵向变化特征。其中，Si 元素较为稳定，纵向上不发生明显的元素迁移，Ca 元素易溶于水，随土壤水发生渗滤迁移。

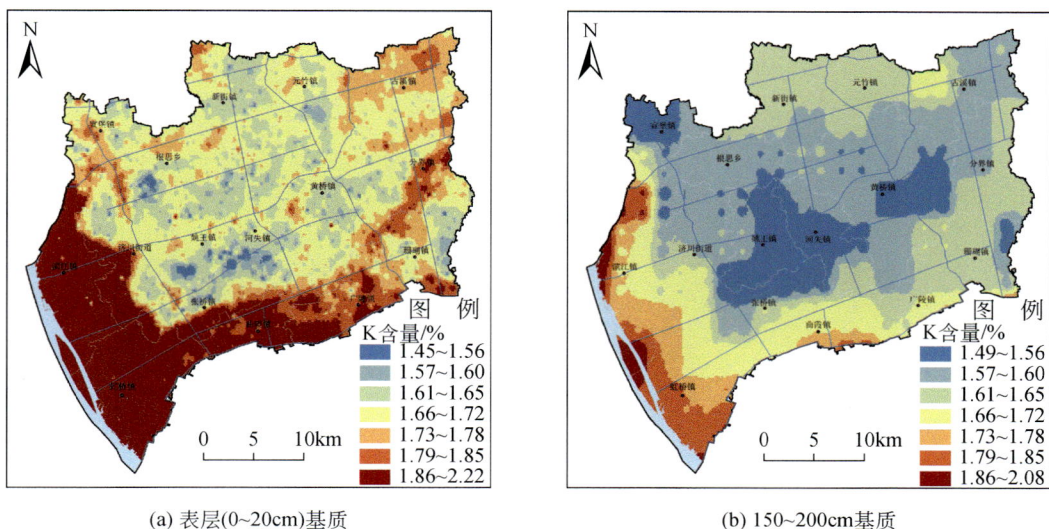

(a) 表层(0~20cm)基质　　　　　　　　　(b) 150~200cm基质

图 9.24　研究区表层基质和 150～200cm 基质 K 元素含量化学分布图

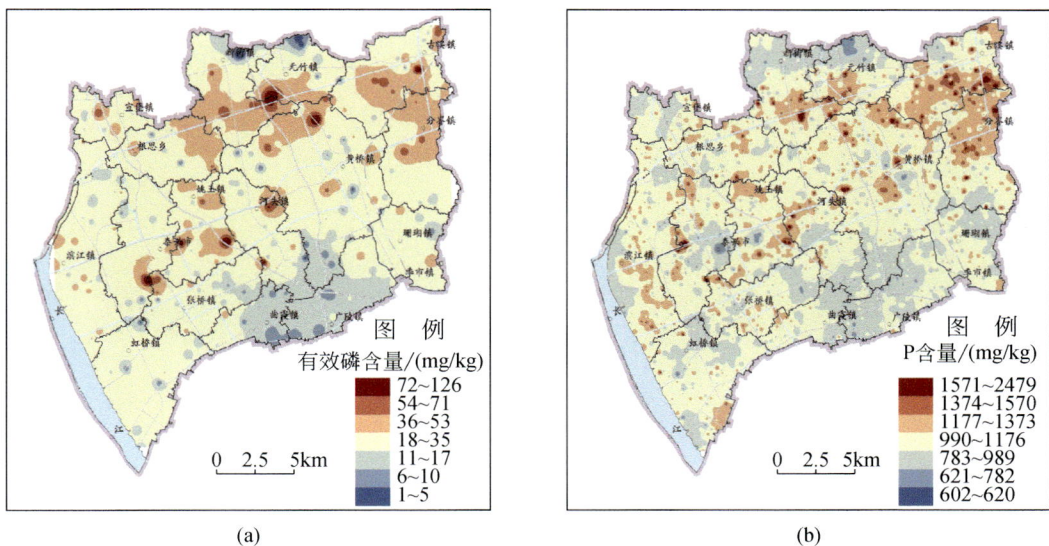

(a)　　　　　　　　　　　　(b)

图 9.25　研究区表层基质有效磷和总磷（P）含量地球化学分布图

Si、Ca 元素平面分布特征见图 9.26、图 9.27，纵向变化曲线如图 9.28 所示。Si 元素地球化学分布与基质类型具有明显的相关性，受沉积物源控制，冲海积粉砂或细砂中 Si 元素含量明显高于冲积黏性土，纵向上较为稳定，局部受环境变化会出现小幅波动。Ca 元素地球化学分布与基质类型相关性不明显，纵向曲线特征表现，Ca 元素自上而下出现了明显迁移，含量上小下大，是土壤淋溶作用的表现，在 150～200cm 基质中的含量基本趋于一致。

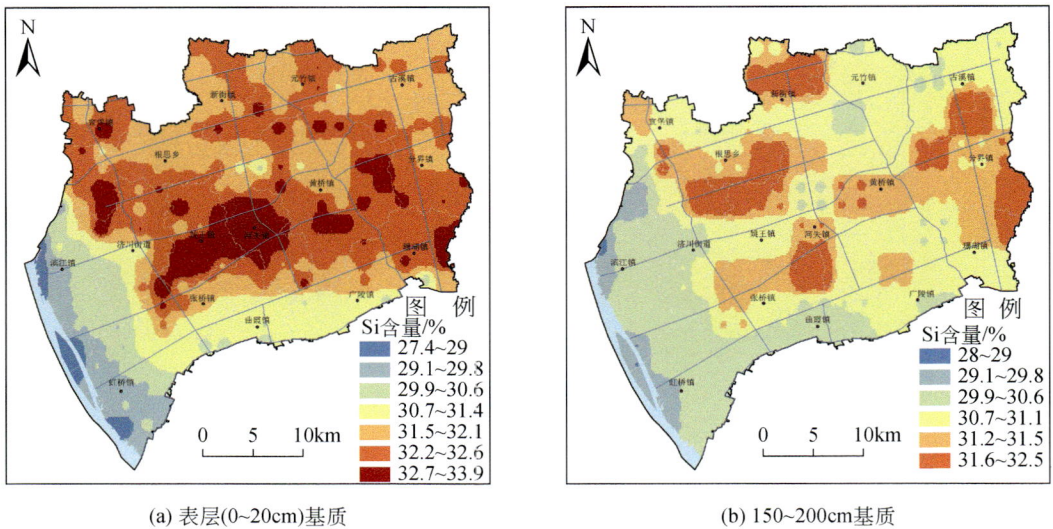

(a) 表层(0~20cm)基质

(b) 150~200cm基质

图 9.26　研究区表层基质和 150～200cm 基质 Si 元素含量化学分布图

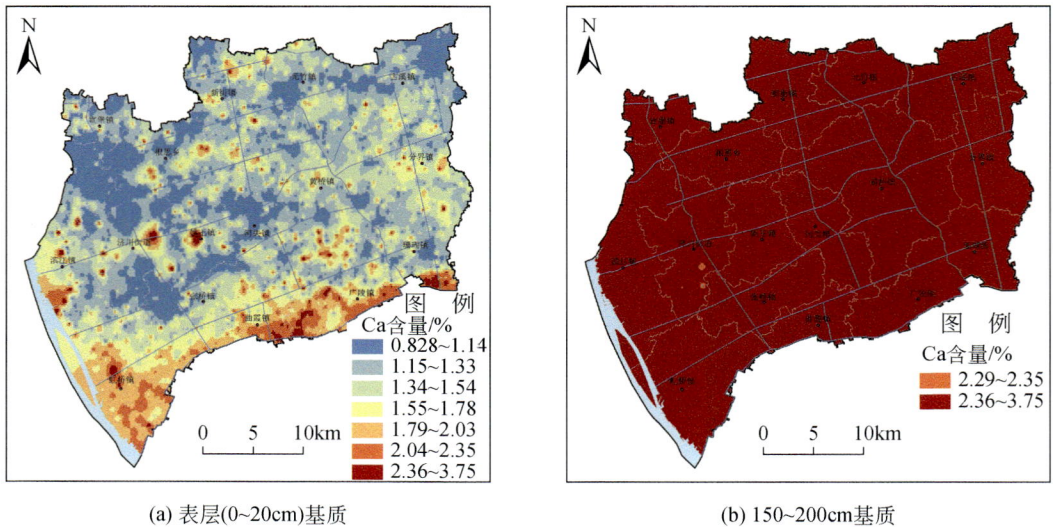

(a) 表层(0~20cm)基质

(b) 150~200cm基质

图 9.27　研究区表层基质和 150～200cm 基质 Ca 元素含量化学分布图

5. 重金属元素

砷（As）、镉（Cd）、铬（Cr）、铜（Cu）、汞（Hg）、镍（Ni）、铅（Pb）、锌（Zn）等重金属元素，在土壤环境中含量过高则可以引起植物中毒，危及生态安全，影响土地质量。

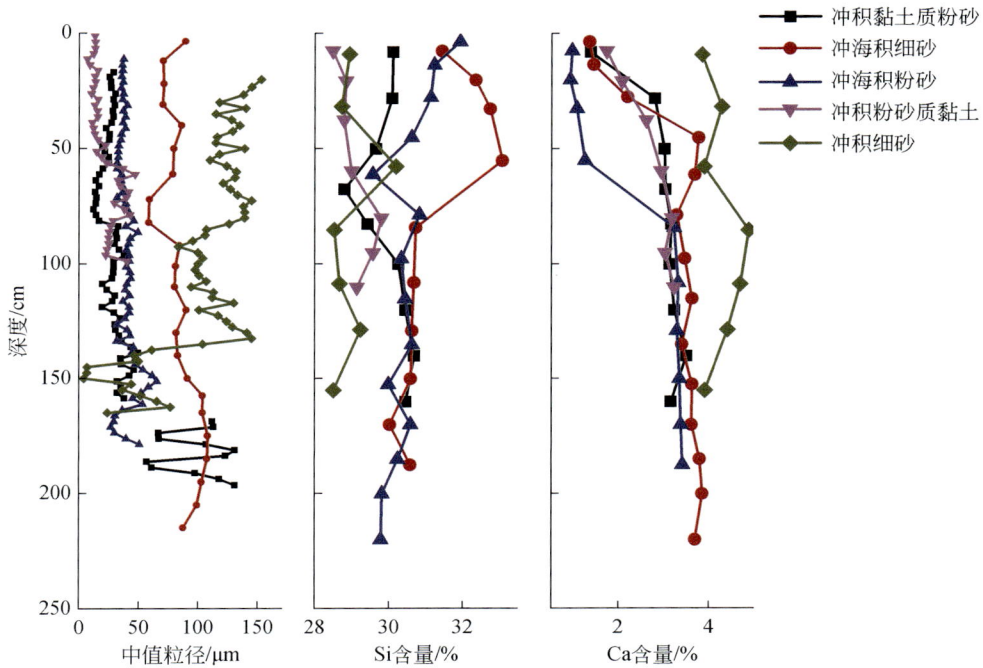

图 9.28　不同基质粒度与常量元素（Si、Ca）对比分析纵向曲线

　　其中 As、Cd、Cr、Cu、Ni、Pb、Zn 等元素平面地球化学特性较为相似，以 Cd、Pb 元素为例，元素地球化学特征如图 9.29、图 9.30 所示。这些元素，表层基质和 150～200cm 基质地球化学特性与基质类型均具有相关性，表层基质中冲海积细砂和冲海积粉砂 Cd 元素含量较为接近，平均值为 0.12～0.13mg/kg；冲积黏性土 Cd 元素含量较高，平均值为

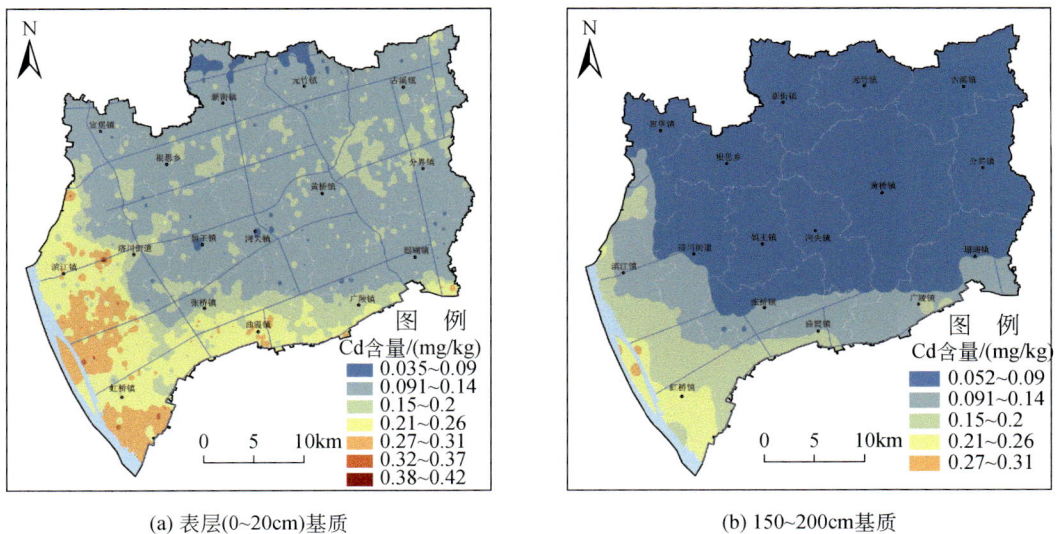

(a) 表层(0~20cm)基质　　　　　　　　　　(b) 150~200cm基质

图 9.29　研究区表层基质和 150～200cm 基质 Cd 元素含量化学分布图

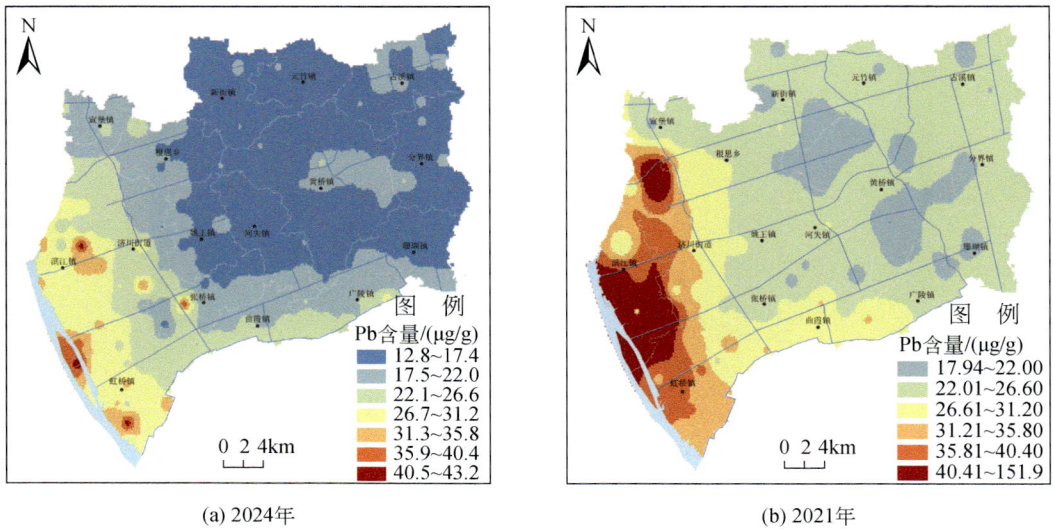

(a) 2024年   (b) 2021年

图 9.30　研究区表层基质 2004 年和 2021 年 Pb 元素含量含量分布图

0.25mg/kg。150～200cm 基质中冲海积细砂和冲海积粉砂 Cd 元素含量较为接近，平均值为 0.067～0.069mg/kg；冲积黏性土 Cd 元素含量较高，平均值为 0.166mg/kg。结合基质剖面元素纵向变化曲线分析，这些元素含量大多数纵向变化不明显，其中 Hg、Pb、Cd 元素等略有升高（图 9.31）。平面分布上，冲积黏性土基质明显高于冲海积粉砂和冲海积细砂，并且具有继承性特点，表面重金属元素含量差异源于沉积物源的差异。Hg、Pb、Cd 等元素表层基质中略有升高，与人类活动密切相关，特别是 Hg 和 Pb 元素表现最为显著，如 Pb 元素近 20 年以来，围绕工业开发区，出现了明显的上升。

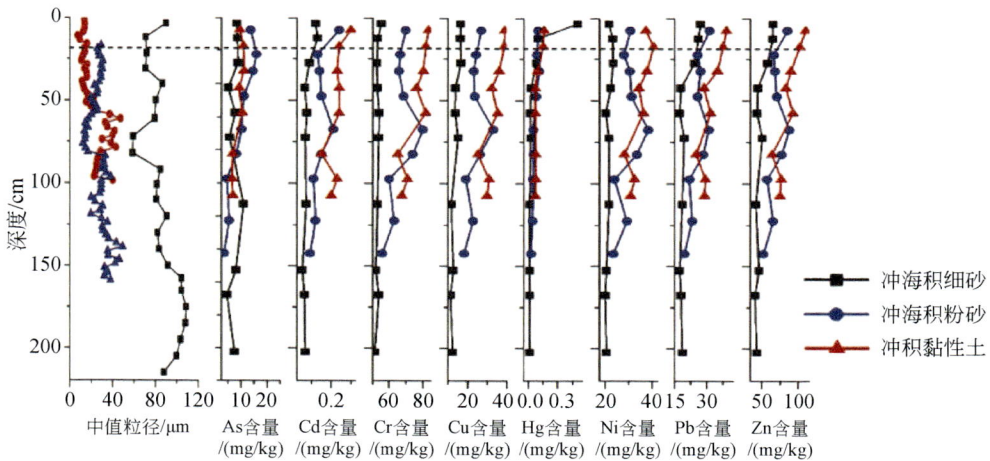

图 9.31　不同基质重金属元素的纵向变化图

9.2.4　基质沉积序列

基质垂向沉积序列客观反映了基质不同质地的垂向叠置关系。为服务高沙土地区耕地保护和国土空间优化，重点选取 0～4m 基质层详细开展基质叠置关系研究，并辅助 0～50m 基质层初略的开展了沉积序列与沉积环境研究。

1. 0～4m 基质沉积序列

通过基质剖面研究，0～4m 共划分出 17 种基质沉积序列（表 9.7），不同沉积序列空间展布特征如图 9.32、图 9.33 所示。沉积垂向序列南北差异明显，北部和中部基质结构及垂向叠置较单一，沉积纹层少见；南部基质结构及垂向叠置出现明显互层，沉积纹层发育，韵律特征明显。0～4m 基质层叠置关系是不同沉积环境下，水动力条件变化和沉积物序列的具体表现。

表 9.7　基质垂向沉积序列划分表

序号	描述	分布区域
1	冲海积细砂-细砂-细砂夹粉细砂	宣堡镇一带
2	冲海积粉砂-粉砂-粉砂夹细砂	泰兴主城区、河失镇一带
3	冲海积粉砂-粉砂-粉砂	张桥镇西
4	冲海积粉砂-粉砂与黏土质粉砂互层	黄桥镇东
5	冲海积粉砂-粉砂-细砂	元竹镇北
6	冲积粉砂质黏土-冲海积细砂-细砂夹黏土质粉砂	古溪镇东
7	冲海积粉砂-粉砂-细砂	古溪镇东部以外
8	冲海积粉砂-粉砂夹黏土质粉砂-细砂	元竹镇西南
9	冲海积粉砂-细砂夹粉砂-细砂	新街镇西
10	冲海积粉砂-黏土质粉砂夹粉砂质黏土-粉砂	姚王南
11	冲海积粉砂-粉砂夹黏土质粉砂-粉砂	黄桥镇西
12	冲积粉砂质黏土-冲海积粉砂	元竹镇西
13	冲积粉砂质黏土-冲海积粉砂-细砂	黄桥与古溪中间
14	冲积黏土质粉砂-海积粉砂与黏土质粉砂互层	曲霞、广陵镇
15	冲积黏土质粉砂-海积粉砂与黏土质粉砂互层	珊瑚镇南
16	冲积粉砂质黏土-粉砂质黏土与粉砂互层	滨江-虹桥一带
17	冲积细砂-细砂-粉砂与粉砂质黏土互层	天星洲

2. 0～50m 基质沉积序列与环境

泰兴市 0～50m 基质层结构与长江古河道迁移密切相关，客观地还原出古沉积环境以及沉积序列。选取新街镇、黄桥镇、虹桥镇 3 个地区代表性钻孔（图 9.34、图 9.35），介绍 0～50m 基质层沉积序列特点及形成环境。

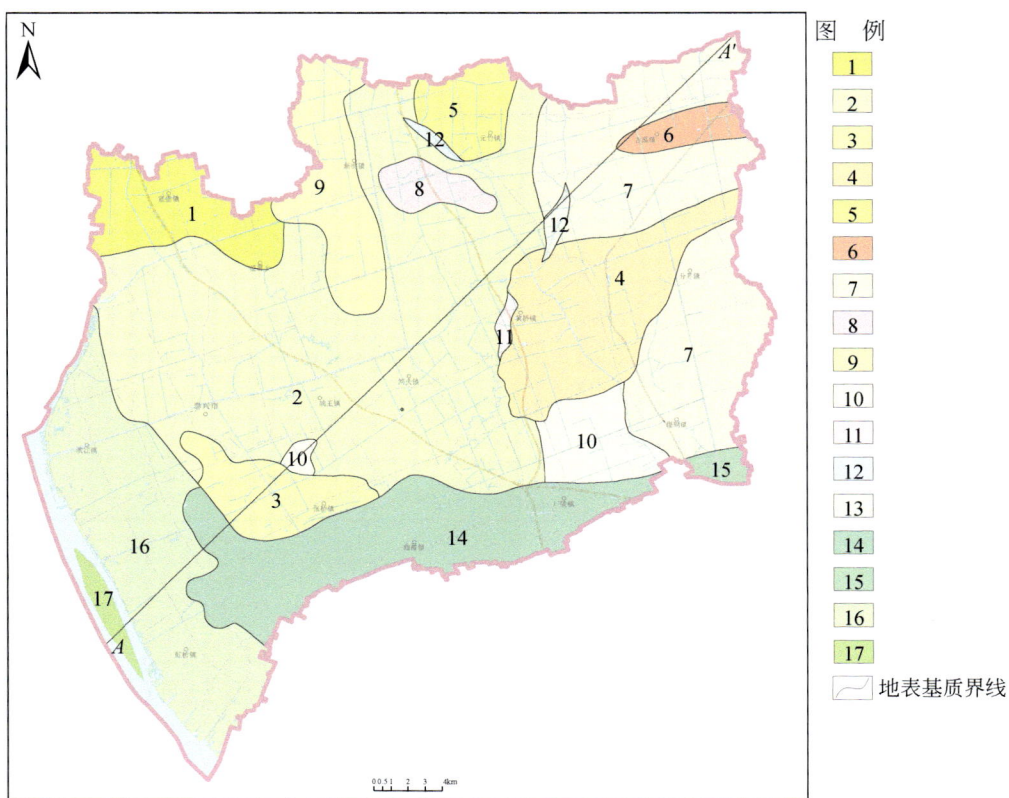

图 9.32　研究区 0～4m 基质垂向沉积序列分布图

1～17 描述见表 9.7

图 9.33　研究区 0～4m 基质层结构模型图

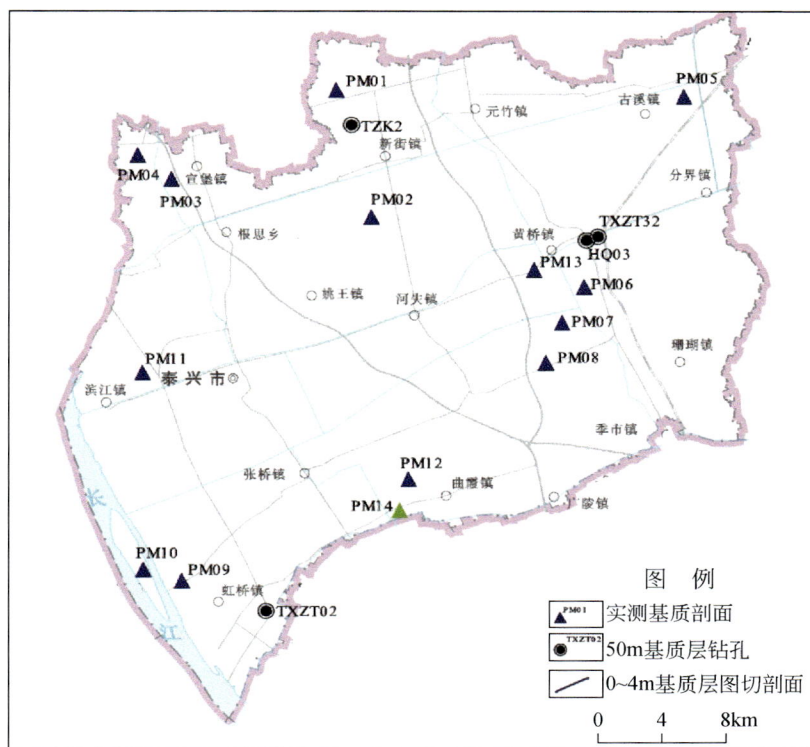

图 9.34 研究区 0～50m 基质钻孔位置图

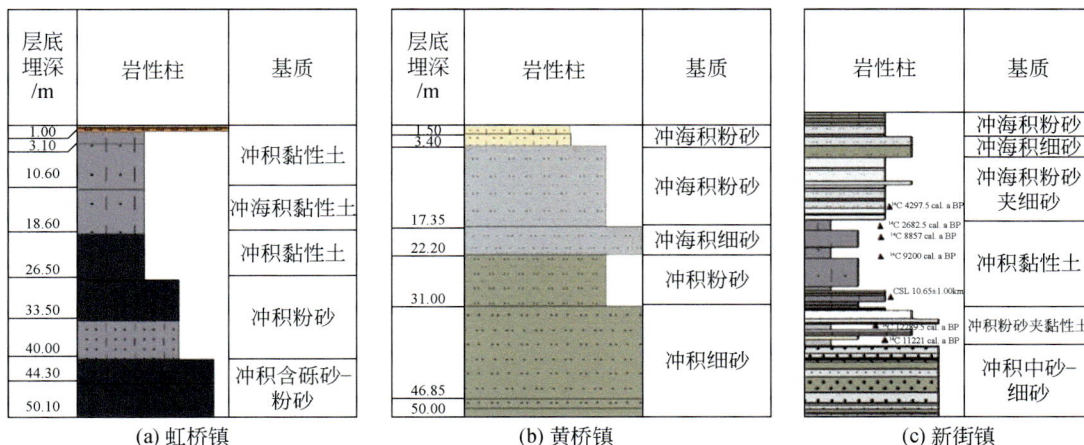

图 9.35 0～50m 地表基质沉积序列图

虹桥镇：古河间低洼地带，似"千层饼"结构发育，局部易形成低洼沼泽，正粒序，粒度整体偏细，沉积纹层和韵律发育，局部发育沼泽相粉砂质黏土层，是工程地质结构软弱层易出现的地区。

黄桥镇：古河道区域，基质结构较为单一，砂粒比例最高，底部发育砾石，黏土层不发育,是工程地质条件较好地区。

新街镇:古河漫滩区,基质二元结构发育,粉砂质黏土层发育,砂粒比例明显减少,硬黏土持力层发育地区。

9.2.5　基质形成过程与高沙土成因

1. 基质形成过程

气候的冷暖或干湿交替等周期性变化,会直接影响到全球海面升降与古环境的改变,在不同的沉积环境下,形成了各种地表基质类型,泰兴地区在第四纪末次冰期事件之后,全新世 10000 多年内,所经历的重要气候事件与地表基质主要沉积环境特征见表 9.8。

表 9.8　泰兴市全新世以来代表性气候事件与沉积环境分析表

阶段	时间	气候事件	主要质地类型	代表沉积环境
1	距今 11700～10000 年	冰后期陆地	砂砾石、砂	陆相河道
2	距今 10000～8200 年	气候明显转暖	粉砂、黏性土	陆相泛滥平原
3	距今 8200～4200 年	海侵期,被海水淹没	粉砂、黏性土	海相潮坪
4	距今 4200 至今	海退期,距今约 1100 年唐末宋初,陆地基本定型	粉砂、砂	海陆交互相河口湾

泰兴市全新世(11700 年)以来海陆变迁与基质形成可划分出 4 个阶段。第一阶段 [图 9.36(a)] 距今 11700～10000 年,末次冰期后,陆地下切河谷影响时期;第二阶段 [图 9.36(b)],距今 10000～8200 年,河流泛滥平原沉积时期;第三阶段 [图 9.36(c)] 距今 8200～4200 年,海侵持续影响;第四阶段 [图 9.36(d)],4200 年至今,海退后快速沉积成陆期,以及 1100 年以来,陆地基本稳定,基质土壤化时期。

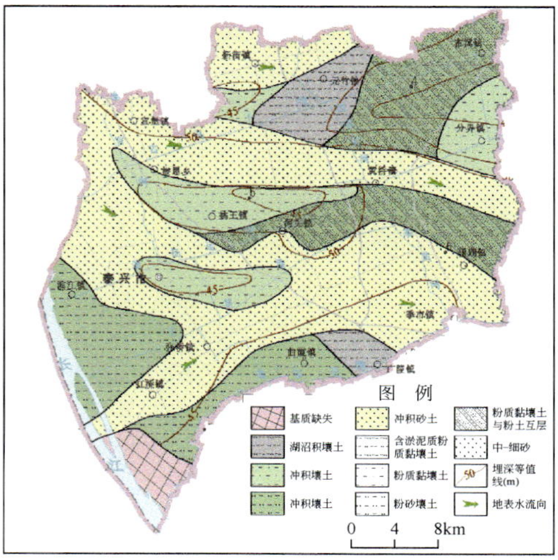

(a) 距今11700~10000年

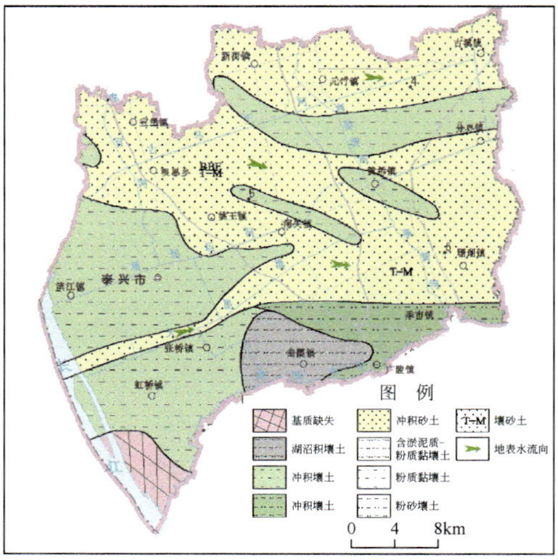

(b) 距今10000~8200年

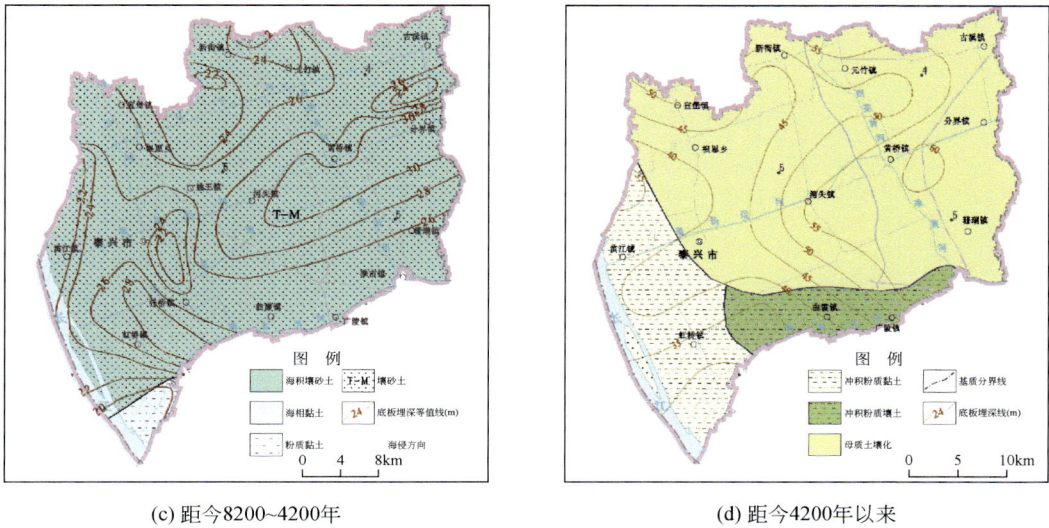

(c) 距今8200~4200年　　　　　　　　　　　(d) 距今4200年以来

图 9.36　研究区全新世古环境演变过程图

2. 高沙平原成因

泰兴市高沙平原是由长江携带的大量沉积物在长江三角洲河口快速堆积形成的砂质沉积，根本原因是全新世晚期的海退气候事件，还原海退过程中泰兴市古岸线南移路线如图9.37 所示。在距今 6500～4000 年，长江河口已经东移至黄桥一带，形成了当时的黄桥沙坝，这是泰兴市高沙平原早期的雏形。随着海退进一步推进，沉积物不断淤积，高沙平原主要形成于距今 4000～1000 年，泰兴市由北向南依次出露地表成陆。由于河口冲积作用，沉积地形整体相对较为平坦，沙坝整体地形略高于周边地区，一些低洼地带地形上略有起伏。长江沉积物经过长距离的搬运与分选，质地以粉砂或细砂为主，矿物成分石英含量较多，钙质成分明显，基质成熟度较高，同时有海水的参与和影响，含有丰富的有孔虫，地下孔隙水出现咸化。

3. 基质的成土作用

地表基质经冲积作用形成并暴露地表后，开始了漫长的土壤化过程，其物理性质和化学性质悄然变化，包括如氧化还原作用、弱黏化作用、水（旱）耕熟化作用等。由于泰兴地区地下水埋深较浅，受地下水位周期波动的影响较明显。沉积的这套偏砂的沉积物，经过复杂的成土作用最终在基质表层形成一层土壤。

泰兴地区不同基质类型对成土的影响具体表现在：①成土母质具有明显差异，进而形成土壤类型不同；②母质形成的时代新老关系不同，土壤化时间存在明显差异，对土壤性状及理化性质有重要的影响。具体表现在一些地势较为低洼的地区，容易积水或者接受新的沉积，地表基质表土沉积的时间较晚，虽然母质地偏黏，但是土壤化作用仍然较弱；一些地势较高的地区，虽然土壤化时间较长，但由于母质偏砂，矿物组分中石英含量较高，不易化学风化，形成的土壤肥力较差，并且有机质成分容易流失，特别是人类开始大规模耕作活动之后，加速了地表基质土壤化的速度。

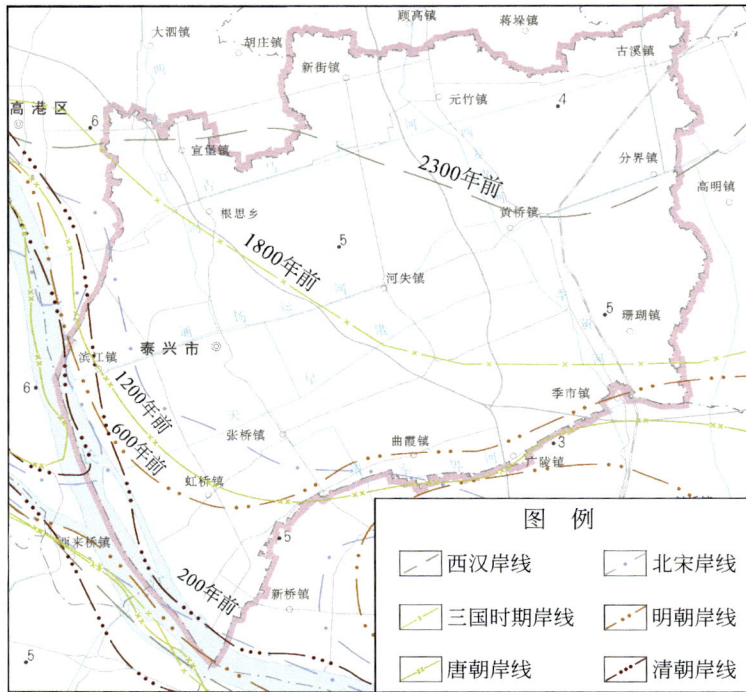

图 9.37　研究区古岸线南移路线还原图

9.3　地表基质与土地利用约束关系分析

　　耕地基质对土地利用的约束关系主要体现在地表基质是土壤的物质基础、植物的养分来源（最初），也是人类的健康保障。建设用地基质的约束关系包括基质物理力学性质及附属水文地质条件等对于工程建设的适宜程度及风险。

9.3.1　成土的物质基础

　　地表基质是土壤的物质基础，没有基质就没有土壤，高沙平原地区耕地的禀赋，从根本上受到地表基质条件的约束，最终影响到土地科学开发利用。

1. 地表基质与土壤

　　基质的成因类型、物质组分、形成时代、附属孔隙水及所处的地形地貌景观等，是影响土壤形成的重要因素，直接会影响基质土壤的禀赋。地表基质既是土壤的物质基础，又是土地科学利用的重要影响因素。

　　泰兴市高沙土地区，表层基质类型与土壤亚类之间存在明显的相关性如图 9.38 所示，二者对应关系如表 9.9 所示。根据第二次全国土地调查的成果，泰兴地区灰潮土亚类主要分布在冲海积粉砂或粉细砂基质区；水稻土中的油泥土主要分布在冲积粉砂质黏土基质区，而潮灰土主要分布在冲积黏土质粉砂和冲海积黏土质粉砂基质区。并且，不同基质类型区，相应的理化条件与土壤之间具有明显的继承性。

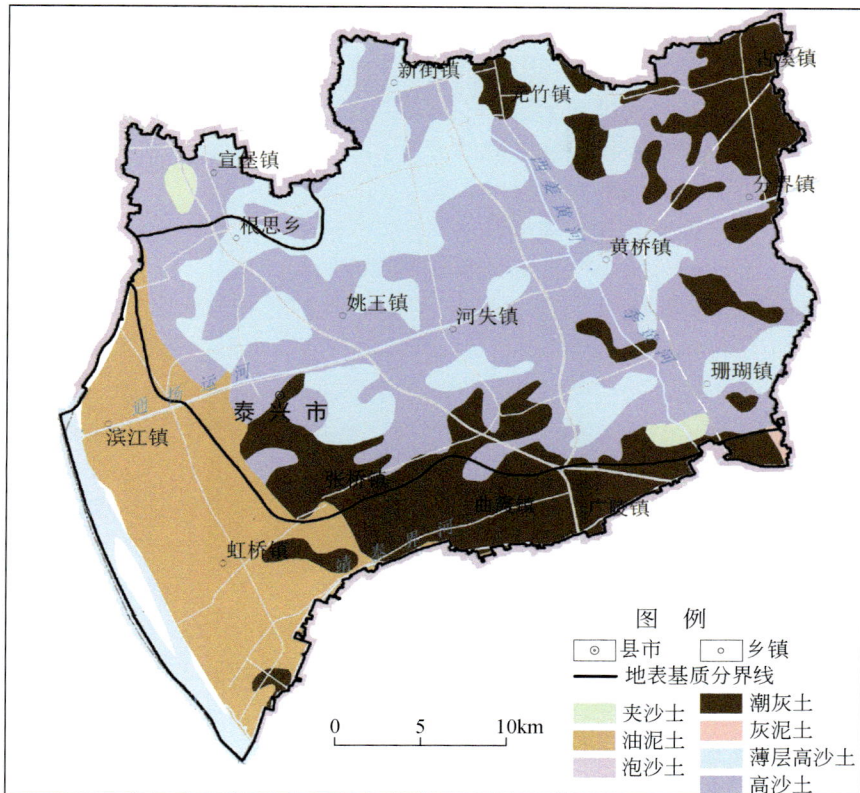

图 9.38　研究区表层基质与土壤界线叠加图

表 9.9　地表基质与土壤类型对应关系表

成因	沉积环境	基质类型	典型土壤
冲海积	河口湾	河口沙坝粉砂、分流河道细砂、潮汐沙脊粉砂	高沙土或薄层高沙土
冲积	河流	河漫滩粉砂质黏土、黏土质粉砂	油泥土

此外，地表基质地形及水文地质条件，会影响成土作用；基质的形成时代会直接影响土壤成熟度，一般基质形成的时间越早，成土的时间越久，越利于土壤的成熟，对土壤的理化性质也有直接的影响。

2. 基质粒度组成与耕地土壤保水、保肥性

高沙土地区，基质以粉砂或细砂为主，形成的沙性土壤颗粒较粗，形成的孔隙也比较粗，孔隙率小，能吸持住水分的孔隙比较少，它的保水保肥性能比较差，表现出漏水漏肥的不良特征。一方面施用的肥料因灌水或降雨而易淋失；另一方面，土壤孔隙度高，田间持水量较低，保水性较差，水田种植易出现漏水现象。这些是高沙土地区地表基质的主要不利因素，在一定程度上限制了土地的利用。

9.3.2　植物生长的养分来源

地表基质也是植物养分的最初来源，不同基质，由于沉积物源和水动力条件差异，沉积物粒度和矿物组分差异明显，包含的原始养分元素含量，及其养分供养能力各有不同。需要根据基质条件特点，因地制宜，科学管理。

1. 不同基质中养分元素含量的差异性

相同的元素在不同的基质中，继承性和富集性有明显不同。

泰兴地区不同基质类型的 K 元素含量分异明显（图 9.24），土壤中的 K 元素与成土母质的特征基本一致，在垂向上较为稳定，继承特征较明显，原因与含钾矿物的分布及转化密切关联，基本受沉积物源的控制。此外，K 元素平面分布如图 9.40 所示，对比分析表层基质和母质基质中 K 元素的分布特点，二者表现出极强的相似性，进一步证明了土壤基质中的 K 元素主要继承了基质的特点。

图 9.22 中，泰兴地区不同基质的有机质、N 和 P 元素总体分异不明显，但顶部土壤中出现显著富集和分异明显高于母质中的含量，表明这些元素在土壤中表现出富集性，并且黏土矿物含量高的地区，土壤中这些元素更为富集。师焕芝等（2011）、姚远等（2024）认为黏土矿物颗粒对有机质、N、P 元素的吸附性更强。可见土壤中的有机质、N 和 P 元素明显受人为耕作影响，并且基质中的黏土矿物会增大有机质、N 和 P 元素的富集性，显著提升这些营养元素在土壤中的含量。

2. 不同的矿物组分对养分元素供养能力制约

基质的粒度及矿物组分会影响营养元素供养能力，对植物养分元素供应存在明显的制约作用。不同的基质类型，粒度及矿物组分的差异，会影响基质中原始养分元素的含量、赋存状态，进而影响营养元素的供养能力。例如，冲海积粉细砂，大多由石英、长石等难风化的矿物组成，二氧化硅含量高，元素赋存状态以矿物态为主，营养元素缺乏，并且基质孔隙度高，有机质及养分元素易流失。冲积粉砂质黏土，基质中含大量黏土矿物，如半风化云母，以及次生的层状硅酸盐，铁、铝氧化物等，元素赋存的交换态和水溶态会明显增多，代换性阳离子（K^+、Na^+、Ca^{2+}等）含量较高，离子交换性增强，元素较易释出，基质自身的营养元素及有机质变得较丰富。此外，黏土矿物中黏粒和胶粒的强吸附作用，有利于营养元素及微量元素的转化富集，增加有效养分的含量，增强营养元素的供养能力。

9.3.3　地表水灌溉的地形条件

20 世纪 70 年代以前，对土地的开发利用，完全遵循自然的规律，根据地表基质的大致条件，因势利导，开发利用，如表 9.10 所示[①]。

在泰兴南部沿江滨江、虹桥、沿靖曲霞、广陵等地势低洼，土壤较肥沃的地区，开展圩湖造田，实行大面积水田的种植；在泰兴中部和北部土质偏砂，相对较为贫瘠，地形较高、起伏不平、灌溉不便的地区，实行旱耕。在靠天吃饭的生产背景下，最大化地利用基

---

① 泰兴县土壤普查办公室，1985，泰兴县土壤志。

质的地形先天条件。

表 9.10　20 世纪 70 年代以前地表基质与农业布局关系表

区域	地形地貌	基质特点	土地开发利用
泰兴南部	地表水网密布，地势较低	质地偏黏，持水量明显，表土有机质含量较高，沉积纹层发育，下部有稳定的隔水层	水田种植区
泰兴中部与北部	地形较高，起伏不平，地表水网分布不均衡	质地偏砂，孔隙发育，表土有机质含量较低；组成较为单调，无稳定隔水层	旱地种植区

9.3.4　生态安全的重要保障

地表基质中的矿质元素，有些是人体较缺乏的，适量补充有益人体健康，被称为有益元素，如 Zn、Se；有些重金属元素，长期在人体内累积，会对健康造成伤害，属有害元素，如 Cd、As、Pb。耕地基质中重金属元素背景值较高，一旦超过国家耕地的安全标准，将会成为影响土地生态安全的重要因素。因此，摸清地表基质生态化学背景及丰缺现状，进行科学合理的精细化监测与管理，进一步优化国土空间规划，关系到我们食品安全与身体健康。

泰兴市地表基质中一些重金属元素（图 9.29），如 Cd 元素，其质量百分含量略高于全省平均值，特别是在沿江地区土壤中表现尤为明显，但仍处于安全的范围，对人体健康不造成危害。图 9.31 是重金属元素在不同基质中含量的垂向曲线，其中 Cd、Cr、Cu、Ni、Pb、Zn 元素，在冲积黏性土中含量最高，在冲海积粉砂和冲海积细砂中较低，并且高值分布区基本与现代长江冲积物影响的范围基本一致，因此认为与长江沉积物源和区域地质背景有关，该认识基本与廖启林等（2013）一致。

此外，还有一些化学元素如 Hg、As，受人为或工业活动的影响明显，部分地区局部土壤中超标严重，但深部地表基质中含量较低，不受地质背景控制。

9.4　基于地表基质的耕地禀赋评价

从地表基质调查指标体系中，选取代表泰兴市基质农业生产禀赋的因子，如质地、结构、有机质、养分，综合分析区域范围内各因子之间的差异，为自然资源精细化管理、土壤生态治理、农作物种植结构优化、宜林则林与宜耕则耕科学管理等提供基础资料和科学依据。

9.4.1　评价方法

参考《自然资源分等定级通则》（TD/T 1060—2021）、《环境影响评价技术导则　土壤环境（试行）》（HJ 964—2018）、《土地质量地球化学评估技术要求（试行）》（DD 2008—06）、《土地质量地球化学评价规范》（DZ/T 0259—2016）等行业标准和评价规范，结合殷志强等（2020a，2020b）、葛良胜等（2022）、侯红星等（2022）研究成果，筛选评价因子并建立评价体系，探索开展地表基质耕作禀赋评价，通过分等定级更直观掌握地表基质时空分布、数量质量、利用状况和动态变化，为服务泰兴市自然资源管理和国土空间优化提出具体实质性的建议。

地表基质禀赋综合评价采用定性与定量相结合的方法，在开展单因子评价的基础上，进行地表基质适宜性综合评价。进行综合评价时，由于各因子对地表基质耕作的影响程度不同，对单因子赋予不同的权重。本次采用多部门、多领域专家共同会商和集体决定，以调查表的形式，向各专家发放，最后回收调查表。根据各专家的不同意见，取各专家的判断值的平均数。综合评价用经典的层次分析法（analytic hierarchy process，AHP）法采用九标度（1~9分）进行评分，专家对各个需要考虑的因素进行1~9分的打分。计算权重时对各因素进行两两比较（相减或倒数），其结果构成本次评价的判断矩阵和各因子权重（表9.11）。

表 9.11 地表基质禀赋综合评价因子权重赋值表

评价因子	权重
质地	0.21035
容重	0.10022
基质叠置关系	0.09323
高程	0.04949
pH	0.14938
有机质	0.10024
营养元素	0.19886
重金属指标	0.09823

在各影响因子权重确定之后，根据综合评价指数计算公式进行叠加分析。公式如下：

$$S_j = \Sigma C_i W_i$$

式中，S_j 为 j 空间单元为地表基质综合评价指数；C_i 为 i 因子的等级值；W_i 为 i 因子的权重。

最后，利用 ArcGIS 进行综合分析成图。

9.4.2 评价结果

地表基质耕作禀赋综合评价结果如图9.39所示，具体含义如表9.12所示。

图9.39评价结果显示，泰兴市地表基质优区主要集中于滨江镇东部、虹桥镇中东部、曲霞镇南部、张桥镇东南部和济川街道南部区域，区内各项指标均为良好及以上；耕地条件好、耕种成本较低、粮食作物产量较高，是区内优质的耕地。

地表基质禀赋良好区主要集中在沿江地区、曲霞镇-广陵镇一带、珊瑚镇周边、古溪镇北部地区。区内曲霞镇、广陵镇和珊瑚镇基质呈弱碱性，有机质含量较优区稍低，其他各项指标表现良好。姚王镇和古溪镇主要受质地略偏砂、基质结构和地形因素影响，其他各项指标均良好；耕地条件良好、粮食作物产量稳定，属于优质耕地。

地表基质较好区主要集中于黄桥镇、根思乡、宣堡镇、新街镇和元竹镇部分区域，主要表现为基质有机质含量偏低、营养元素特别是氮元素含量偏低、粒度偏砂、孔隙度高、地势相对较高、基质结构单一，黏土质隔水层基本不发育；耕地条件较好，粮食作物产量较稳定，属于较优质耕地。

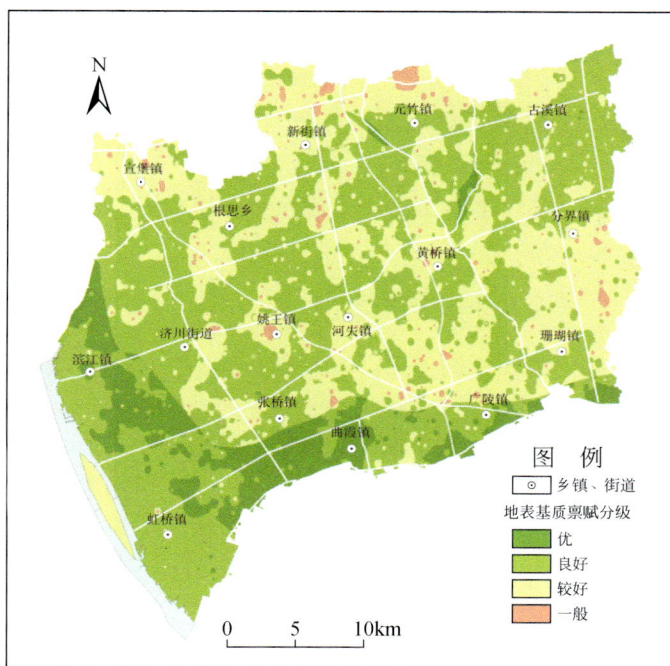

图 9.39　研究区地表基质禀赋综合评价图

表 9.12　地表基质禀赋评价分级含义表

禀赋评价分级	地理位置	含义
优	滨江镇东部、虹桥镇中东部、曲霞镇南部、张桥镇东南部和济川街道南部	禀赋各项指标均良好，基质结构良好，保水、保肥性佳；地势相对较低；地表基质以壤土、黏壤土、粉砂质壤土为主；基质容重介于0.9～1.3，透气性好；基质酸碱度适中；营养元素含量丰富，环境地球化学指标未达风险筛选值
良好	G2 高速以南大部分区域，以及曲霞镇、姚王镇和珊瑚镇镇政府所在地周边、广陵镇大部分地区、古溪镇北部	禀赋评价指标中，大多数指标属于良好级别以上，仅 2～3 项指标处于较好级别，如基质酸碱度较高，有机质含量偏低等
较好	黄桥镇、根思乡、宣堡镇、新街镇和元竹镇部分区域	禀赋评价指标中，大多数指标属于较好级别以上，存在部分指标属于一般级别；地表基质以壤砂土为主，地势较高，土壤容重较大，孔隙度不佳等
一般	零散分布于新街镇、元竹镇和古溪镇	禀赋评价指标中，大多数指标属于一般级别，具体表现为基质酸碱度较高，营养元素和有机质含量相对较低，地表基质以砂质壤土、壤砂土为主，地势相对较高

地表基质一般区零散分布于新街镇、元竹镇和古溪镇，主要表现为基质酸碱度偏低，局部地区出现弱酸性，有机质含量较低，营养元素中氮元素和磷元素偏低，质地偏砂、结

构单一，无黏土质隔水层，再加上地势偏高，基质持水性较差，耕地的产量受基质条件影响明显；耕地条件一般，耕种成本高于其他地区，粮食作物产量略低与其他地区，属于一般耕地。

9.5 支撑耕地保护与国土空间优化

地表基质禀赋状况不仅关系到自然资源保护和农业发展，更关系到城镇空间布局、粮食安全大计，随着产业结构调整、生态退耕、非农建设、新产业新业态基础设施等项目实施，泰兴市国土资源减少趋势加快，地表基质保护压力增大。根据泰兴市基质本底调查与评价的结果，在耕地保护、高标准农田建设、国土空间优化、自然资源分等定级等方面提出建议。

9.5.1 耕地保护与高标准农田建设

1. 依据地表基质本底，科学精细管理，不断提升耕地三位一体保护水平

根据地表基质本底调查和评价的结果，进行分区施策、精准管理，不断挖掘潜在价值，提升耕地科学化和精细化管理水平。例如，依据地表基质禀赋评价结果，针对滨江镇东部、曲霞镇南部等优质耕地区，各项指标状况良好，建议加强环境指标监测；部分地区如张桥以北，有机质及营养元素指标略低，耕地利用过程中注意土壤培肥，增加地力。

针对泰兴宣堡镇、黄桥镇等地表基质较好区存在有机质和氮元素含量偏低，粒度偏沙、漏水漏肥等突出问题，根据基质结构特点，精准提出土质改良的措施。地表基质利用过程中需注意给排水设施建设、秸秆还田以及农家肥的使用，农作物生长旺盛期注意氮肥的补充。

此外少量零星分布的一般区，土地利用过程中注意土地产出效率，适当种植与土地属性相匹配的经济作物，同时需要注意翻耕深度、土壤酸碱度和土质的改良，农作物生长旺盛期注意有机肥、氮肥和磷肥的补充。

2. 耕地基质层中黏土质隔水夹层的保护建议

在高沙土部分地区，发育有重要的黏土质隔水夹层（图9.40），在水稻种植过程中，起到对灌溉水防渗防漏的作用，是水田开展水耕生产的重要条件。该结构夹层一旦被破坏，基质层的保水性降低，会出现渗水漏水情况，将无法作为水田使用，对耕地造成无法挽回的损失，因此该夹层在高沙土水稻种植区显得尤为重要。本次通过基质沉积序列的调查，查明发育有重要黏土质夹层的基质分布范围，并进行了圈画，作为耕地重点保护区域，避免深耕或者其他机械作业行为导致耕地的结构层遭受破坏，对耕地造成无法挽回的损失。

3. 动态掌握地表基质理化性质变化，加强监测预警

对比分析以往地表基质环境地球化学指标显示，泰兴市重金属含量整体呈现增长趋势，虽然整体增长幅度不大，但位于济川街道北部、姚王镇、曲霞镇周边，黄桥镇、元竹镇部分区域 Hg、Pb 等重金属元素含量增加明显，分析认为可能与工业污染及大气降尘有关。

图 9.40　高沙土区地表基质关键约束（隔水夹层）

此外，泰兴地区存在 pH 下降的趋势。变化指标显示根思乡西南部李家河、西北部陶家庄、滨江镇黄家西庄、济川街道众贤村、张桥镇王家圩、河失镇河头庄和元竹镇丁家庄周边，基质酸碱度变化较大，有出现基质土壤酸化的趋势。遥感影像图比对结果显示，酸碱度变化较大区域土地利用类型以林地、蔬菜大棚、渔业为主。

建议在相关因子变化较大区域，进一步加强空-天-地一体化综合监测，实时掌握地表基质理化性质状况动态变化，并进一步开展原因探查工作。

4. 科学推进高沙土区高标准农田建设

1）土地平整与集中连片

20 世纪 70 年代开始，泰兴市为了实行旱改水，就大面积实施耕地土地平整。开展土地平整，农田集中连片，进一步推进旱改水，是泰兴地区开展高标准农田建设的重要内容之一。通过本次基质调查发现，泰兴市高沙土地区，存在表层有机质土壤较薄，部分地区土壤中存在重要的隔水夹层。因此在开展土地平整和集中连片作用过程中，要注意保护土壤有机质表层以及隔水夹层，科学规划、精准施工，避免对耕地造成永久性破坏。

2）土壤的改良与培肥

农田地力的提升是高标准农田建设的一项重要内容。泰兴市高沙土地区，存在土质偏薄偏瘦的问题。通过本次地表基质粒度、质地、有机质及营养元素的调查，基本掌握了基质土壤地力的现状及近二十年来变化情况数据，并纳入自然资源调查监测体系数据库之中，可以作为高标准农田建设地力提升针对性精准施策的重要依据。

9.5.2　国土空间优化建议

合理利用基质资源，完善国土空间功能配置，助力乡村振兴战略实施，提出以下建议：

（1）滨江镇-虹桥镇-张桥镇南部-曲霞镇-广陵镇一带地表基质，质地适中，保水、保肥性好，基质养分较丰富，土质清洁，地表水丰富，灌溉方便，可发展优质水稻生产基地，提高优质水田的农产品附加值。

（2）新街镇-元竹镇-古溪镇一带地表基质，质地偏砂，结构松散，透水、透气较好；自然形成的土壤相对贫瘠，酸碱度测试结果呈中偏碱性，对于普通农作物种植并不友好，需要精细化管理，可优先发展现代农业。

（3）宣堡镇-济川街道-张桥镇以北区域各项评价指标均属中等水平，是泰兴市永久基本农田和高标准农田建设的重点区域，基质特性和营养元素水平决定了该地区不仅适宜种植小麦，也适宜种植其他如油菜、菠菜、黄瓜、萝卜、土豆和西瓜等具有更高附加值的水果和蔬菜，可根据当地区位特点，发展辐射长三角都市圈的多种农业。

（4）在宣堡镇-根思镇一带，地表基质禀赋特点最适宜银杏等深根性苗木的生长和种植，建议依托宣堡、根思地区的地表基质禀赋特点和银杏产业优势，调整种植结构，优先发展银杏等苗木种植或特色农业，作为泰兴市未来生态休闲农业重点发展片区，并尝试打造省级或国家级美丽乡村。

第 10 章　地表基质调查支撑干热河谷特色农业高质量发展

干热河谷地区高温少雨、水土流失强烈即是气候、地形和地质三者相互作用下的结果，又是开展干热河谷地区自然资源与国土空间综合评价的约束条件。

10.1　金沙江干热河谷特征

金沙江干热河谷是在青藏高原隆生背景下形成的一种非地带性植被景观，金沙江受区域构造控制北段位于青藏高原，流向自西向东；进入云贵高原后，受横断山脉的控制，流向转为自北向南；流出云贵高原后又转为自西向东，高原隆生使得河谷深切，下段和上段同中段流向剧烈改变，使得河谷封闭。东部太平洋和西部印度洋的暖湿气流到达金沙江中段区域后，随着海拔升高，暖湿气流带来的水分逐渐减少，使得区域整体降水缺乏；在局地深切河谷和低纬地区，热量难以散发，出现绝热增温，造就了云贵高原金沙江中段出现高温少雨的气候背景。高原隆生河谷深切，使得河谷两岸坡度陡峻，是干热河谷地区松散物质难以保存的地形条件。云贵高原属扬子板块西南缘，侏罗系至第四系以陆相碎屑岩为主，侏罗系及白垩系由红色河湖相砂岩泥岩和砾岩构成，第四系由河流相弱固结的砂岩粉砂岩和泥岩组成，岩石组合呈现出软硬相间的特点，整体结构易于发生物理风化，易于形成大量的松散残坡积物，在暴雨的诱发下，在山前形成巨量的洪积物，这是干热河谷地区水土流失强烈的物质背景。

元谋干热河谷区地处滇中高原中北部，横断山区的东部，位于金沙江一级支流龙川江的下游，其地理位置为东经 101°35′～102°06′，北纬 25°23′～26°06′，总面积为 2025.58km^2。研究区位于金沙江最南端，为金沙江流域干热河谷分布区最低处，热量充足，干热河谷效应显著，是云贵高原地区生态环境十分脆弱的区域之一。元谋受元谋-红山断裂的控制，东西两侧为高山环绕，沿南北方向在中部发育盆地，中部龙川江逶迤向北汇入金沙江，龙川江河谷区平均海拔为 1100～1300m，是我国最具代表性的金沙江干热河谷之一。区域属低纬度高原季风气候，因为海拔最高与最低之差近 2000m，气候垂直分布明显，发育典型的立体气候，大致可分为 4 个气候类型，沿海拔从高到低，依次出现温暖-中温带、北亚热带、中亚热带和南亚热带气候。盆地中部干热河谷坝区，面积为 797.51km^2，盆地周缘高处为温凉高山区，面积为 237.14km^2；温暖山区位于干热河谷坝区和温凉高山区之间的过渡地带，面积为 314.09km^2；此外，在盆地中部，构造出露的元古宇古老岩石分布区域，发育低缓丘陵，为温热丘陵半山区，面积为 636.7km^2；干热河谷坝区干燥少雨，光热足，罕霜雪，年均温为 21.9℃，最高月（5 月）均温为 27.1℃，最低月（12 月）均温 15.2℃，≥10℃的年积温8418℃。年均降水量为613.8mm，其中85%以上的降水集中在6～10月，各年的年降水量差异比较大，降水量最大年份达到906.7mm，最小年份仅有287.4mm，相差约3倍。年蒸发量为3911.2mm，是降水量的6倍多，年平均相对湿度仅仅53%，一年之中最小相对湿度为零，为云南全省最低，具有明显的干湿季交替的亚热带季风气候型，为云南省最为干燥的地区。极端的气候条件使得区域水土流失极为强烈，在元谋组弱固结砂岩砾岩间层区域切割形成高差数百米的冲蚀地貌，塑造了元谋土林这一独特的地质景观，与陆良彩色沙林、路南石林并称为"云南三林"。

元谋干热河谷地质背景复杂，立体气候特征明显，土壤类型多样，主要为燥红土，另有变性土、薄层土及紫色土。元谋干热河谷区尽管有雨季与旱季之分，但雨季（6～10月）仍会出现小旱，即称间歇性干旱；旱季前期（11月至翌年2月）雨量虽少，但气温不高，蒸发量小，土壤仍比较湿润，旱季末期（3～5月）气温迅速升高，蒸发量增大，土壤温度随之升高，湿度逐渐降低，并影响到土壤深层。根据调查元谋大黑山小流域原始植被群落主要是以草本植物为主，零星乔木、灌木。草本植物中黄茅（*Heteropogon contortus*）占据70%以上，其次有野古草（*Arundinelia hirta*）、孔颖草（*Bothriochloa pertusa*）、拟金茅（*Eulaliopsis binata*）、芸香草（*Cymbopogon distans*）、华三芒草（*Aristida chinensis*）等；灌木以车桑子（*Dodonaea viscosa*）为主，其次有朴叶扁担杆（*Grewia celtidifolia*）、假杜鹃（*Barlaria cristata*）、大叶千斤拔（*Flemingia macrophylla*）等；乔木主要有山槐（*Albizia kalkora*），其次有滇榄仁（*Terminalia franchetii*）、滇刺枣（*Ziziphus mauritiana*）等。由以上植被构成稀树林、稀灌丛、稀树草丛、灌草丛、草丛疏林至草丛的景观。该区域已经初步形成了典型的干热河谷顶极植被类型半自然稀树草原。

由于元谋干热河谷位于金沙江干热河谷最南端，年均日照为2670.4h，年均气温为21.9℃，四季不分明，全年基本无霜，年均降水量为616mm，年均蒸发量为3627mm，被誉为"天然温室"，河谷坝区地形开阔平缓，盆地中部深厚的山前洪积物储存了丰富的地下水，中部龙川江则带了丰富的地表水，为高原热区农业发展提供了先天条件，适宜冬春反季商品蔬菜和芒果、龙眼、咖啡、石榴等热带和亚热带经济作物的生长。独特的光热资源，孕育出优质的元谋蔬菜。元谋县先后被授予"中国冬早蔬菜之乡"、全国"南菜北运"基地县、全国首批100个无公害农产品（种植业）生产示范基地县、云南省首批高原特色农业示范县、全国首批农产品质量安全县、全国电子商务进农村综合示范县、第一批中国特色农产品优势区等称号。

10.2　元谋干热河谷地质背景

元谋干热河谷位于上扬子古陆块，横跨康滇基底断隆带和楚雄陆内盆地两个三级构造单元。受元谋-绿汁江断裂的控制，断裂东侧为康滇基底断隆带之下的禄丰拗陷盆地，断裂西侧为楚雄陆内盆地，楚雄陆内盆地进一步划分为西侧的大姚拗陷盆地和东侧的元谋-大红山古裂谷。

禄丰拗陷盆地见中生代晚三叠世—新生代古近纪的沉积盖层，以中生代侏罗纪以来巨厚的红色磨拉石建造为主（表10.1）。带内构造较为简单，未见变质结晶基底出露，无岩浆活动。现今呈现的构造变形均为喜马拉雅运动第 I 幕形成的近北西向的宽缓褶皱及北西向的表部逆冲断裂及北东向的高角度脆性断层。

表 10.1　禄丰拗陷盆地禄丰群特征简表

界	系	统	群	段	岩性组合
中生界	侏罗系	中统	禄丰群	四段	紫红色砂岩夹泥岩，砂岩中均夹有少量砾岩；顶部夹有少量黄色砂岩，黄色砂岩向上逐渐增多
					紫红色泥岩夹砂岩或砂泥岩互层
				三段	下部为暗紫红色泥岩夹砂岩，砂岩粒度较细，以细粒长石石英砂岩为主，少量为含岩屑长石英砂岩；中部为两层块状砂岩夹杂色泥岩及中厚层砂岩，块状砂岩单层厚 3～5m，其中所夹泥岩颜色主要有暗紫红、鲜紫红及黄绿色；上部为黄绿色泥岩、泥质粉砂岩及灰黑色碳泥质粉砂岩
		下统		二段	鲜紫红色泥岩夹少量砂岩；局部鲜紫红色泥岩中夹有少量泥砾岩，泥砾岩分布不稳定，呈薄层状或透镜状产出
				一段	暗紫红色泥岩夹砂岩；底部夹有少量黄绿色泥岩，顶部岩石颜色向上逐渐变浅过渡为紫红色及鲜紫红色

楚雄陆内盆地位于扬子板块西南缘，其西南以红河断裂和哀牢山断裂为界，西北缘以程海断裂为界，与盐源-丽江被动陆缘相邻，东临康滇基底断隆。盆地基底具双层结构，由古元古界中深变质的刚性结晶基底和中元古界浅变质的褶皱基底组成。元谋-大红山古裂谷位于元谋干热河谷中部，呈南北向展布，由古元古界普登岩群结晶基底、中元古界苴林岩群褶皱基底、长城系基性侵入岩、青白口系侵入岩、南华系岩浆岩及二叠纪侵入岩组成，零星分布有新生代的沉积盖层。中元古界苴林岩群为一套古裂谷沉积建造，包括砂泥岩组合建造、含泥砂质夹层的碳酸盐岩建造组合、砂岩与泥岩互层的复理石建造、石英砂岩-砂岩-泥质砂岩建造组合，总体为绿片岩相区域低温动力变质岩（表 10.2）。

表 10.2　元谋干热河谷构造岩石组合简表

岩群	岩组	岩性组合
苴林岩群	海子哨岩组	灰、深灰色粉砂质板岩、粉砂质-泥质板岩，二者呈互层状产出
		灰、深灰色粉砂质板岩、粉砂质-泥质板岩，夹变质砂岩，局部夹有少量变质砾岩
	凤凰山岩组	大理岩偶夹钙质板岩（片岩）
	路古模岩组	石英岩、绢云石英千枚岩，夹少量变质砂岩
		绢云石英千枚岩、千枚岩、千枚状板岩，夹有少量变质砂岩和石英岩，原岩为一套自下向上变粗的细碎屑沉积岩
		绢云石英千枚岩夹石英岩、钙质板岩
普登岩群		以浅灰、灰色（石榴）白云（二云）片岩、（石榴）白云（二云）石英片岩、（石榴）白云（二云）斜长片麻岩为主，夹多层深黑、灰黑色角闪片岩，以及少量灰色黑云斜长变粒岩

大姚拗陷盆地位于元谋-大红山古裂谷以西，出露面积最广，盆地零星分布有震旦-寒武系灯影组海相碎屑岩-碳酸盐建造。盆地主要发育于晚三叠世，结束于古近纪始新世末期，沉积地层厚达数千米。沉积地层为上三叠统普家村组、干海子组、舍资组，下侏罗统冯家

河组，中侏罗统张河组，上侏罗统蛇店组、妥甸组，下白垩统高峰寺组、普昌河组、马头山组，上白垩统江底河组，古近系古新统元永井组、始新统赵家店组，零星分布新近系中新统—第四系全新统（表 10.3）。盆地内发育喜马拉雅期浅表部-表部的构造变形，北部发育近南北走向的褶皱和断裂，南部偏转为北西走向。发育少量东西向的褶皱和断裂。区内零星分布有喜马拉雅期的基性岩浆侵位活动。

表 10.3　元谋干热河谷楚雄地层小区地层简表

界	系	统	组
新生界	第四系	全新统	
		上更新统	洪冲积层
			龙街粉砂层
		中更新统	上那蚌组
		下更新统	元谋组
	新近系	上新统	茨营组
	古近系	始新统	赵家店组
		古新统	元永井组
中生界	白垩系	上统	江底河组
		下统	马头山组
			普昌河组
			高峰寺组
	侏罗系	上统	妥甸组
			蛇店组
		中统	张河组
		下统	冯家河组
古生界	三叠系	上统	舍资组
			干海子组
			普家村组
	寒武系		灯影组

普登岩群岩石地球化学研究及原岩恢复认为，该套地层总体为一套细碎屑岩夹碱性火山岩组合，可能为一套裂谷相沉积，其中二云石英片岩、二云（白云）斜长片麻岩原岩可能为泥质粉砂岩、砂岩或杂砂岩，大理岩原岩可能为钙质泥岩、钙粉砂质泥岩或泥灰岩，二云斜长变粒岩及黑云斜长片麻岩、斜长角闪岩原岩可能为一套"双峰式"火山岩。

路古模岩组以千枚岩、泥质板岩为主，偶夹石英岩，原岩为泥岩、粉砂质泥岩夹少量细砂岩，泥岩与粉砂岩呈互层状产出，向上出现石英砂岩。

凤凰山岩组盖于路古模岩组之上，岩性为灰色条纹-条带状大理岩、块状大理岩夹少量钙质片岩及大理岩化片理化细晶灰岩。原岩主要为一套碳酸盐岩，有泥灰岩、块状灰岩及少量结晶灰岩。

海子哨岩组覆于凤凰山岩组之上，为粉砂质板岩、粉砂质泥质板岩夹变质石英砂岩，底部夹变质砾岩、变质砂砾岩，原岩为一套相对较粗的碎屑岩，为粉砂岩、泥岩夹砂岩、砂砾岩及砾岩。

上三叠统底部为砾岩，中上部为砂岩、粉砂岩、泥岩及碳质泥岩构成的磨拉石建造。侏罗系沉积了巨厚的红色磨拉石建造，为一套砂泥岩互层的陆相红层，岩石沉积韵律较发育；上侏罗统—下白垩统为厚百余米至数百米由砾岩、砂岩和泥岩组成的韵律性明显的高峰寺组及马头山组组成，马头山组底部为厚度不稳定的底砾岩，上白垩统江底河组由泥岩粉砂岩砂岩间层构成潟湖相沉积，顶部岩石中普遍含有膏盐。古近系—新近系以紫红色粉砂岩砂岩为主；下更新统元谋组为弱固结的底部沉积基本不具层理的紫红色块状钙质粉砂岩。

10.3　元谋地区地表基质层与地表覆盖层结构

岩石和构造是塑造地球表层形态的物质和形态基础，在大气以及后期的生物作用下发生改变，因此认识区域岩石的组成及其特征是开展地表基质调查的基础工作。地表基质是岩石受生物、水和大气的共同作用，风化后经过残积、坡积、洪积、冲击等作用形成的松散堆积物，构成成土母质的主体，表生过程中母质表层在生物的主导下形成可供植物生长的表层土壤。成土母质的成分、结构和构造受到岩石表生过程的约束，抗风化能力和风化产物受岩石矿物成分、结构和构造的控制，并形成不同类型的风化产物，决定了地表基质的结构、构造，并进一步限定了其生态地质特征。

按照三大岩类矿物结构特征、构造特征、抗风化能力、风化特征结合岩石工程力学分类，将元谋干热河谷出露的岩石划分为 6 种岩石组合类型：①泥、砂砾石层，主体由元谋干热河谷中第四系松散沉积物构成，抗风化能力极弱；②弱固结泥岩、砂岩、砾岩间层，抗风化能力较弱；③泥岩、粉砂岩、砂岩、砾岩间层，抗风化能力中等；④板岩、片岩、千枚岩，抗风化能力中等；⑤花岗岩、正长岩、闪长岩，以花岗岩为主体，包括其中发育的各类岩脉及岩墙，抗风化能力强；⑥大理岩、白云质灰岩，抗风化能力强。

沉积岩的矿物成分以稳定矿物（如石英）为主。总体上看，该类岩石抗风化能力较强。它的抗风化能力除取决于胶结物的物理、化学性质外，还与岩层产出的组合结构特征及岩层产状等有关。

区域出露有不同抗风化能力的岩石组合在风化过程中形成的成土母质具有明显差异，并进一步影响土壤的性质。通过元谋干热河谷调查，地表基质自上而下划分为 5 层，①表土层：受植物控制并富含生物衍生物质，植物根系密集发育部分，有机碳含量极高，松散堆积层形成后，堆积层表层在生物作用下逐渐演变为土壤，积累有机质，坡面径流中的泥砂及细小砾石受植物拦截发生堆积，表层泥、砂及有机质组分逐步提高，含量明显高出堆积层；②沉积层：主体由异地搬运堆积而成的松散沉积物构成，由坡积、冲积、洪积等异地搬运堆积形成，同下伏基岩没有直接联系，物质来源于重力、流水、风等的搬运和沉积过程；③残积层：主体为基岩风化残余物构成；④风化基岩层：基岩风化残留于原地的部分，岩石结构基本完整，但暴露于地表，裂隙发育，物质成分部分发生改变，颜色及主要矿物成分未发生显著变化，侧重基岩风化程度的研究；⑤基岩层，基本没有收到风化作用的影响，基岩结构（矿物结构、层理）、构造保存完整、颜色没有发生明显变化，并对其主要特征进行调查（图 10.1、图 10.2）。

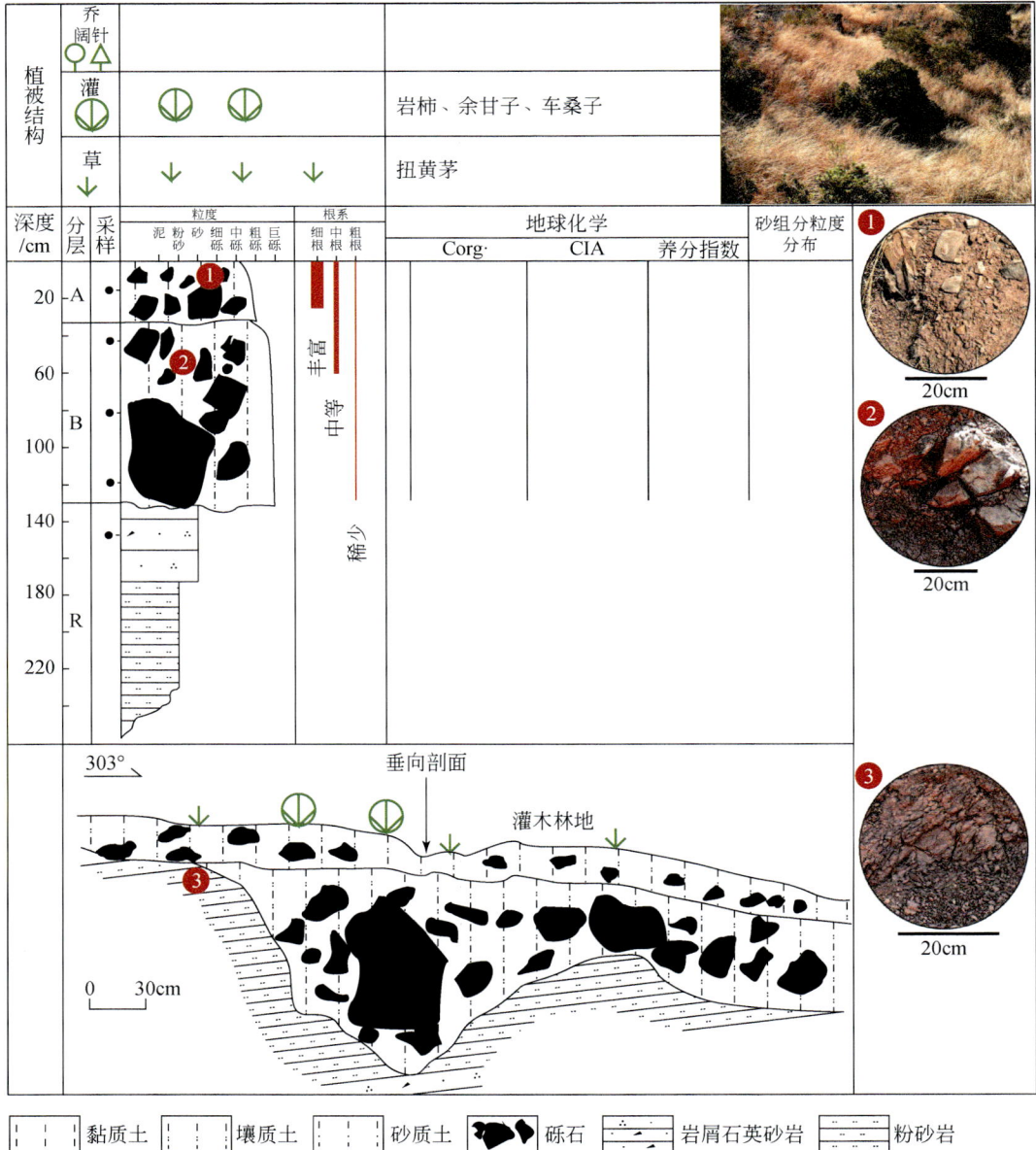

图 10.1　典型地表基质层与地表覆盖层结构素描图示例

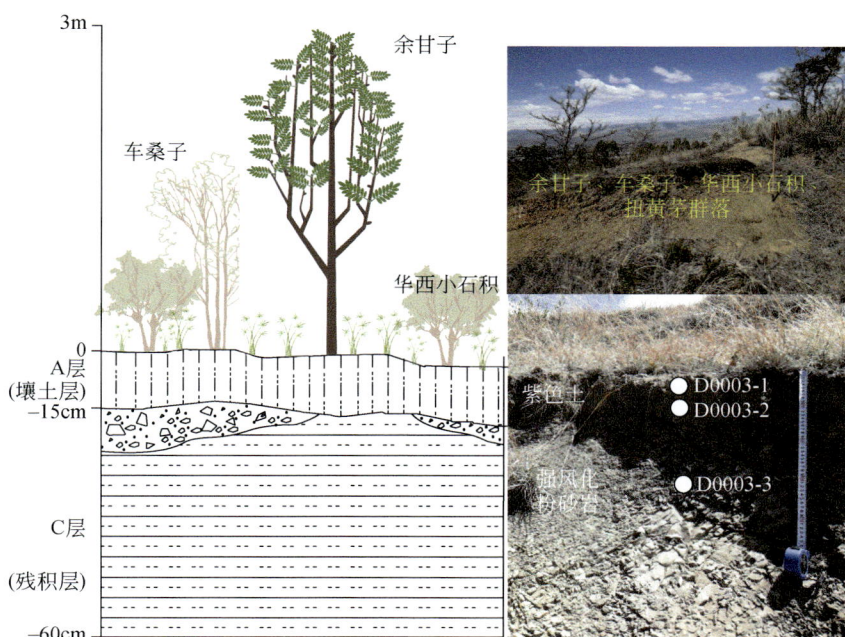

图 10.2　地表基质层与地表覆盖层结构一体化调查

10.3.1　泥、砂砾石层

松散岩类，一般具二元结构特征（砂砾石层和土层间层结构）；黏性土的胶结性强，结构紧密，难以流失，砂砾石层结构松散，易于流失；由于结构松散、地形平缓、水源丰富，是农业发展的优先区域。

10.3.2　弱固结泥岩、砂岩、砾岩间层

弱固结岩类。一般具二元结构特征（砂砾石层和土层间层结构）。岩石弱固结，由棕色厚层状砂岩与粉砂质黏土的互层，以及棕黄色砂砾层和粉砂质黏土的互层，砂砾石层结构松散，在干燥的气候环境中，在节理、裂隙等位置，受到季节性雨水的淋蚀和冲刷作用，雨水沿裂缝冲刷、流动，裂缝逐渐加深、扩宽、延长，地面支离破碎，植被难以恢复，水土流失强烈；而在铁质胶结物和砾石富集的位置，下部的黏土及砂砾层得到保护，雨水的淋蚀力减弱，残留部分形成如塔、如柱的土林，残留的土林同冲沟构成元谋干热河谷典型的侵蚀沟地貌。

元谋组泥岩孔隙度高，以毛细孔隙为主，通气孔隙仅占总孔隙的 4%～6%，透水性极差，为极弱透水岩土，入渗速率低，为 0.03～0.63mm/min，降水入渗浅，土壤水分富集于表层土壤，地面蒸发量损失大，旱季末期，40cm 深度内土层的含水量多低于凋萎含水量，属典型的侵蚀劣地，土壤水分条件极差，土体的膨胀收缩往往拉断植物根系，导致植物死亡，非常不利于植物的生长。冲沟侵蚀造成了冲沟发育区有机质显著下降，加剧了土壤有机碳、有效性氮素和磷素损失。

10.3.3 泥岩、粉砂岩、砂岩、砾岩间层

普通碎屑岩类，包括砾岩、砂岩、粉砂岩、泥岩、页岩等，矿物成分以石英含量最多，但由于胶结物成分多为泥砂质或钙质，加上岩石多为红、紫红色，吸热能力强，温差变化大，所以极易风化。当这些岩石的胶结物为钙质或泥质时，因钙活泼易于流失，泥质具亲水性，易被软化崩解。红色碎屑岩成岩期较晚，经历的地质构造运动次数少，岩层产状平缓（倾角一般小于20°），泥岩砂岩间层暴露，泥岩易于崩解，砂岩突出，构成阶梯状差异风化。风化残坡积物在切割侵蚀较丰富的山地，多为半风化的母岩碎屑残积物，形成粗骨性的地带性土壤，有些页岩的半风化物，富含磷、钾等矿质养分。

地表基质层与地表覆盖层结构在不同地貌位置有明显差异（图10.3，表10.4）。山顶受"干热河谷效应"影响较小，植被以云南松、锥连栎混生的乔木林为主，基岩风化产物原地近原地堆积，形成较厚的堆积层及残积层（2～5m），受枯落物长期影响，腐殖层整体较厚（50～100cm），故风化壳地表可见，主要为壤土层-堆积层，部分地区保留基岩轮廓，为壤土层-残积层；山腰坡度大且受集中降雨影响，风化产物在坡面难于停留，多搬运堆积于缓坡及沟谷处，故坡面风化壳整体较薄（5～20cm），限制了植物生长，以灌木-草本植物组合为主。缓坡及沟谷处，堆积层厚度变化较大（0.5～5m），结构松散，以壤土层-堆积层为主，植被为乔木-灌木-草本植物组合；山脚主体为坡积物及冲洪积物，厚度大（1～20m），冲沟发育，壤土层-堆积层为主，植被主要为人工林。

图10.3 碎屑岩区地表基质层与地表覆盖层结构特征图

A层.壤土层；B层.堆积层；C层.残积层

紫色土以壤质为主，渗透性和持水性均较好。紫色土较深厚的坡地，土壤水分条件较好。紫色土发育保存较差的坡地，土壤水分条件取决于岩性和裂隙发育状况，灌草植被生长茂盛。裂隙发育的砂岩坡地，降水入渗深，适合木本植物的生长；泥岩坡地降水不易入渗，入渗浅，土壤水分条件较差。

10.3.4 大理岩、白云质灰岩

碳酸盐岩类由灰岩、白云岩、白云质灰岩、燧石灰岩、泥灰岩可溶性碳酸盐岩构成，矿物成分主要为方解石及白云石。岩石可溶性强，裸露区地表、地下岩溶发育，溶解物常被地下水带走，物理风化不发育，风化过程以溶蚀作用为主。干热河谷地区降水少，而蒸

发量巨大，化学风化作用缓慢，仅发育石牙石沟的小型岩溶形态，表层为风化残积红土和红土夹碎石（图 10.4）。风化过程缓慢，且易于漏失，土层薄，质地黏重，含钙丰富，在植被作用下，有利于钙凝腐殖质的积累，多发育为黑色石灰土。其风化残积、坡积物发育为相应的石灰土。

表 10.4　碎屑岩区地表基质层与地表覆盖层结构特征表

位置	结构特征	层位	厚度/cm	描述	主要植物组合
山顶	泥岩、粉砂岩、砂岩间层-堆积层-薄层壤土层-针叶林结构	壤土层	30	腐殖壤土，褐红色，质地疏松	云南松、锥连栎组成的乔木林
		堆积层	150	泥岩残积物原地堆积，砖红色，较疏松，表面见泥岩轮廓	
	泥岩、粉砂岩、砂岩间层-堆积层-中层壤土层-针叶、阔叶混交结构	壤土层	40	腐殖壤土，褐色，质地较紧实	锥连栎、云南松组成的乔木林
		堆积层	100	壤土近原地堆积，紫红色，质地紧实，砾石含量约 20%	
山腰	泥岩、粉砂岩、砂岩间层-堆积层-薄层壤土层-阳坡-稀树灌草丛结构	壤土层	10	腐殖壤土、基岩碎块（30%）近原地堆积，褐色，质地疏松	余甘子、车桑子、扭黄茅等组成的灌木林
		堆积层	18	基岩碎块（80%）、壤土原地堆积，紫红色，质地疏松	
	泥岩、粉砂岩、砂岩间层-堆积层-中层壤土层-稀树灌草丛结构	壤土层	35	腐殖壤土，暗紫红色，质地疏松，砾石含量约占 10%	麻风树、青香木、扭黄茅等组成的灌木林
		堆积层	265	壤土、坡积物混杂堆积，紫红色，质地疏松，砾石含量约占 20%	
山脚	泥岩、粉砂岩、砂岩间层-堆积层-薄层壤土层-稀树灌草丛结构	壤土层	10	腐殖壤土，暗紫红色，质地较紧实，砾石含量约占 10%	桉树、车桑子、扭黄茅组成的人工林
		堆积层	170	壤土、冲洪积物混杂堆积，紫红色，质地紧实，砾石含量约 20%	

图 10.4　大理岩分布区地表基质层与地表覆盖层结构特征图

R 层.基岩层

碳酸盐岩区岩石主要为大理岩、钙质板岩组合，整体处于"干热河谷效应"影响区，地貌以低缓丘陵为主。剖面测量结果表明，以壤土层-堆积层-稀树灌草丛结构为主（表10.5），植被为灌木-草本植物组合。山顶、山腰地区岩溶裂隙发育，大理岩夹片岩的岩石组合，在片岩风化破碎后，大理岩碎裂原地堆积，有助于较厚堆积层形成，支撑灌木生长。山脚地区，堆积层受钙镁离子胶结作用影响，限制了灌木的生长，多为草地。

表 10.5 碳酸盐岩区地表基质层结构特征表

位置	结构特征	层位	厚度/cm	描述	主要植物组合
山顶	大理岩、白云质灰岩-堆积层-中层壤土层-稀树灌草丛结构	壤土层	40	腐殖壤土，褐红色，结构疏松，砾石含量约5%	扭黄茅、龙舌兰、车桑子组成的草地
		堆积层	60	大理岩碎块（60%）、壤土原地堆积，紫红色，质地紧实	
山腰	大理岩、白云质灰岩-堆积层-中层壤土层-稀树灌草丛结构	壤土层	40	腐殖壤土，褐红色，结构疏松，砾石含量约20%	扭黄茅、车桑子组成的草地
		堆积层	60	壤土、大理岩砾石（30%）原地-近原地混杂堆积，紫红色，质地紧实	
山脚	大理岩、白云质灰岩-堆积层-薄层壤土层-稀树灌草丛结构	壤土层	27	腐殖壤土，暗紫红色，质地较疏松，砾石含量约10%	扭黄茅为主的草地
		堆积层	70	钙质胶结的堆积层，紫红色，质地紧实，砾石含量约占20%	

碳酸盐岩地表基质剖面地球化学特征表明，随采样深度增加，壤土层、堆积层元素含量差异明显，堆积层元素含量随深度变化较小：有机质含量随深度增加逐渐降低；堆积层 SiO_2、Al_2O_3 含量明显低于壤土层；堆积层的风化程度（CIA 指数）和土壤成熟度（淋溶系数）明显低于壤土层，化学风化程度（硅铝率）明显强于壤土层；堆积层 CaO、MgO 深部淀积明显，化学风化强烈。碳酸盐岩区壤土层土壤成熟度较高。

主量元素 SiO_2、Al_2O_3、TFe_2O_3 总含量在山顶较稳定，山脚、山腰不同深度变化较大，即受岩溶裂隙及钙离子迁移的影响，碳酸盐岩区土壤分布极不均匀，土壤发生过程是非线性的。有机碳（Corg.）含量山顶、山腰明显高于山脚，与植被长势相对应。钙离子的迁移淀积过程，造成土壤风化程度（CIA 指数）在山腰、山脚明显变低，也造成两地淋溶系数偏高。

土壤水分岩层孔隙以裂隙为主，降水入渗浅，水分主要储存于表层土中，植物能够吸收的有效水比例低，土壤水分活跃层深度浅，地面蒸发耗水大，土壤水分条件不适合木本植物群落的生长，植被基本为以扭黄茅为主的稀疏草丛。

10.3.5 花岗岩、正长岩、闪长岩

岩浆岩类。花岗岩的造岩矿物主要是长石（57.1%～68%，钾长石、斜长石含量之和）和石英（27.1%～31.4%）（图10.5）。长石、石英的物理、化学性质不同（如膨胀系数，长石为 0.0017，石英为 0.00031），昼夜、寒暑温差变化引起的热胀冷缩易使岩石结构破坏，湿热气候条件导致岩石化学风化强烈，干热条件下以物理风化为主。此外，花岗岩为块状构造，风化作用不受岩体组合结构限制，因此风化作用有效面

积和风化深度比其他岩石大。闪长岩、正长岩及正变质岩（如片麻岩）的矿物成分、结构、构造、风化特点类似于花岗岩。

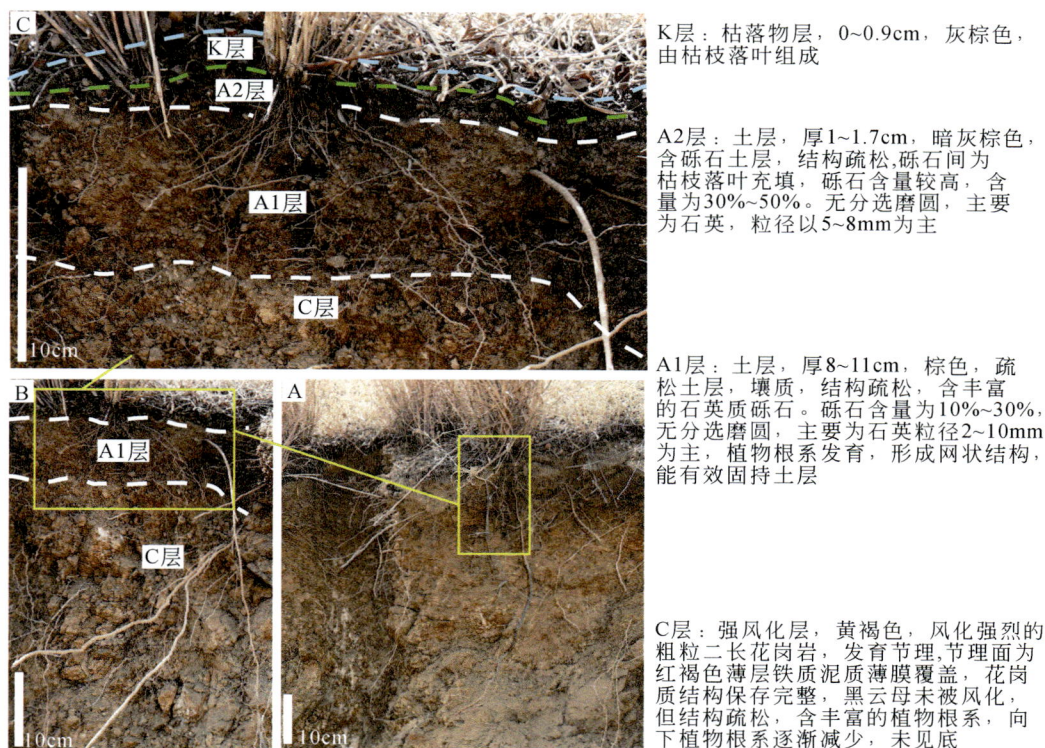

K层：枯落物层，0~0.9cm，灰棕色，由枯枝落叶组成

A2层：土层，厚1~1.7cm，暗灰棕色，含砾石土层，结构疏松,砾石间为枯枝落叶充填，砾石含量较高，含量为30%~50%。无分选磨圆，主要为石英，粒径以5~8mm为主

A1层：土层，厚8~11cm，棕色，疏松土层，壤质，结构疏松，含丰富的石英质砾石。砾石含量为10%~30%，无分选磨圆，主要为石英粒径2~10mm为主，植物根系发育，形成网状结构，能有效固持土层

C层：强风化层，黄褐色，风化强烈的粗粒二长花岗岩，发育节理，节理面为红褐色薄层铁质泥质薄膜覆盖，花岗质结构保存完整，黑云母未被风化，但结构疏松，含丰富的植物根系，向下植物根系逐渐减少，未见底

图 10.5　花岗岩地表基质分层结构特征图

　　花岗岩整体结构较为均匀呈块状构造，主要造岩矿物为石英、长石和云母，长石与石英的热膨胀系数相差 1 倍，当暴露地表后，在卸荷作用和热胀冷缩作用的共同影响下，花岗岩体表层发生胀缩变化，而下部相对稳定，使得花岗岩表层发生整体风化，岩体中的裂隙使得地表水可以进入岩体中，云母及长石易于发生水解作用，诱发化学风化的发育，进一步促进了花岗岩体表层的风化作用，形成表层风化壳。风化壳中易于风化的云母大量流失，主体由颗粒状的残余石英长石构成，缺少细粒黏土物质，为结构松散的沙土碎屑层，抗蚀能力弱，风化壳底部卸荷和涨缩作用迅速减弱，为坚硬的基岩，表层风化壳和底部基岩构成两种抗蚀能力极为不同的结构；风化壳表层发育红土，红土层抗蚀力较强。总体上，花岗岩风化壳一般由表层红土层、中部残余层和底部基岩层构成。地表水主要存蓄于中部松散沙土碎屑层，在强降雨条件下，薄的风化壳层迅速饱和，易于发生滑动侵蚀。

　　花岗岩区地貌以低缓丘陵为主，基岩包括各地质时期的花岗闪长岩、二长花岗岩，以及原岩为侵入岩的片麻岩、变粒岩等。剖面测量结果表明，花岗岩区风化壳结构受地貌位置影响较小，关键带以稳定基岩-残积层-薄壤土层-稀树灌草丛结构为主（图10.6，表10.6）。花岗岩区岩石抗风化能力强，岩石裂隙少，风化层薄且富含石英颗粒，风化过程缓慢，以整体风化为特征，限制了植被的生长，主要为草本植物。阳坡山顶部位以灌木-草地组合为主，壤土层较薄（10～30cm），山腰地区以草地为主，壤土层较薄（5～20cm），山脚地区存在厚度不等的堆积层（20～100cm），水土涵养能力增强，能支撑斑块状的稀疏乔木生长，壤土层厚度变化较大（10～50cm）。

图 10.6　花岗岩区不同地貌单元表层关键带结构特征图

表 10.6　花岗岩区典型关键带剖面结构特征表

位置	结构特征	层位	厚度/cm	描述	地表植物组合
山顶	花岗岩-残积层-薄层壤土层-稀树灌草丛结构	壤土层	40	腐殖砂土（70%）、花岗岩残积物混杂堆积，褐红色，结构疏松	扭黄茅、车桑子组成的草地
		残积层	50	花岗岩残积物（60%）、砂土原地堆积，砖红色，结构较疏松	
山腰	花岗岩-残积层-薄层壤土层-稀树灌草丛结构	壤土层	30	腐殖砂土（60%）、花岗岩残积物（40%）混杂堆积，灰褐色，结构疏松	扭黄茅、百日菊、车桑子组成的草地
		残积层	70	花岗岩残积物（80%）、砂土原地堆积，灰白色，结构较疏松	
山脚	花岗岩-残积层-薄层壤土层-稀树灌草丛结构	壤土层	30	腐殖砂土（70%）、花岗岩残积物混杂堆积，褐红色，结构疏松	扭黄茅、车桑子组成的草地
		堆积层	10	花岗岩残积物（60%）、砂土（20%）、花岗岩碎块（20%）杂乱堆积，灰白色，结构疏松	
		残积层	60	花岗岩残积物（90%）、砂土混杂堆积，灰白色，结构较疏松	

　　花岗岩地表基质剖面地球化学特征表明，主量元素 SiO_2、TFe_2O_3、Al_2O_3 等在风化壳各层中含量差异较小，壤土层、残积层有明显的继承性，地球化学特征与采样深度的关系表明，随深度增加：SiO_2 含量增加，Al_2O_3、TFe_2O_3 含量减少，即脱硅富铝铁过程逐渐减弱，成土进程逐渐减弱；K_2O 含量增加，长石风化减弱，土壤成熟度降低，化学风化程度减弱；综合来看，花岗岩地区地表风化壳表现为自上而下的成土过程，以化学风化为主；有机碳

（Corg.）壤土层含量最高，向下含量快速降低，表明花岗岩区植被以浅根系的草本植物为主。风化程度（CIA 指数）与土壤成熟度（淋溶系数）在不同地貌位置及不同深度基本相似，表明花岗岩区受限于地区整体水热条件，风化壳理化性质基本稳定，山顶植被覆盖较好，减弱了水土侵蚀，化学风化程度（硅铝率）山顶明显强于山脚。

生态地质特征同大理岩、白云质灰岩地区相似。

10.3.6　板岩、片岩、千枚岩

副变质岩类，抗风化能力相对较强，矿物成分主要有绢云母、绿泥石、石英、纳长石等，矿物颗粒很细，平均粒度一般小于 0.1mm，具亲水性，易于风化。

生态地质特征同泥岩、粉砂岩、砂岩、砾岩间层分布地区相似。

10.3.7　元谋干热河谷岩石组合空间分布

基于 1:5 万地质图，编制形成元谋干热河谷岩石组合分布图（图 10.7）。查明不同岩

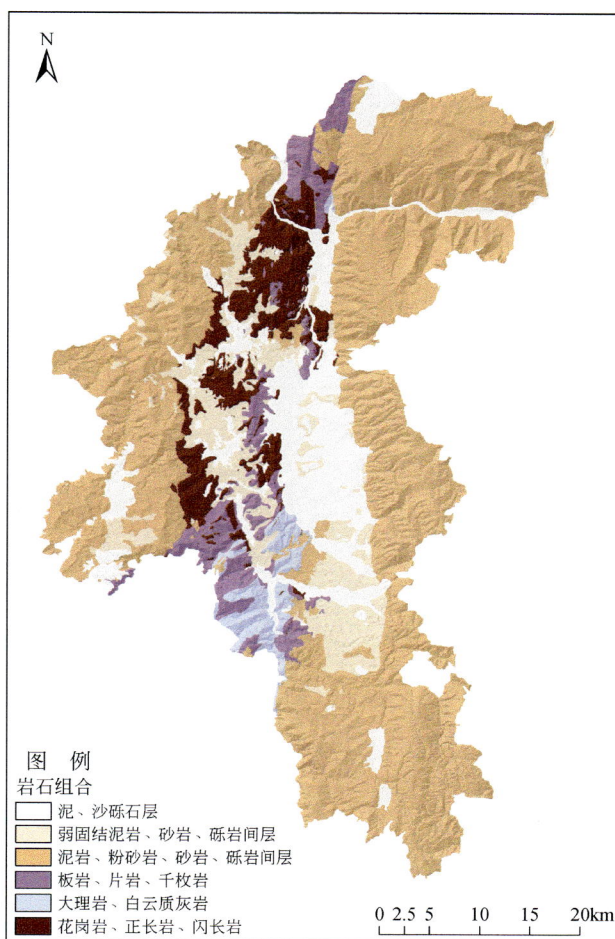

图 10.7　研究区干热河谷岩石组合分布图

石组合分布地区地表基质与覆盖层的分层结构：地表基质的垂向分层结构（层厚、颗粒组成、地球化学性质、土壤养分），表层植被群落结构特征等。

10.4 基于地表基质的土地适宜性区划

以金沙江下游元谋县为试点，围绕干热河谷区域存在的水土流失、生态治理及特色农业发展问题。以土地为核心自然资源开展适宜性评价，根据元谋县的自然环境特点和资源利用现状，以基岩、风化壳（风化残积层、搬运堆积层、土壤层）及植被为主体建立地表基质层结构（表 10.7），综合分析土壤有机碳储量、植被有机碳储量、土壤养分、降水、热

表 10.7 元谋干热河谷地表基质层及对应的植被组成表

地表基质层类型和构型			主要植物组合
地表基质层类型		地表基质层构型	
一级类	二级类		
松散沉积物	泥、砂砾石层-砾石层-粉砂层-黏土岩层	堆积层-表土层	扭黄茅
			赤桉、相思、银合欢等
弱固结泥岩、砂砾岩	弱固结砂层、砾石层间层	堆积层-表土层	扭黄茅
			赤桉、相思、银合欢等
			印楝
			云南松
			赤桉、相思、银合欢等
			麻风树、扭黄茅
碎屑岩，千枚岩，板岩	泥岩、粉砂岩-泥岩、粉砂岩-砂岩间层、千枚岩、板岩层、砂岩层，基性、超基性岩	残积层-表土层、残积层+堆积层-表土层、堆积层-表土层	余甘子、扭黄茅
			赤桉、相思、银合欢等
			锥连栎
			滇榄仁
			赤桉
			新银合欢
			印楝
			云南松
			黄荆
			车桑子、扭黄茅
碳酸盐岩	大理岩、白云质灰岩	堆积层-表土层	车桑子、扭黄茅
花岗岩	脉石英-闪长岩-正长岩-花岗岩	残积层-表土层、残积层-堆积层-表土层、堆积层-表土层	余甘子、扭黄茅

量等生态地质参数，研究岩石、构造、气候、生物相互作用过程及其在土地利用方式对关键带结构及其功能的相互影响，分析关键带结构在纵向空间和横向空间上的差异，揭示干热河谷地区岩石、构造、气候相互作用过程。

以土地利用现状为基准，基于不同地表基质的生态地质特征，开展适宜性区划，服务干热河谷地区生态修复和资源环境的可持续发展。

基于干热河谷地区表层关键带结构调查研究，围绕区域特殊的气候岩石相互作用关系，开展元谋干热河谷土地宜性评价与区划，揭示元谋干热河谷区植被景观的现状、动态发展及其动力，植被景观要素与地表基质之间的相互联系和相互作用，为探索干热河谷的退化生态系统恢复机理的研究积累资料，弥补植被恢复研究中地表关键带资料缺乏的空白，为西南地区干热河谷的植被恢复和生态重建提供地质科学依据。

干热河谷植被恢复应区分不同关键带结构开展修复工作，基于地表基质结构及其生态地质特征，将元谋县土地利用分为 4 种类型：农业适宜区、农业中等适宜区、生态保护-生态产业适宜区、生态保护-修复区。结合土地利用现状及生态红线，开展了土地适宜性潜力分区，提出元谋县耕地资源、园地资源、草地资源、林地资源及湿地资源的优化调整方案，服务干热河谷地区生态修复和资源环境的可持续发展。并对不同分区土地利用提出建议。

10.4.1　农业适宜区

在元谋干热河谷坝区泥、砂砾石层分布区域，以农业开发为主，适宜粮食作物大规模种植。区域为元谋干热河谷水田、水浇地、园地的主要分布区，目前存在大量林地、其他林地的碎斑零星分布于盆地中部。

10.4.2　农业中等适宜区

主要分布于元谋干热河谷中部，大部为元谋组分布区，由于元谋气候干燥炎热、水分蒸发剧烈，而在 5～10 月雨季期间，降水集中且丰富，弱固结且植被覆盖极差的弱固结泥岩砂岩砾岩分布区域冲沟极为发育，地表被强烈的水土侵蚀为千沟万壑的破碎地貌，由于水土流失强烈、地貌支离破碎，难以开展大规模的植树造林工作，植被恢复困难，是元谋干热河谷中部水土流失治理的重点地区。

开展平沟建园工程（图 10.8）。利用挖掘机、推土机等现代化机械，从坡顶到沟底，由上至下，层层进行推坡、填沟、压实，快速建成阶梯状分布、面积大小在 500～1000m^2 不等的台地。干热河谷区内元谋组土层深厚，超过 600m，且大部分冲沟发育短浅，下切深度大多小于 50m，地形落差相对较小。这些地形地貌、岩土特征以及现代机械化的推广，为平沟建园工程的实施奠定了良好的基础。平沟建园工程改变原有地貌，将原本沟壑纵横的侵蚀劣地，建成平整有序的台地，逐渐形成了一定规模的果蔬园。经过平沟建园施工建设和长期的耕作管理，土壤容重、孔隙度、持水量等物理性质也会随着工程实施年限发生变化，土地整治项目的实施将影响土地表层土体，下垫面的情况会发生改变，对土壤水分物理性质产生巨大影响，从而影响到雨水入渗、地表产流和损失以及土壤中水分渗漏等水文过程。

图 10.8　平沟建园工程前后对比照片

　　实施平沟建园工程可以显著改变土壤水分理化性质，显著增加容重，降低总孔隙度和毛管孔隙度，饱和导水率、持水量、蓄水量前期（0 年、0.5 年）有所增加，后期（10 年、15 年）有所降低；随着实施年限延长，变化趋势增强，尤其是 10 年后 40～60cm 土层土壤结构明显变差，土壤质量有退化趋势，主要原因可能是元谋地区主要土壤基质为燥红壤，质地黏重，易板结，长时间粗放管理导致土壤结构变差，水土流失进一步加剧了土壤板结，容重迅速升高，孔隙度下降，导水性能、水文性能变差。为了保证平沟建园地土壤结构和质量，则应合理控制工程实施年限。合理有效的土地整理措施可以有效的改善土壤结构，进而可以改善土壤的持水能力。因此对于实施平沟建园工程 10 年后的耕地辅以适宜的土地整理措施，如深耕和全面整地，可有效改善土壤结构，提高土壤持水和蓄水能力，改善土壤水文性能。

　　在半固结粉砂岩、砂岩、砾岩分布区域，采用混合经济模式，通过土地整治，改变原有冲沟土林林立、水土流失强烈的地形地貌背景，开发形成园地，种植青枣、芒果等经济林木，增加经济收入，同时，平沟建园工程充分利用荒沟荒坡，通过平整土地、种植作物，也在一定程度上改善了当地地表覆被状况，改变了地表景观。荒沟荒坡平整为台地后，也促进了雨水就地入渗，从而减少地表径流，减轻坡面、沟道侵蚀，减少了河道、塘库泥沙淤积；同时，作物种植使得耕作层土壤黏粒含量增加，降低了土壤砂性，提高了土壤保水保肥能力。

　　平沟建园工程将地形破碎的冲沟侵蚀劣地改造为平坦、高"含金量"的果蔬基地，显著增加了该区耕地面积，短期内为民营资本带来巨大的效益产出，有效推动了当地社会经济发展，对遏制冲沟发育、增加地表覆盖、抑制水土流失等方面也发挥了显著的作用。但从长远来看，该地区平沟建园工程对下垫面有较大扰动，且果蔬种植需要大量灌溉和施肥，会产生局部边坡水土流失、水资源平衡、地下水安全等不容忽视的生态风险问题。

10.4.3　生态保护−生态产业适宜区

　　花岗岩及分布区域地貌形态以平梁型山脊为主，坡度较缓，花岗岩地表覆盖层以表土层−残积层−基岩层结构为主，表土层薄，壤土质，残积层厚度最大，底部为花岗岩基岩，局部为山体上部滚落至此的洪积物和坡积物所覆盖。大理岩地表覆盖层以表土层−基岩层结构为主，表土层薄，壤土质，底部为凸凹不平的岩溶面，坡脚为山体上部滚落至此的洪积物和坡积物所覆盖。地表基质结构持水能力差，岩石坚硬，且难以以工程措施改造为耕地，部分工程改造区域由于缺乏成土母质，且干旱少雨，岩石发育成土过程缓慢，灰岩形成土壤需 3000 年（袁道先和蔡桂鸿，1988），国内外观测到，一般岩石风化形成 1cm 厚土壤需 120～400 年（史德明，1998），土壤发育极为缓慢，不适宜的土地改造可能造成基岩裸露，而流失的土壤则在相当长的时间内难以恢复。

　　土覆盖层植被主要为稀树灌草丛，因此上述区域应以自然封禁模式为主，以稀树灌草丛为植被恢复和维持目标，余甘子作为干热河谷地区典型乡土物种，同时具有较高的经济价值，在开展生态修复工作的同时，产生良好的经济效益，可作为该区域修复的优先物种；同时由于地形坡度平缓，光照丰富，灌木密度低，以草本植物覆盖为主，在开展植被恢复的同时，在地形平缓区域开展光伏建设，充分利用光热资源，有效减少阳光产生的蒸发效应，减弱集中强降雨的冲蚀效用，助力该区域水土保持。

10.4.4　生态修复保护区

　　海拔 1600m 以上区域不受干热河谷效应控制，以维持现有生态环境和功能为主。海拔 900～1600m 受干热河谷效应控制的区域，采用上述 4 种植被恢复策略，基于坡向及坡度，采用斑块化修复手段，在不同地形部位开展相应的林草恢复策略，阴坡沟谷稀树灌草丛区域以自然封禁模式为主，而不适宜的修复可能导致更为强烈的水土侵蚀效应；在阳坡植被破坏强烈，缓坡区域采用水土保持模式，进行人工干预修复，采用鱼鳞坑、坡改梯等方式，开展植被恢复，减少对表层壤土层的破坏；新修梯田土壤容重及孔隙度甚至分别显著高于和低于坡耕地。但随着坡改梯年限的增加，土壤容重及土壤孔隙度可以显著降低和提高，改善土壤的耕作性，增强降水入渗，减少地表径流和产沙量。同时，因为微地形的改变，梯田保水、保土，经过多年耕作熟化，使老梯田土壤砂粒显著减少。坡改梯工程将田面坡度变得平坦，延长了雨水的入渗时间，减少了雨水冲刷泥土带来的坡面水土流失，坡改梯提高土壤风干大团聚体的含量。坡改梯可以形成良好的土壤团聚体结构，而且地势变平坦有利于枯枝落叶的堆积，也有利于良好的团粒结构形成，从而增强梯田土壤的抗冲性和抗蚀性。

　　坡耕地改为梯田后，削缓坡度，截短坡长，增加了土壤入渗，其减流减沙效果明显。但受翻耕扰动以及可能的施工措施不规范、严格等因素影响，梯田修筑后的初期阶段，梯田土壤的主要物理性质与养分与坡耕地土壤没有显著差异，土壤质量未有改善，部分性质可能出现劣化。而随坡改梯年限增加，其减流减沙和保肥等水土保持累积效应以及耕作熟化作用明显，老梯田（>10 年）土壤容重显著下降，而土壤有机质、全氮、全磷和水解氮等含量显著提高，土壤质量极大改善。

　　金沙江干热河谷区气候干旱，稀树灌丛草坡是当地长期以来自然选择形成的顶级植物群落，乔木往往生得矮小，灌草丛发达。依据区域表层关键带结构及林草耕适宜性区划，将适宜于金沙江干热河谷区的植物种类与不同的关键带结构进行配置，提出乔、灌、草结合，形成上、中、下 3 层植被恢复模式（表 10.8～表 10.10），既要积极栽树种草，改造、恢复植被，提高植被覆盖率，又要充分利用现有的土地资源，根据当地的生态环境特征，提高生态经济效益，为建立合理的植被恢复模式提供依据。

表 10.8　林草适宜区植被恢复模式表

模式	结构特征	坡向	土壤水分状况	栽培技术	种植物种	水肥措施	种植规格
自然封禁模式	花岗岩（花岗岩类）-残积层-薄层壤土层-稀树灌草丛结构	阳坡	光照强烈，土层薄，厚度在20cm左右，土壤干燥、瘠薄，呈现严重的粗骨化，土壤水分条件差，植被恢复困难	—	—	—	—
	大理岩、白云质灰岩-堆积层-薄层壤土层-稀树灌草丛结构	阳坡		—	—	—	—
	花岗岩（花岗岩类）-残积层-中层壤土层-稀树灌草丛结构	阳坡	光照强烈，土层薄，厚度在20cm左右，土壤干燥，蒸发量大，原有植被稀疏，水土流失严重，植被恢复困难	—	—	—	—
	大理岩、白云质灰岩-堆积层-中层壤土层-稀树灌草丛结构	阳坡		—	—	—	—
水土保持模式	泥岩、粉砂岩、砂岩、砾岩间层-堆积层-薄层壤土层-稀树灌草丛结构	阴坡	土层薄，厚度在30cm以下，土壤湿度和温度较稳定，土壤中养分含量较低，水土流失严重	小乔木穴状整地、水平阶整地，雨季植苗造林，大密度种植，每亩10~50株；灌木小穴整地，雨季植苗造林，大密度造林，每亩80~240株；草本植物5~6月点播，乔：灌：草=1：2：3	新银合欢、印棟、滇杨、桑、坡柳、戟叶酸模、扭黄茅、白茅、黄麻、葛藤、地瓜藤	主要是砾石覆盖和秸秆覆盖，施加复合肥和甘蔗渣，种植后第二年再施肥一次	小乔木（大灌木）：4~6m×3m，小灌木和草本植物：1~2m×1m
	泥岩、粉砂岩、砂岩、砾岩间层-堆积层-中层壤土层-乔木、灌木结构	阴坡	土层薄，厚度在40cm以下，土壤水分条件较好，自然肥力较低，但是水土流失严重，土壤砾化和粗骨化	小乔木穴状整地、水平阶整地，雨季植苗造林，大密度种植，每亩10~50株；灌木小穴整地，雨季植苗造林，大密度造林，每亩80~240株；草本植物5~6月点播，乔：灌：草=1：2：3	攀枝花、桑、印棟、赤桉、余甘子、坡柳、戟叶酸模、膏桐、扭黄茅、白茅、地锦草、黄麻、葛藤、地瓜藤	主要是砾石覆盖和秸秆覆盖，施加复合肥和甘蔗渣，种植后第二年再施肥1次	小乔木（大灌木）：3m×3m，小灌木和草本植物：1~2m×1m
生态经济模式	泥、砂砾石层-堆积层-中层壤土-农作物、经济林结构	阴坡	土壤湿度稍大，土壤层厚度30cm以下，腐殖质层厚3~8cm，pH 6.5~7.5，质地中壤至重壤，结持力紧，但较适合植物生长	高大乔木大穴状整地、水平阶整地，雨季植苗造林，稀植，每亩15~60株；灌木小穴整地，雨季植苗造林，大密度造林，每亩100~300株；草本植物5~6月点播，乔：灌：草=2：3：2	攀枝花、桑、油桐、赤桉、余甘子、坡柳、戟叶酸模、车桑子、马桑、扭黄茅、拟金茅、黄麻、葛藤、地瓜藤	乔木以砾石覆盖为主，灌木以施加保水剂和秸秆覆盖为主，施加复合肥，种植后第二年再施肥一次	乔木（大灌木）：3m×3m，小灌木和草本植物：1m×0.3m
混合经济模式	弱固结粉砂岩、砂岩、砾岩-堆积层-中层壤土-乔木、灌木结构	阴坡	土层较厚，土壤层厚度45cm以上，腐殖质层厚6~12cm，质地中壤至重壤，结持力紧实，土壤水分条件较好，适宜植被生长	全面整地，行间套作草本植物，乔木-灌木混交；高大乔木大穴状整地、水平阶整地，雨季植苗造林，每亩20~80株；灌木小穴整地，雨季植苗造林，大密度造林，每亩120~350株；草本植物5月点播，乔：灌：草=3：3：10	攀枝花、桑、花椒、油桐、印棟、赤桉、余甘子、坡柳、膏桐、马桑、白茅、黄麻、地锦草、葛藤	高大乔木以砾石覆盖和施加保水剂为主，灌木主要是施加保水剂和秸秆覆盖，施加农家肥、复合肥和甘蔗渣，种植后第二年再施肥两次	乔木（大灌木）：2~4m×2m，灌木：3~5m×2m，草本：1m×0.3m

表 10.9　坝区中部南亚热带林草适宜区植物种类配置表

结构特征	坡向	特点	适宜植物种类	树种选择说明
花岗岩（花岗岩类）-残积层-薄层壤土层-稀树灌草丛结构	阳坡	土层薄，阳坡，土壤干燥、贫瘠，造林困难	乔木：新银合欢、余甘子、油桐、赤桉； 灌木：坡柳、仙人掌、车桑子； 草本植物：扭黄茅、白茅、拟金茅	选择生命力强、根系发达、萌芽力强的物种，以恢复灌丛、保持水土为主要手段
大理岩、白云质灰岩-堆积层-薄层壤土层-稀树灌草丛结构	阳坡			
花岗岩（花岗岩类）-残积层-薄层壤土层-稀树灌草丛结构	阴坡	土壤湿度和温度较稳定，恢复灌草植被较容易	乔木：攀枝花、桑、印楝、赤桉、余甘子； 灌木：坡柳、膏桐、马桑； 草本植物：白茅、黄麻、地锦草； 藤类：葛藤	选择耐瘠薄、适应性强、自然更新能力强的种类，以保持水土为主要手段
大理岩、白云质灰岩-堆积层-薄层壤土层-稀树灌草丛结构	阴坡			
花岗岩（花岗岩类）-残积层-中层壤土层-稀树灌草丛结构	阳坡	土层厚度加大，但土壤干旱仍是限制植被恢复的主要立地因子	乔木：新银合欢、印楝、滇杨、桑； 灌木：仙人掌、坡柳、戟叶酸模； 草本植物：扭黄茅、白茅、黄麻； 藤类：葛藤、地瓜藤	选择耐干旱、喜光、温暖、对土壤要求不严的物种，配置成乔木-灌木-草本植物结构，以保持水土为主，同时兼顾经济效益，提取部分薪柴
大理岩、白云质灰岩-堆积层-中层壤土层-稀树灌草丛结构	阳坡			
花岗岩（花岗岩类）-残积层-中层壤土层-稀树灌草丛结构	阴坡	土层增厚，土壤湿度稍大，较适合植物生长	乔木：攀枝花、桑、油桐、赤桉、余甘子； 灌木：花椒、坡柳、戟叶酸模、车桑子、马桑； 草本植物：扭黄茅、白茅、黄麻、拟金茅； 藤类：葛藤、地瓜藤	选择适应性强、生长快、经济价值高的树种
大理岩、白云质灰岩-堆积层-中层壤土层-稀树灌草丛结构	阴坡			

表 10.10　元谋坝周中山区中北亚热带林草适宜区植物种类配置表

结构特征	坡向	特点	适宜植物种类	树种选择说明
泥岩、粉砂岩、砂岩、砾岩间层-堆积层-中层壤土层-乔木、灌木结构	阴坡	土壤水分条件好，较易适合植物生长，但营养层薄且贫瘠，显弱酸性	乔木：攀枝花、桑、油桐、余甘子、新银合欢； 灌木：坡柳、膏桐、马桑、戟叶酸模； 草本植物：扭黄茅、白茅、拟金茅； 藤类：葛藤	选择喜酸性土壤、深根性植物，同时考虑提高经济效益，兼顾保持水土，改良土壤
泥岩、粉砂岩、砂岩、砾岩间层-堆积层-中层壤土层-稀树灌草丛结构	阳坡	土壤干燥，蒸发强烈，原有植被稀疏，水土流失严重	乔木：新银合欢、桑、油桐、赤桉； 灌木：坡柳、花椒、滇杨、仙人掌； 草本植物：扭黄茅、白茅、黄麻	选择喜光、生长快，具有改良土壤和提高土地承载力的阳性树种，以生态效益为主
泥岩、粉砂岩、砂岩、砾岩间层-堆积层-薄层壤土层-乔木、灌木结构	阴坡	土壤水分条件较好，自然肥力高，但是水土流失严重，土壤砾化和粗骨化	乔木：攀枝花、桑、油桐、印楝、条虑、秦甘子； 灌木：花椒、坡柳、戟叶酸模、膏桐； 草本植物：扭黄茅、白茅、地锦草、黄麻； 藤类：葛藤、地瓜藤	选择生长快，生物量大，适应性强，对土壤要求不严的树种，以水土保持为主，兼顾经济效益
泥岩、粉砂岩、砂岩、砾岩间层-堆积层-薄层壤土层-稀树灌草丛结构	阳坡	土壤干燥，蒸发快，退化严重	乔木：新银合欢、印楝、滇杨、赤桉； 灌木：坡柳、仙人掌、车桑子、戟叶酸模； 草本植物：扭黄茅、白茅、拟金茅； 藤类：葛藤	选择适应性强、根系发达的树种，恢复灌丛，保持水土，加速植被覆盖，改善局部小环境

第 11 章　红层区地表基质调查技术方法试点——以广安市为例

红层是一种外观以红色为主色调的陆相碎屑岩沉积地层。由红层紫色岩发育形成的紫色土是我国重要的土壤资源,广泛分布于我国南方亚热带和热带地区,光、温、水条件优越,土壤耕性和生产性能好,是我国重要的农业生产基地。红层山地丘陵地区普遍存在生态环境地质问题,由于土壤本身的特性,水土流失严重,并在不少地区严重退化。同时,红层砂泥岩互层,软硬相间,差异风化显著,常产生边坡岩体落石、崩塌及小规模滑坡。红层中泥岩具有遇水崩解、风化强烈,常常形成泥化软弱夹层,影响坡体稳定性,制约着当地生态和经济的发展。

四川盆地是中国红层分布最广的地区,面积超过 26 万 km²。广安市位于四川盆地东部,成渝经济圈重要城市,是典型红层丘陵区,也是我国现代农业示范区、重要的粮油生产区和特色产业区,因此开展以广安市为代表的典型红层丘陵区地表基质调查试点工作,不仅对支撑该地区农业和特色产业具有重要的实践意义,同时对于丰富地表基质理论体系也具有重要意义。

11.1　地表基质类型与分布特征

11.1.1　地表基质类型与分布

调查区内主要包括有侏罗系红层基质、三叠系含煤系碎屑岩基质、碳酸盐岩地表基质和第四系松散堆积物基质等,其特征如下:

1. 侏罗系红层基质

该种类型地表基质在研究区分布广泛,主要分布于华蓥山、铜锣山和明月山之间的山间丘陵和华蓥山以西的低山丘陵区,区内侏罗系红层(主要是沙溪庙组,还包括遂宁组、新田沟组、珍珠冲组、自流井组紫、紫红、红色砂泥岩)为紫色土的成土母质,土壤层厚度一般在 40~50cm,质地类型随地形变化具有明显差异。剖面显示从上坡—下坡—谷底,土壤层厚度由薄变厚。本质为泥岩经风化形成的初育土,在雨水冲刷和风能作用下,黏土矿物等细颗粒矿物向谷底搬运沉积,形成黏土层;石英等残积粗颗粒矿物就地沉积形成壤质砂土。同时,随搬运距离和沉积位置不同,形成的土壤层物理、化学特征也存在显著差异(图 11.1)。经调查统计,发现此种地表基质层剖面主要有 3 种结构样式,以 2 层结构为主,少数为 1 层或 3 层结构。其中,2 层结构中上层为土壤层,下层为不同风化程度的母质层;1 层结构主要为中等-强风化程度的母质层;3 层结构较为完整,表层为具有一定厚度的土壤层，中间层为不同风化程度的母质层，下层为弱风化或微风化的基岩层。

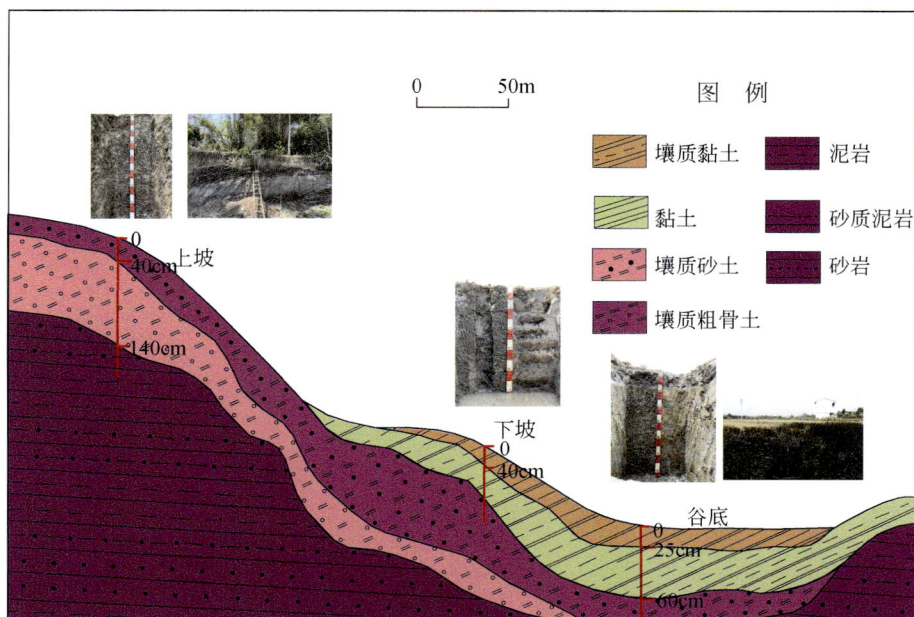

图 11.1　侏罗系红层基质剖面

不同地貌分区地表基质主要特征如下（图 11.2）：

低山区主要分布于岳池县、广安区北部，区内地层建造以侏罗系遂宁组为主，岩性主要为紫红色泥岩，夹少量薄层状泥质砂岩或粉砂岩。地表基质结构特征从坡顶—坡中—坡脚—谷底变化较大，依据母质岩性特征及土壤类型组成多种构型，主要为壤土-泥岩黏土-泥岩、砂土-泥岩、砂土-砂岩、壤土-砂岩和黏土-砂岩。从坡顶至谷底，1m 深地表基质层结构变化较大，坡顶反应为薄层土壤层，下伏薄层的粗骨土（强风化层）至基岩母质层；坡中位置土壤层及粗骨土层厚度加厚；坡脚位置以坡积为主，土壤层厚度增厚；谷底土壤层厚度最厚。土地利用类型坡顶、坡中主要为林地，坡脚为旱田地，种植玉米、大豆等农作物，谷底主要为水田，种植水稻等农作物。

丘陵区主要分布于岳池县、广安区中部和南部，武胜县全域，华蓥山以西、渠江以东，以及华蓥山、铜锣山和明月山的山间谷地。区内地层建造以侏罗系沙溪庙组为主，岩性主要为紫红色泥岩，夹中厚层状砂岩或粉砂岩。地表基质构型主要为壤土-泥岩、黏土-泥岩、砂土-泥岩、砂土-砂岩、壤土-砂岩和黏土-砂岩。从坡顶至谷底，1m 深地表基质层结构变化较大，坡顶反应为薄层土壤层，下伏薄层的粗骨土（强风化层）至基岩母质层；坡中位置土壤层及粗骨土层厚度加厚；坡脚位置以坡积为主，土壤层厚度增厚；谷底土壤层厚度最厚。土地利用类型坡顶、坡中主要为林地，坡脚为旱田地，种植玉米、大豆等农作物，谷底主要为水田，种植水稻等农作物。

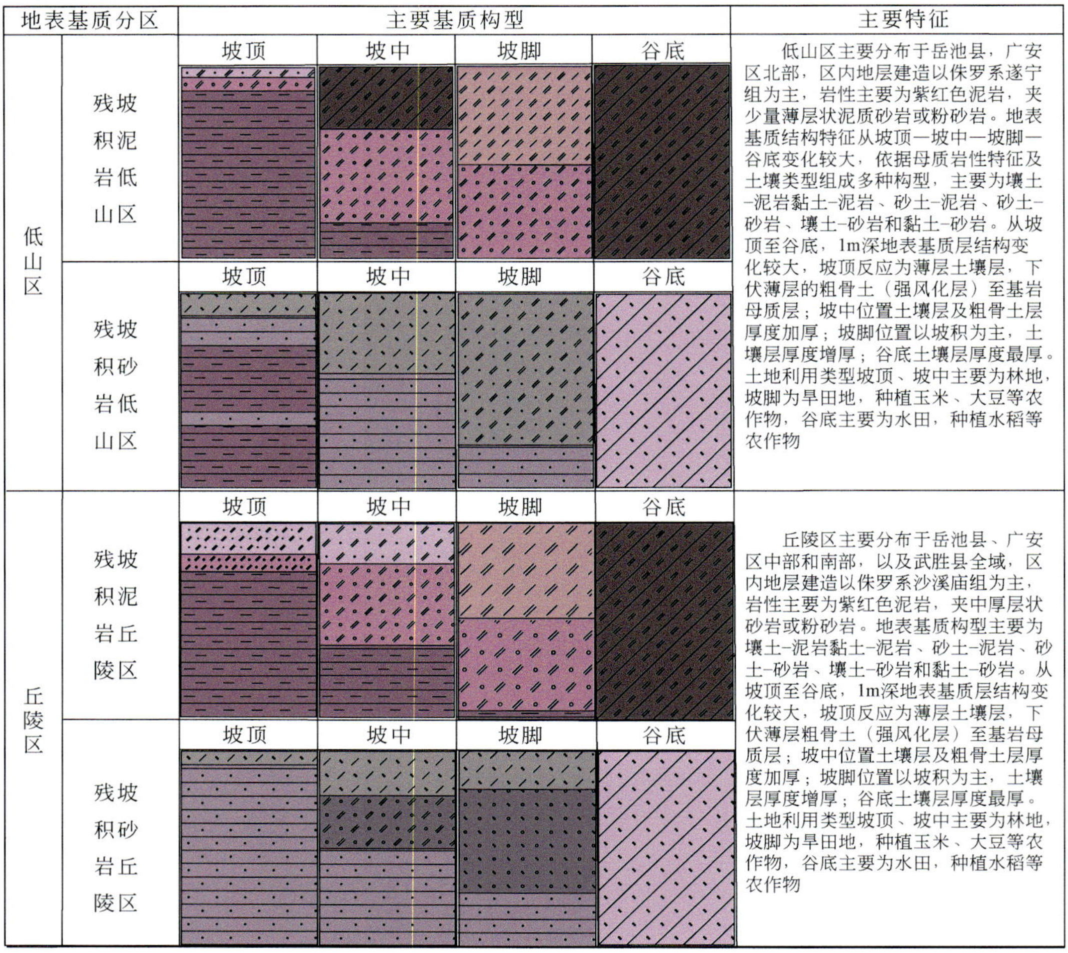

地表基质分区		主要基质构型				主要特征
低山区	残坡积泥岩低山区	坡顶	坡中	坡脚	谷底	低山区主要分布于岳池县，广安区北部，区内地层建造以侏罗系遂宁组为主，岩性主要为紫红色泥岩，夹少量薄层状泥质砂岩或粉砂岩。地表基质结构特征从坡顶—坡中—坡脚—谷底变化较大，依据母质岩性特征及土壤类型组成多种构型，主要为壤土–泥岩黏土–泥岩、砂土–泥岩、砂土–砂岩、壤土–砂岩和黏土–砂岩。从坡顶至谷底，1m深地表基质层结构变化较大，坡顶反应为薄层土壤层，下伏薄层的粗骨土（强风化层）至基岩母质层；坡中位置土壤层及粗骨土层厚度加厚；坡脚位置以坡积为主，土壤层厚度增厚；谷底土壤层厚度最厚。土地利用类型坡顶为林地，坡脚为旱田地，种植玉米、大豆等农作物，谷底主要为水田，种植水稻等农作物
	残坡积砂岩低山区	坡顶	坡中	坡脚	谷底	
丘陵区	残坡积泥岩丘陵区	坡顶	坡中	坡脚	谷底	丘陵区主要分布于岳池县、广安区中部和南部，以及武胜县全域，区内地层建造以侏罗系沙溪庙组为主，岩性主要为紫红色砂岩或粉砂岩，夹中厚层状砂岩或粉砂岩。地表基质构型主要为壤土–泥岩黏土–泥岩、砂土–泥岩、砂土–砂岩、壤土–砂岩和黏土–砂岩。从坡顶至谷底，1m深地表基质层结构变化较大，坡顶反应为薄层土壤层，下伏薄层粗骨土（强风化层）至基岩母质层；坡中位置土壤层及粗骨土层厚度加厚；坡脚位置以坡积为主，土壤层厚度增厚；谷底土壤层厚度最厚。土地利用类型坡顶、坡中主要为林地，坡脚为旱田地，种植玉米、大豆等农作物，谷底主要为水田，种植水稻等农作物
	残坡积砂岩丘陵区	坡顶	坡中	坡脚	谷底	

图 11.2　广安市典型紫色土垂向结构特征

2. 三叠系含煤系碎屑岩基质

主要分布于山区的两翼林地，海拔在 300～1500m，母质主要为三叠系须家河组含煤系碎屑岩地层，其他还包括少量侏罗系及古生界，以须家河组含煤系地层分布面积最大，在山地上坡和坡顶位置与石灰土接合，分界线较模糊。该种类型地表基质层剖面土壤层厚度为 0.2～1.5m，平均厚度为 0.9m，局部可达 2m 以上。受地形地貌因素和母岩质地的影响，在砂岩和地形坡度大的地方相对较薄，而在以粉砂岩、泥岩、页岩为主的基岩母质地区和坡脚和谷底相对较厚，主要因为砂岩抗风化能力强，不易风化，风化后极易在自然和人为因素下搬运走，而泥岩抗风化作用后，在同样的气候环境背景下，风化能力弱，一经风化，极易崩解和水溶解，进一步加剧风化程度，形成大量的残破积土；所以在缓坡和泥岩、页岩出露处黄壤土层厚度较厚，剖面形态也较好，有 2～3 个明显层次（图 11.3）。

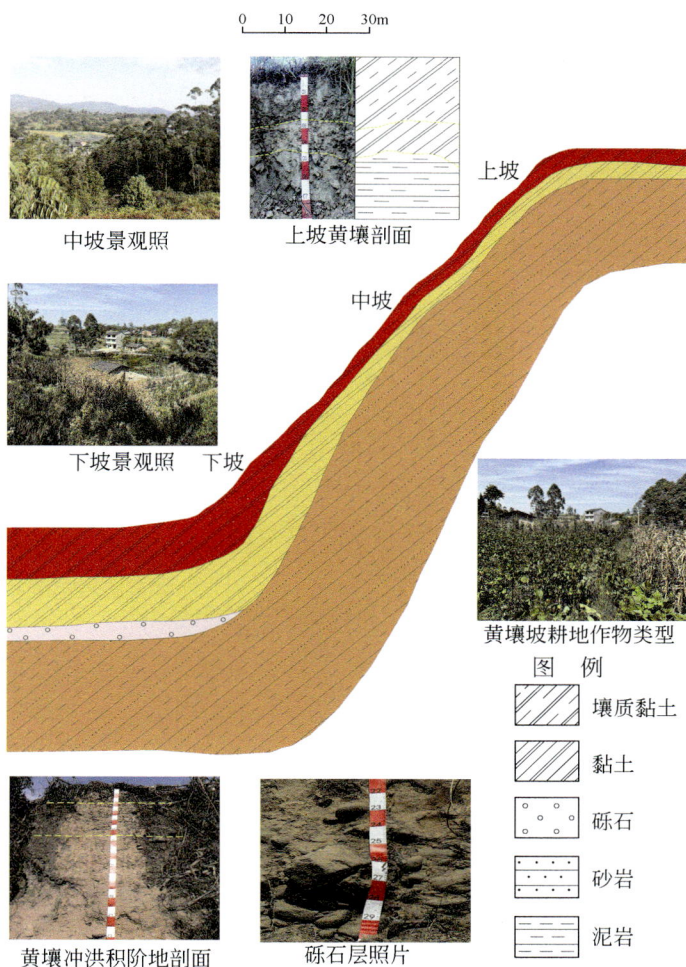

图 11.3　三叠系含煤系碎屑岩基质

3. 碳酸盐岩地表基质

主要分布在华蓥山、铜锣山和明月山"三山"的山顶部位，较紫色土来说分布面积较小，海拔多在 350m 以上，土壤层厚度薄，在 0.1～1m，平均厚度只有 0.25m，极其个别调查点由于受地形地貌影响可达 4m。奥陶系灰岩和三叠系飞仙关组、嘉陵江组、雷口坡组碳酸盐岩地层风化物为碳酸盐岩地表基质的母质层，主要为残积成因，具有风化壳厚度薄、土壤层发育不好的特点，空间分层不明显，土壤层连续性较差，厚度变化大且不稳定。垂向看顶部以黏粒为主，底部可见有石漠化的灰岩或白云岩颗粒。盐酸滴定可见有大量气泡产生，说明土壤中 CO_3^{2-} 含量较高。岩层产状和自然坡向的关系影响较大。断层处夹层为志留系下统页岩层厚约 13m。表层可见破碎状的碎石。陡峭处大面积的裸岩和残坡积层出露，土壤层零星发育，植被覆盖率中等，以竹林及灌木为主（图 11.4）。

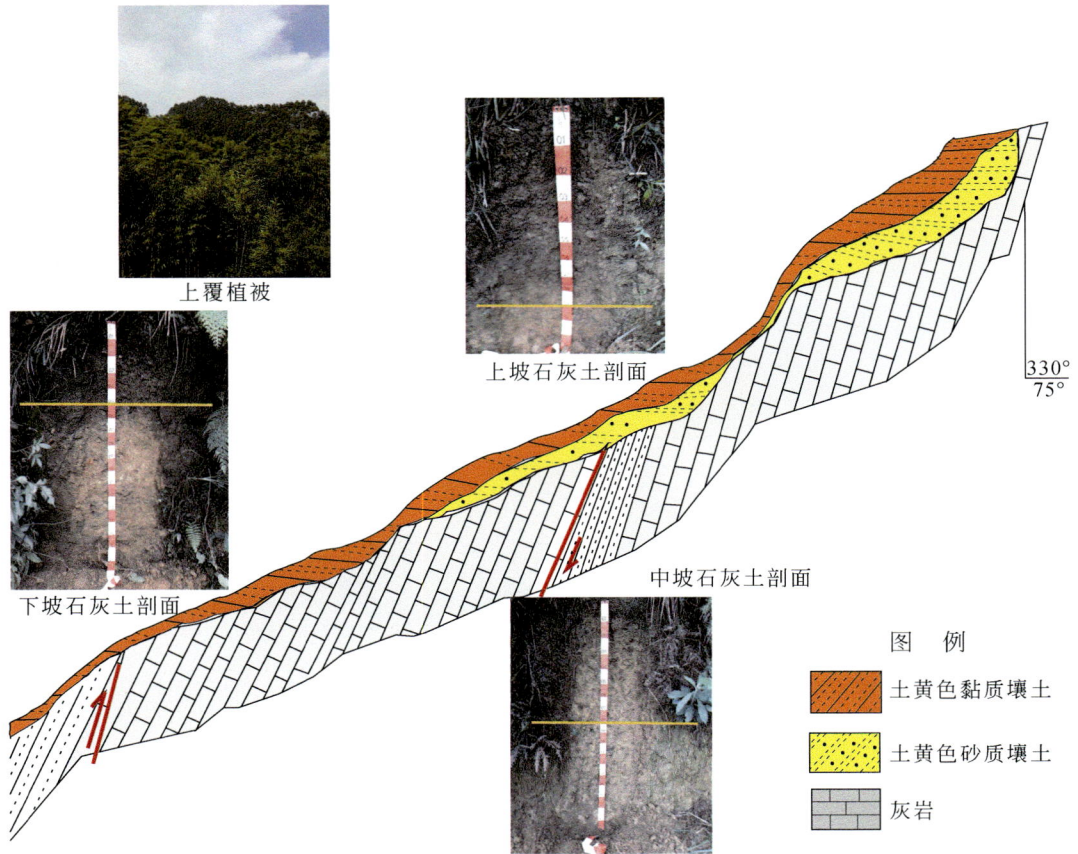

上覆植被

上坡石灰土剖面

中坡石灰土剖面

下坡石灰土剖面

图　例

土黄色黏质壤土

土黄色砂质壤土

灰岩

330°
75°

图 11.4 华蓥市阳和镇奥陶系碳酸盐岩基质

4. 第四系松散堆积物基质

研究区分布较少,主要分布于现代水系如渠江河床、河漫滩、两侧阶地和山前沟谷内。拔河为 30～60m,局部山前洪积扇内分布小面积的洪积砾石,以中-粗砾为主,多呈卵圆状,分选中等,砾石层相对较厚,具有一定的河流相沉积特征,底部为侏罗系红层(图 11.5)。根据 1:20 万广安幅在南部盘龙测的 ^{14}C 年龄为 32000～40000 年,为上更新统。

砂土沿渠江等河谷河漫滩和低阶地分布(图 11.6),以砂质壤土和壤土为主,本次测得年龄为 4965～6675 年,为全新统。低阶地(I～II 级)广泛为城镇建设和农业耕作用地。

以渠江左岸明月镇代家嘴村 I 级阶地上钻孔为例,0～0.8m 为砂土,0.8～2.0m 为砾石土,2.0～21.7m 为砂土,21.7～21.38m 为卵砾石,21.38～22.48m 为强风化粉砂岩,22.48～27.5m 为中风化粉砂岩,27.5～28.0m 为弱风化砂岩。第四系冲积土厚约 21.38m,底部砾石,其上砂土的组合整体显示河流冲积形成的"二元结构"。分别在第一层 0.3m、第三层 1.4m、第四层 2.9m、第五层 3.8m、第六层 8.9m、第七层 15.9m 处采集了土质地球化学样品和质地分析样品,分析结果显示,自表层至底部卵砾石,粒径较小的粉砂粒和黏粒含量增加,粒径较大的砂粒含量降低的趋势,显示其与正沉积序列相反的特征,推测为地表水下渗将浅表层细粒的粉砂粒和黏粒淋溶淀积至第六层 12.7m 处砂质黏壤土中。浅表层 0～1.4m 处自下往上显示细粒物质增加的趋势而与下部不同，可能为农业长期耕作的土质熟化的影响。第七层砂土（12.7～21.7m）较上部明显砂粒增多、粉砂粒和黏粒降低，显示其未明显遭受淋溶淀积作用。

图 11.5　第四系沉积物基质特征（底部为侏罗紫红色系泥岩）

图 11.6　渠江左岸 I 级阶地和大洪河左岸河漫滩

11.1.2　地表基质分层特征

通过对广安市地表基质层进行垂向剖面解剖，可知不同类型地表基质层之间存在着一定的联系。按照不同深度，可将其分为表层（0～20cm）、中层（60cm）、深层（150cm）3 层，不同深度层具有不同的地表基质类型，经过对表、中、深 3 层进行叠加处理，得出不同深度地表基质层之间的关系。

0～20cm 地表基质类型分布如图 11.7 所示。通过野外实地调查，发现广安市全区 0～20cm 深度地表基质类型主要为土质，其次为少量的砾质和泥质。其中，土质类型包括有紫色土、黄壤土和石灰土，紫色土质地类型较多，二级分类包括有壤土、砂土和黏土，分布于华蓥山西侧丘陵区和华蓥山、铜锣山和明月山之间的向斜区域。黄壤土因其成土母质较为单一，因此质地类型较为简单，主要为黏土和壤土，主要分布于华蓥山、铜锣山和明月山两侧。石灰土主要为化学风化成因形成，成土母质主要为灰岩和白云岩，质地类型主要为黏土，少量为壤土，主要分布于华蓥山、铜锣山和明月山背斜核部，沿山体走向连续分布。砾质主要为中-细粒，沿区域内的大小河流分布，主要分布于嘉陵江、渠江两岸地区，分布不连续，呈串珠状分布。泥质主要分布于区域内的湖泊、沼泽以及人工池塘内，类型主要为淤泥。

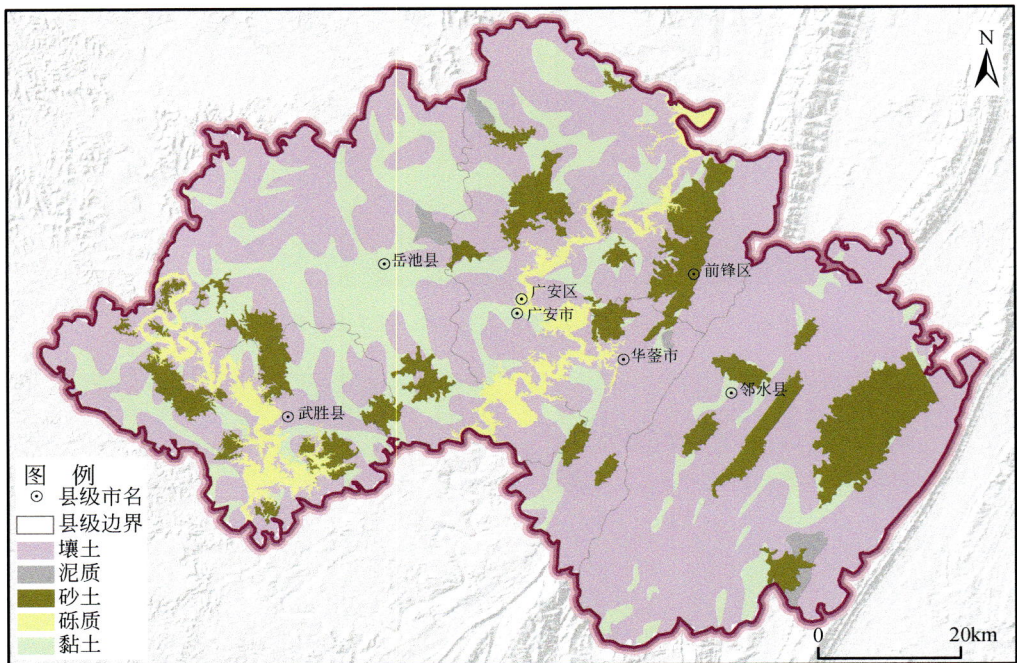

图 11.7　研究区表层地表基质类型及分布图

　　根据野外剖面调查结果，取 60cm 深处为中层地表基质类型，如图 11.8 所示。60cm 深度地表基质类型相对较多，包括有岩质、砾质、土质和泥质，其中以岩质面积最广，其次为土质、砾质和泥质。岩质类型主要有紫红色泥岩、砂岩、灰岩、白云岩及少量页岩。紫红色泥岩和砂岩主要分布于华蓥山以西的丘陵区和华蓥山、铜锣山、明月山之间的山间谷地，泥岩和砂岩主要为紫色土的成土母岩，受微地形地貌环境的影响，上覆不同厚度、不同类型的土质。灰岩和白云岩则出露于华蓥山背斜核部以及铜锣山背斜核部局部区域，作为石灰土的成土母岩，岩石坚硬、风化难为其主要特点，以化学风化为主，形成薄层的石灰土覆盖其上。页岩主要分布于明月山东侧，是形成黄壤土的母岩，具有易风化的特点，分布区域相对较小。土质类型主要有壤土、砂土和粗骨土。60cm 处仍为土质，说明该处土层厚度较厚，大多位于丘陵坡脚和谷底区域，少数可能位于坡顶。砾质主要沿嘉陵江和渠江分布，泥质主要分布于大面积的湖泊和沼泽区。

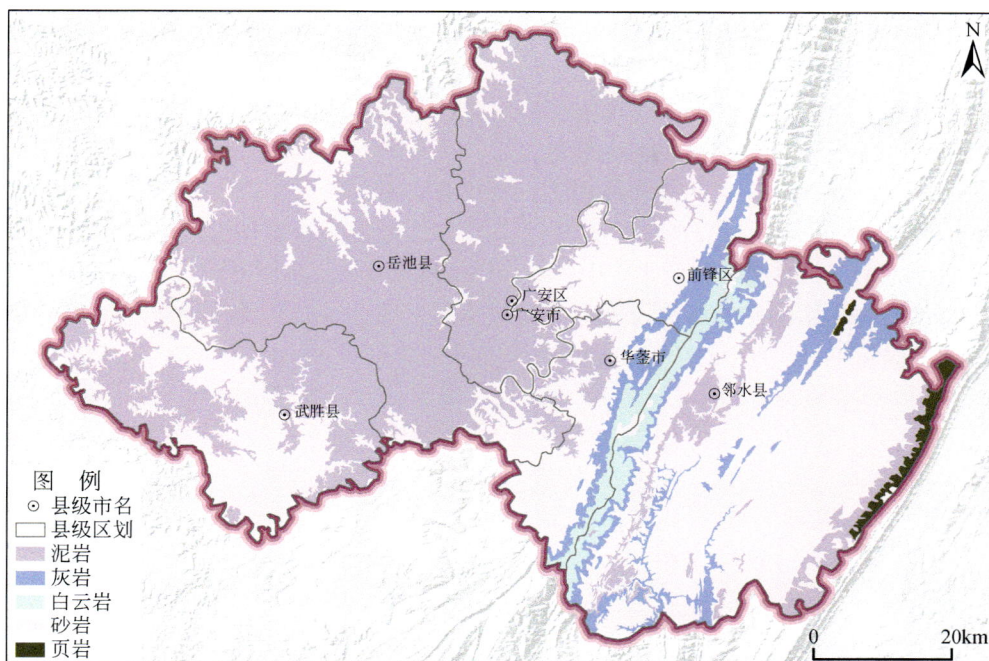

图 11.8　研究区中层地表基质类型及分布图

依据区域内风化程度及野外实际调查结果，选取 150cm 深度为下层区域，其地表基质类型及分布如图 11.9 所示。因区域内土壤层厚度大于 150cm 主要为丘陵谷底区，该区域面

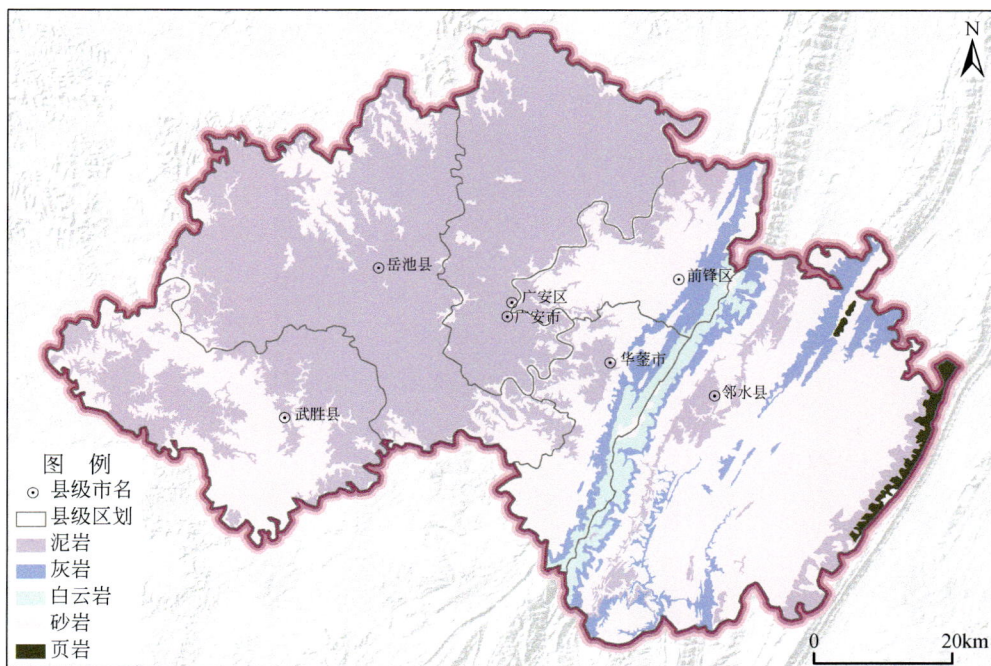

图 11.9　研究区深层地表基质类型及分布图

积较小，且不连续，图面无法表达，故该层位地表基质类型主要为岩质，为土壤层的成土母质层。岩石类型包括有紫红色砂岩、泥岩、灰岩、白云岩和页岩等。受构造作用的影响，区域内隆起的华蓥山、铜锣山和明月山背斜出露较老的地层，岩性复杂，呈北西向条带状分布。其余区域为大面积的紫红色砂泥岩。

通过对上、中、下 3 层地表基质层进行空间耦合叠加，获得广安市地表基质层耦合关系图，如图 11.10 所示。图 11.10 显示，将上、中、下层地表基质类型及分布图相同位置进行空间耦合叠加，获得同一位置上、中、下 3 层的基质类型，反映出相互之间的演化关系，可分为原位风化和迁移叠加两种关系，从而从垂向空间上得出上覆土层与下伏基岩的演化关系，获得如图 11.11 所示的广安市地表基质构型图，可见有 25 种构型，主要包括有壤土-泥岩、壤土-砂岩、壤土-灰岩、壤土-白云岩、壤土-页岩、泥质-砂岩、泥质-泥岩、石灰土-泥岩、石灰土-砂岩、石灰土-灰岩、石灰土-白云岩、石灰土-页岩、砂土-泥岩、砂土-砂岩、砂土-灰岩、砾质-泥岩、砾质-砂岩、黄壤土-泥岩、黄壤土-砂岩、黄壤土-灰岩、黄壤土-白云岩、黄壤土-页岩、黏土-泥岩、黏土-砂岩、黏土-灰岩。

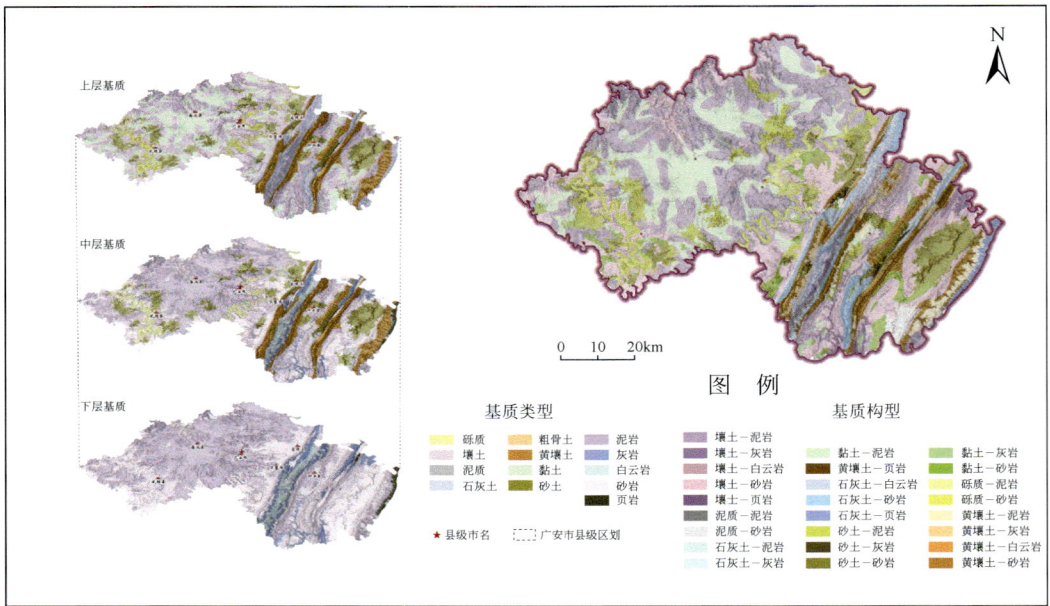

图 11.10 研究区地不同深度地表基质层关系图

11.1.3 地表基质层与覆盖层之间耦合关系

通过地表基质调查，同时借鉴生态地质编图方法（刘洪等，2023），从地质的角度出发，结合地表基质层结构、土壤类型、土地利用类型、地表覆被类型及地形地貌类型等，编制了工作区地表基质综合剖面图（图 11.12），为评估地表基质层对区内森林生态系统、农田生态系统、河流湿地生态系统间相互作用和相互影响，探究其支撑孕育作用机理提供了数据支撑。

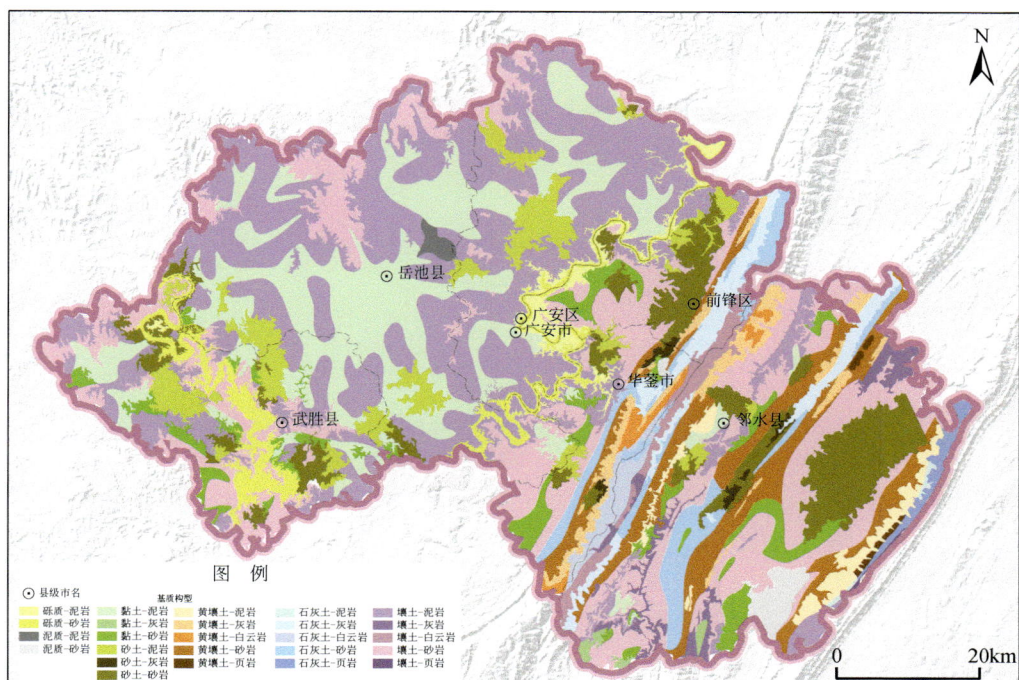

图 11.11　研究区地表基质构型图

11.1.4　地表基质理化性质

主要包括土壤层理化性质和垂向剖面上元素迁移特征研究。

11.1.4.1　表层理化性质

1. 土壤层厚度

土壤层厚度变化与岩性、微地貌、坡度等密切相关。土壤层厚度是土壤形成、发育和演变过程的重要指标之一，为了研究土壤层厚度的分布情况我们主要采取垂向人工剖面、洛阳铲、地质浅钻等工作手段。洛阳铲调查深度集中在 0～2m，大于 2m 地区布设地质浅钻，主要分析研究区域挖人工剖面。土壤层厚度分布通常受到多种因素的影响，如母质、气候、地形、生物等。在工作地区研究了土壤层厚度的分布特征，发现其分布主要受母质和地形的影响。

土壤层较厚的区域主要分布在谷地和黄壤区域；较薄的土壤层主要分布在华蓥山、铜锣山、明月山三山上面。根据调查数据统计，工作区土壤层厚度一般在 10～50cm，其中沙溪庙组紫色土较薄，厚度较为一般在 30～50cm；第四系松散堆积物建造的砂土厚度最大，可达 20m 以上。土壤层厚度还与地形地貌也有很大关系，一般从上坡—下坡—谷底，土壤层厚度由薄变厚。土壤层厚度主要集中在 2m 以内，超过 2m 的调查点主要集中在广安市前锋区禄市镇、桂兴镇，华蓥市高兴镇，岳池县石笋镇、天平镇（图 11.13）。

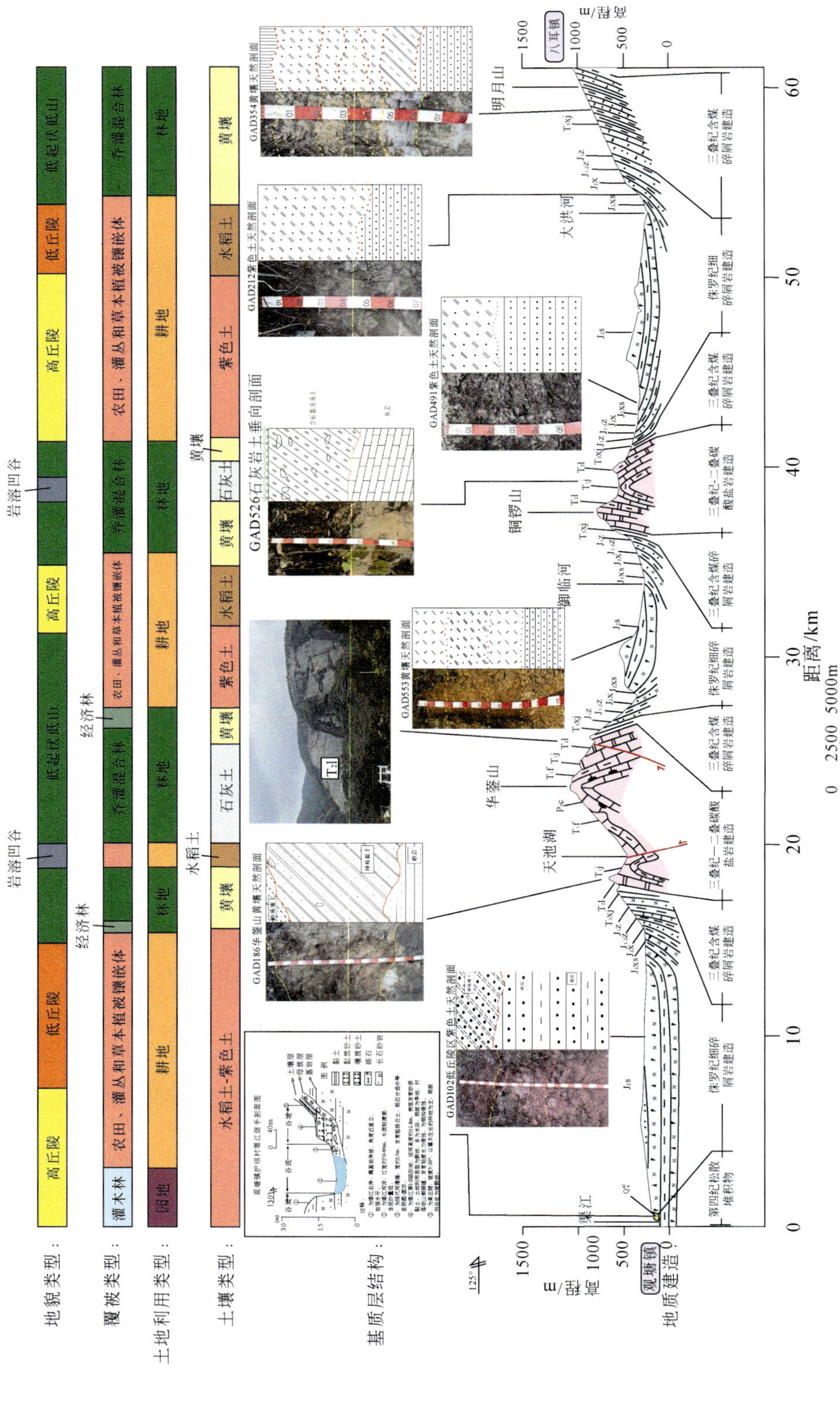

图11.12 广安市调查区地表基质综合剖面图

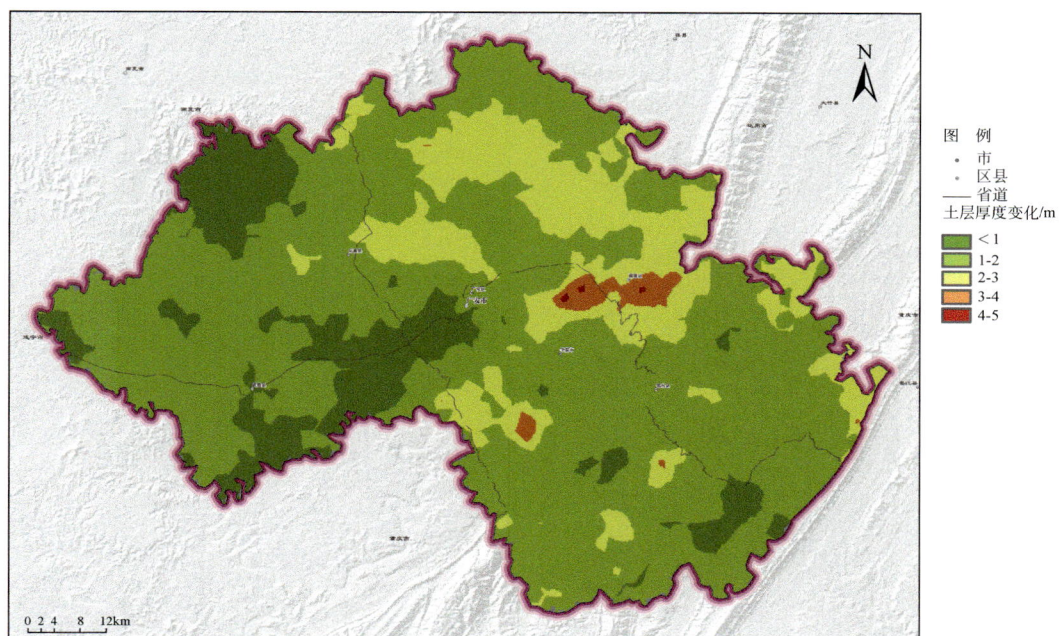

图 11.13　广安市土壤层厚度等值线图

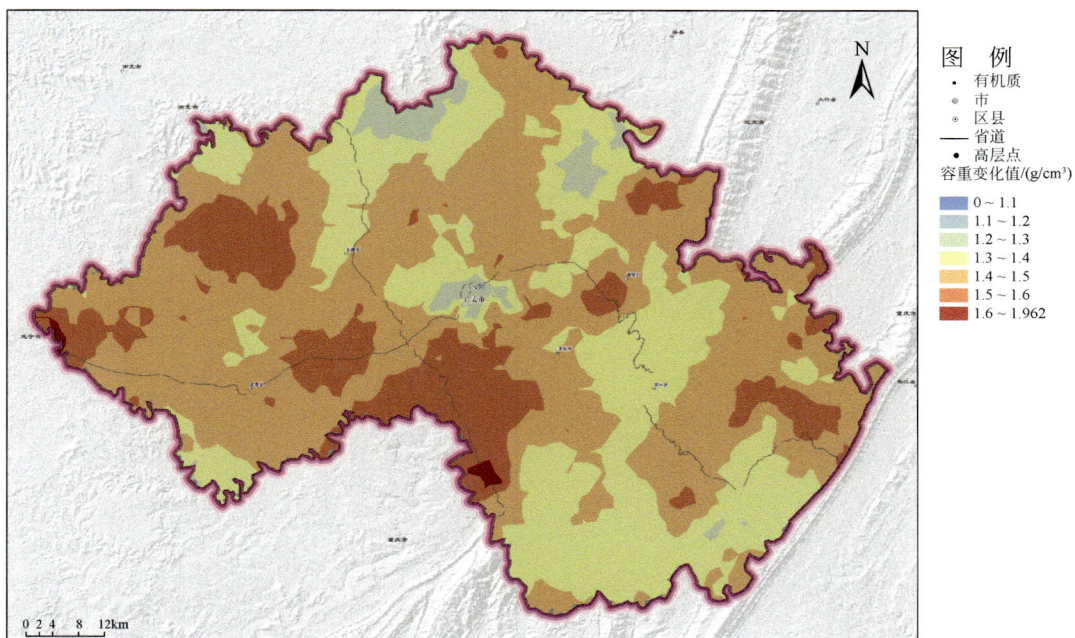

图 11.14　广安市地表基质容重等值线图

2. 表土层容重

容重是地表基质物理性质的一个重要指标，与土壤基质质地、结构、水分含量等因素有关。容重的大小会影响土壤基质的通气性、保水性；在农业种植上会影响耕作难易程度。根据调查统计结果来看（图 11.14），广安市土壤容重平均值为 1.474g/cm³，最大值为 1.962g/cm³，最小值为 0.439g/cm³，砂土、壤质砂土、砂质壤土的容重较小，而黏土、壤质黏土、黏质壤土的容重较大。此外，土壤基质容重还受到水分含量的影响，当土壤基质水分含量增加时，容重会减小。

根据土质容重分布情况分析在植被覆盖较为丰富的林地、园地区域容重比较小；而在含水情况不够丰富的耕地地区尤其是玉米地容重较大。砂土、壤质砂土区域容重较小；黏土、壤质黏土分布较多的区域容重大普遍在 1.5kg/m³ 以上。

一般来说在容重小于 1.5kg/m³ 区域的土壤通常比较疏松，通气性和排水性较好。因此，较为适合种植一些根系较浅、对土壤要求不高的植物，如草坪、蔬菜、玉米等。这些植物的根系可以在较为疏松的土壤中生长，而且土壤的通气性和排水性较好，可以减少根部腐烂和病虫害的发生。

而在容重大于 1.5kg/m³ 的区域通常土质比较紧实，透气性和排水性较差，不太适合种植农作物，这种类型的调查点大部分分布在"三山"上，经过较长的时期自然生长了竹林及杂木。

3. 表土层有机质含量

有机质含量的高低主要受土壤类型、气候条件和土地利用方式等影响。通过调查统计成有机质含量变化图（图 11.15），可见广安市有机质含量高的区域主要集中在官盛镇、阳和镇、桂兴镇、高兴镇和观音溪镇。这些地区土壤肥沃、雨水较多、植被茂盛并且有较少的土壤侵蚀。

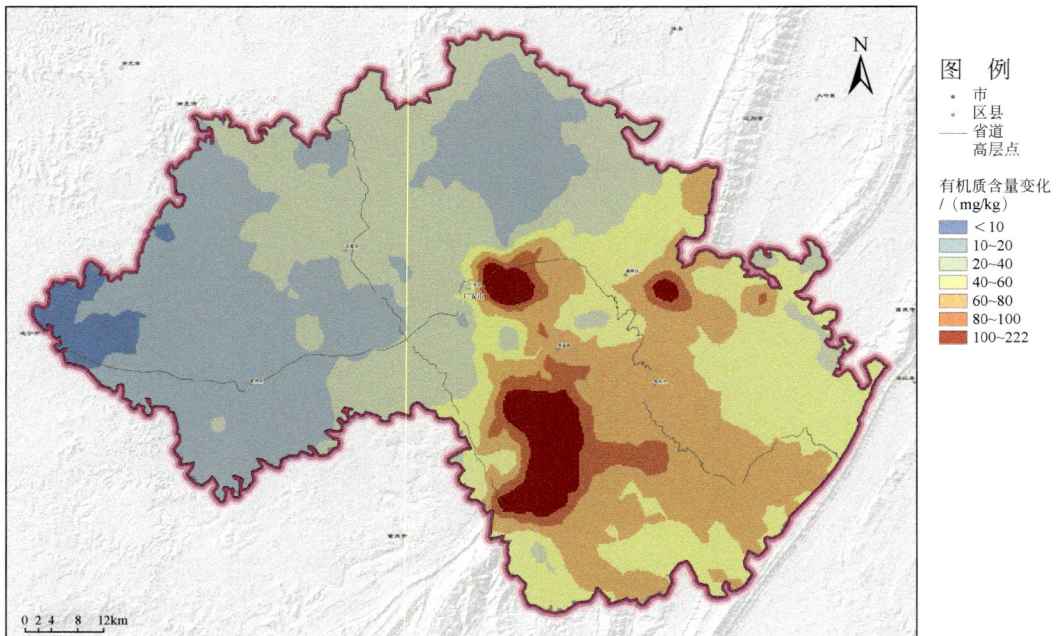

图 11.15　广安市有机质含量等值线图

4. 表土层营养元素分布特征

土壤中有机质是植物的重要组成物质，对植物的生长有着至关重要的作用。N、P、K 被称为"肥力三要素"，是植物生长所必需的大量元素，也是粮食产量和品质的重要保障条件。B、Mn、Mo、Cu、Zn、Co 等元素是植物生长所需的微量元素，有促进植物代谢、影响植物组织生长、提高粮食产量等重要作用。Se、I、F 作为微量有益元素，与人体健康密切相关，有时也被称为"健康元素"，摄入过多或过少都会引起人体相关的疾病。例如摄入过多 F 会引起 F 中毒，表现为斑釉牙和氟骨症，摄入不足则会引起龋齿骨质疏松等疾病，适当摄入 Se 可以保证人体适当的 Se 营养，提高机体的抑癌、抗癌能力，但摄入过多 Se 则会引起人体出现 Se 反应病等。

调查区地球化学参数统计分析结果显示（表 11.1），大量元素中的 N、P 和 K_2O 的平均值分别为 592.7mg/kg、393.2mg/kg 和 2.512%，N、P 元素低于全国土壤背景值，K_2O 高于背景值。分别是全国土壤背景值的 0.835 倍、0.689 倍和 1.288 倍。

表 11.1　广安市表层土壤养分元素含量统计表

统计参数	大量元素			中量元素			微量元素			健康元素		
	N/ (mg/kg)	P/ (mg/kg)	K_2O /%	CaO /%	S/ (mg/kg)	MgO/%	B/ (mg/kg)	Mn/ (mg/kg)	Mo/ (mg/kg)	Se/ (mg/kg)	I/ (mg/kg)	F/ (mg/kg)
最大值	1441	856	3.88	6.14	2677	4.7	162	2450	2.27	0.726	5.69	1534
最小值	224	180	1.49	0.17	62	0.49	24.7	223	0.248	0.044	0.1	294
中位数	558	372	2.53	0.91	123	1.91	42.9	613	0.478	0.083	0.492	560
平均值	592.7	393.2	2.512	1.058	153.7	1.843	50.04	666	0.601	0.103	0.724	600.8
标准偏差	189.4	110.1	0.285	0.707	156.6	0.487	20.22	237	0.311	0.069	0.733	173.1
背景值	710	570	1.95	2.74	245	1.43	43	569	0.7	0.17	1.1	488

注：全国土壤背景值引自王学求，2016。中量元素中的 CaO、MgO 含量的平均值分别为 1.058%、1.843%，CaO 含量低于全国土壤背景值 MgO 略高于背景值，分别为全国土壤背景值的 0.386 倍和 1.28 倍。

调查区土壤中 P 元素含量空间分布与 N 有相似之处（图 11.16），高值区地理位置主要位于调查区北西方向秦溪镇附近以及广安区周边区域。

土壤中的氮多来源于有机质的矿化，与成土母岩关系不大，因此土壤中的氮多于土壤中的有机质有良好的相关性；土壤中的磷与成土母质和土壤类型相关性较大，迁移转化率很低，不易淋失。

调查区土壤钾含量空间分布受地层控制明显，土壤中钾主要来源于岩浆岩中斜长石、钾长石、黑云母以及白云母等含钾矿物，调查区内钾的高值区主要位于广安市市区位置以及调查区北部上三叠统遂宁组以泥岩、页岩为主，夹有细砂岩。

MgO 的含量空间分布特征受地层控制比较明显，高值区主要分布在遂宁组区域为以中-细粒砂岩为主，常含石英、长石、云母等矿物。低值区则主要分布在岳池县和武胜县周边区域，成土母质主要为上三叠统沙溪庙组。

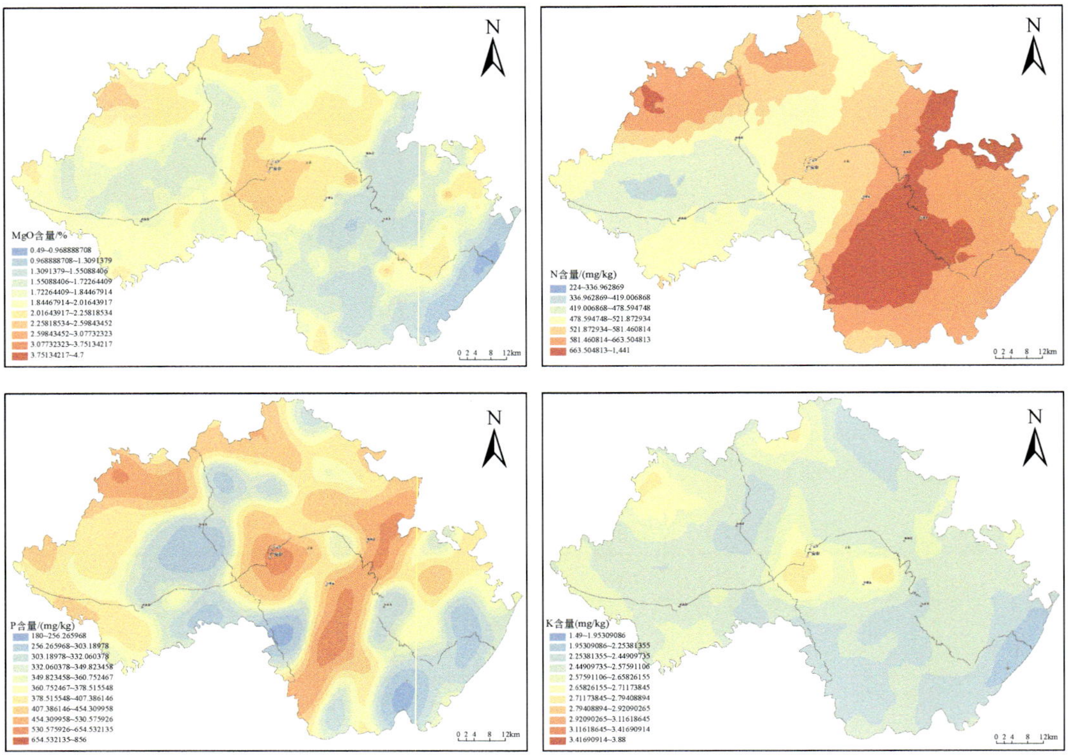

图 11.16　研究区 N、P、K、Mg 元素含量等值线图

　　Ca 元素的含量变化受地形地貌变化影响较大，在西北方向低山、高丘陵地区含量较高。在白庙镇、岳池县周边地形较平坦区域含量较少。调查区 S 元素含量高值区整体分布与 N 元素相似（图 11.17），高值区分布在调查区南部和中南部，整体上分布在华蓥山和铜锣山区域，成土母质主要为上三叠统须家河组灰黑色页岩、泥岩、砂岩夹煤层和中三叠统雷口坡组灰色、黄绿色页岩、泥岩，夹砂岩。低值区则主要分布在上三叠统沙溪庙组区域为以中-细粒砂岩为主，常含石英、长石、云母等矿物。

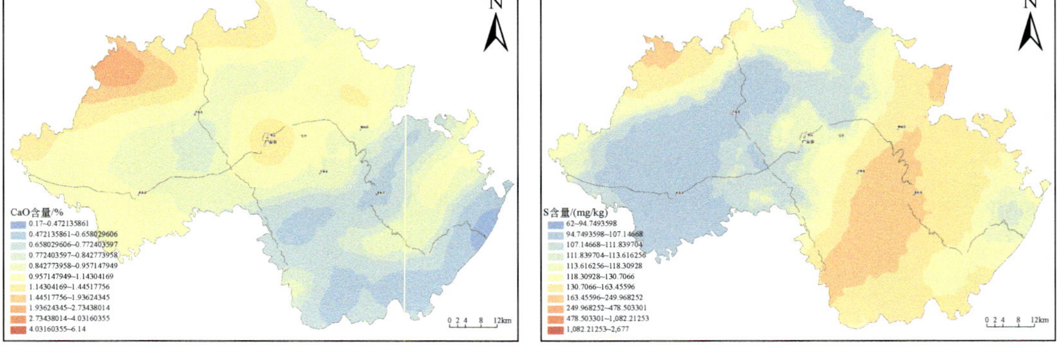

图 11.17　研究区 CaO、S 含量等值线图

5. 表土层 pH

土壤酸碱性是评价土壤肥力的重要指标之一，影响土壤养分存在形态和有效性，影响土壤微生物的种类和活性，不同植物对酸碱性也有适应性。工作区调查点 pH 分布情况如图 11.18 所示。

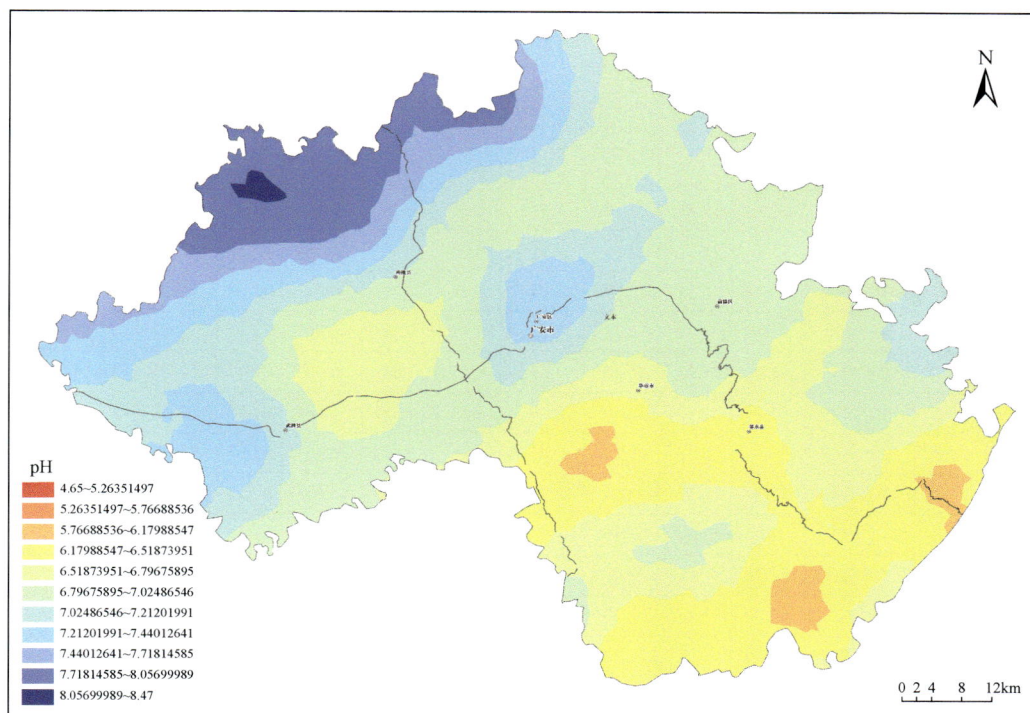

图 11.18 研究区地表基质层 pH 等值线图

统计结果显示，研究区土壤 pH 为 4.3~8.1，平均值及标准差为 6.1±1.0，所有土层样品中仅少量点位 pH＞7，土壤整体为偏酸性特征。由于土壤母质发育过程中，水溶性离子如 K^+、Na^+、Ca^{2+} 和 Mg^{2+} 被大量淋滤，Fe、Al 等相对富集，导致大部分土壤呈弱酸性。

11.1.4.2 垂向元素迁移特征

选择调查区最为典型的侏罗系红层地表基质剖面，开展了垂向地球化学性质研究。紫色母岩风化形成的紫色土，需经历强物理风化→物理风化与化学风化共同作用→以化学风化为主的三大过程，其间不只有物质的交换，更有化学元素的迁移。通过对典型剖面 GAD605、GAD604 和 GAD593 从垂向上和平面上进行主量元素和机械组分对比，不仅能反映出元素迁移在纵向上的变化，也能揭示出随着土壤演化成熟度的不断提高，平面上也存在元素的富集和亏损。典型剖面主量元素和机械组分测试分析结果见表 11.2。

表 11.2 典型剖面主量元素含量及基岩风化指数值

剖面号及位置	样品编号	采样深度/cm	SiO₂	Na₂O	K₂O	MgO	Al₂O₃	CaO	TFe₂O₃	砂粒	粉砂粒	黏粒	有机碳
			%	%	%	%	%	%	%	%	%	%	%
GAD605	1	0~10	57.61	1.63	3.18	3.46	15.67	2.17	6.83	32.64	45.32	22.04	0.93
	2	10~0	59.29	1.62	2.83	3.00	15.70	2.12	6.09	36.25	45.83	17.92	0.62
	3	20~30	56.80	1.55	3.00	3.16	15.62	1.42	6.16	34.66	50.52	14.82	0.47
	4	30~40	56.50	1.47	3.02	3.19	15.80	1.37	7.05	34.69	52.56	12.75	0.40
	5	40~50	55.40	1.32	3.06	3.09	15.80	1.34	6.95	32.04	55.18	12.77	0.35
	6	50~60	55.00	0.98	3.05	2.77	16.19	1.15	6.85	32.14	53.99	13.87	0.31
	7	60~70	56.20	1.11	2.79	2.57	16.31	1.24	6.85	33.44	50.58	15.98	0.25
	8	70~80	55.20	1.32	2.66	2.51	16.08	1.36	6.68	55.67	15.08	29.24	0.23
	9	80~90	55.10	1.34	2.67	2.63	16.02	1.39	6.65	51.37	19.33	29.31	0.22
	10	90~100	55.80	1.28	2.78	2.66	16.38	1.30	6.96	53.95	14.60	31.44	0.18
	11	100~110	57.10	1.42	2.40	2.31	16.62	1.34	6.36	29.32	52.53	18.14	0.21
	12	110~120	57.90	1.62	2.40	2.16	16.23	1.38	6.04	61.64	10.23	28.13	0.16
	13	120~130	59.30	1.68	2.24	1.87	15.66	1.32	5.65	61.62	15.02	23.37	0.09
	14	130~140	57.90	1.83	2.54	2.18	15.61	1.45	5.68	63.19	17.16	19.65	0.14
	15	140~150	59.80	1.67	2.49	1.97	15.56	1.31	5.66	—	—	—	—
	16	150~160	61.70	1.66	2.41	1.80	14.89	1.21	5.41	—	—	—	—
GAD604	1	0~10	59.70	1.17	2.30	1.86	15.45	0.92	5.64	35.59	31.95	32.47	1.54
	2	10~20	59.20	1.11	2.22	1.80	15.49	0.87	5.60	37.04	30.49	32.47	1.24
	3	20~30	59.60	1.22	2.37	1.90	15.73	0.93	5.51	39.92	32.85	27.23	1.04
	4	30~40	60.40	1.20	2.28	1.82	15.73	0.90	5.34	39.71	34.10	26.20	0.93
	5	40~50	62.00	1.26	2.36	1.85	15.81	0.99	5.45	29.73	29.90	40.37	0.91
	6	50~60	64.40	1.23	2.19	1.58	15.36	0.85	4.63	39.54	37.47	22.98	0.74
	7	60~70	69.50	1.59	2.10	1.11	13.43	0.73	3.68	31.02	50.41	18.57	0.26
	8	70~80	70.00	1.66	2.12	1.07	13.33	0.72	3.59	25.08	55.35	19.57	0.21
	9	80~90	69.50	1.58	2.06	1.06	13.71	0.71	3.63	25.71	54.69	19.59	0.19
	10	90~100	70.30	1.66	2.15	1.07	13.52	0.73	3.42	27.76	54.69	17.55	0.17
	11	100~110	69.90	1.63	2.11	1.05	13.84	0.71	3.32	27.09	56.42	16.50	0.17
GAD593	1	0~20	71.80	0.70	1.72	0.99	12.46	0.49	3.79	43.44	24.59	31.97	1.44
	2	20~40	74.50	0.45	1.39	0.64	11.58	0.33	4.47	47.35	27.96	24.69	0.38
	3	40~60	73.40	0.37	1.38	0.66	13.39	0.34	4.19	49.49	27.72	22.79	0.18
	4	60~80	70.90	0.37	1.49	0.81	14.68	0.40	4.32	54.19	26.99	18.82	0.16
	5	80~100	70.80	0.40	1.55	0.88	15.35	0.43	4.35	51.45	30.71	17.84	0.15
	6	100~120	68.30	0.46	1.63	0.92	15.35	0.40	5.21	49.48	24.32	26.20	0.15
	7	120~140	68.80	0.46	1.61	0.92	15.14	0.41	4.78	51.40	24.45	24.14	0.14

　　图 11.19～图 11.24 为各典型剖面主量元素随采样深度变化折线图，图中可直观发现不同主量元素在剖面垂向上的变化特征。

　　剖面 GAD605 位于坡顶位置，从下至上表现为由紫红色母岩向紫色土形成演化的过程。140～160cm 位置为新鲜紫红色粉砂质泥岩，其各类元素的含量可代表背景值。从下至上，基质类型依次为新鲜母岩（140～160cm）→中等-强风化母岩（90～140cm）→粗骨土（50～90cm）→黏质壤土（20～50cm）→粉砂质壤土（0～20cm）。图 11.19 反映出不同的基质类型反映出其中化学元素的含量变化差异较大。SiO_2 从上至下表现为逐步减少的特征，主要因为顶部土壤层以残积为主，降水带走其他易溶组分和颗粒较细、重量较轻的矿物颗粒，SiO_2 以石英等矿物形式残存积累下来；Na 元素为易溶元素，其变化特征受到其他因素影响迁移规律不明显；K、Mg、Ca 元素变化曲线较为一致，随土壤演化程度加深而减少；Al 元素在粗骨土阶段存在突变升高的趋势，与元素垂向迁移有关。图 11.20 为该剖面机械组分及有机碳含量变化曲线。图中砂粒含量在 70cm 以上较为稳定，70cm 以下基质类型以母质为主，含量急剧较少；粉砂质含量和黏质含量在 70cm 以上含量较少，70cm 以下含量增加，反映出母岩主要为泥岩；SiO_2 含量/% 有机碳含量从上至下稳步减少。

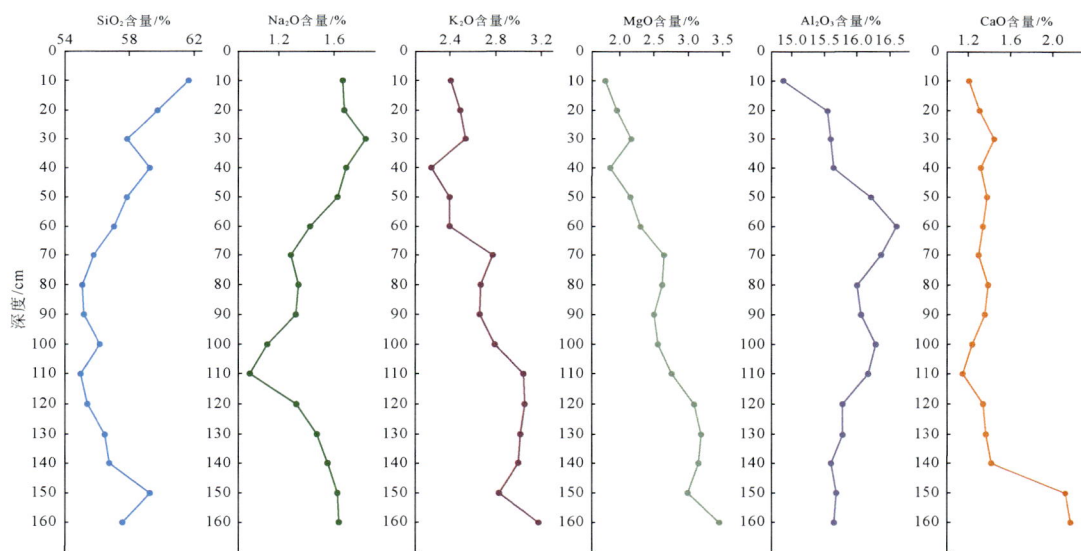

图 11.19　GAD605 剖面主量元素变化折线图

　　剖面 GAD604 位于坡脚位置，表现为紫色土向水稻土演化阶段，前期以残积为主，后期以坡积为主。反映在元素变化特征上与母岩向紫色土演化阶段差异较大。该剖面质地类型由上至下依次为黏质壤土（0～30cm）→壤土（30～60cm）→砂质壤土（60～110cm）。图 11.21 中化学元素变化与质地类型关系较为密切。SiO_2 含量 0～60cm 稳步增高，主要因为在坡积阶段以黏土矿物沉积为主，含有少量石英的矿物颗粒，后期经过人工翻耕导致石英等重矿物逐步向下沉积导致，60cm 以下 SiO_2 含量保持稳定，主要因为前期残积石英等矿物颗粒未发生迁移所致；Na 为易溶元素，随着灌溉或地下水作用溶解向底层迁移；K、Mg、Ca、Al 等元素因受黏土矿物等吸附作用导致 0～60cm 含量较高，60cm 以下因石英等矿物含量升高导致土壤空隙增多，保水作用差导致元素流失。图 11.22 所反映的机械组分和有机碳的变化，0～60cm 以黏粒和粉砂粒为主，60cm 以下以砂粒为主，有机碳含量在 60cm 上下变化较大。

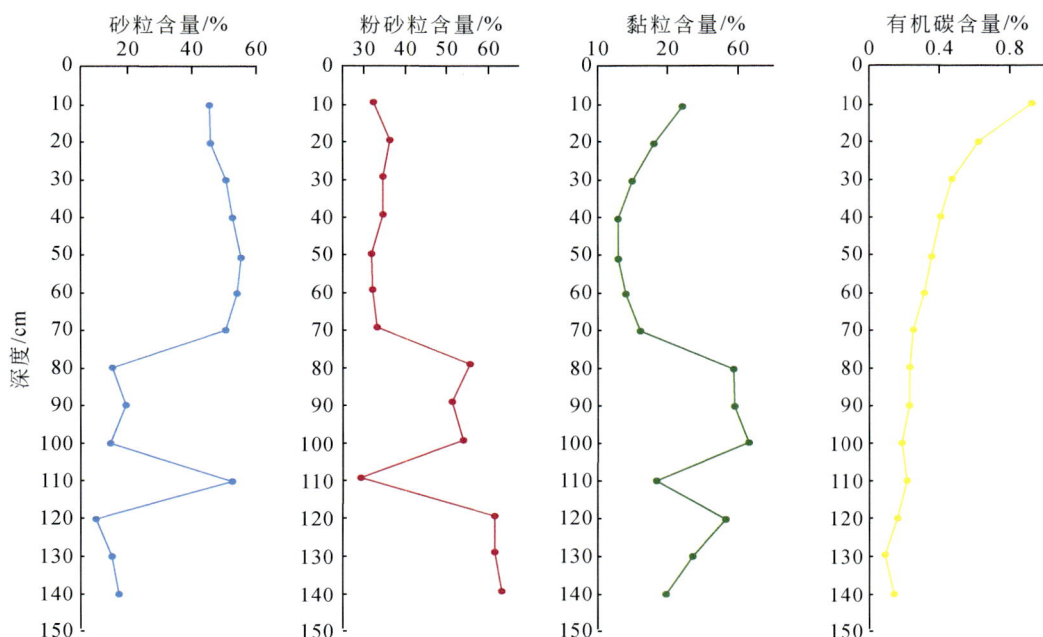

图 11.20 GAD605 剖面机械组分及有机碳变化折线图

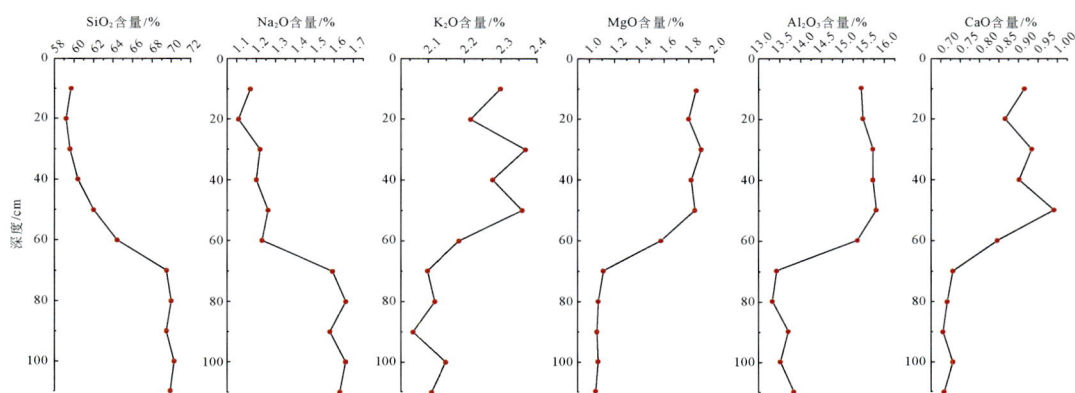

图 11.21 GAD604 剖面主量元素变化折线图

剖面 GAD593 位于谷底位置，主要表现为成熟水稻土的主量元素和机械组分变化特征。水稻土的形成以沉积为主，该剖面深为 140cm，其质地类型从上至下依次为黏质壤土（0～60cm）→粉砂质壤土（60～140cm）。图 11.23 中可直观看出 SiO_2 含量在 20～40cm 段最高，可能代表一次大范围的洪水事件，洪水携带石英等矿物含量较高，40cm 以下含量逐步较少；Na、K、Ca、Mg 等元素在 0～20cm 含量最高，可能受到人工施肥作用的影响使其含量升高，20cm 以下随着深度增加元素含量逐步升高，主要受地下水或农田灌溉作用的影响，使以上元素逐渐沉积导致含量稳步升高；Al 元素在表层含量较少，40cm 处急剧减少、后稳步升高。图 11.24 中机械组分和有机碳含量的变化，可直观看出剖面 GAD593 的质地变化特征，0～60cm 以黏粒为主，60cm 以下以粉砂粒为主，有机碳含量随深度增加逐渐减少。

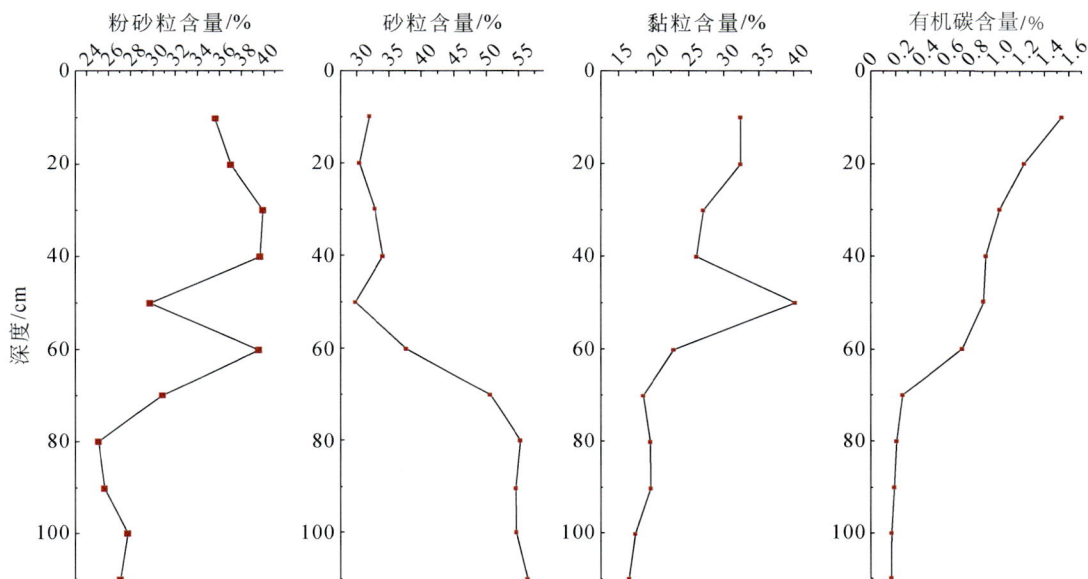

图 11.22 GAD604 剖面机械组分及有机碳变化折线图

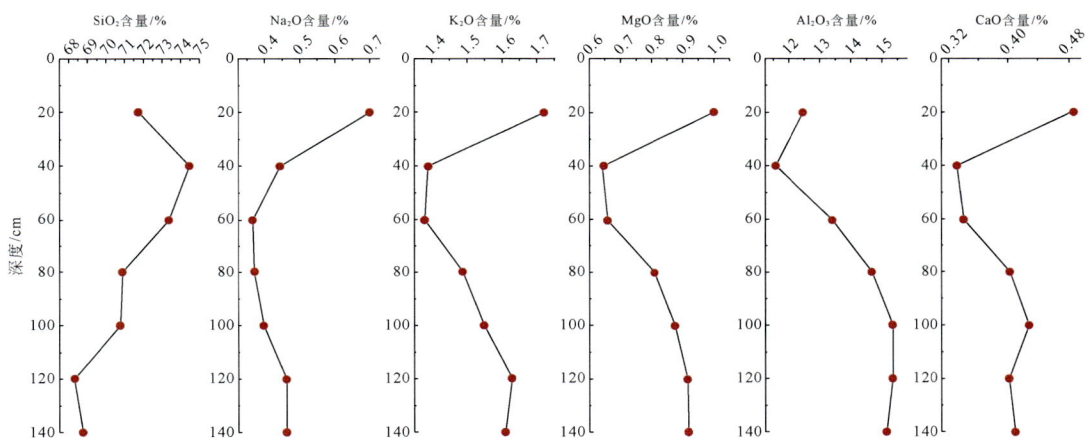

图 11.23 GAD593 剖面主量元素变化折线图

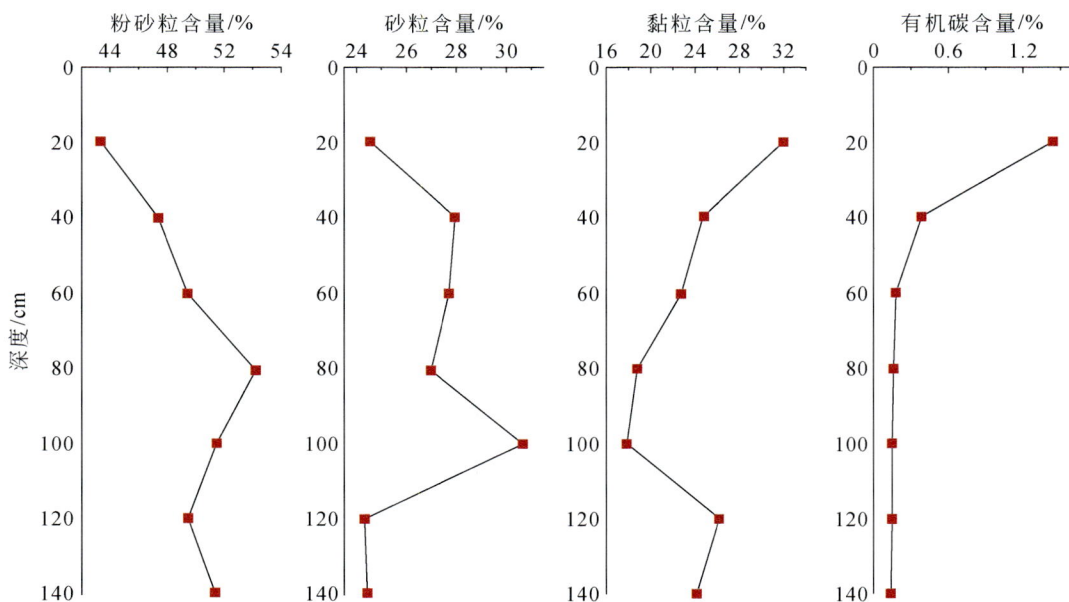

图 11.24　GAD593 剖面机械组分及有机碳变化折线图

11.2　地球物理方法在地表基质调查中应用

地下介质的复杂性使得地球物理探测手段具备了多样性，由于每种地球物理方法所依据的原理不同，探测深度和精度存在差异，其探测方式也会有所不同。单一的物探方法是从单一的物性特征出发，解译结果往往具有不确定性，所推测的地下地质情况跟实际情况会有所偏差。垂向结构特征和横向变化规律是地表基质调查的一项重要内容，也是工作中的难点问题，如何利用好地球物理方法手段进行地表基质层的精细划分，值得我们去探索和思考。

基于以上问题，根据地球物理方法理论的适用范围、野外作业条件和前人实践经验，综合采用高密度电阻率法、等值反磁通瞬变电磁法、微动勘探和地质雷达方法，在四川广安红层地区开展地表基质综合地球物理测量，结合地面调查并对比钻探编录等资料，进行方法有效性评价，以期为红层地区地表基质调查工作提供借鉴和参考。

11.2.1　地球物理特征

介质的物性差异是地球物理勘查的前提，也是地球物理资料综合解释的重要依据。工作区地层主要为中侏罗统沙溪庙组（J_2s）紫红色泥岩、砂质泥岩与砂岩、粉砂岩不等厚互层。土壤类型包括砂土、壤土和黏土，不同地表基质层的波速不同，电阻率和介电性质也有所差异。

介质的电阻率主要与地下物质成分及含水程度有关。土壤电阻率主要取决于物质的颗粒成分、粒度、孔隙度和含水率，泥质含量越高、颗粒越细、孔隙度越低，电阻率越小，反之则越大；基岩的电阻率主要由岩性而定，大多数火成岩、变质岩、沉积岩具有较高的电阻率，沉积岩中的部分岩性则电阻率较低，如页岩、泥岩等，同一岩性因风化程度不同，电阻率也会有较大的变化。地层含水率越高，电阻率越低，地下水潜水面常常是个良好的电性界面。

在地震波通过土壤层，分为纵波和横波两种类型，纵波是指波的传播方向和振动方向一致，横波的传播方向和振动方向垂直。而剪切波则是指横波中与振动方向平行的振动，它们在不同的岩土介质中的传播速度不同，因此可以通过测量剪切波速度来推断土壤的类型和结构。土壤层剪切波速度受到许多因素的影响，其中包括土壤类型、土壤密度、孔隙度、含水率、压缩度和应力作用等。一般来说，固体土壤的剪切波速高于液态土壤。岩石和类似岩石的土壤一般都有更高的剪切波速度。

介质的相对介电常数和含水情况密切相关，水的相对介电常数最大，电磁波在含水地层中的衰减较快，探测深度也会大幅降低。空气的介电常数为 1，电磁波在空气中传播几乎不发生衰减；黏土、砂土、砂泥岩等介质也是由于含水率的不同，介电常数表现出不同程度差异，总的来讲，地层含水率越大，介质的相对介电常数越大。表 11.3 是工作区主要岩土体物性参数统计表，部分数据参考有关规范。

表 11.3　调查区主要岩土体物性参数统计表

岩土名称	电阻率（ρ）/（$\Omega \cdot m$）	横波速度（v_S）/（km/s）	相对介电常数（ε_r）
黏土	33.72～81.29	0.1～0.3	2～40
壤土	78.46～139.56	0.13～0.3	4～30
砂土	112.57～301.25	0.3～0.4	6～20
泥岩	206.93～364.15	0.5～0.8	7～9
砂岩	299.36～576.01	>0.8	5～6

11.2.2　典型案例分析

选择调查区 L39 线和 L08 线进行案例分析，其中 L39 线为高密度电阻率法、微动勘探剖面，L08 线为等值反磁通瞬变电磁法、地质雷达剖面。

1. 曾家坝 L39 线物探解译

L39 线高密度电阻率法使用重庆地质仪器公司 DZD-8 型全波形直流电法仪，单位电极距 5m，剖面长度 495m，使用瑞典 Res2Dinv 软件进行数据处理和反演，反演结果见图 11.25。根据剖面电性结构差异及形态特征，可以大致可分为 4 层：表层电阻率较低，推测为黏土层，厚度为 0～3.5m；中上部条带状中高阻层，推测为干砂土层，干燥、结构松散，厚度为 5～13m；中部存在一个条带状低阻异常区，横向连通性较好，推测为强风化的泥岩，岩石破碎，饱水，顶界面推测为区域潜水面，厚度为 8～33m；深部高阻区推测为弱风化的基岩层，透水性差，岩石结构较完整。

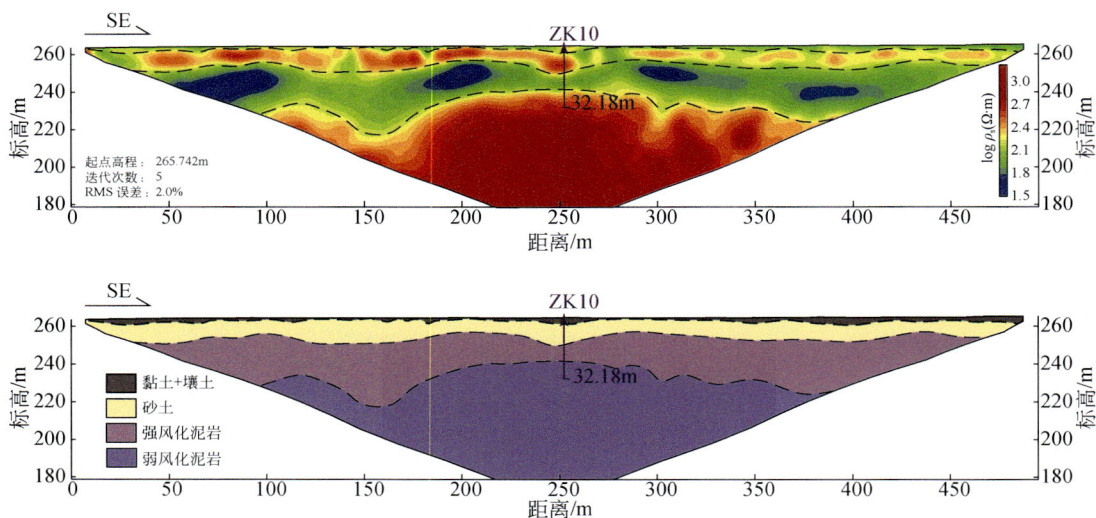

图 11.25　曾家坝 L39 线高密度电阻率法解译成果图

L39 线微动勘探点距 20m，测线长度 280m，采用嵌套等边三角形台阵进行数据采集，加拿大骄佳技术公司 Geogiga Seismic Pro 软件单点反演，再集合频散曲线二维成图（图 11.26）。根据剖面上视横波速度的差异，在纵向上可以大致分为 5 层：①壤质黏土层，波速较小（＜39m/s）；②砂质黏土层，波速小于 169m/s；③砂土层，受一定的地层压实作用，砂土体具备一定的密实度，波速为 169～405m/s；④强风化泥岩层，基岩受地下水侵蚀淋滤，风化破碎，结构强度降低，但仍具备一定完整性和硬度，波速为 405～523m/s；⑤弱风化泥岩层，基岩弱风化，基本保持了完整性，节理、裂隙不发育，有一定硬度，波速大于 523m/s。

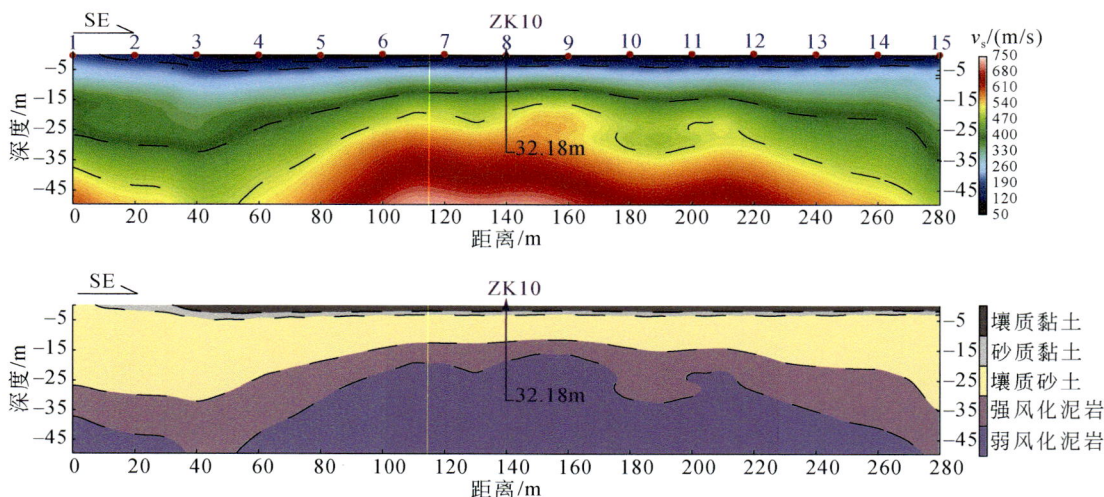

图 11.26　曾家坝 L39 线微动测量解译成果图

2. 走马岭 L08 线物探解译

L08 线等值反磁通瞬变电磁法点距 10m，测线长 320m，综合解译主要通过反演剖面图中视电阻率梯度变化情况、低阻异常形态及分布等特征，对岩土界面、岩土性质进行解译。根据剖面视电阻率情况，大致将剖面岩土分为 5 层：①浅部表层蓝色低阻区域，推测为黏土+壤土组合；②天蓝色中低阻区，推测为砂土层，厚度为 2~5m；③绿色中阻区域，推测为强风化砂岩；④强风化砂岩下部，天蓝色中低阻区，推测是强风化泥岩；⑤深部高阻区，视电阻率大于 350Ω·m，推测为弱风化砂岩层（图 11.27）。

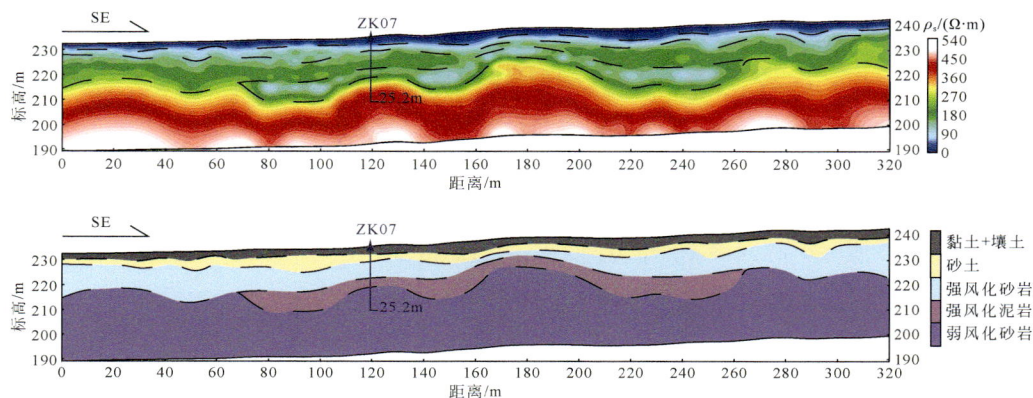

图 11.27   走马岭 L08 线瞬变电磁法解译成果图

L08 线地质雷达测量使用美国地球物理勘探仪器公司（GSSI 公司）Sir4000 地质雷达主机配套 100MHz 单体屏蔽天线进行野外数据采集，点测模式，点距 0.5m，采样长度 1024点，静态叠加 120 次，使用 Radan7 软件进行数据处理成图。

依据电磁波反射能量强弱及同相轴的连续性，剖面纵向上大致分为 4 层：①黏土层，厚度为 1.0~1.6m，内部杂乱反射，分层界面信号振幅较强，同相轴较连续，表现为负波峰；②壤土层，厚度为 1.3~2.3m，内部杂乱反射，能量相对较强；③砂土层，厚度为 1.5~2.4m，内部反射能量较弱；④强风化泥岩，上界面信号振幅较强，同相轴连续性好，内部弱反射或无反射特征（图 11.28）。

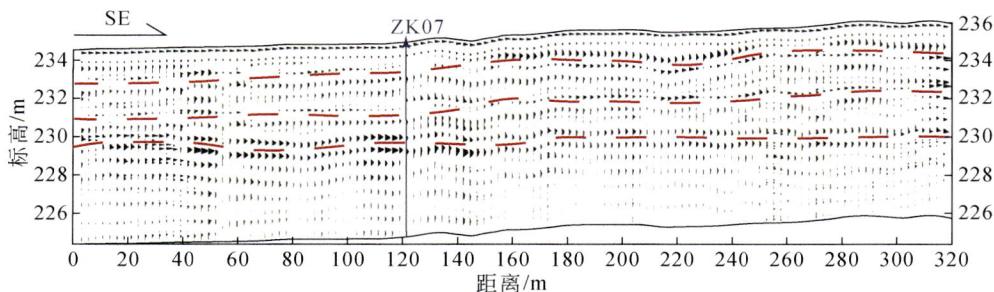

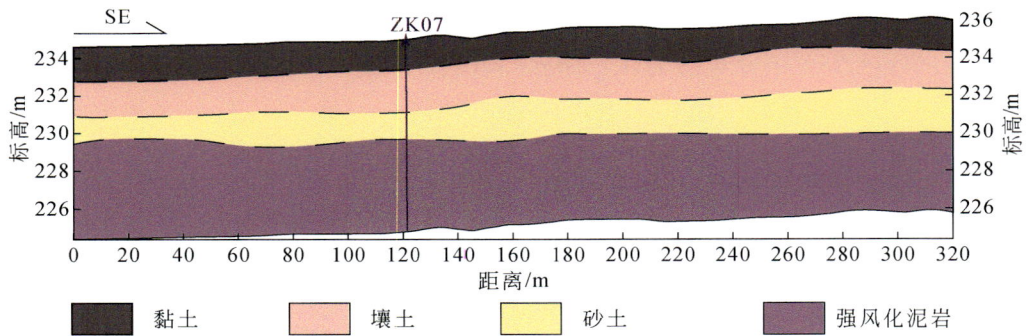

图 11.28　走马岭 L08 线地质雷达测量解译成果图

3. 钻探结果对比分析

曾家坝 L39 线 ZK10 钻孔施工深度 32.18m，钻孔编录剖面大致可分为 8 层（表 11.4），高密度电阻率法由于是按照电性分层，其探测得到的分层下界深度与钻探资料揭示的深度存略有差异，界面深度相对误差分别为 9.37%、12.86%、20.43%。微动探测推测深度与钻探揭示深度吻合度较好，由此对应的波速可以作为区域地表基质垂向分层的参考标准。

表 11.4　ZK10 钻孔与物探分层深度对比表

分层号	分层深度/m	岩性	高密度推测深度/m	微动推测深度/m	微动界面波速/(m/s)
1	0.60	砂土	—	—	—
2	3.20	黏土	3.50	3.30	169
3	12.75	砂土	14.39	12.80	405
4	14.95	中风化泥岩	—	—	—
5	17.30	弱风化泥岩	—	—	—
6	18.70	强风化泥岩	22.52	19.00	523
7	29.50	弱风化泥岩	—	—	—
8	32.18	强风化泥岩	—	—	—

走马岭 L08 线 ZK07 钻孔施工深度为 25.20m，钻孔编录剖面大致可分为 10 层（表 11.5），瞬变电磁法测得的界面深度相对误差分别为 2.77%、5.61%、12.15%、5.33%，探地雷达测得的界面深度相对误差分别 20.45%、7.22%、0.56%，两种方法都能够较好的进行地表基质垂向分层。

表 11.5　ZK07 钻孔与物探分层深度对比

分层号	分层深度/m	岩性	瞬变电磁推测深度/m	地质雷达推测深度/m
1	2.20	黏土	—	1.75
2	3.60	壤土	3.50	3.86
3	5.35	砂土	5.65	5.32

续表

分层号	分层深度/m	岩性	瞬变电磁推测深度/m	地质雷达推测深度/m
4	9.25	强风化泥岩	—	—
5	10.70	中风化砂岩	12.00	—
6	11.57	弱风化砂岩	—	—
7	15.00	中风化砂岩	15.80	—
8	19.98	弱风化砂岩	—	—
9	21.75	弱风化泥岩	—	—
10	25.20	未风化砂岩	—	—

11.2.3　方法有效性评价

1. 地质-地球物理特征

根据岩土体的地质成因，结合钻孔资料与地球物理解译综合分析，强风化砂泥岩，弱风化砂泥岩、黏土、壤土、砂土等岩土体具备一定的地质-地球物理相关性，其地质-地球物理特征总结如下：

黏土：分布于坡下、谷地或平原区域，硅酸盐矿物在地球表面风化后形成，颗粒较细，可塑性强，表现为低电阻率、低波速特征，电磁波反射较强。

壤土：质地介于黏土和砂土之间，兼有黏土和砂土的优点，通气透水，保水-保温性能都较好，抗逆性强，农作物生长的主要介质，表现为中低电阻率、中低波速特征，电磁波反射振幅较强，内部因物质成分差异呈杂乱反射。

砂土：分布于坡上或河流阶地等区域，砂粒含量大于 50%，砂土保水-保肥能力较差，养分含量少，但通气透水性较好，结构松散，孔隙度大，通常表现为中电阻率、低波速特征，电磁波反射强度中等。

强风化砂泥岩：岩石长期在地表环境下，在原地发生物理、化学变化后的岩石表层，岩石结构大部分被破坏，结构松散，矿物成分显著变化，表现为中高电阻率、中高波速特征，内部电磁波弱反射或无反射。

弱风化砂泥岩：位于垂向剖面下部，厚度较大，结构较完整，具备一定强度，表现为高电阻率、高波速特征，电磁波弱反射或无反射（图 11.29）。

2. 方法有效性评价与组合优选

高密度电法技术手段成熟、稳定性高、探测深度大，可以划分岩土体性质和地下水分布情况，推测分层深度与实际深度略有差异，若开展浅层地表基质层精细划分，提升浅部垂向分辨率，需减小单位电极距距离。

微动勘探是发源于日本的一种瑞雷波勘探新技术新方法，可以通过反演得到视横波速度剖面，根据波速差异进行地层精细划分，分层精度较高，地质分层与实际情况吻合度较好，是开展地表基质调查垂向结构分层比较适合的物探方法。

等值反磁通瞬变电磁法相较于传统瞬变电磁法操作简单，野外数据采集高效，且具备较大的探测深度，目前在工程地质勘查中应用较广泛，可以应用于地下水、土壤层分层、基岩风化带划分等，缺点是存在一定的浅部盲区。

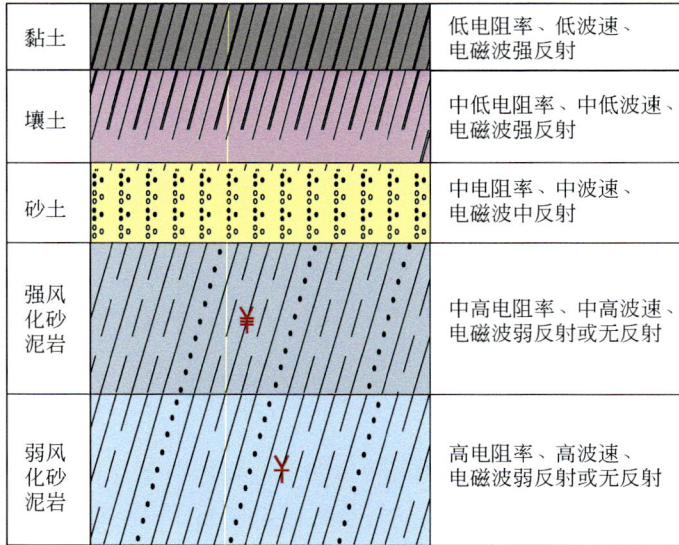

黏土		低电阻率、低波速、电磁波强反射
壤土		中低电阻率、中低波速、电磁波强反射
砂土		中电阻率、中波速、电磁波中反射
强风化砂泥岩		中高电阻率、中高波速、电磁波弱反射或无反射
弱风化砂泥岩		高电阻率、高波速、电磁波弱反射或无反射

图 11.29 地表基质的地球物理特征图

地质雷达无探测盲区，浅层地表基质分层效果较好，但受地层含水情况影响较大，含水地层电磁波衰减速度较快（探测深度降低），探地雷达可用于潜水面和基岩界面探测（基岩埋深浅），岩土体物质成分复杂时，波形反射杂乱，不易判断和识别。组合地球物理方法的适应性分类如下（表 11.6）：

表 11.6 红层区地表基质调查地球物理方法总结

方法	深度/m	分辨率/m	拟解决的主要地质问题	抗干扰能力	缺点
高密度电阻率法	50	5	岩土分界面及基岩风化带探测	较强	城区施工困难、受人为干扰较大
微动勘探	50	2	岩土分界面、基岩风化带探测及土壤分层	较强	成本高，受地形影响，深部分辨率一般
等值反磁通瞬变电磁法	50	5	岩土分界面及基岩风化带探测	强	深部垂向分辨率较低，浅部有一定盲区
地质雷达	10	1	浅地表岩土精细分层	强	探测深度较浅

（1）地表覆盖层较薄的坡中、坡上区域：

地质雷达→岩土分界面探测、土壤分层（深度<10m）；

微动勘探→岩土分界面、基岩风化带划分、土壤分层（深度<30m）。

（2）地表覆盖层稍厚的坡下、谷地：

高密度电法→岩土分界面及基岩风化带（深度＜30m）；

微动勘探→岩土分界面、基岩风化带及土壤分层（深度＜30m）。

（3）地表基质较厚的河流阶地、平原区：

高密度电法→岩土分界面及基岩风化带探测（深度＜50m）；

瞬变电磁法→岩土分界面及基岩风化带探测（深度＜50m）；

微动勘探→岩土分界面、基岩风化带及土壤分层（深度＜50m）。

11.3　地表基质形成演化

根据调查和研究，调查区主要存在着四种不同类型的地质建造：侏罗系红层建造、碳酸盐岩地层建造，三叠系含煤系碎屑岩地层岩建造及第四系松散堆积物建造，不同地质建造的地表基质层的物质组成、厚度、结构和理化性质各不相同，其形成演化过程也不尽相同。

广安市在地质环境分区上属于川中丘陵区-平行岭谷区，以渠江为界，以东属四川盆地东部平行岭谷区；以西为川中丘陵区。在气候上属于中亚热带湿润季风气候区。对于广安市，地表基质形成演化环境来说，整个调查区的气候和生物等条件相似。在相似的环境条件下，地形地貌直接影响局部的气温、降雨等小气候因素，从而制约地表基质的形成演化和性质。红层丘陵区的地表基质主要为下伏基岩就近风化，成因类型主要为残积和坡积，在地表基质层之间，有着物质和物理性质的传导和继承关系。

11.3.1　构造演化和沉积相控制了成土母岩（质）类型和分布

四川盆地主要是经历了前震旦纪盆地基底的形成、震旦纪—中三叠世拉张背景下的差异升降和海相台地沉积以及晚三叠世以来挤压背景下的褶皱-冲断-隆升的陆相盆地沉积三大阶段。现今所见盆地构造面貌是在印支运动奠定的构造格架基础之上，经过燕山期继承发展和喜马拉雅期的强烈改造而成。

调查区大地构造上位于扬子陆块区，地层分区上扬子地层分区-重庆地层小区。寒武系、奥陶系、志留系、石炭系、二叠系仅局限出露于华蓥山复式背斜核部，三叠系分布于各背斜核部，侏罗系红层大面积分布。

从前人研究来看，工作区经历了多期构造演化，海盆-湖盆-陆盆的演化，从寒武-雷口坡组主要以海相碳酸盐岩沉积为主；须家河组—沙溪庙组以陆相碎屑岩沉积为主（表 11.7）。沉积相主要受构造和盆地演化控制，而沉积相又决定了成土母岩（质）的类型和分布。

表 11.7　调查区地层与沉积相划分表

地层名称	岩性	沉积相
遂宁组	砂岩、泥岩	河湖相
沙溪庙组	砂岩、泥岩	河湖相
新田沟组	砂岩、泥岩	河湖相
自流井组	砂岩、泥岩	河湖相

地层名称	岩性	沉积相
珍珠冲组	砂岩、泥岩	河湖相
须家河组	泥岩、页岩、砂岩、煤线	湖沼相、河流相、河流三角洲相
雷口坡组	白云岩	潮间-潮下蒸发台地相
嘉陵江组	灰岩、白云岩	潮坪蒸发岩相、潮间-潮下碳酸盐岩相
长兴组	灰岩	潮下台坪沉积
龙潭组	泥岩、页岩、砂岩	湖沼相、滨海三角洲相
峨眉山玄武岩组	杏仁状、气孔状玄武岩、致密玄武岩	火山喷发相
梁山组	页岩、煤层（煤线）、粉砂岩、泥岩	滨海沼泽相
栖霞组-茅口组	灰岩	碳酸盐台地相
石炭系	灰岩	碳酸盐台地相
志留系	泥页岩	浅海陆棚
奥陶系	灰岩	碳酸盐台地相
寒武系	灰岩、白云岩	碳酸盐台地相

11.3.2 母岩（质）对成土速度、成土方向和土壤质地等方面的制约

地表基质层土壤中大部分元素来自母岩，在成土速度、成土方向和土壤质地等方面在也明显受母岩的矿物组成、结构、构造制约。

（1）成土方向：广安市总体地形为"三山夹两槽"之态势，"三山"自西向东依次为华蓥山、铜锣山和明月山，山区发育的土壤类型主要为黄壤和石灰土；丘陵区及山间谷底主要为紫色土（水稻土）（图11.30）。从地质建造角度出发，不同地质建造单元形成演化的土壤也各不相同。侏罗系红层建造地表基质主要形成紫色土，三叠系含煤系碎屑岩地层建造地表基质主要形成黄壤，碳酸盐岩地层建造地表基质主要形成石灰土，第四系松散堆积物建造地表基质主要形成冲积土。

与此同时，成土方向在一定程度上还受到海拔的影响，不同地质建造单元和海拔地区的土壤类型不同。例如，侏罗系红层建造地表基质在丘陵区主要形成紫色土，但是在山区，由于气候以及降水的不同，则会演化形成黄壤（图11.31）。

（2）成土形态（土壤质地）：以调查区分布最广的紫色土的形成为例，母岩影响了紫色土土壤质地。工作区紫色土主要由侏罗系红层（河湖相碎屑岩）演化而来，从野外的调查结果来看，紫色岩层的总体情况可划分出以下类型：①厚砂岩；②厚泥岩；③薄砂、薄泥岩互层；④厚砂岩夹薄泥岩；⑤厚泥岩夹薄砂岩5类（图11.32），风化母岩（质）与紫色土的颗粒组成与其岩层组合类型密切相关。总体上，砂岩风化物上发育的土壤都具有砂性；泥岩风化物上发育的土壤则属黏性；砂泥岩风化物上发育的土壤属于壤质土（图11.33）。

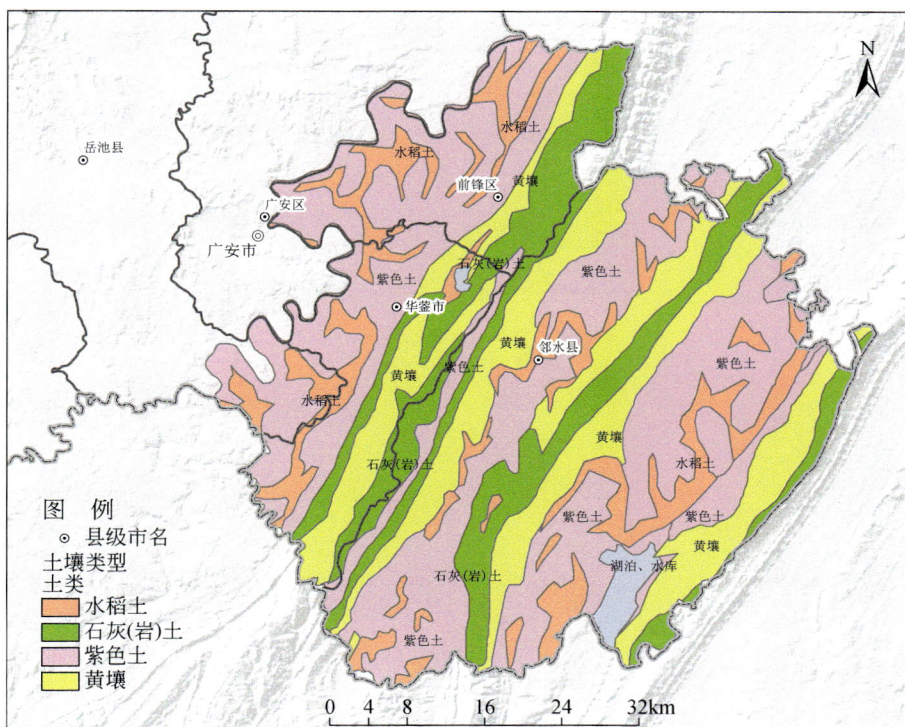

图 11.30　调查区土壤类型

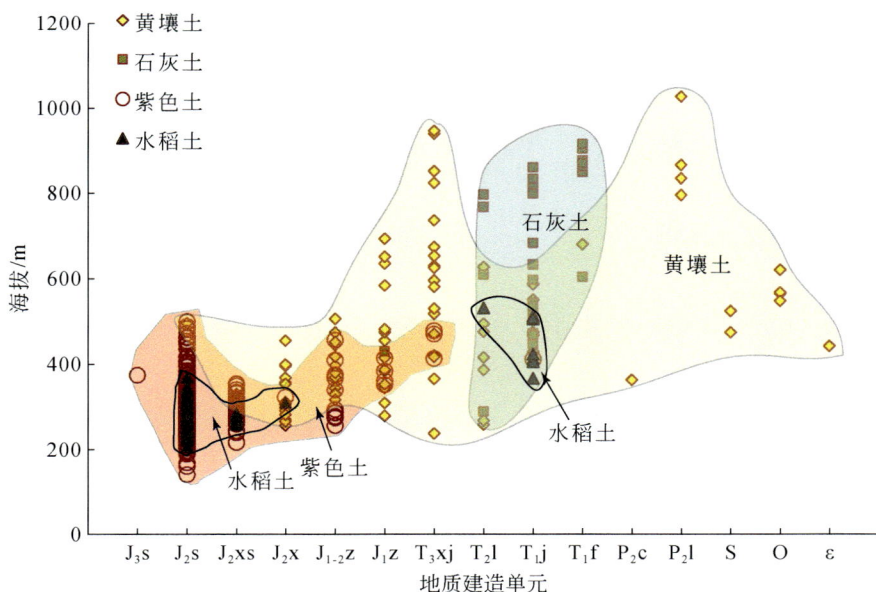

图 11.31　调查区不同地质建造单元和海拔地区的土壤类型

图 11.32　紫色岩层主要组合类型

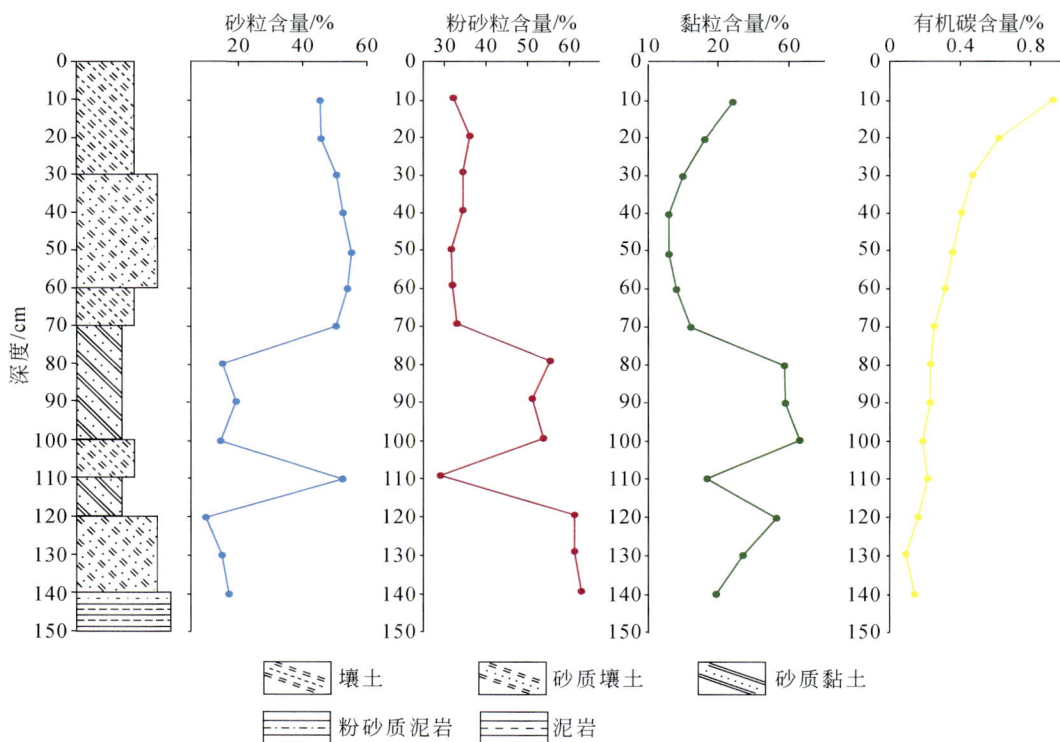

图 11.33　紫色土剖面质地变化折线图（GAD605 剖面）

（3）成土速度：对调查区 4 种不同建造的地表基质成土速度进行了对比，在成土速度上，紫色土风化成土最快，而灰岩风化成土最慢（表）。紫色母岩一经出露地表，就会迅速发生物理风化，其风化速度是其他岩类所不能比拟的。据研究，紫色母岩的风化速度可达 15800t/（km^2·a），而在同地区灰岩的风化速度仅为 55t/（km^2·a），一般岩石风化形成 1cm 厚度土壤需经历 328 年，而紫色母岩成土在 1～10 年以内（表 11.8）。正是紫色母岩的强烈的物理风化和快速成土作用，所以紫色土更新很快，但却土层浅薄，通常不到 50cm，超过 1m 者甚少。弥补了土壤流失，使该地区的农业生产得以维持，并经久不衰。

表 11.8　不同地质建造风化作用及风化速率表

类型	母岩	母质类型	风化作用	成土类型	风化速率/[t/(km^2·a)]	成土时间（形成1cm 土）/年
侏罗系红层基质	紫色砂泥岩	残坡积	以物理风化为主	紫色土	15800	1～10
三叠系含煤系碎屑岩基质	三叠系砂泥岩、紫色砂泥岩	残坡积	物理风化、化学风化	黄壤	—	—
碳酸盐岩基质	灰岩	残坡积	以化学风化为主	石灰土	55	328
第四系沉积物基质	第四系松散堆积物	冲积		冲积土	—	—

11.4　地表基质适宜性评价及应用

表生地质作用在对现今地貌的改造中广泛表现为"削高填低"，以太阳辐射能、重力能、日月引力能为能源，通过大气、水、生物等外力所引起的风化作用、剥蚀作用、搬运作用、沉积作用使地表物质发生迁移形态发生变化，削平山岭，填塞低地。因此，地表物质的物理性质、表生地质营力的作用类型和地表覆被类型对地貌环境有着重要的制约作用。因此，在地表基质适宜型评价中，我们以地表基质层质地类型及其理化性质参数、降雨强度、地形起伏度、土地覆被类型及其景观属性和土质厚度为主要选取指标。

调查区地形为"三山夹两槽"之态势，"三山"自西向东依次为华蓥山、铜锣山和明月山，不同地质建造单元和海拔地区的土壤类型不同，山区发育的土壤类型主要为黄壤和石灰土；丘陵区及山间谷底主要为紫色土水稻土。广安市渠江以东以低山夹丘陵地貌为主，地形复杂多样，垂直变化明显。耕地集中分布于丘陵地区或山间谷地，土壤类型以紫色土和水稻土为主，其次为石灰土、黄壤、新积土。土壤立地条件一般，耕地质量等级以中等为主。沟谷区耕地土层较厚，降水充沛，但存在土壤潜育化、田间排水不畅等问题；山丘中上部耕地土层较薄，坡度较大，存在耕地破碎、土壤酸化、贫瘠化和水土流失等问题。该区年降水量为 700～1200mm，冬干春旱明显，存在季节性缺水问题。农作物以一年两熟为主，是我省水稻、小麦、玉米、高粱和薯类的重要产区。丘陵地区农田基础设施配套不完善，田间道路、灌溉等工程设施不足，局部地区水土流失易发。《四川省高标准农田建设规划（2021—2030 年）》要求，在高标准农田建设中要优化农田结构和布局，加大田块归并和坡改梯力度。沟谷下部水田集中成片区域采用"竹节化"技术归并田块，对丘中上部旱地集中成片区域采用"梯台化"技术，修筑坡式梯地和水平梯田。土地平整应避免打乱表土层与心土层，无法避免时应实施表土剥离回填工程。土层较薄地区实施客土填充，增加耕作层厚度。梯田化率宜达到 90% 以上，耕作层厚度达到 20cm 以上。

以上表明，广安市渠江以东耕地分布规律及其质量主要受制于地貌垂直变化和地表土质厚度。土质厚度主要受制于微地貌的变化（图 11.34），即坡度和高差的变化，坡度越缓，土质越厚；高差越大，接收表生地质作用搬运的物质量越多，沉积的土质越厚。结合广安地区地表基质层发育特征，广安市渠江以东地表基质耕地适宜性评价指标以坡度为主控因子，水土流失敏感性、高程、土质厚度、土质质地和土质有益有害元素为次级影响因子，初步构建广安市渠江以东地表基质耕地适宜性评价指标体系。

地表基质适宜性评价以坡度分级结果为基础分级，结合高差和地表基质表层土质质地、地表基质层土质厚度对基础分级进行修正（表 11.9），最终将土地资源的耕地适宜性程度划分为不适宜、较不适宜、适宜、较适宜、极适宜 5 种类型，分别对应为宜林区、宜林宜草区、后备耕地区、高标准农田建设潜力区和高标准农田建设适宜区。地表基质适宜性评价方法为

[农业耕作条件] $=f$（[坡度]，[高程]，[地表基质表层土质质地]，[地表基质层土质厚度]，[地表基质层水土流失敏感性]）

表 11.9　地表基质适宜性评价指标体系表

| 基础分级 | | 分级修正 | | | | | | | |
坡度/(°)	赋值	高程/m	修正赋值	质地	修正赋值	土质厚度/m	修正赋值	水土流失敏感性	修正赋值
<3	5	<300	0	黏土	0	<30	-2	不敏感	0
3~8	4	300~500	0	壤土	0	30~50	-1	轻度敏感	0
8~15	3	500~700	0	砂质壤土	1	50~100	0	中度敏感	-1
15~25	2	700~1000	-1	砂土	-1	100~150	0	高度敏感	-2
≥25	1	≥1000	-2	粗骨土	-2	>150	0	极敏感	-3

基于数字地形图，计算栅格单元的坡度，按<3°、3°~8°、8°~15°、15°~25°、≥25°生成坡度分级图；地形高程分级阈值，按<300m、300~500m、500~700m、700~1000m、≥1000m 生成海拔高度分级图；以地表基质表层 30cm 的平均质地为标准，将土质质地按照黏土、壤土、砂质壤土、砂土和粗骨土生成地表基质表层土质质地分类图；地表基质层土质厚度基于世界土壤数据库土质厚度数据，通过实测数据加密修正后形成，按照<30cm、30~50cm、50~100cm、100~150cm 和>150cm 生成地表基质层土质厚度分级图。地表基质层水土流失敏感性基于地表基质层质地类型及其理化性质参数、土地覆被类型及其景观属性，参考通用水土流失方程（RUSLE），参照《生态保护红线划定指南》和《资源环境承载能力和国土空间开发适宜性评价技术指南》（试行）初步构建广安市水土流失敏感指数模型。广安市水土流失敏感性评价指数公式如下：

$$[水土流失敏感性] = 4\sqrt{R \times K \times LS \times C \times T}$$

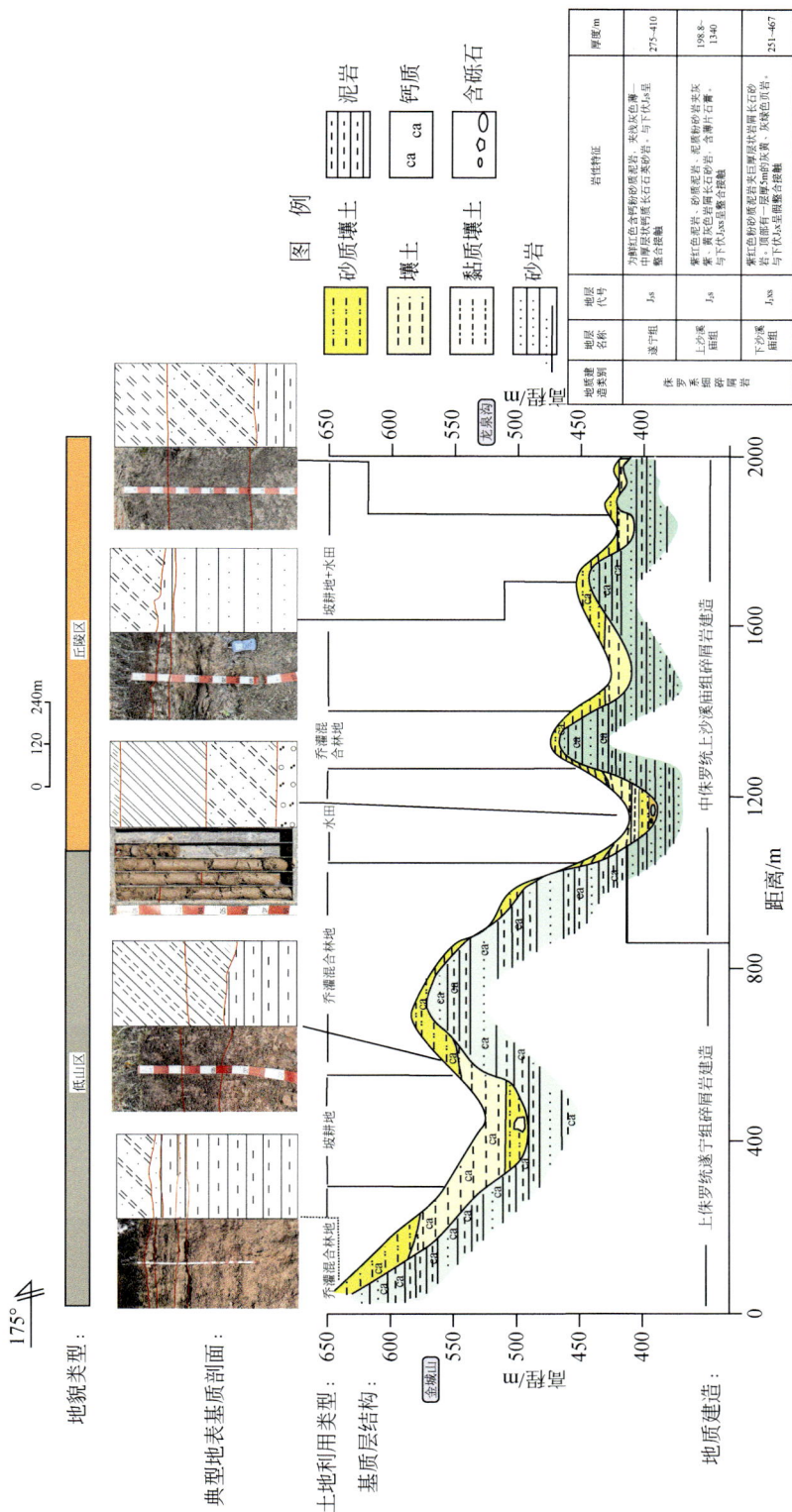

图11.34　广安市地表基质分布与微地貌关系示意图

式中，R 为降雨侵蚀力；K 为土壤可蚀性；LS 为地形起伏度；C 为植被覆盖率；T 为地表基质土质厚度。各指标赋值方法如表 11.10 所示：

表 11.10　水土流失敏感性因子评价指标体系

评价因子	极敏感	高度敏感	中度敏感	轻度敏感	不敏感
降雨侵蚀力（R）	>600	400～600	100～400	25～100	<25
土壤可蚀性（K）	>0.28	0.23～0.28	0.19～0.23	0.13～0.19	<0.13
地形起伏度（LS）	>300	100～300	50～100	20～50	0～20
植被覆盖率（C）	≤0.2	0.2～0.4	0.4～0.6	0.6～0.8	≥0.8
地表基质土质厚度（T）	≤0.2	0.2～0.5	0.5～0.7	0.7～1	≥1

1. 降雨侵蚀力赋值

参考《生态保护红线划定指南》数据处理方法，基于统计检验的降雨侵蚀力简易计算模型比较（马小晴和郑明国，2018），使用月均降水数据基于 ArcGIS 软件，在 SpatialAnalyst 工具中选择 Interpolate to Raster 选项，绘制 R 值栅格分布图（图 11.35）。计算公式为

$$R = 10 \times \sum_{j=1}^{12} P_j^{1.6295}$$

式中，P_j 为多年月平均降水量，mm。

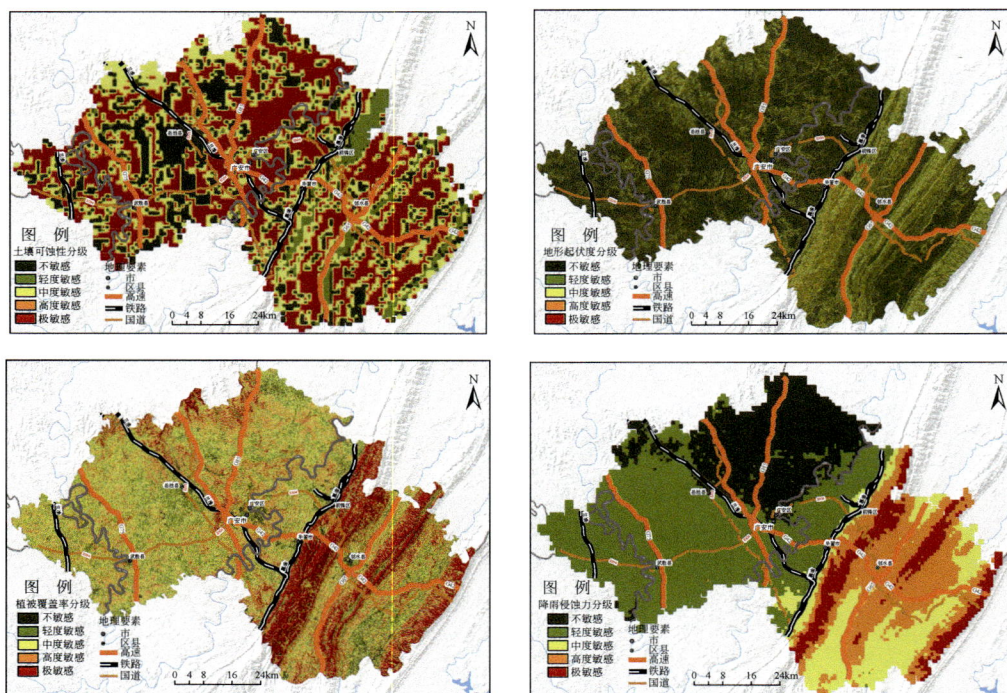

图 11.35　调查区水土流失敏感性因子分级图

2. 土壤可蚀性赋值

调查区土壤质地能较为准确地表现出土壤本身的侵蚀抗冲能力，准确反映出不同质地土壤对工作区水土流失影响程度的深浅。根据地表基质调查修测后的土壤数据资料，提取地表基质表层土质的砂粒、粉粒和黏粒及有机碳的含量，参考土壤可蚀性因子计算方法。

计算公式为

$$K=（-0.01383+0.51575K_{EPIC}）×0.1317$$

$$K_{EPIC}=［0.2+0.3exp（-0.0256m_s（1-m_{silt}/100））］×［m_{silt}/（m_c+m_{silt}）］^{0.3}×\{1-0.25m_{orgC}/［m_{orgC}+exp（3.72-2.95m_{orgC}）］\}×-0.7（1-m_s/100）/［（1-m_s/100）+exp（-5.51+22.9（1-m_s/100））］$$

式中，K_{EPIC} 为修正前的土壤可蚀性因子；K 为修正后的土壤可蚀性因子；m_c、m_{silt}、m_s、m_{orgC} 分别为黏粒（<0.002mm）、粉粒（0.002~0.05mm）、砂粒（0.05~2mm）和有机碳的百分比含量，%。

3. 地形起伏度赋值

调查区地形起伏度数值能较为准确绘制出地面部分距离范围内最大高程差，反映出地形因子对水土流失的影响力大小。调查区地形起伏度的计算是以工作区 DEM 数据为基础，在 ArcGIS 软件中进行邻域分析，提取出 $4km^2$ 的地形起伏度矢量。按照指标分级标准，绘制调查区水土流失对地形敏感性分级图（图 11.36）。

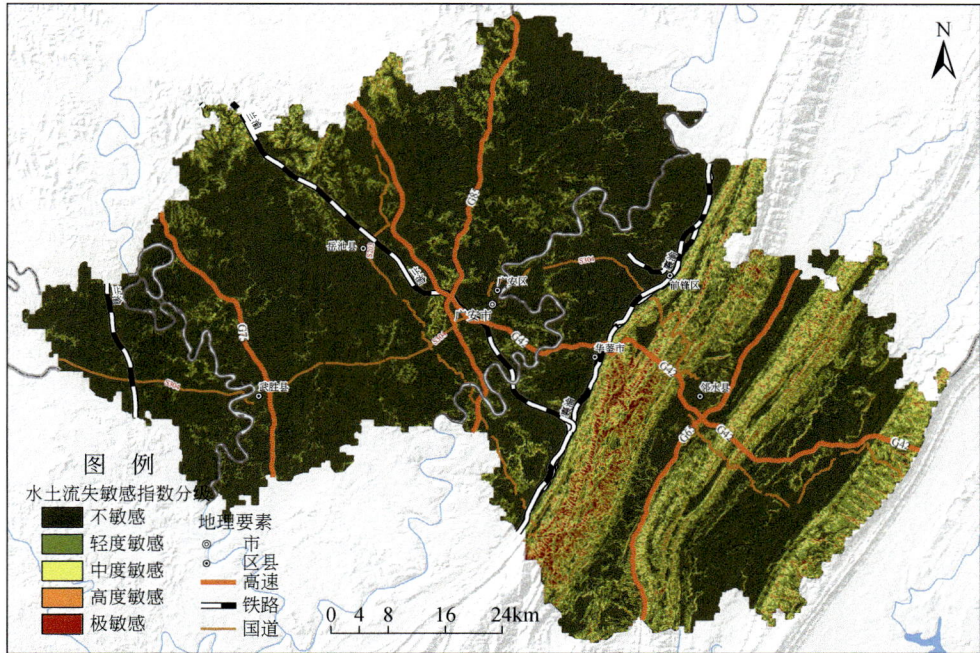

图 11.36 调查区水土流失敏感性指数分级图

4. 植被覆盖度赋值

植被覆盖度能较为准确表现出工作区植被覆盖情况，反映出植被密度对水土流失的影响力大小。工作区植被覆盖度获取主要是依托归一化植被指数计算获取，利用数字模型提取植被覆盖度。调查区植被覆盖度获取主要是根据 2023 年 Landsat 8 OLI 影像获取归一化植被指数进行计算：

$$f = \frac{\mathrm{NDVI} - \mathrm{NDVI_{min}}}{\mathrm{NDVI_{max}} - \mathrm{NDVI_{min}}}$$

5. 地表基质土质厚度

基于世界土壤数据库土质厚度数据，通过实测数据加密修正后形成。

以上指标赋值后，通过水土流失敏感性评价分级（表 11.11），形成广安市水土流失敏感性分区图（图 11.37）。

表 11.11　水土流失敏感性分布特征表

水土流失敏感性	面积/km²	行政区划	地表基质层属性特征
不敏感	3102	岳池县、武胜县、华蓥市大部分地区和邻水县山间低地地区	表层为黏质砂土、壤土类，土质层厚度多大于 0.5m；干容重多大于 1.1；初见地下水位较浅，多小于 2m；地貌类型以高、低丘陵为主；覆被多为农作物、灌草和果林；下伏以侏罗系紫色砂、泥岩为主
轻度敏感	1429		
中度敏感	843		
高度敏感	388	岳池县北部与南充相接的鱼峰乡、华蓥市天池镇、红岩乡、邻水县观音桥镇和柑子镇	表层为壤土、黏土和粗骨土类，土质厚度多小于 0.5m；土质湿度大；地下水位深；地貌类型以华蓥山、铜锣山和明月山中、低山地区为主；覆被多为乔木-灌木混合林；下伏以古生代砂泥岩、碳酸盐岩为主
极敏感	577		

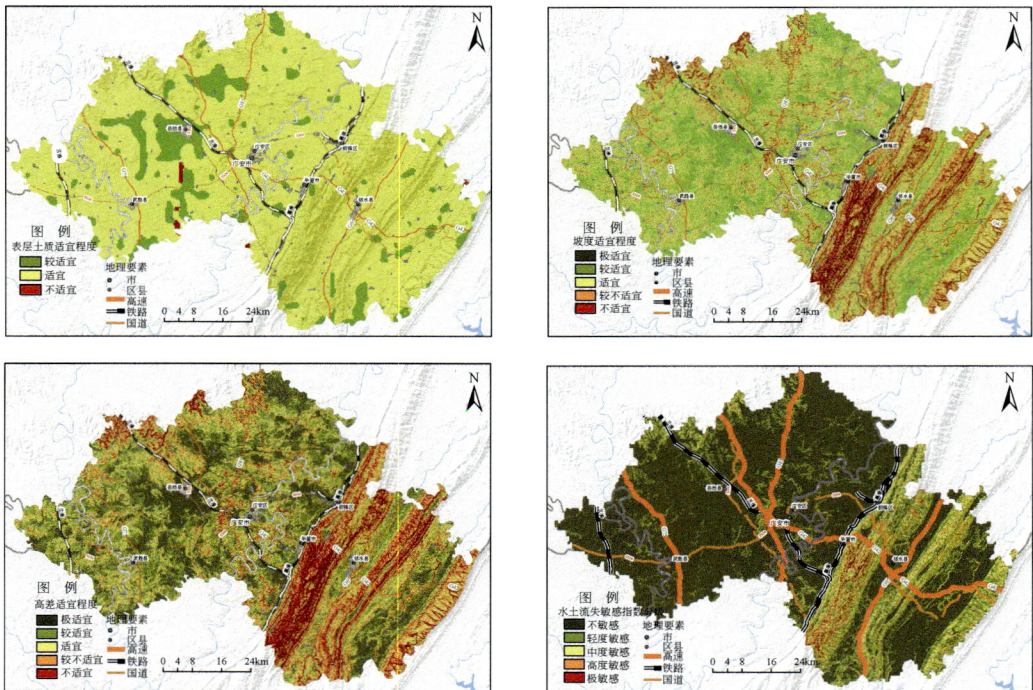

图 11.37　调查区耕地适宜性评价分级图

根据评价分级结果显示（图 11.38，表 11.12），工作区地表基质不适宜区划（宜林区）面积约 484.9km²，较不适宜区划（宜林宜草区）面积约 1190.7km²，主要分布于华蓥山、铜锣山和明月山一带，少部分为高丘陵中上部区域，少部分为地表基质表层土质为砂土–粗骨土分布区，区域特征以坡度大于 30°，水土流失高度敏感性为特征。该区域也是重要的生态屏障区，适宜开展退耕还林、种植人工经济林等生态修复工程；地表基质适宜区划（后备耕地区）面积约 1104.2km²，多分布于丘陵区坡上–坡下区域和山前过渡区域，坡度一般–较陡，水土流失敏感度轻度–高度，土质厚度多大于 50cm，需进行下挖平整"小改大"后提升耕地质量等级。该区适宜开展特色经济作物种植，如花椒、脐橙和蜜梨等。耕地时宜采取以下 3 种方法：①以改变微地形为主，如等高耕作、等高带状间作、等高沟垄种植等；②以增加地面覆盖为主，如秸秆覆盖、留茬、密植等；③增加土壤入渗为主，如深松耕、免耕等；地表基质较适宜区划（高标准农田建设潜力区）面积约 2054.3km²，极适宜区划（高标准农田建设优选区）面积约 1504.9km²，广泛分布于岳池县中部和东北部（所属行政区包括岳池县顾县镇、井河镇、花桥镇等）以及邻水县东南部明月山和铜锣山间谷地丘陵区（所属行政区包括邻水县黎家镇、复盛镇和八耳镇等），地形切割程度一般，水土流失敏感性较好，坡度小于 10°，地表基质表层土质厚度多大于 100cm，利于开展传统农作物耕种，可作为优先选区建设高标准农田保障粮食安全。同时，通过与"第三次全国国土调查"图斑现有耕地范围分布对比，较适宜区内尚有约 51km² 土地可作为耕地开发，在适宜区内有约 182km² 土地可作为后备耕地资源。

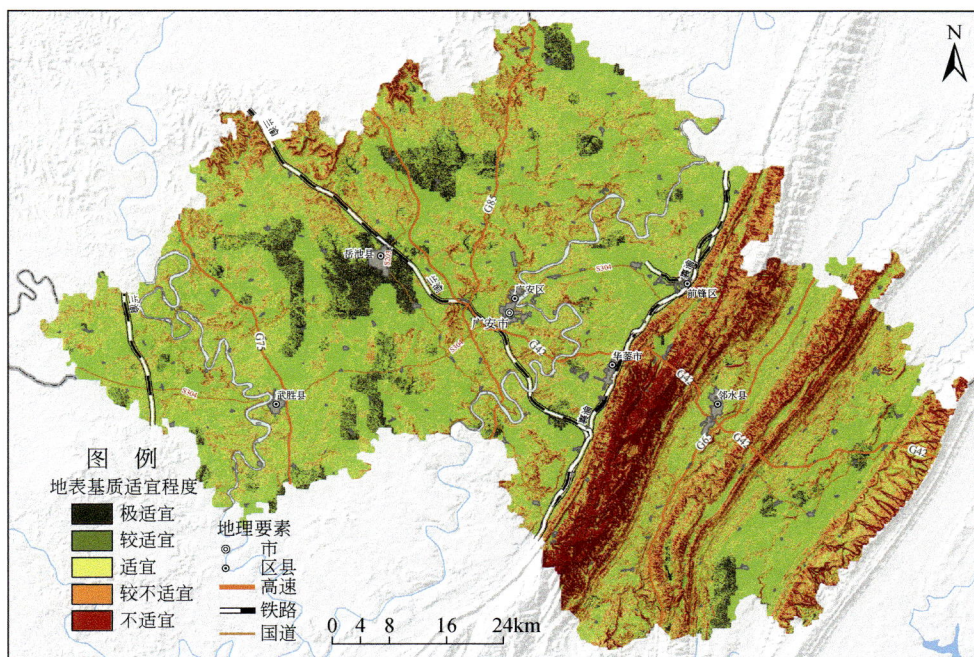

图 11.38　调查区地表基质适宜性分布图

表 11.12　耕地适宜性评价指标体系

耕地适宜性评级	分值	面积/km²
不适宜	-4	484.9
较不适宜	0~1	1190.7
适宜	1~2	1104.2
较适宜	2~4	2054.3
极适宜	4~6	1504.9

参 考 文 献

蔡祖聪. 2022. 土壤在植物多样性形成中的作用及其研究意义. 土壤学报, 59(1): 1-9.

曹建生, 刘昌明, 张万军, 等. 2005. 太行山区坡地水文地质特性与渗流集蓄技术研究. 水科学进展, 16(2): 216-221.

柴华, 何念鹏. 2016. 中国土壤容重特征及其对区域碳贮量估算的意义. 生态学报, 36(13): 3903-3910.

陈安东, 郑绵平, 宋高, 等. 2020. 晚第四纪 MIS6 以来柴达木盆地成盐作用对冰期气候的响应. 地质论评, 66(3): 611-624.

陈洪松, 邵明安. 2003. 黄土区坡地土壤水分运动与转化机理研究进展. 水科学进展, 14(4): 513-520.

陈继平, 钞中东, 任蕊, 等. 2021. 陕西关中富硒土壤区农作物重金属含量相关性及安全性评价. 西北地质, 54(2): 273-281.

陈岳龙, 杨忠芳. 2017. 环境地球化学. 北京: 地质出版社.

丁晓雪, 赵成义, 曾勇, 等. 2021. 地下水埋深和土壤质地对胡杨实生幼苗根系生长及构型的影响. 水土保持学报, 35(5): 235-241, 248.

凤紫棋, 孙文义, 穆兴民, 等. 2023. 黄土高原沟壑区植被恢复方式对小流域土壤水分的影响. 中国水土保持科学, 21(4): 1-10.

葛良胜, 侯红星, 夏锐. 2022. 自然资源地表基质调查技术体系构建. 地理信息世界, 29(5): 20-27.

国振杰, 易津, 张力君, 等. 2008. 海拔高度对羊草生物量和根茎形态可塑性的影响. 干旱区资源与环境, 22(4): 175-180.

韩磊, 赵子林, 杨梅丽, 等. 2023. 黄土高原沟沿线研究进展与展望. 中国水土保持科学, 21(6): 131-143.

韩烈保, 王琼, 王晓蓓, 等. 2009. 不同立地条件下荆条根系分布规律. 应用基础与工程科学学报, 17(2): 231-237.

韩晓增, 邹文秀, 杨帆. 2021. 东北黑土地保护利用取得的主要成绩、面临挑战与对策建议. 中国科学院院刊, 36(10): 1194-1202.

郝爱兵, 殷志强, 彭令, 等. 2020. 学理与法理和管理相结合的自然资源分类刍议. 水文地质工程地质, 47(6): 1-7.

何泽新, 樊刘洋, 卫晓锋, 等. 2020. 基于地质建造和流域地貌的河北省承德蟠龙湖地区大比例尺地质遗迹调查. 中国地质, 47(6): 1881-1893.

侯红星, 张蜀冀, 鲁敏, 等. 2021. 自然资源地表基质层调查技术方法新经验——以保定地区地表基质层调查为例. 西北地质, 54(3): 277-288.

嵇晓雷, 杨平. 2012. 夹竹桃根系分枝角度对边坡稳定性影响. 生态环境学报, 21(12): 1966-1970.

金钊, 王云强, 高光耀, 等. 2020. 地球关键带与地表通量综合观测研究为黄土高原生态保护和可持续发展提供有力的科技支撑. 中国科学院院刊, 35(3): 378-387.

李樋, 刘小念, 刘洪, 等. 2021. 基于地质建造的土壤营养元素空间分布特征研究——以大凉山区为例. 安全与环境工程, 28(6): 127-137.

李小雁, 马育军. 2016. 地球关键带科学与水文土壤学研究进展. 北京师范大学学报(自然科学版), 52(6): 731-737.

李徐生, 韩志勇, 杨守业, 等. 2007. 镇江下蜀土剖面的化学风化强度与元素迁移特征. 地理学报, 62(11): 1174-1184.

李中恺, 李小雁, 周沙, 等. 2022. 土壤-植被-水文耦合过程与机制研究进展. 中国科学: 地球科学, 52(11): 2105-2138.

李宗善, 杨磊, 王国梁, 等. 2019. 黄土高原水土流失治理现状、问题及对策. 生态学报, 39(20): 7398-7409.

廖启林, 刘聪, 金洋, 等. 2013. 江苏省域土壤元素地表富集及其与人为活动的关系研究. 第四纪研究, 33(05): 972-985.

廖荣伟, 刘晶淼, 白月明, 等. 2014. 玉米生长后期的根系分布研究. 中国生态农业学报, 22(3): 284-291.

刘宝珺. 1982. 沉积岩石学. 北京: 地质出版社.

刘东生. 1997. 第四纪环境. 北京: 科学出版社.

刘海蓬. 1962. 中国几种主要岩石的风化作用及其所形成之土壤的特性. 土壤, 5(1): 20-25.

刘洪, 李文昌, 欧阳渊, 等. 2023. 基于地质建造的西南山区生态地质编图探索与实践——以邛海-泸山地区为例. 地质学报, 97(2): 623-638.

刘鸿雁, 蒋子涵, 戴景钰, 等. 2019. 岩石裂隙决定喀斯特关键带地表木本与草本植物覆盖. 中国科学: 地球科学, 49(12): 1974-1981.

刘金涛, 韩小乐, 刘建立, 等. 2019. 山坡表层关键带结构与水文连通性研究进展. 水科学进展, 30(1): 112-122.

刘金涛, 韩小乐, 陈喜. 2020. 山坡表层关键带结构与水文过程. 北京: 科学出版社.

刘玖芬, 赵晓峰, 侯红星, 等. 2024. 地表基质调查分层及分层测试指标体系设计与构建. 岩矿测试, 43(1): 16-29.

刘凯, 魏明辉, 戴慧敏, 等. 2022. 东北黑土区黑土层厚度的时空变化. 地质与资源, 31(3): 434-442, 394.

刘若轩, 王志强, 谭玉萍. 2024. 东北典型黑土区小流域黑土层厚度及影响因素. 水土保持学报, 38(4): 346-353+361.

罗友进. 2011. 区域成土过程: 认识与表达. 重庆: 西南大学.

骆占斌, 樊军, 邵明安. 2022. 地球关键带基岩风化层生态水文研究进展. 科学通报, 67(27): 3311-3323.

马小晴, 郑明国. 2018. 基于统计检验的降雨侵蚀力简易计算模型比较. 资源科学, 40(8): 1622-1633.

聂洪峰, 肖春蕾, 戴蒙, 等. 2021. 生态地质调查工程进展与主要成果. 中国地质调查, 8(1): 1-12.

彭福元. 1994. 土壤质地. 茶叶通讯, (2): 46-47.

彭建兵, 申艳军, 金钊, 等. 2023. 秦岭生态地质环境系统研究关键思考. 生态学报, 43(11): 4344-4358.

钱信禹, 边小卫, 张亚峰, 等. 2023. 丹江源地区地质建造对土壤和植被生态空间格局的影响. 现代地质, 37(4): 903-913.

邵海, 王英男, 殷志强, 等. 2023. 承德坝上高原如意河流域地表基质调查与编图探索. 水文地质工程地质, 50(2): 150-159.

生态环保部. 2018. 环境影响评价技术导则 土壤环境（试行）, HJ 964—2018. 北京: 中国环境出版社.

史德明. 1998. 如何正确理解有关水土保持术语的讨论. 土壤侵蚀与水土保持学报, 4(4): 90-92.

师焕芝, 李福春, 孙旭辉, 等. 2011. 洛川黄土/古土壤中有机碳的分布特征及其与黏土矿物的相关性. 中国地质, 38(5): 1355-1362.

孙向阳. 2005. 土壤学. 北京: 中国林业出版社.

万力, 曹文炳, 胡伏生, 等. 2005. 生态水文地质学. 北京: 地质出版社.

王贵玲. 2019. 中国主要城市浅层地热能调查评价. 北京: 科学出版社.

王剑. 2019. 基于稳定同位素技术的黄土丘陵区典型植物水分利用来源. 北京: 中国科学院大学.

王京彬, 卫晓锋, 张会琼, 等. 2020. 基于地质建造的生态地质调查方法——以河北省承德市国家生态文明示范区综合地质调查为例. 中国地质, 47(6): 1611-1624.

王婉丽, 王贵玲, 朱喜, 等. 2017. 中国省会城市浅层地热能开发利用条件及潜力评价. 中国地质, 44(6): 1062-1073.

卫晓锋, 樊刘洋, 孙紫坚, 等. 2020. 河北承德柴白河流域地质建造对植物群落组成的影响. 中国地质, 47(6): 1869-1880.

吴克宁, 赵瑞. 2019. 土壤质地分类及其在我国应用探讨. 土壤学报, 56(1): 227-241.

向师庆, 赵相华. 1981. 北京主要造林树种的根系研究. 北京林学院学报, (3): 9-27.

熊顺贵. 2001. 基础土壤学. 北京: 中国农业大学出版社.

徐仁扣. 2015. 土壤酸化及其调控研究进展. 土壤, 47(2): 238-244.

徐学选, 张北赢, 田均良. 2010. 黄土丘陵区降水-土壤水-地下水转化实验研究. 水科学进展, 21(1): 16-22.

徐则民, 黄润秋. 2013. 基于结构体的峨眉山玄武岩风化程度评价(Ⅰ): 风化结构体地球化学. 中国地质, 40(3): 895-908.

许秀丽, 李云良, 谭志强, 等. 2018. 鄱阳湖湿地典型植被群落地下水-土壤-植被-大气系统界面水分通量及水源组成. 湖泊科学, 30(5): 1351-1367.

杨继镐, 王国祥. 1997. 太行山适地适树. 林业资源管理, (1): 19-26.

杨振安, 宋双飞, 李靖, 等. 2014. 不同林龄华北落叶松人工林根系特征和氮磷养分研究. 西北植物学报, 34(07): 1432-1442.

姚晓峰, 杨建锋, 左力艳, 等. 2022. 地表基质的内涵辨析与调查思路. 地质通报, 41(12): 2097-2105.

姚远, 赵禹, 刘三, 等. 2024. 绿洲农田土壤粘土矿物特征及其对土壤养分、重金属元素吸附的影响——以新疆开孔河流域绿洲区为例. 中国地质, (3): 1-20.

殷志强, 秦小光, 吴金水, 等. 2009. 中国北方部分地区黄土、沙漠沙、湖泊、河流细粒沉积物粒度多组分分布特征研究. 沉积学报, 27(2): 343-351.

殷志强, 秦小光, 张蜀冀, 等. 2020a. 地表基质分类及调查初步研究. 水文地质工程地质, 47(6): 8-14.

殷志强, 卫晓锋, 刘文波, 等. 2020b. 承德自然资源综合地质调查工程进展与主要成果. 中国地质调查, 7(3): 1-12.

殷志强, 陈自然, 李霞, 等. 2023. 地表基质综合调查: 内涵、分层、填图与支撑目标. 水文地质工程地质, 50(1): 144-151.

雍正, 赵成义, 施枫芝, 等. 2020. 近20年塔里木河干流区地下水埋深变化特征及其生态效应研究. 水土保持学报, 34(3): 182-189.

袁道先, 蔡桂鸿. 1988. 岩溶环境学. 重庆: 重庆科技出版社.

袁国礼, 侯红星, 刘建宇, 等. 2023. 服务生态文明的生态地质调查工作方法浅析——以地表基质调查为例. 西北地质, 56(3): 30-38.

张凤荣. 2023. 论地表基质层重点调查内容和优先调查区域. 中国土地, (2): 40-41.

张甘霖, 宋效东, 吴克宁. 2021. 地球关键带分类方法与中国案例研究. 中国科学: 地球科学, 51(10): 1681-1692.

张甘霖, 史舟, 王秋兵, 等. 2023. 新时代土壤地理学的发展现状与趋势. 土壤学报, 60(5): 1264-1276.

张君, 付智勇, 陈洪松, 等. 2021. 西南喀斯特白云岩坡地土壤-表层岩溶带结构及水文特征. 应用生态学报, 32(6): 2107-2118.

张利鹏. 2018. 非湿陷性黄土地区不同成孔方式柱端后压浆灌注桩承载特性研究. 西安: 长安大学.

张人权, 梁杏, 靳孟贵, 等. 2005. 当代水文地质学发展趋势与对策. 水文地质工程地质, (1): 51-56.

张信宝, 杨忠, 张建平. 2003. 元谋干热河谷坡地岩土类型与植被恢复分区. 林业科学, 39(4): 16-22.

张兴义, 刘晓冰. 2020. 中国黑土研究的热点问题及水土流失防治对策. 水土保持通报, 40(4): 340-344.

张兴义, 刘晓冰. 2021. 东北黑土区沟道侵蚀现状及其防治对策. 农业工程学报, 37(3): 320-326.

张亚国, 梁伟, 郭松峰, 等. 2022. 黄土孔隙结构演化对其土-水特性影响分析. 工程地质学报, 30(6): 1998-2005.

张之一. 2010. 黑土开垦后黑土层厚度的变化. 黑龙江八一农垦大学学报, 22(5): 1-3.

赵海燕, 徐福利, 王渭玲, 等. 2015. 秦岭地区华北落叶松人工林地土壤养分和酶活性变化. 生态学报, 35(4): 1086-1094.

赵文智. 1996. 河北坝上半干旱/半湿润过渡带土壤水分状况研究. 中国沙漠, 11(2): 105-111.

赵志炜, 谢新平. 2023. 浅谈甘肃黄土高原区的植被恢复与重建. 甘肃科技, 39(9): 108-110.

中国地质调查局. 2008. 土地质量地球化学评估技术要求（试行）: DD2008-06. 北京: 中国标准出版社.

中华人民共和国国家质量监督检验检疫总局, 中国国家标准化管理委员会. 2015. 区域地质图图例: GB/T 958—2015. 北京: 中国标准出版社.

中华人民共和国国家质量监督检验检疫总局, 中国国家标准化管理委员会. 2017. 土地利用现状分类: GB/T 21010—2017. 北京: 中国标准出版社.

中华人民共和国国土资源部. 2016. 土地质量地球化学评价规范: DZ/T 0295—2016. 北京: 中国标准出版社.

中华人民共和国自然资源部. 2021. 自然资源分等定级通则: TD/T 1060—2021 北京: 中国标准出版社.

周长松, 邹胜章, 冯启言, 等. 2022. 岩溶关键带水文地球化学研究进展. 地学前缘, 29(3): 37-50.

Anderson S P, Anderson R S, Tucker G E. 2012. Landscape scale linkages in critical zone evolution. Comptes Rendus Geoscience, 344(11-12): 586-596.

Asbjornsen H, Shepherd G, Helmersm, et al. 2008. Seasonal patterns in depth of water uptake under contrasting annual and perennial systems in the Corn Belt Region of the midwestern U. S. Plant and Soil, 308(s1-2): 69-92.

Banwart S A, Chorver J, Gaillardet J, et al. 2013. Sustaining Earth's Critical Zone Basic Science and Interdisciplinary Solutions for Global Challenges. Sheffield: The University of Sheffield.

Bao W K, Ler Q L, Jiang Z D, et al. 2023. Predicting and delineating soil temperature regimes of China using pedotransfer function. Journal of Integrative Agriculture, 22: 2882-2892

Beven K, Germann P. 2013. Macropores and water flow in soils revisited. Water Resources Research, 49(6): 3071-3092.

Bonetti S, Wei Z W, Or D. 2021. A framework for quantifying hydrologic effects of soil structure across scales.

Communications Earth & Environment, 2(1): 107.

Bouchez J, Von Blanckenburg F, Schuessler J A. 2013. modeling novel stable isotope ratios in the weathering zone. American Journal of Science, 313(4): 267-308.

Brantley S L, Goldhaberm B, Ragnarsdottir K V. 2007. Crossing disciplines and scales to understand the critical zone. Elements, 3(5): 307-314.

Bristol R S, Euliss N H, Booth N L, et al. 2012. Science strategy for core science systems in the US Geological Survey, 2013—2023. US Geological Survey Open-File Report 2012-1093, 1-29.

Callahan R P, Riebe C S, Sklar L S, et al. 2022. Forest vulnerability to drought controlled by bedrock composition. Nature Geoscience, 15: 714-719.

Canadell J, Jackson R B, Ehleringer J B, et al. 1996. maximum rooting depth of vegetation types at the global scale. Oecologia, 108(4): 583-595.

Cao S X, Chen L, Shankman D, et al. 2011. Excessive reliance on afforestation in China's arid and semi-arid regions: lessons in ecological restoration. Earth-Science Reviews, 104(4): 240-245.

Chen L D, Wei W, Fu B J, et al. 2007. Soil and water conservation on the Loess Plateau in China: review and perspective. Progress in Physical Geography, 31(4): 389-403.

Chen Z, Liu T, Yang K, et al. 2024. Spatial-temporal patterns of ecological-environmental attributes within different geological-topographical zones: a case from Hailun District, Heilongjiang Province, China. Frontiers in Environmental Science, 12.

Chorover J, Kretzschmar R, Garcia-Pichel F, et al. 2007. Soil biogeochemical processes within the critical zone. Elements, 3(5): 321-326.

Chorover J, Troch P A, Rasmussen C, et al. 2011. How water, carbon, and energy drive critical zone evolution: The Jemez-Santa Catalina critical zone observatory. Vadose Zone Journal, 10(3): 884-899.

Dixon J L, Hartshorn A S, Heimsath Am, et al. 2012. Chemical weathering response to tectonic forcing: a soils perspective from the San Gabriel Mountains, California. Earth and Planetary Science Letters, 323-324: 40-49.

Dotterweichm. 2013. The history of human-induced soil erosion: geomorphic legacies, early descriptions and research, and, the development of soil conservation: a global synopsis. Geomorphology, 201(4): 1-34.

Eggemeyer K D, Awada T, Harvey F E, et al. 2009. Seasonal changes in depth of water uptake for encroaching trees *Juniperus virginiana* and *Pinus ponderosa* and two dominant C4 grasses in a semiarid grassland. Tree Physiology, 29(2): 157-169.

Fan J L, Mcconkey B, Wang H, et al. 2016. Root distribution by depth for temperate agricultural crops. Field Crops Research, 189: 68-74.

Fan Y, Miguez-Macho G, Jobbágy E G, et al. 2017. Hydrologic regulation of plant rooting depth. Proceedings of the National Academy of Sciences, 114(40): 10572-10577.

Fatichi S, Or D, Walko R, et al. 2020. Soil structure is an important omission in Earth system models. Nature Communications, 11: 522.

Ferrier K L, Riebe C S, Hahm W J. 2016. Testing for supply-limited and kinetic-limited chemical erosion in field measurements of regolith production and chemical depletion. Geochemistry, Geophysics, Geosystems, 17(6): 2270-2285.

Fisher B A, Rendahl A K, Aufdenkampe A K, et al. 2017. Quantifying weathering on variable rocks, an extension of geochemicalmass balance: critical zone and landscape evolution. Earth Surface Processes and Landforms, 42(14): 2457-2468.

Hahm W J, Dralle D N, Lapides D A, et al. 2024. Geologic controls on apparent root-zone storage capacity. Water Resources Research, 60(3): e2023WR035362.

Hou D Y. 2022. China: protect black soil for biodiversity. Nature, 604(7904): 40.

Hou X Y, Wu T, Yu L J, et al. 2012. Characteristics of multi-temporal scale variation of vegetation coverage in the Circum Bohai Bay region, 1999–2009. Acta Ecologica Sinica, 32(6): 297-304.

Jiang Z H, Liu H Y, Wang H Y, et al. 2020. Bedrock geochemistry influences vegetation growth by regulating the regolith water holding capacity. Nature Communications, 11: 2392.

Lestariningsih I D, Widianto, Hairiah K. 2013. Assessing soil compaction with two different methods of soil bulk density measurement in oil palm plantation soil. Procedia Environmental Sciences, 17: 172-178.

Li H J, Si B C, Ma X J, et al. 2019. Deep soil water extraction by apple sequesters organic carbon via root biomass rather than altering soil organic carbon content. Science of The Total Environment, 670: 662-671.

Li X, Wei X F, Wu J, et al. 2022. Geochemical characteristics and growth suitability assessment of *Scutellaria baicalensis* Georgi in the Earth's critical zone of North China. Journal of Mountain Science, 19(5): 1245-1262.

Lin H. 2010. Earth's Critical Zone and hydropedology: concepts, characteristics, and advances. Hydrology and Earth System Sciences, 14(1): 25-45.

Liu S Z, Wang Y Q, Zhou Z X, et al. 2022. Spatial non-stationary effects of explanatory variables on soil bulk density in the critical zone of the Chinese Loess Plateau. European Journal of Soil Science, 73(3): e13247.

Lowe J J, Walkerm. 2014. Reconstructing Quaternary Environments. London: Routledge.

Lü Y H, Zhang L W, Feng Xm, et al. 2015. Recent ecological transitions in China: greening, browning, and influential factors. Scientific Reports, 5: 8732.

Lü Y H, Hu J, Fu B J, et al. 2019. A framework for the regional critical zone classification: the case of the Chinese Loess Plateau. National Science Review, 6(1): 14-18.

Luo Z D, Lian J J, Nie Y P, et al. 2024. Improving soil thickness estimations and its spatial pattern on hill slopes in karst forests along latitudinal gradients. Geoderma, 441: 116749.

Nardini A, Petruzzellis F, marusig D, et al. 2021. Water "on the rocks": a summer drink for thirsty trees? New Phytologist, 229(1): 199-212.

Nesbitt H W, Young Gm. 1982. Early Proterozoic climates and plate motions inferred from major element chemistry of lutites. Nature, 299(5885): 715-717.

Nie W, Guo H Y, Banwart S A. 2021. Economic valuation of Earth's critical zone: Framework, theory and methods. Environmental Development, 40: 100654.

Nie Y P, Chen H S, Wang K L, et al. 2011. Seasonal water use patterns of woody species growing on the continuous dolostone outcrops and nearby thin soils in subtropical China. Plant and Soil, 341: 399-412.

Oeser R A, Stroncik N, Moskwa L, et al. 2018. Chemistry and microbiology of the critical zone along a steep climate and vegetation gradient in the Chilean Coastal Cordillera. Catena, 170: 183-203.

Panagos P, Rosa D D, Liakos L, et al. 2024. Soil bulk density assessment in Europe. Agriculture, Ecosystems &

Environment, 364: 108907.

Qin X G, Mu Y. 2011. Elimination and evaluation of grain size's effect in analysis of chemical weathering of loess-paleosol sequences. Geochemistry, 71(1): 53-58.

Rempe D M, Dietrich W E. 2018. Direct observations of rockmoisture, a hidden component of the hydrologic cycle. Proceedings of the National Academy of Sciences, 115(11): 2664-2669.

Richter D D, Billings S A. 2015. "One physical system": Tansley's ecosystem as Earth's critical zone. The New Phytologist, 206(3): 900-912.

Riebe C S, Kirchner J W, Granger D E, et al. 2001. Strong tectonic and weak climatic control of long-term chemical weathering rates. Geology, 29(6): 511-514.

Russell D, Kessler A, Wong W, et al. 2022. Constraining nitrogen sources to a seagrass-dominated coastal embayment by using an isotopemass balance approach. Marine and Freshwater Research, 73(5): 701-709.

Schroder J L, Zhang H L, Girma K, et al. 2011. Soil acidification from long-term use of nitrogen fertilizers on winter wheat. Soil Science Society of America Journal, 75(3): 957-964.

Schwinning S. 2010. The ecohydrology of roots in rocks. Ecohydrology, 3(2): 238-245.

Sequeira C H, Wills S A, Seybold C A, et al. 2014. Predicting soil bulk density for incomplete databases. Geoderma, 213: 64-73.

Sun W Y, Shao Q Q, Liu J Y, et al. 2014. Assessing the effects of land use and topography on soil erosion on the Loess Plateau in China. Catena, 121: 151-163.

Tumber-Dávila S J, Schenk H J, Du E Z, et al. 2022. Plant sizes and shapes above and below ground and their interactions with climate. New Phytologist, 235(3): 1032-1056.

Valladares F, Bastias C C, Godoy O, et al. 2015. Species coexistence in a changing world. Frontiers in Plant Science, 6: 866.

Wang F, Mu X M, Li R, et al. 2015. Co-evolution of soil and water conservation policy and human-environment linkages in the Yellow River Basin since 1949. Science of the Total Environment, 508: 166-177.

Wang H J, Yang Z S, Saito Y, et al. 2007. Stepwise decreases of the Huanghe (Yellow River) sediment load (1950–2005): impacts of climate change and human activities. Global and Planetary Change, 57(3-4): 331-354.

Wang M M, Guo X W, Zhang S, et al. 2022. Global soil profiles indicate depth-dependent soil carbon losses under a warmer climate. Nature Communications, 13: 5514.

Wang S, Fu B J, Piao S L, et al. 2016. Reduced sediment transport in the Yellow River due to anthropogenic changes. Nature Geoscience, 9: 38-41.

Wang Y Q, Merlin O, Zhu G F, et al. 2019. A physically based method for soil evaporation estimation by revisiting the soil drying process. Water Resources Research, 55: 9092-9110.

Wen Y R, Kasielke T, Li H, et al. 2021. A case-study on history and rates of gully erosion in Northeast China. Land Degradation & Development, 32(15): 4254-4266.

Wilford J, Thomas M. 2013. Predicting regolith thickness in the complex weathering setting of the central Mt Lofty Ranges, South Australia. Geoderma, 206: 1-13.

Xu L, He N P, Yu G R. 2016. Methods of evaluating soil bulk density: impact on estimating large scale soil organic carbon storage. Catena, 144: 94-101.

Yan F P, Wei S G, Zhang J, et al. 2020. Depth-to-bedrock map of China at a spatial resolution of 100 meters. Scientific Data, 7: 2.

Zhang G L, Song X D, Wu K N. 2021. A classification scheme for Earth's critical zones and its application in China. Science China Earth Sciences, 64: 1709-1720.

Zhang M F, Wei X H. 2021. Deforestation, forestation, and water supply. Science, 371(6533): 990-991.

Zhang S, Liu G, Chen S L, et al. 2021. Assessing soil thickness in a black soil watershed in northeast China using random forest and field observations. International Soil and Water Conservation Research, 9(1): 49-57.

Zhang S C, Yang D W, Yang Y T, et al. 2017. Excessive afforestation and soil drying on China's Loess Plateau. Journal of Geophysical Research: Biogeosciences, 123: 923-935.

Zhang Z, Li Y C, Li C Z, et al. 2020. Pollen evidence for the environmental context of the Early Pleistocene Xiashagou fauna of the Nihewan Basin, north China. Quaternary Science Reviews, 236: 106298.

Zuo F L, Li X Y, Yang X F, et al. 2023. Subsurface structure regulates water storage in the alpine critical zone on the Qinghai-Tibet Plateau. Journal of Hydrology, 627: 130357.